U0291154

7.6 课后作业：制作两种球面全景图/119页

7.5 应用案例：商业插画/115页

7.6 课后作业：制作两种球面全景图/119页

2.4.6 实例：制作风吹效果(操控变形)/24页

2.3.7 实例：天空下的鲨鱼/20页

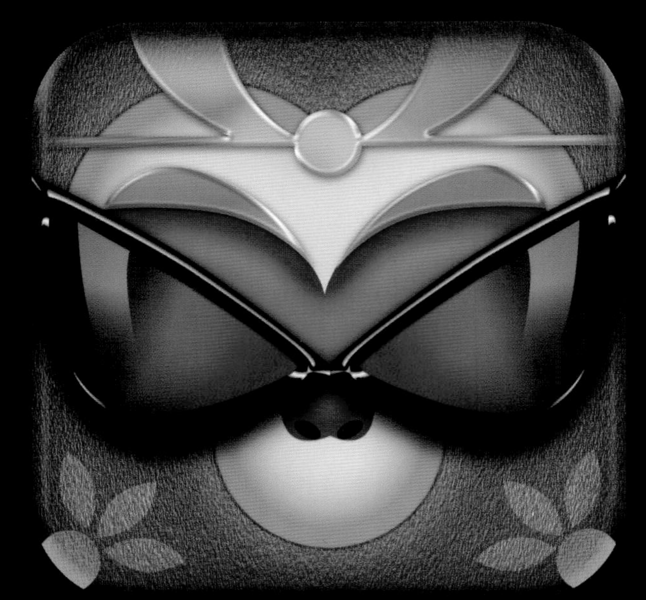

12.14 美猴王游戏 ICON(图标) 设计 /209 页

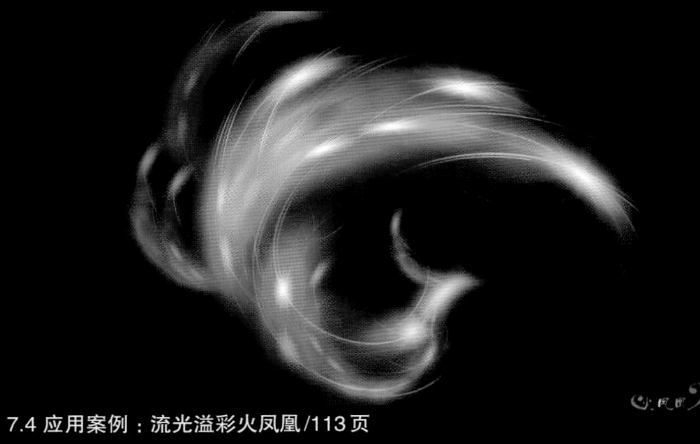

7.4 应用案例：流光溢彩火凤凰 /113 页

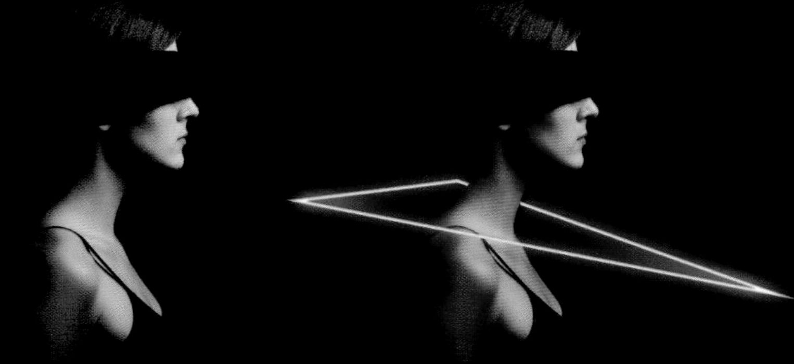

5.5.9 实例：制作激光图形 /78 页

3.3.4 实例：使用填充图层制作灯光效果 /38 页

3.5.3 实例：绘制对称花纹 /41 页

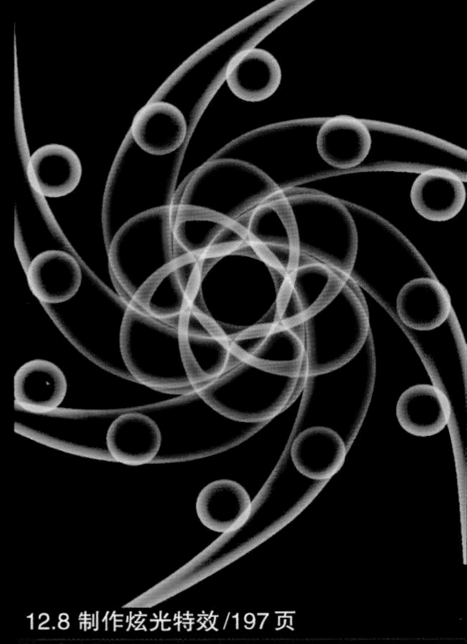

12.8 制作炫光特效 /197 页

8.4.3 实例：云中倩影 /132 页

5.5.6 实例：制作甜蜜糖果字 /75 页

6.4 应用案例：制作反转城市 /97 页

12.5 制作像素拉伸特效 /192 页

12.2 制作线状镂空特效 /187 页

7.2.6 实例：制作银质纪念币 /109 页

7.3.2 实例：制作墙面喷画 /111 页

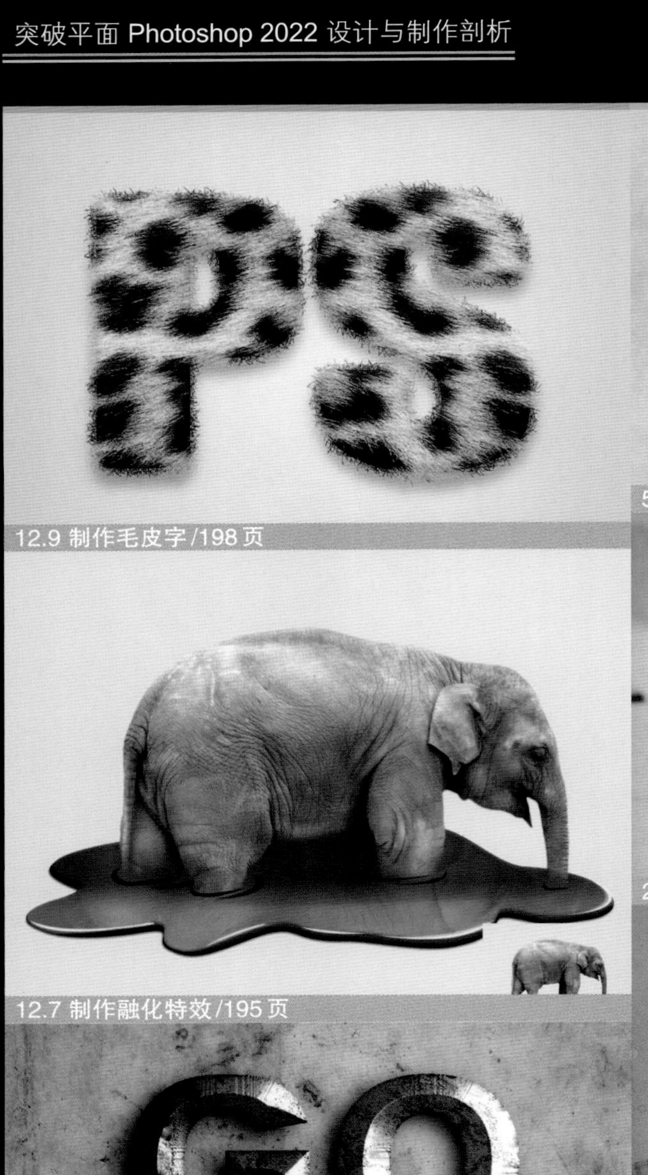

12.9 制作毛皮字 /198 页

12.7 制作融化特效 /195 页

12.10 制作金属字 /201 页

5.11 课后作业：制作带锈迹的金属徽标 /89 页

5.10 课后作业：制作咖啡拉花效果 /89 页

2.5.1 实例：置入、更新和替换智能对象 /26 页

4.3.3 实例：制作纸片特效字 /55 页

9.11 课后作业：抠图并制作合成效果 /169 页

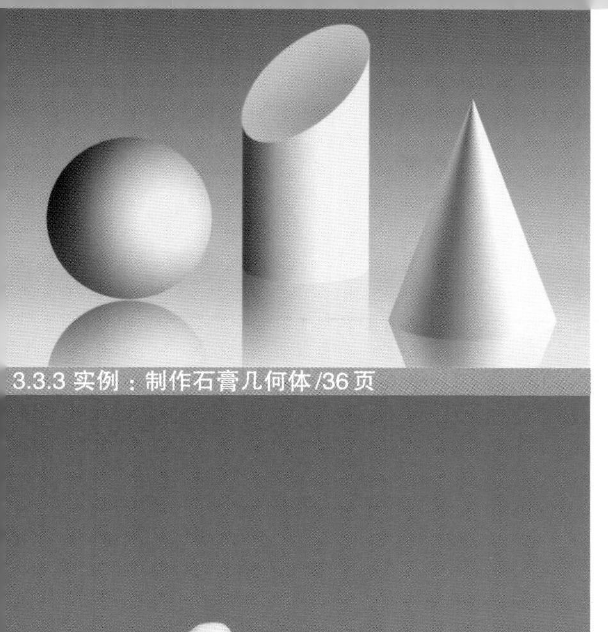

3.3.3 实例：制作石膏几何体 /36 页

4.2.4 实例：制作人物消散特效 /52 页

4.9 课后作业：练瑜伽的汪星人 /65 页

12.1 制作影像合成特效 /186 页

12.11 制作平面广告 /203 页

8.6.2 实例：通过批处理为照片加 Logo/138 页

全场饮品 · 5折起 · 清凉一夏

周末半价

进口水果，自然美味
满100再减20
每日限定30位，新品免费尝
持海报到店，更有好礼相送

50%
OFF
只限12:00~14:00及
18:00~20:00供应

6.6 应用案例：制作饮品促销单 /101 页

6.5 应用案例：制作美食海报 /99 页

一只想成为兔子的猪

12.13 玻璃质感卡通角色设计 /207 页

12.4 制作纸雕特效 /188 页

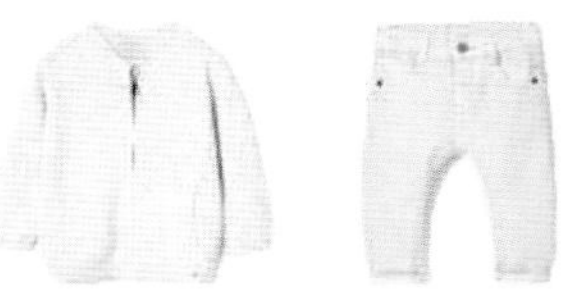

10.6 课后作业：制作童装店店招 /179 页

5.5.7 实例：制作果酱卡通人 /76 页

8.8 应用案例：照片变平面广告 /140 页

12.6 制作运动轨迹特效 /194 页

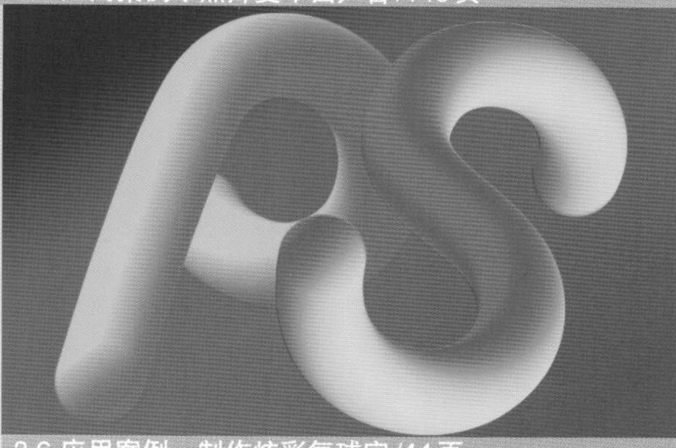

3.6 应用案例：制作炫彩气球字 /44 页

4.6 应用案例：合成微缩景观 /60 页

5.5.8 实例：制作饮料杯立体镂空字 /77 页

10.4 应用案例：化妆品促销活动设计 /175 页

5.9 应用案例：游戏登录界面设计 /85 页

2.8 课后作业：制作水中倒影 /31 页

4.7 应用案例：字符招贴画 /62 页

11.4 应用案例：制作蝴蝶飞舞动画 /184 页

3.8 课后作业：制作彩虹 /49 页

4.8 课后作业：地球变暖公益广告 /65 页

4.3.4 实例：制作放大镜特殊观察效果 /56 页

5.5.5 实例：在笔记本上压印图案 /75 页

12.12 制作运动海报 /205 页

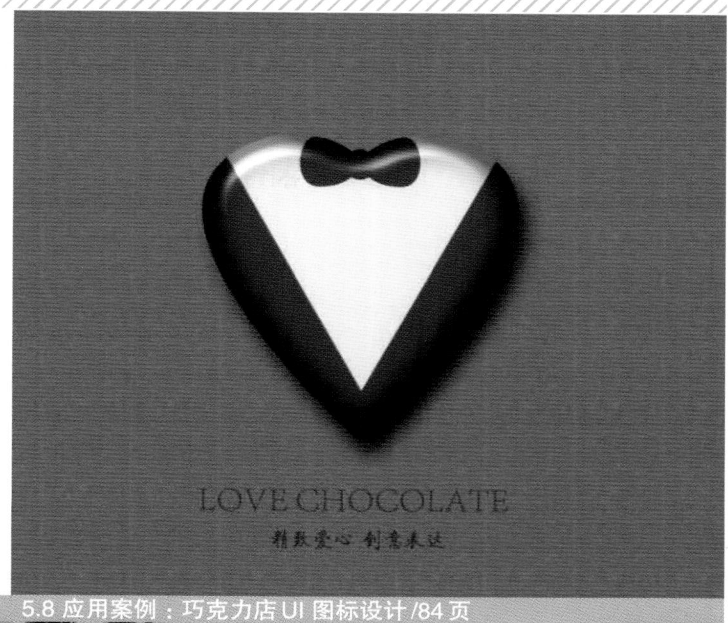

5.8 应用案例：巧克力店 UI 图标设计 /84 页

2.5.2 实例：制作可更新的设计标签 /27 页

2.6 应用案例：制作折叠的魔幻空间 /29 页

6.7 课后作业：制作变形字 /103 页

3.7 应用案例：定义图案并制作牛奶包装 /46 页

12.3 制作故障风格特效 /188 页
4.4.2 实例：制作花饰艺术相框 /58 页
2.3.6 实例：春天的色彩 /19 页
3.5.5 实例：绘制多色唇彩 /44 页
11.3 应用案例：将照片制作成视频 /181 页
2.7 课后作业：食材版愤怒的小鸟 /31 页
11.5 课后作业：从视频中获取静帧图像 /185 页
6.2.4 实例：制作图形化文字版面 /93 页
10.5 应用案例：网店商品修图 /177 页
5.6.2 实例：制作圆环嵌套效果 /80 页
3.2.6 实例：为海报填色 /34 页

8.7 应用案例：制作星空人像/139页

10.3 应用案例：制作网店欢迎模块/173页

6.2.3 实例：用路径文字装饰手提袋/92页

7.2.5 实例：在气泡中奔跑/108页

6.3.5 实例：文字转换为形状制作卡通字/96页

5.7 应用案例：液体容器状UI图标/81页

8.10 课后作业：制作波普风格艺术肖像/141页

Shut up

3.5.4 实例：绘制超萌表情包/43页

9.12 课后作业：抠汽车 /169 页

9.7.4 实例：用混合颜色带抠大树 /159 页

9.7.8 实例：用选择并遮住命令抠人像 /162 页

9.7.5 实例：用混合颜色带抠文字 /160 页

9.7.7 实例：用钢笔工具抠马克杯 /161 页

9.7.6 实例：用色彩范围命令抠图标 /160 页

8.3.7 实例：通过匹配颜色方法调肤色 /129 页

8.3.4 实例：制作宝丽莱照片效果 /126 页

8.3.5 实例：用可选颜色命令调樱花 /127 页

8.3.8 实例：黑白照片上色 /129 页

7.3.3 实例：制作丝网印刷效果 /112 页

2.4.7 实例：拉宽画面（内容识别缩放）/25 页

9.4.7 实例：快速替换天空 /151 页

9.4.6 实例：去除照片中的水印 /151 页

8.3.6 实例：春变秋 /128 页

8.4.2 实例：用 Lab 模式调出唯美蓝橙调 /131 页

8.5.3 实例：消除雾霾 /133 页

2.4.5 实例：制作人物投影（透视变形）/23 页

9.9 应用案例：面部美容/166 页

9.7.9 实例：用通道抠婚纱/164 页

9.4.3 实例：牙齿美白与整形/148 页

9.5.1 实例：肌肤美白/152 页

8.6.1 实例：用动作调色/137 页

9.8 应用案例：用液化滤镜修出精致美人/165 页

9.4.4 实例：瘦身/149 页

9.5.2 实例：用通道磨皮/153 页

8.5.4 实例：风光照片精修/134 页

9.4.5 实例：去除画面中的游客/150 页

附赠

- 渐变库
- 形状库
- 画笔库
- 样式库
- 照片处理动作库

“渐变库”文件夹中提供了500个超酷渐变颜色。

“形状库”文件夹中提供了几百种样式的矢量图形。

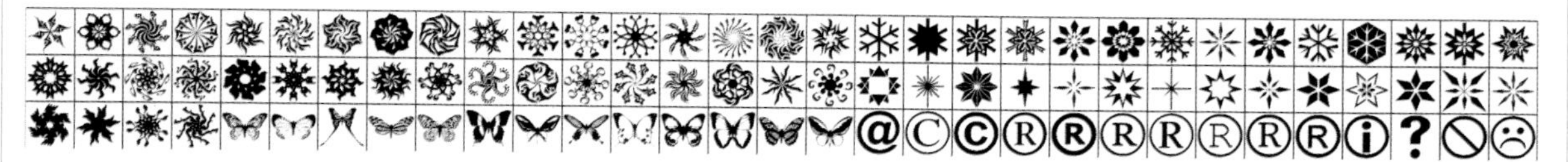

“画笔库”文件夹中提供了几百种样式的高清画笔笔尖。

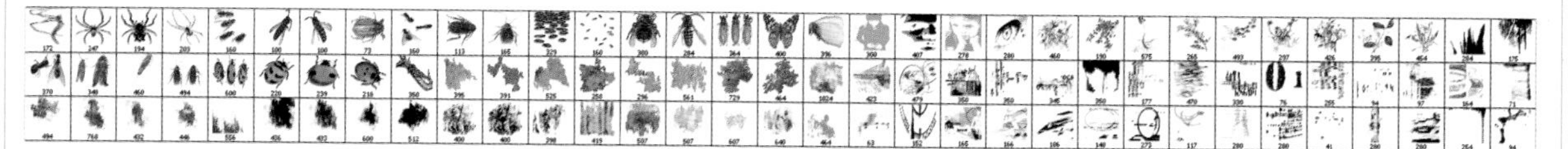

使用“样式库”文件夹中的各种样式，只需单击样式，就可以为对象添加金属、水晶、纹理、浮雕等特效。

钻石效果

皮质效果

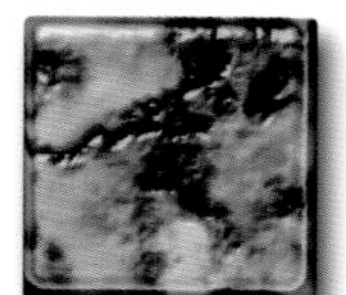

石质效果

彩色马赛克块效果

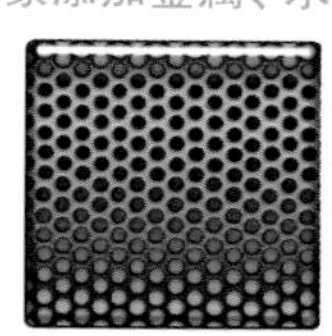

金属网点效果

砖块效果

岩石效果

“照片处理动作库”文件夹中提供了各种调色动作，可以自动将照片处理为影楼后期的流行效果。

Lomo效果

宝丽来照片效果

反转负冲效果

特殊色彩效果

柔光照效果

灰色淡彩效果

非主流效果

附赠 10本电子书

《Illustrator CC 自学教程》《UI 设计配色方案》《网店装修设计配色方案》《色彩设计》《图形设计》《创意法则》《CMYK 色谱手册》《色谱表》《Photoshop 2022 滤镜》《外挂滤镜使用手册》(包含 KPT7、Eye Candy 4000、Xenofex 等经典外挂滤镜)。

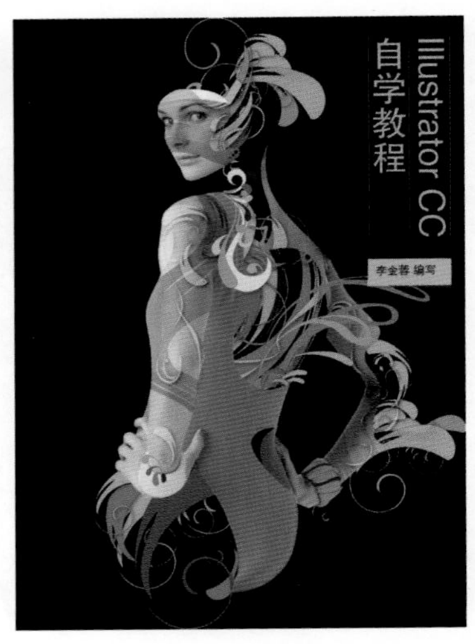

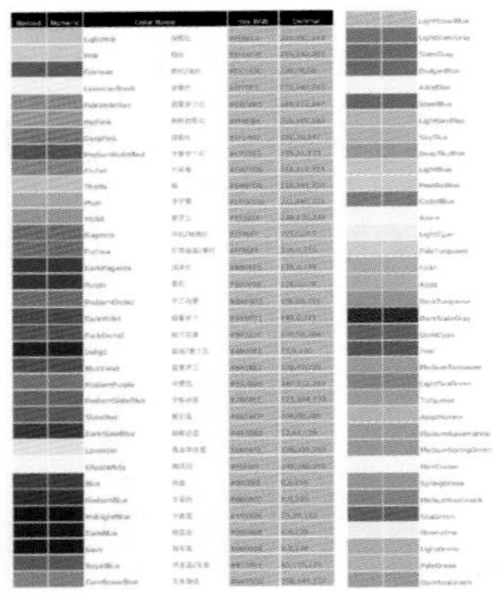

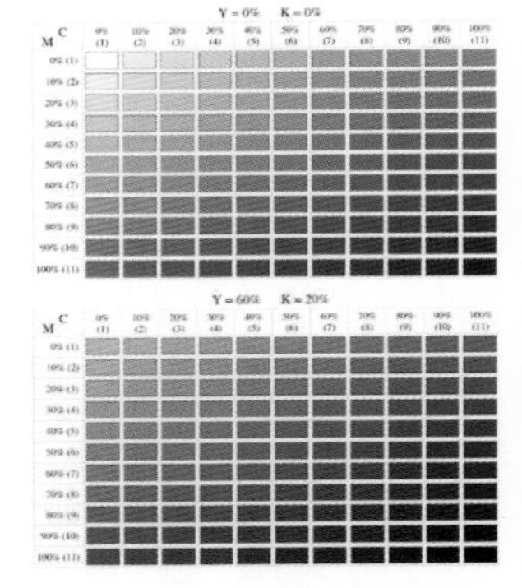

以上电子书为 PDF 格式，需要使用 Adobe Reader 观看。登录 http://get.adobe.com/cn/reader/ 可以下载免费的 Adobe Reader。

平面设计与制作

突破平面

Photoshop 2022 设计与制作剖析

李金蓉 / 编著

清華大学出版社
北京

内容简介

本书是初学者快速学习Photoshop的经典实战教程。书中采用从设计理论到软件讲解，再到实例制作的渐进方式，将Photoshop各项功能与平面设计工作紧密结合，实例数量多达120个，其中既有抠图、蒙版、绘画、修图、照片处理、文字、滤镜、动作等Photoshop功能学习型实例；也有网店装修、影楼修图，以及UI、VI、包装、海报、插画、动漫、动画等设计项目的实战型案例。本书实例经典、技法全面，具有较强的针对性和实用性。读者在动手实践的过程中可以快速掌握软件的使用技巧，了解设计项目的制作流程，充分体验学习和使用Photoshop的乐趣，并做到学以致用。

本书适合广大Photoshop爱好者，以及从事广告设计、平面创意、网店装修、影楼修图、包装设计、插画设计、UI设计、网页设计和动画设计的人员学习参考，也可作为相关院校和培训机构的教材。本书还提供了PPT教学课件，方便老师教学时使用。

图书在版编目（CIP）数据

突破平面Photoshop 2022设计与制作剖析/李金蓉编著. -- 北京：清华大学出版社，2022.8(2024.1重印)
（平面设计与制作）

ISBN 978-7-302-61518-7

Ⅰ.①突… Ⅱ.①李… Ⅲ.①图像处理软件-教材 Ⅳ.①TP391.413

中国版本图书馆CIP数据核字（2022）第144420号

责任编辑：陈绿春
封面设计：潘国文
责任校对：胡伟民
责任印制：沈　露

出版发行：清华大学出版社
网　　址：https://www.tup.com.cn, https://www.wqxuetang.com
地　　址：北京清华大学学研大厦A座　　**邮　　编：**100084
社 总 机：010-83470000　　**邮　　购：**010-62786544
投稿与读者服务：010-62776969，c-service@tup.tsinghua.edu.cn
质 量 反 馈：010-62772015，zhiliang@tup.tsinghua.edu.cn
印 装 者：三河市君旺印务有限公司
经　　销：全国新华书店
开　　本：188mm×260mm　　**印　张：**14　　**插　页：**8　　**字　数：**560千字
版　　次：2022年10月第1版　　**印　次：**2024年1月第2次印刷
定　　价：69.00元

产品编号：096158-01

PREFACE 前言

笔者非常乐于钻研Photoshop。此软件就像阿拉丁神灯，可以帮助我们实现自己的设计梦想，而且学习和使用Photoshop都是令人愉快的事。

任何一款软件，想学会其实都不难，但要做到精通就不太容易了，Photoshop也是如此。要想将其学好，一是培养兴趣，二是多实践。没有兴趣，就没有动力，也体验不到学习的乐趣；不实践，则无法将所学知识同设计工作很好地结合起来。

基于此，本书每章会先介绍设计理论；之后讲解Photoshop功能并提供相应的实例，这些实例兼具实用性与趣味性，或展现软件功能的应用，或者用来完成一项设计任务；章节的结尾还布置了课后作业和复习题。全书力求在一种轻松、快乐的学习氛围中，带领读者逐步深入地了解Photoshop，并通过实践掌握其在平面设计领域的应用。

实例资源

在内容安排上，本书侧重于实用性强的功能，以便让读者更加快速地掌握软件的使用技巧。在技术设置上，不仅深入地挖掘了Photoshop的潜力，还突出了各个功能之间的横向联系，以增强读者使用多种功能进行创作的能力。120个不同类型的实例和82个教学视频，能让读者了解设计项目的制作流程并亲自动手操作，真正做到学以致用。

附赠资源

本书的配套资源包含实例资源、附赠资源和PPT教学课件。实例资源包括实例的素材文件、最终效果文件、课后作业的视频教学。附赠资源则包括照片处理动作库、画笔库、形状库、渐变库和样式库，以及大量的学习资料，包含《Illustrator CC自学教程》《UI设计配色方案》《网店装修设计配色方案》《色彩设计》《图形设计》《创意法则》《CMYK色谱手册》《色谱表》《Photoshop 2022滤镜》《外挂滤镜使用手册》(包含KPT7、Eye Candy 4000、Xenofex等经典外挂滤镜)等10本电子书，以及“多媒体课堂——Photoshop视频教学65例”。

PPT课件

配套资源请扫描右侧的二维码进行下载，如果在下载过程中碰到问题，请联系陈老师，联系邮箱：chenlch@tup.tsinghua.edu.cn。

希望本书能帮助您轻松、愉快地学会Photoshop。由于作者水平有限，书中难免有疏漏之处。如果您在学习过程中遇到问题，请扫描技术支持二维码，联系相关人员解决。

技术支持

作者

2022年8月

Contents 目录

第1章 创意设计：Photoshop基本操作 2

1.1 创造性思维 2
1.2 Photoshop 2022新增功能 3
1.3 Photoshop 2022工作界面 4
1.3.1 主页 4
1.3.2 文档窗口 4
1.3.3 菜单栏 5
1.3.4 面板 5
1.3.5 工具面板 6
1.3.6 工具选项栏 7
1.4 文件基本操作 8
1.4.1 新建文件 8
1.4.2 打开文件 8
1.4.3 保存文件 8
1.4.4 怎样选择文件格式 9
1.4.5 用Bridge浏览及管理文件 9
1.5 查看图像 10
1.5.1 用缩放工具查看图像 10
1.5.2 用抓手工具查看图像 10
1.5.3 用导航器面板查看图像 10
1.6 撤销编辑 11
1.6.1 撤销与恢复文件 11
1.6.2 用历史记录面板撤销编辑 11
1.7 课后作业：自定义工作区 11
1.8 复习题 11

第2章 构成设计：图层、选区与变换 12

2.1 构成设计 12
2.1.1 平面构成 12
2.1.2 色彩构成 13
2.2 图层 14
2.2.1 什么是图层 14
2.2.2 图层的选择与链接方法 14
2.2.3 图层的创建与复制方法 15
2.2.4 图层的显示与隐藏方法 15
2.2.5 调整图层的堆叠顺序 15
2.2.6 图层的命名与编组方法 16
2.2.7 图层的合并与删除方法 16
2.2.8 图层的锁定方法 16
2.2.9 调整图层的不透明度和混合模式 16
2.3 选区 17
2.3.1 什么是选区 17
2.3.2 普通选区和羽化选区 18
2.3.3 选区运算 18
2.3.4 全选、反选与取消选择 19
2.3.5 存储与载入选区 19
2.3.6 实例：春天的色彩 19
2.3.7 实例：天空下的鲨鱼 20
2.4 变换与变形 22
2.4.1 移动与复制 22
2.4.2 在多个文件间移动 22
2.4.3 旋转、缩放与拉伸 22
2.4.4 斜切、扭曲与透视扭曲 23
2.4.5 实例：制作人物投影（透视变形）........ 23
2.4.6 实例：制作风吹效果（操控变形）........ 24
2.4.7 实例：拉宽画面（内容识别缩放）........ 25
2.5 智能对象 26
2.5.1 实例：置入、更新和替换智能对象 26
2.5.2 实例：制作可更新的设计标签 27
2.5.3 实例：粘贴Illustrator图形 28
2.5.4 撤销应用于智能对象的变换和变形 29
2.6 应用案例：制作折叠的魔幻空间 29
2.7 课后作业：食材版愤怒的小鸟 31
2.8 课后作业：制作水中倒影 31

2.9 复习题......31

第3章 包装设计：颜色、渐变、图案与绘画......32

3.1 关于包装设计......32
3.2 设置颜色......33
3.2.1 前景色与背景色......33
3.2.2 拾色器......33
3.2.3 颜色面板......34
3.2.4 色板面板......34
3.2.5 吸管工具......34
3.2.6 实例：为海报填色......34
3.3 填充渐变......35
3.3.1 渐变样式......35
3.3.2 设置渐变颜色......36
3.3.3 实例：制作石膏几何体......36
3.3.4 实例：使用填充图层制作灯光效果......38
3.4 制作图案......39
3.4.1 使用油漆桶工具填充图案......39
3.4.2 实例：制作四方连续图案......39
3.5 绘画......40
3.5.1 画笔设置面板......40
3.5.2 画笔工具......41
3.5.3 实例：绘制对称花纹......41
3.5.4 实例：绘制超萌表情包......43
3.5.5 实例：绘制多色唇彩......44
3.6 应用案例：制作炫彩气球字......44
3.7 应用案例：定义图案并制作牛奶包装......46
3.8 课后作业：制作彩虹......49
3.9 复习题......49

第4章 海报设计：蒙版与通道......50

4.1 海报设计的常用表现手法......50
4.2 图层蒙版......51
4.2.1 什么是图层蒙版......51
4.2.2 创建、编辑图层蒙版......52
4.2.3 复制、删除图层蒙版......52
4.2.4 实例：制作人物消散特效......52
4.3 剪贴蒙版......54
4.3.1 什么是剪贴蒙版......54
4.3.2 剪贴蒙版的创建和编辑方法......54
4.3.3 实例：制作纸片特效字......55
4.3.4 实例：制作放大镜特殊观察效果......56
4.4 矢量蒙版......57
4.4.1 创建和编辑矢量蒙版......57
4.4.2 实例：制作花饰艺术相框......58
4.5 通道......59
4.5.1 颜色通道......59
4.5.2 Alpha通道......59
4.5.3 专色通道......59
4.5.4 通道的基本操作......59
4.5.5 实例：制作多重曝光效果......60
4.6 应用案例：合成微缩景观......60
4.7 应用案例：字符招贴画......62
4.8 课后作业：地球变暖公益广告......65
4.9 课后作业：练瑜伽的汪星人......65
4.10 复习题......65

第5章 UI设计：矢量图形与效果......66

5.1 关于UI设计......66
5.2 矢量图形......66
5.2.1 什么是矢量图形......67
5.2.2 绘图模式及路径面板......67
5.2.3 填充和描边形状......68
5.2.4 路径及形状运算......68
5.3 用钢笔工具绘图......69
5.3.1 锚点的特征及调整方法......69

5.3.2 绘制直线 69
5.3.3 绘制曲线 70
5.3.4 绘制转角曲线 70
5.3.5 选择锚点和路径 70
5.3.6 路径与选区的转换方法 71

5.4 用形状工具绘图 71
5.4.1 创建几何状图形 71
5.4.2 修改实时形状 71
5.4.3 创建自定义形状 72

5.5 图层样式 72
5.5.1 添加图层样式 72
5.5.2 效果概览 73
5.5.3 编辑图层样式 74
5.5.4 让效果与图像比例匹配 74
5.5.5 实例：在笔记本上压印图案 75
5.5.6 实例：制作甜蜜糖果字 75
5.5.7 实例：制作果酱卡通人 76
5.5.8 实例：制作饮料杯立体镂空字 77
5.5.9 实例：制作激光图形 78

5.6 样式面板 80
5.6.1 添加、保存和加载样式 80
5.6.2 实例：制作圆环嵌套效果 80

5.7 应用案例：液体容器状 UI 图标 81
5.8 应用案例：巧克力店 UI 图标设计 84
5.9 应用案例：游戏登录界面设计 85
5.10 课后作业：制作咖啡拉花效果 89
5.11 课后作业：制作带锈迹的金属徽标 89
5.12 复习题 89

第 6 章 字体与版面设计：文字编辑 90

6.1 关于字体设计 90
6.2 创建文字 90
6.2.1 点文字 91
6.2.2 段落文字 91
6.2.3 实例：用路径文字装饰手提袋 92
6.2.4 实例：制作图形化文字版面 93

6.3 编辑文字 94
6.3.1 调整字体、大小、样式和颜色 94
6.3.2 调整行距、字距、比例间距 94
6.3.3 设置段落属性 95
6.3.4 栅格化文字 95
6.3.5 实例：文字转换为形状制作卡通字 96

6.4 应用案例：制作反转城市 97
6.5 应用案例：制作美食海报 99
6.6 应用案例：制作饮品促销单 101
6.7 课后作业：制作变形字 103
6.8 复习题 103

第 7 章 插画设计：滤镜与特效 104

7.1 插画设计 104
7.2 滤镜 105
7.2.1 滤镜是怎样生成特效的 105
7.2.2 滤镜的使用规则和技巧 105
7.2.3 滤镜库 106
7.2.4 Neural Filters 滤镜 106
7.2.5 实例：在气泡中奔跑 108
7.2.6 实例：制作银质纪念币 109

7.3 智能滤镜 110
7.3.1 创建和编辑智能滤镜 110
7.3.2 实例：制作墙面喷画 111
7.3.3 实例：制作丝网印刷效果 112

7.4 应用案例：流光溢彩火凤凰 113
7.5 应用案例：商业插画 115
7.6 课后作业：制作两种球面全景图 119

7.7 复习题 119

第8章 摄影后期必修课：PS+ACR调色 120

8.1 关于广告摄影 120
8.2 调整色调和亮度 121
8.2.1 调整图层 121
8.2.2 色调范围 121
8.2.3 直方图 122
8.2.4 调整亮度、对比度和清晰度 123
8.2.5 分别调整阴影和高光区域 123
8.2.6 调整色阶 124
8.2.7 调整曲线 125
8.3 调整颜色 125
8.3.1 调整色相和饱和度 125
8.3.2 颜色反相、分离与映射 126
8.3.3 匹配和替换颜色 126
8.3.4 实例：制作宝丽莱照片效果 126
8.3.5 实例：用可选颜色命令调樱花 127
8.3.6 实例：春变秋 128
8.3.7 实例：通过匹配颜色方法调肤色 129
8.3.8 实例：黑白照片上色 129
8.4 通道调色 130
8.4.1 通道调色原理 130
8.4.2 实例：用Lab模式调出唯美蓝橙调 ... 131
8.4.3 实例：云中倩影 132
8.5 用Camera Raw调色 133
8.5.1 在Camera Raw中打开文件 133
8.5.2 保存编辑好的文件 133
8.5.3 实例：消除雾霾 133
8.5.4 实例：风光照片精修 134
8.6 照片处理自动化 137
8.6.1 实例：用动作调色 137
8.6.2 实例：通过批处理为照片加Logo 138
8.7 应用案例：制作星空人像 139
8.8 应用案例：照片变平面广告 140
8.9 课后作业：通过灰点校正色偏 141
8.10 课后作业：制作波普风格艺术肖像 141
8.11 复习题 141

第9章 影楼美工必修课：修图和抠图 142

9.1 修图与艺术创作 142
9.2 调整照片的尺寸和分辨率 143
9.2.1 像素 143
9.2.2 分辨率 143
9.2.3 实例：修改尺寸和分辨率 144
9.2.4 实例：保留细节并放大图像 144
9.2.5 实例：超级图像放大技术 145
9.3 裁剪和校正照片 145
9.3.1 裁剪照片 145
9.3.2 实例：裁剪并校正透视 145
9.3.3 实例：将倾斜的照片调正 146
9.4 照片修图 147
9.4.1 图像修复工具 147
9.4.2 实例：去除眼角和嘴角皱纹 148
9.4.3 实例：牙齿美白与整形 148
9.4.4 实例：瘦身 149
9.4.5 实例：去除画面中的游客 150
9.4.6 实例：去除照片中的水印 151
9.4.7 实例：快速替换天空 151
9.5 磨皮 152
9.5.1 实例：肌肤美白 152
9.5.2 实例：用通道磨皮 153
9.6 改善画质 155
9.6.1 降噪 155

9.6.2 锐化 155
9.6.3 实例：用防抖滤镜锐化 156
9.7 抠图 156
9.7.1 从分析图像入手确定抠图方法 156
9.7.2 解决图像与新背景的融合问题 158
9.7.3 实例：抠汉堡包 158
9.7.4 实例：用混合颜色带抠大树 159
9.7.5 实例：用混合颜色带抠文字 160
9.7.6 实例：用色彩范围命令抠图标 160
9.7.7 实例：用钢笔工具抠马克杯 161
9.7.8 实例：用选择并遮住命令抠人像 162
9.7.9 实例：用通道抠婚纱 164
9.8 应用案例：用液化滤镜修出精致美人 165
9.9 应用案例：面部美容 166
9.10 课后作业：用消失点滤镜修图 169
9.11 课后作业：抠图并制作合成效果 169
9.12 课后作业：抠汽车 169
9.13 复习题 169

第10章 网店美工必修课：Web图形与网店装修 ... 170

10.1 网店设计师基本技能 170
10.2 Web 图形 170
10.2.1 Web 安全色 170
10.2.2 实例：制作和优化切片 171
10.2.3 使用画板 172
10.2.4 将画板导出为单独的文件 172
10.2.5 导出图像资源 172
10.2.6 从 PSD 文件中生成图像资源 172
10.2.7 导出 PNG 资源 173
10.2.8 复制 CSS 173
10.3 应用案例：制作网店欢迎模块 173
10.4 应用案例：化妆品促销活动设计 175
10.5 应用案例：网店商品修图 177
10.6 课后作业：制作童装店店招 179
10.7 复习题 179

第 11 章 卡通和动漫设计：视频与动画 180

11.1 关于卡通和动漫 180
11.2 编辑视频 180
11.2.1 在 Photoshop 中打开、导入视频 181
11.2.2 时间轴面板 181
11.2.3 存储和渲染视频 181
11.3 应用案例：将照片制作成视频 181
11.4 应用案例：制作蝴蝶飞舞动画 184
11.5 课后作业：从视频中获取静帧图像 185
11.6 课后作业：制作文字变色动画 185
11.7 复习题 185

第 12 章 跨界设计：综合实例 186

12.1 制作影像合成特效 186
12.2 制作线状镂空特效 187
12.3 制作故障风格特效 188
12.4 制作纸雕特效 188
12.5 制作像素拉伸特效 192
12.6 制作运动轨迹特效 194
12.7 制作融化特效 195
12.8 制作炫光特效 197
12.9 制作毛皮字 198
12.10 制作金属字 201
12.11 制作平面广告 203
12.12 制作运动海报 205
12.13 玻璃质感卡通角色设计 207
12.14 美猴王游戏 ICON(图标)设计 209

复习题答案 214

学习重点 
菜单栏……5 工具选项栏……7
面板……5 怎样选择文件格式……9
工具面板……6 用抓手工具查看图像……10

第1章 创意设计：Photoshop 基本操作

Photoshop是一款大型软件，功能多，但门槛并不高，非常容易上手操作。本章讲解Photoshop的基本操作方法，首先了解Photoshop 2022的新增功能，之后介绍Photoshop的工作界面、工具、面板和命令，学习文件的创建和保存方法，学会查看图像，以及学会在编辑过程中如何撤销操作、恢复图像。

1.1 创造性思维

思维是人脑对客观事物本质属性和内在联系的概括和间接反映。以新颖、独特的思维活动揭示事物的本质及内在联系，并指引人们去获得新的答案，从而产生前所未有的想法，这就是创造性思维。其包含以下几种形式。

1. 多向思维

多向思维也叫发散思维，表现为思维不受点、线、面的限制，不局限于一种模式，既可以是从尽可能多的方面去思考同一个问题，也可以从同一思维起点出发，让思路呈辐射状，形成诸多系列。

2. 侧向思维

侧向思维又称旁通思维，是沿着正向思维旁侧开拓出新思路的一种创造性思维。正向思维遇到问题，是从正面去想，而侧向思维则避开问题的锋芒，在次要的地方做文章。例如，英国著名作家毛姆曾巧妙地运用侧向思维为自己的小说打开销路。20世纪初的一天，英国突然沸腾了起来，所有的女性都在为一则征婚广告而兴奋激动。那则广告是这样写的："本人喜欢音乐和运动，是个年轻而有教养的百万富翁，希望能找到与毛姆小说中的女主角完全一样的女性结婚"。一时间，所有的人都在议论这则广告。女性读者想看一看这个富翁心中的理想对象是怎样的，就跑去书店抢购此书。在短短的几天内，该书就销售一空，虽然出版商多次加印，但仍出现断货的情况。这则广告的刊登者正是毛姆本人，他巧妙地把卖书广告变成了征婚广告。从思维方式的角度来看，这正是兴奋点的侧向导引，是迂回前进的侧向思维。

图1-1

侧向思维用在广告创意上也会收到很好的效果。如图1-1所示为大众原装配件广告。狐狸积木刚好可以填充在鸡形的凹槽里，但狐狸遇到鸡，必定会将其吃掉，所以，为避免潜在的危险，还是应该用原装配件，毕竟安全第一。如图1-2所示也是侧向思维广告创意——问路时遇到太多的热心肠，以至于不知道怎么选择，这时要有一个摩托罗拉GPS该有多好。

图1-2

3. 逆向思维

日常生活中，人们往往有一种习惯性思维，即只看事物的一方面，而忽视另一方面。如果逆转正常的思路，从反面想问题，便能有创新性的设想。

如图1–3所示为Stena Lines 客运公司广告——父母跟随孩子出游可享受免费待遇。广告运用了逆向思维，将孩子和父母的身份调换，创造出生动、新奇的视觉效果，让人眼前一亮。

4. 联想思维

联想是由所感知或所思的事物、概念或现象的刺激而想到其他的与之有关的事物、概念或现象的思维过程。联想思维就是指由某一事物联想到另一事物。

如图1–4所示为Covergirl睫毛刷产品广告——请选择加粗。如图1–5所示为BIMBO Mizup 方便面广告，顾客看到龙虾自然会联想到方便面的口味。

图1-3

图1-4

图1-5

1.2　Photoshop 2022新增功能

1987年秋，美国密歇根大学博士研究生托马斯·洛尔（Thomes Knoll）编写了一个可以在黑白位图显示器上显示灰阶图像的程序——Display，这就是Photoshop的雏形。历经30多年的发展，当初这个简单的软件已发展成为图像编辑领域的霸主，其地位无人能撼动。Photoshop的最新版本Photoshop 2022是2021年10月发布的，其增加及增强了以下功能。

- 从Illustrator中复制图形并粘贴到Photoshop中，可以选择将图形粘贴为图层、智能对象、像素、路径、形状图层等，如图1-6所示。

图1-6

- 从Illustrator中复制文字并粘贴到Photoshop中，文字将成为可编辑的文字图层。
- 增加了线性和可感知两种新的渐变插值方法，与现有的插值方法结合在一起，可以使渐变更准确，创建和修改时更简单。
- 改进和增强了神经网络滤镜——Neural Filters。
- 改进了“天空替换”命令中对象边缘的品质，以更好地保留细线对象周围的前景和背景之间的对比度，同时减少光晕伪影。
- 改进了油画滤镜的性能，在处理较大文件时尤其明显。
- 使用多线程和GPU合成选项来加快工作流程。
- 支持新型相机和镜头。

1.3 Photoshop 2022 工作界面

Photoshop 2022 的工作界面非常人性化，而且 Adobe 公司大部分软件都采用这样的界面，因此，会用 Photoshop 后，操作其他 Adobe 的软件也更加顺手。

1.3.1 主页

运行 Photoshop 2022 后，首先显示的是主页，如图 1–7 所示。在此可以创建和打开文件，也可以了解 Photoshop 的新增功能及搜索资源。单击“学习”选项卡，则可以显示学习页面，其中有很多练习，单击一个，可在 Photoshop 中打开相关素材及“发现”面板，按照“发现”面板的提示去操作，就可以学习 Photoshop 的入门知识，以及完成一些实例。单击视频则可链接到 Adobe 网站，在线观看视频。如果不使用主页，可以按 Esc 键将其关闭。需要显示时，单击工具选项栏左端的按钮即可。

在主页中打开、新建文件，或关闭主页后，就会进入 Photoshop 工作界面，界面由文档窗口、菜单栏、工具选项栏和各种面板等组成，如图 1–8 所示。默认的界面是黑色的，如果想调整其亮度，可以按 Alt+Shift+F2（由深到浅）和 Alt+Shift+F1（由浅到深）快捷键。

图 1-7

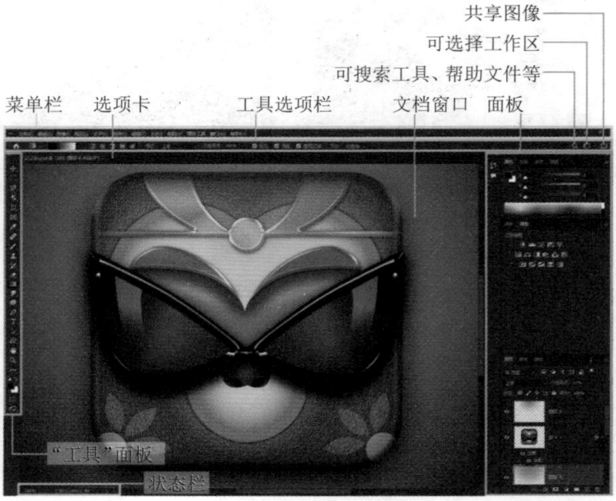

共享图像
可选择工作区
可搜索工具、帮助文件等
菜单栏　选项卡　工具选项栏　文档窗口　面板
“工具”面板
状态栏

图 1-8

1.3.2 文档窗口

文档窗口是编辑图像的区域。如果打开多幅图像，则会全部停放到选项卡中，单击一个文件的名称，可将其设置为当前操作的窗口，如图 1–9 所示。按 Ctrl+Tab 快捷键，则可按照顺序切换各个窗口。

如果觉得文档窗口固定在选项卡中不方便，可以将光标放在窗口的标题栏上，拖曳鼠标，将其从选项卡中拖出来，使其成为浮动窗口，如图 1–10 所示。浮动窗口可以最大化、最小化或移动到任何位置，还可以重新固定到选项卡中。单击窗口右上角的 按钮，可以关闭该窗口。如果要关闭所有窗口，可在其中一个文件的标题栏上右击，在弹出的快捷菜单中执行“关闭全部”命令即可。

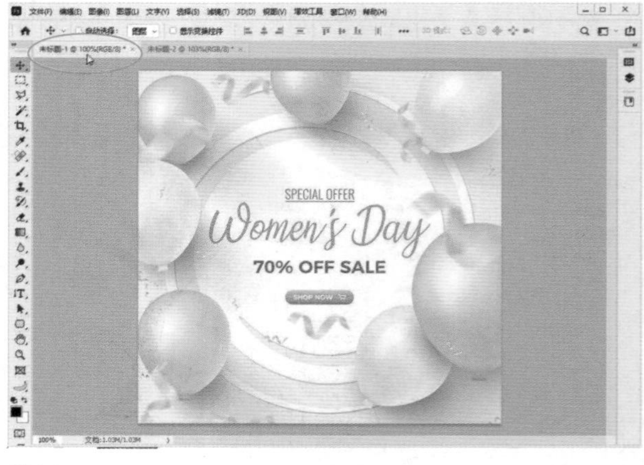

图 1-9

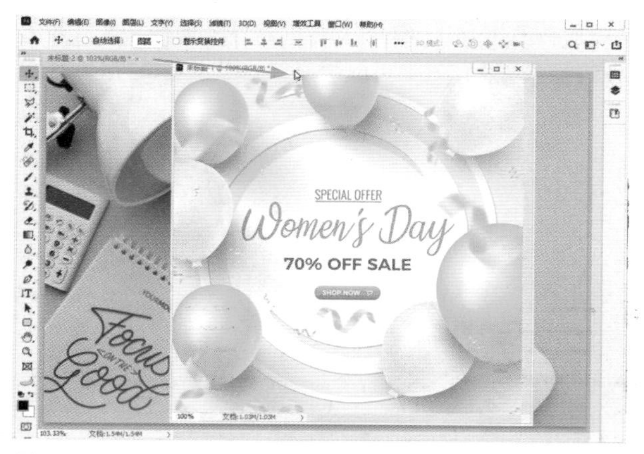

图 1-10

文档窗口底部是状态栏，其文本框中显示了文档窗口的视图比例。单击状态栏右侧的 › 按钮打开下拉列表，可以选择状态栏显示哪些信息。

1.3.3　菜单栏

Photoshop 中有 11 个菜单，它们将命令分为 11 大类。例如，"文件"菜单包含与设置文件有关的各种命令，"滤镜"菜单包含各种滤镜。单击菜单的名称，即可将其打开。带有黑色三角标记的命令包含级联菜单，如图 1-11 所示。如果命令显示为灰色，则表示在当前状态下不能使用。例如，未创建选区时，"选择"菜单中的多数命令都不能使用。如果命令右侧有"…"符号，则表示执行该命令时会弹出对话框。

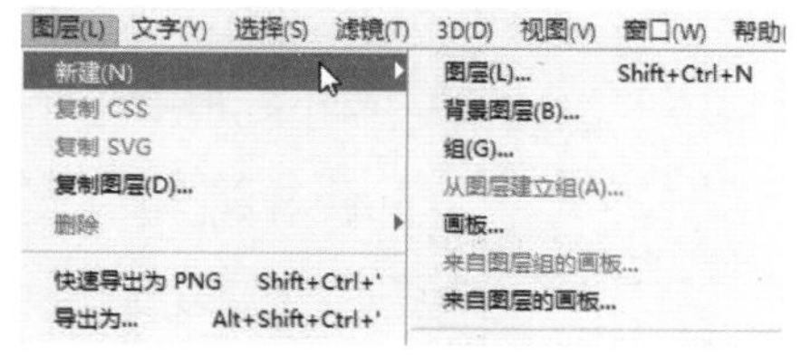

图 1-11

选择某一命令即可执行该命令。如果有快捷键，则可通过按快捷键的方式来执行命令。例如，按 Ctrl+A 快捷键可以执行"选择"|"全部"命令，如图 1-12 所示。有些命令只提供了字母，要通过快捷方式执行命令，可按快捷键 Alt+ 主菜单的字母 + 命令后面的字母。例如，按 Alt+L+D 快捷键，可以执行"图层"|"复制图层"命令，如图 1-13 所示。

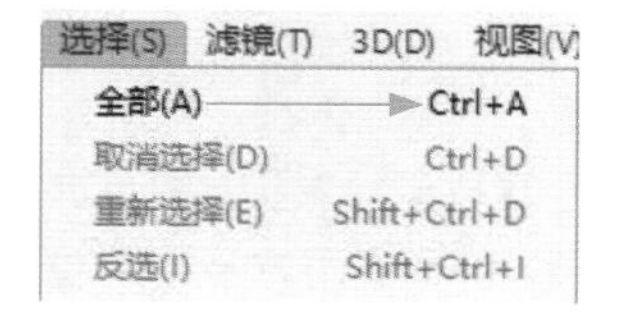

图 1-12

图层(L)　文字(Y)　选择(S)　滤镜(T)
新建(N)
复制 CSS
复制 SVG
复制图层(D)...
删除

图 1-13

tip 需要注意，应先切换到英文输入法状态，之后才能正常使用快捷键。本书中提供的是Windows快捷键，macOS用户需要进行转换——将Alt键转换为Opt键，将Ctrl键转换为Cmd键。如快捷键Alt+Ctrl+Z，macOS用户应按Opt+Cmd+Z快捷键来操作。

在文档窗口的空白处，或者在对象或面板上右击，可以弹出快捷菜单，如图 1-14 和图 1-15 所示。

图 1-14

图 1-15

1.3.4　面板

面板用于配合编辑图像、设置工具参数和选项。Photoshop 提供了 20 多个面板，在"窗口"菜单中可以将它们打开。默认情况下，面板以选项卡的形式成组出现，并停靠在窗口右侧，如图 1-16 所示。可根据需要打开、关闭或是自由组合面板。单击面板的名称，即可显示面板中的选项，如图 1-17 所示。单击面板组右上角的 ◂◂ 按钮，可以将面板折叠为图标状，如图 1-18 所示。单击图标可以展开相应的面板，再次单击，可将其关闭。

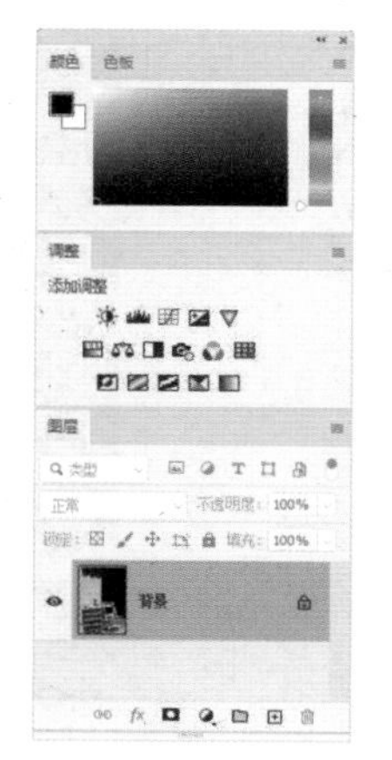
图 1-16

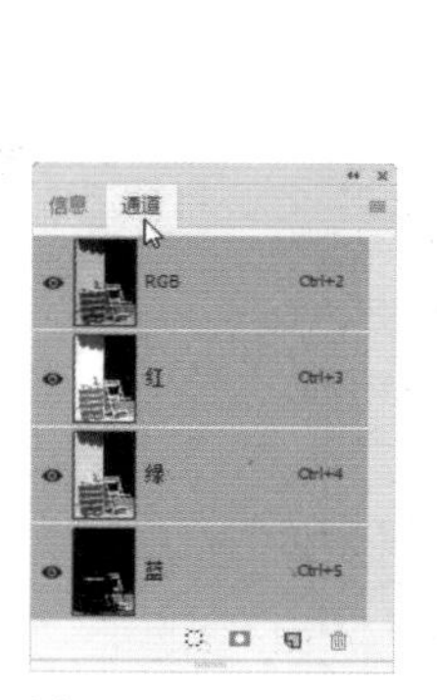

图 1-17

图 1-18

拖曳面板左侧边界可以调整面板组的宽度，让面板的名称显示出来，如图 1-19 所示。将光标放在面板的标题栏上，单击并向上或向下拖曳鼠标，可重新排列面板的组合顺序，如图 1-20 所示。如果向文档窗口中拖曳鼠标，则可以将其从面板组中分离出来，使之成为可以放在任意位置的浮动面板，如图 1–21 所示。单击面板右上角的 ≡ 按钮，可以打开面板菜单，如图 1–22 所示。菜单中包含与当前面板有关的各种命令。在面板的标题栏上右击，可以弹出快捷菜单，如图 1–23 所示，执行“关闭”命令，可以关闭该面板。

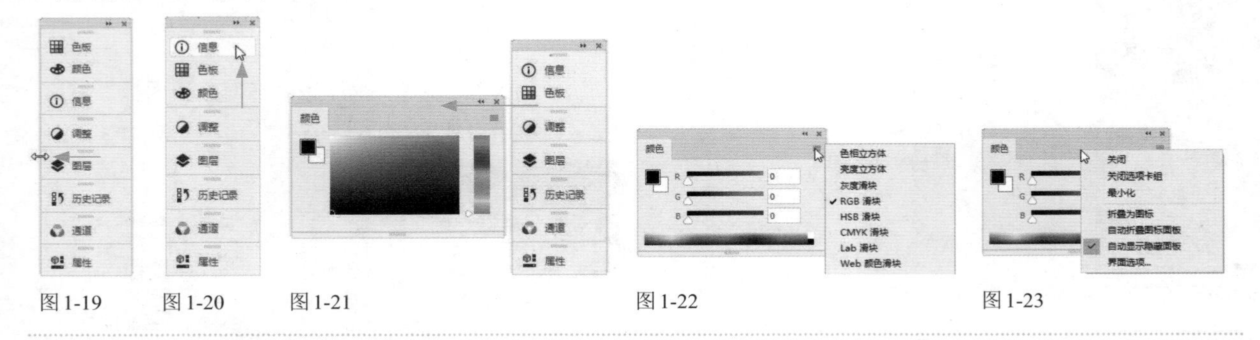

图 1-19　图 1-20　图 1-21　图 1-22　图 1-23

1.3.5　工具面板

Photoshop 的“工具”面板中包含了用于创建和编辑图像、图稿、页面元素的工具和按钮，如图 1–24 所示。按用途划分可分为 7 大类，如图 1–25 所示。

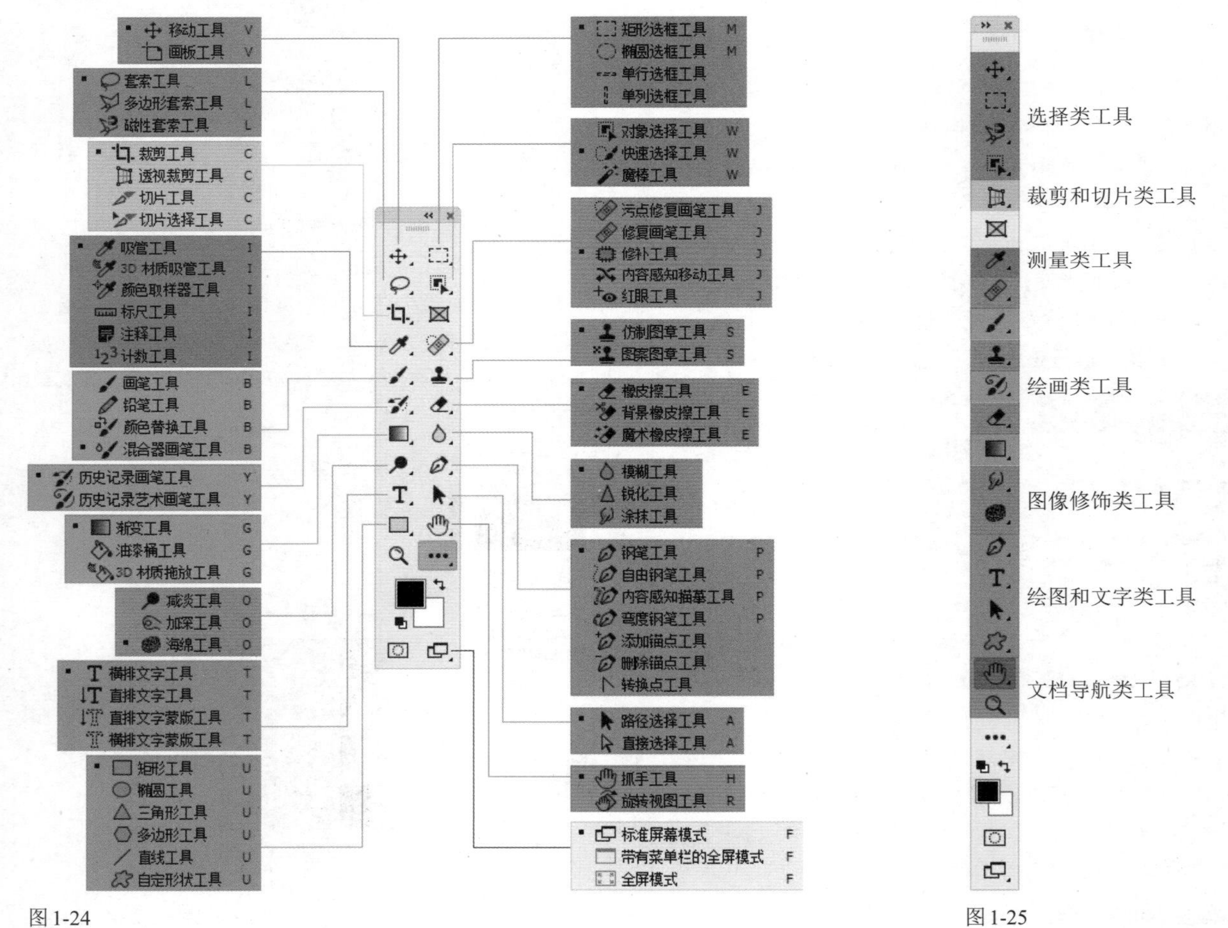

图 1-24　图 1-25

需要使用一个工具时，单击即可，如图 1–26 所示。右下角有三角形图标的是工具组，在其上方按住鼠标左键，可以显示其中隐藏的工具，如图 1–27 所示；将光标移动到一个隐藏的工具上，然后释放鼠标左键，即可选择该工具，如图 1–28 所示。如果将光标停放在工具上方，则可显示工具的名称和快捷键，以及使用方法的简短视频（简要介绍工具的用途），如图 1–29 所示。

> tip 按Shift+工具快捷键，可在一组隐藏的工具中循环选择各个工具。默认状态下，“工具”面板停放在文档窗口左侧。如果想将其摆放到其他位置，在其顶部进行拖曳即可。单击“工具”面板顶部的◀◀（或▶▶）按钮，则可将其切换为单排（或双排）显示。

图 1-26　图 1-27　图 1-28　图 1-29

单击“工具”面板中的•••按钮，打开下拉列表，执行“编辑工具栏”命令，可以打开“自定义工具栏”对话框。对话框左侧列表是“工具”面板中包含的所有工具。将其中的一个工具拖曳到右侧列表中，如图 1-30 和图 1-31 所示，则“工具”面板中就没有该工具了，如图 1-32 所示。需要使用该工具时，需要单击•••按钮才能将其找到，如图 1-33 所示。想要取消隐藏也很简单，只需将其重新拖曳到左侧列表即可。在左侧列表中，每个窗格代表一个工具组，通过拖曳的方法可以重新配置工具组，如图 1-34 和图 1-35 所示。如果想创建新的工具组，可将工具拖曳到窗格外，如图 1-36 所示。

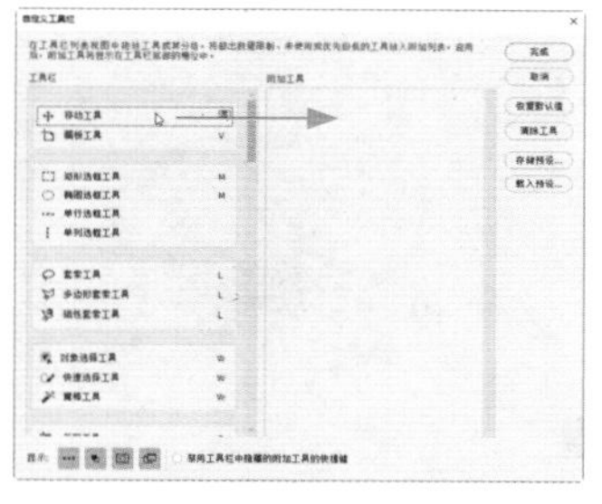
图 1-30

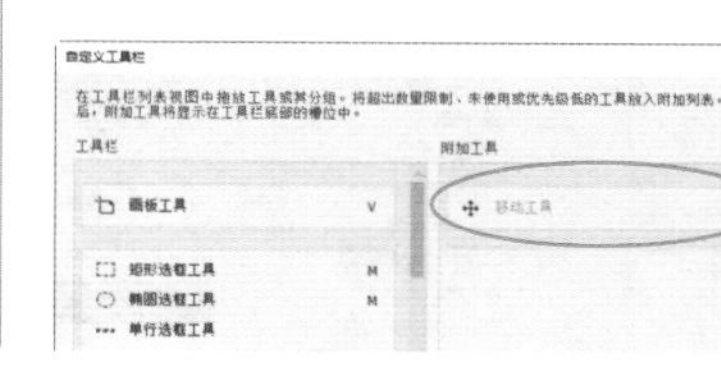
图 1-31

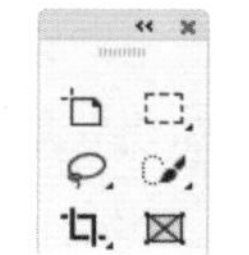
图 1-32

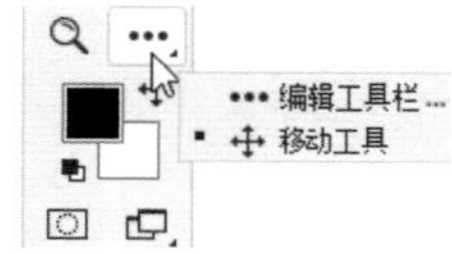

图 1-33

图 1-34

图 1-35

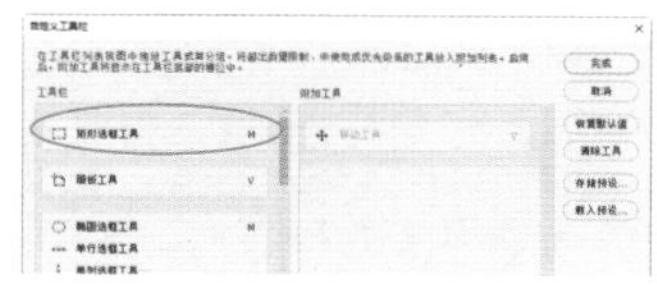
图 1-36

> tip 按Shift+Tab快捷键可以隐藏面板。按Tab键可以隐藏“工具”面板、工具选项栏和所有面板。再次按相应的键，可以重新显示隐藏的对象。

1.3.6　工具选项栏

选择一个工具后，可以在工具选项栏中设置其属性。如图 1-37 所示为渐变工具▇的选项栏。单击⌄按钮，可以打开下拉列表，如图 1-38 所示。在文本框中单击，之后输入数值并按 Enter 键，可调整数值。如果文本框旁边有⌄按钮，则单击该按钮，可以显示滑块，拖曳滑块也可以调整数值，如图 1-39 所示。

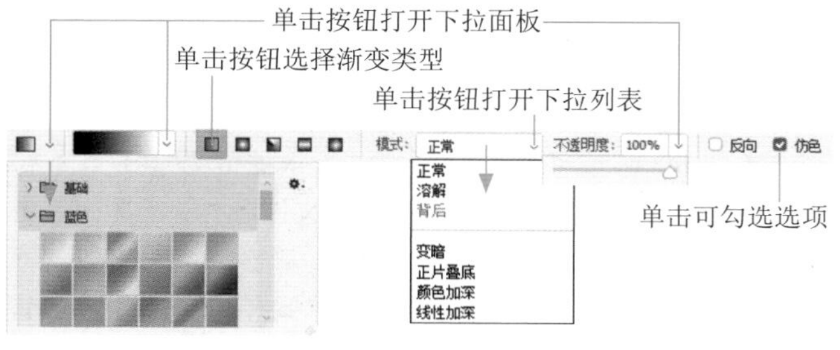

图 1-37

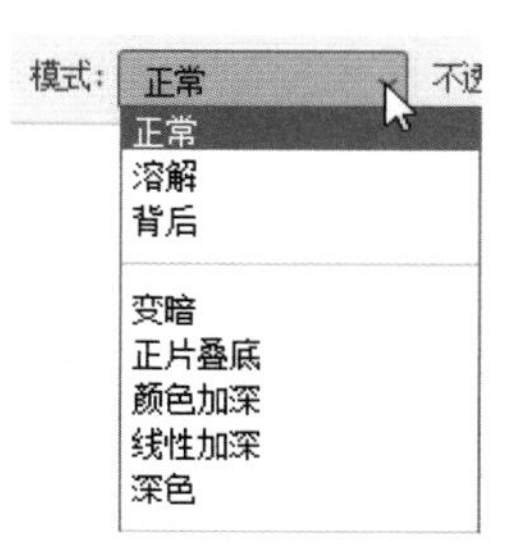

图 1-38

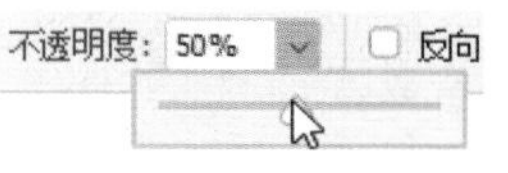

图 1-39

1.4 文件基本操作

使用Photoshop编辑文件时，先要在Photoshop中将其打开，当然也可在Photoshop中创建一个空白文件，以用于创作。

1.4.1 新建文件

如果想创建一个空白文件，可以执行“文件”|“新建”命令(快捷键为Ctrl+N)，打开“新建文档”对话框。该对话框顶部包含8个选项卡，如图1-40所示，其中包含的是不同设计工作所需要的文件项目。例如，如果想做一个A4大小的海报，可单击“打印”选项卡，在其下方选择A4预设，再单击“创建”按钮，即可基于此预设创建文件。如果想按照自己需要的尺寸、分辨率和颜色模式创建文件，则可在对话框右侧的选项中进行设置。

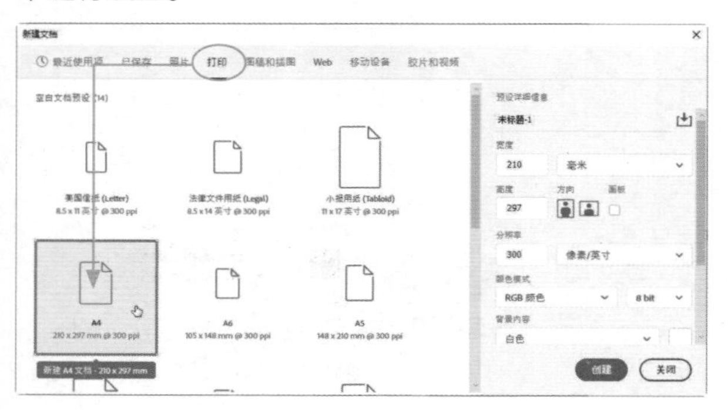

图1-40

- 未标题-1：在该选项中可输入文件的名称。创建文件后，文件名会显示在文档窗口的标题栏中。保存文件时，文件名会自动显示在存储文件的对话框内。文件名可以在创建时输入，也可以使用默认的名称(未标题-1)，在保存文件时，再设置正式的名称。
- 宽度/高度：可以输入文件的宽度和高度。在右侧的选项中可以选择一种单位，包括“像素”“英寸”“厘米”“毫米”“点”“派卡”。
- 方向：单击或按钮，可以将文件的页面方向设置为纵向或横向。
- 画板：选择该选项后，可以创建画板。
- 分辨率：可输入文件的分辨率(见143页)。在右侧的选项中可以选择分辨率的单位，包括“像素/英寸”和“像素/厘米”。
- 颜色模式：可以选择文件的颜色模式和位深。颜色模式决定了图像中的颜色数量、通道数量和文件大小。一幅图像中包含的颜色信息数量，取决于位深。位深是显示器、数码相机和扫描仪等设备使用的术语，也称像素深度或色深度，以多少位/像素来表示。
- 背景内容：可以为“背景”图层选择颜色，也可以选择“透明”选项，创建透明背景(即无“背景”图层)。
- 高级选项：单击按钮，可以显示两个隐藏的选项，其中“颜色配置文件”选项可以为文件指定颜色配置文件。

1.4.2 打开文件

如果要打开计算机中的文件，可以执行“文件”|“打开”命令(快捷键为Ctrl+O)，弹出“打开”对话框后，选择文件(按住Ctrl键单击可选择多个文件)，如图1-41所示，再单击“打开”按钮即可。

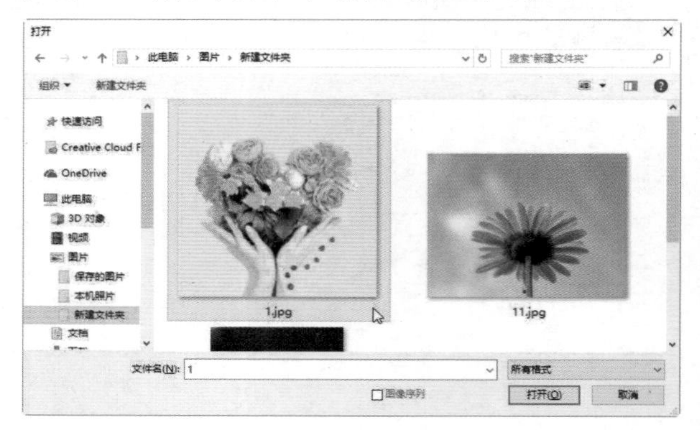

图1-41

在“文件”|“最近打开文件”子菜单中还可以快速打开最近使用过的文件等。在Windows资源管理器中找到文件后，将其拖曳到Photoshop窗口中，也可将文件打开。

此外，未运行Photoshop时，将文件拖曳到计算机桌面的Photoshop应用程序图标上，可运行Photoshop并打开文件。

tip 如果文件夹有各种格式的文件，且数量较多，则查找起来会比较麻烦。遇到这种情况，可在“文件类型”下拉列表中选择一种格式，这样就能将其他格式的文件屏蔽。

1.4.3 保存文件

执行“文件”|“存储”命令(快捷键为Ctrl+S)，在弹出的“另存为”对话框中输入文件名称，选择保存位置及文件格式，如图1-42所示，单击“保存”按钮，即可保存文件。如果要将当前文件保存为另外的名称和其他格式，或者存储到其他位置，可以执行“文件”|“存储为”命令，将文件另存。

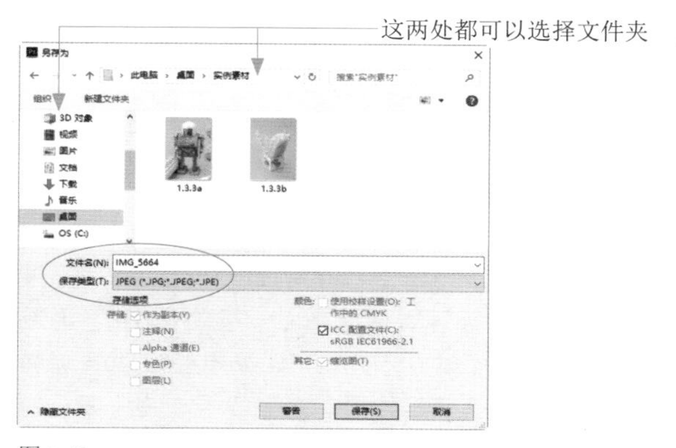

图 1-42

1.4.4 怎样选择文件格式

文件格式决定了数据的存储方式（作为像素还是矢量）、压缩方法、支持什么样的Photoshop功能，以及文件是否能与其他软件兼容。

在Photoshop中对文件进行编辑时，刚开始操作时应该以PSD格式另存文件，如图1-43所示。

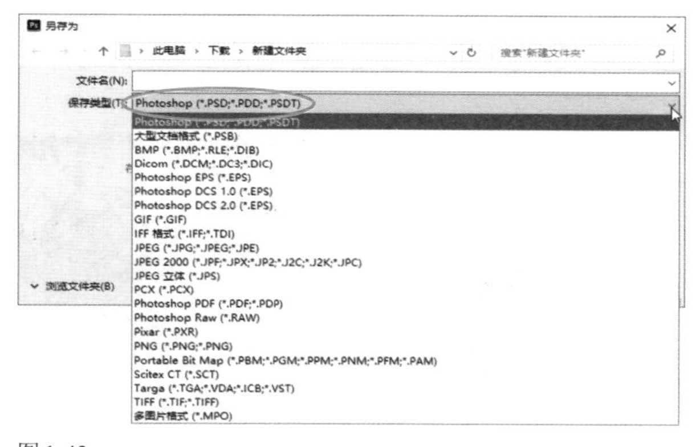

图 1-43

PSD格式（扩展名为.psd）能保存Photoshop文件中的所有内容（如图层、蒙版、通道、路径、可编辑的文字、图层样式、智能对象等），将文件存储为该格式后，以后不论何时打开文件，都可以对其中的内容进行修改。不仅如此，Adobe其他程序（如Illustrator、InDesign、Premiere、After Effects等）也支持PSD文件。这有很多好处，例如，文字可以修改、路径可以编辑。此外，在这些软件中使用透明背景的PSD文件时，其背景也是透明的，而在不支持PSD格式的软件中，图层会被合并，透明区域以白色填充。

将文件保存为PSD格式后也非万事大吉，在编辑过程中，每次完成重要操作，还要记得按Ctrl+S快捷键，将当前编辑效果存储起来，不要等到完成所有编辑以后再存储。养成随时保存文件的习惯非常重要，可以避免因断电、计算机故障或Photoshop意外崩溃而丢失工作成果。

编辑完成后，可将文件存储为两份，一份是PSD格式，便于以后修改；另一份的格式可以根据用途来定。如果图像用于打印、网络发布，或者通过邮箱传送，以及用于手机、平板电脑等设备，可以保存为JPEG格式，以方便浏览和网络传输在不同的设备上使用。如果图像用于网络传输，可以选择JPEG格式或者GIF格式。如果要为那些没有Photoshop的用户选择一种文件格式，不妨使用PDF格式，利用免费的Adobe Reader软件即可显示图像，还可以向文件中添加注释。

1.4.5 用Bridge浏览及管理文件

特殊格式的文件（如AI、PSD和EPS格式）在Windows和macOS系统中无法预览，如图1-44所示，这会给查找和管理素材带来不便。

图 1-44

Photoshop中有一个非常好用的文件浏览工具——Bridge。执行“文件”|“在Bridge中浏览”命令，便可使用其预览图像、RAW格式照片、AI和EPS矢量文件、PDF文件、动态媒体文件等Photoshop支持的文件，如图1-45所示。

图 1-45

找到文件后，双击可在其原始应用程序中将其打开。如果想使用其他软件打开文件，则可单击文件，然后在“文件”|“打开方式”菜单中选择相应的软件。由于Bridge能提供文件预览，所以用其管理各种素材也特别方便。相关方法，可登录Adobe官方网站查看Bridge用户指南。

1.5 查看图像

查看图像也称文档导航，包括调整文档窗口的视图比例，使画面变大或变小，以及移动画面，以方便观察和编辑图像的不同区域。

1.5.1 用缩放工具查看图像

打开一个文件时，其会在窗口中完整显示，如图1–46所示。选择缩放工具，将光标放在画面中（光标会变为状），单击可以放大窗口的显示比例，如图1–47所示。按住Alt键（光标会变为状）单击，可缩小窗口的显示比例，如图1–48所示。单击并按住鼠标左键向左、右滑动，可以快速缩放文档；在一个位置单击并按住鼠标左键，可以动态放大。

图1-46

图1-47

图1-48

1.5.2 用抓手工具查看图像

当窗口中不能显示完整的图像时，如图1–49所示，使用抓手工具在窗口中拖曳鼠标，可以移动画面，如图1–50所示。按住Ctrl键单击并向右侧拖曳鼠标，可以放大窗口的显示比例，向左侧拖曳鼠标则可缩小窗口的显示比例。

图1-49

图1-50

使用其他工具时，按住Ctrl键，再连续按+键，也可放大显示比例；按住空格键可临时切换为抓手工具，此时拖曳鼠标可以移动画面；按住Ctrl键，再连续按–键，可以缩小显示比例。如果想要让图像满屏显示，可以双击抓手工具，或按Ctrl+0快捷键；如果想要让图像以100%的比例显示，可以双击缩放工具，或按Ctrl+1快捷键。

1.5.3 用导航器面板查看图像

“导航器”面板与抓手工具类似，也集缩放和定位功能于一身，但更适合画面很大的情况，因为其可以快速放大视图并定位画面中心。

该面板提供了完整的图像缩览图，如图1–51所示。将光标放在缩览图上单击，或者进行拖曳，可以快速移动画面，让红色矩形框内的图像出现在文档窗口的中心位置，如图1–52所示。

图1-51

图1-52

1.6 撤销编辑

编辑图像的过程中，如果出现操作失误或对当前效果不满意，可以撤销操作，恢复图像。

1.6.1 撤销与恢复文件

如果要返回上一步编辑状态，可以执行“编辑”|“还原”命令（快捷键为Ctrl+Z），连续按Ctrl+Z快捷键，则可依次向前还原。如果要恢复被撤销的操作，可以执行“编辑”|“前进一步”命令（快捷键为Shift+Ctrl+Z，可连续按）。如果想要将图像恢复到最后一次保存时的状态，可以执行“文件”|“恢复”命令。

1.6.2 用历史记录面板撤销编辑

编辑图像时，每进行一步操作，Photoshop都会将其记录到“历史记录”面板中，如图1-53所示。单击面板中操作步骤的名称，即可将图像还原到该步骤所记录的状态，如图1-54所示。该面板顶部有图像缩览图，那是打开图像时Photoshop为其创建的快照，单击缩览图可以撤销所有操作，图像会恢复到打开时的状态。

图1-53

图1-54

tip 默认状态下，“历史记录”面板可保存50步历史记录。如果想增加数量，可以执行“编辑”|“首选项”|“性能”命令，打开“首选项”对话框，在“历史记录状态”选项中设置。需要注意的是，历史记录的数量越多，越占用内存。

1.7 课后作业：自定义工作区

在Photoshop的工作界面中，只有菜单是固定的，文档窗口、面板、工具选项栏都可以移动和关闭。本作业要求按照自己的使用习惯配置常用面板并摆放在顺手的位置，不常用的面板则关闭，之后执行“窗口”|“工作区”|“新建工作区”命令，打开“新建工作区”对话框，输入名称，如图1-55所示，单击“确定”按钮，将当前工作区保存。这样做的好处在于，以后不管是自己还是其他人修改了工作区，只要在“窗口”|“工作区”菜单中找到该工作区，如图1-56所示，便可将其恢复为原状。

如果要删除自定义的工作区，可以执行“窗口”|“工作区”命令，在级联菜单中执行“删除工作区”命令。如果要恢复为默认的工作区，可以执行“基本功能（默认）”命令。

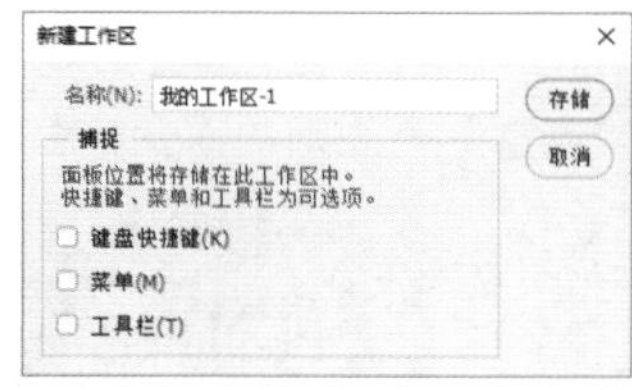

图1-55

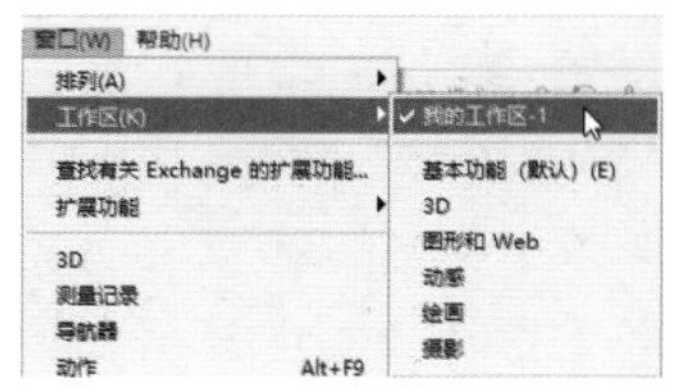

图1-56

1.8 复习题

1. 哪种颜色模式用于在手机、电视机和计算机中显示图像？哪种模式用于印刷？
2. Photoshop默认的文件格式是什么？
3. JPEG是使用最为广泛的文件格式之一，请说出其有哪些优点。
4. 查看图像时，缩放工具、抓手工具和“导航器”面板分别适合在什么样的情况下使用？
5. 历史记录暂存于内存中，关闭文件时就会将其删除。有没有办法可以永久保存历史记录？

第2章

图层、选区与变换 构成设计：

使用Photoshop编辑图像时，基本流程是：先选择需要编辑的对象所在的图层，然后根据情况判断是否创建选区将部分内容选中，再进行相应的编辑，如变换和变形。

变换和变形可应用于不同的对象，包括图像、图层、图层蒙版、选区、路径、矢量形状、矢量蒙版和Alpha通道等，而且还可以制作各种效果。

学习重点

什么是图层........................14
图层的创建与复制方法用.....15
什么是选区........................17
旋转、缩放与拉伸................22
置入、更新和替换智能对象...26
制作可更新的设计标签........27

2.1 构成设计

构成是指将不同形态的两个以上的单元重新组合，成为一个新的单元，并赋予其视觉化的概念。

2.1.1 平面构成

平面构成是视觉元素在二次元的平面上按照美的视觉效果和力学原理进行编排与组合。点、线、面是平面构成的主要元素。点是最小的形象组成元素，任何物体缩小到一定程度，都会变成不同形态的点，当画面中只有一个点时，这个点会成为视觉的中心，如图2–1所示；当画面有大小不同的点时，人们首先注意的是大的点，而后视线会移向小的点，从而产生视觉的流动，如图2–2所示。当多个点同时存在时，会产生连续的视觉效果。

图2-1

图2-2

线是点移动的轨迹，如图2–3所示。线的连续移动形成面，如图2–4所示。不同的线和面具有不同的情感特征，如水平线给人以平和、安静的感觉，斜线代表了动力和惊险；规则的面给人以简洁、秩序的感觉，不规则的面会产生活泼、生动的感觉。

图2-3

图2-4

2.1.2　色彩构成

色彩构成是从人对色彩的知觉和心理效果出发，用科学分析的方法，把复杂的色彩现象还原为基本要素，利用色彩在空间、量与质上的可变换性，按照一定的规律去组合各构成要素之间的相互关系，再创造出新的色彩效果的过程。

当两种或多种颜色并置时，因其性质不同而呈现的色彩差别现象称为色彩对比，包括明度对比、纯度对比、色相对比和面积对比。如图2-5~图2-8所示为色彩对比的具体表现。

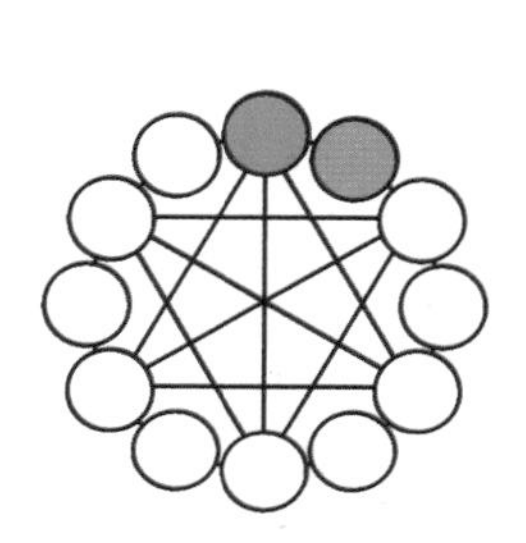

同类色对比

图2-5

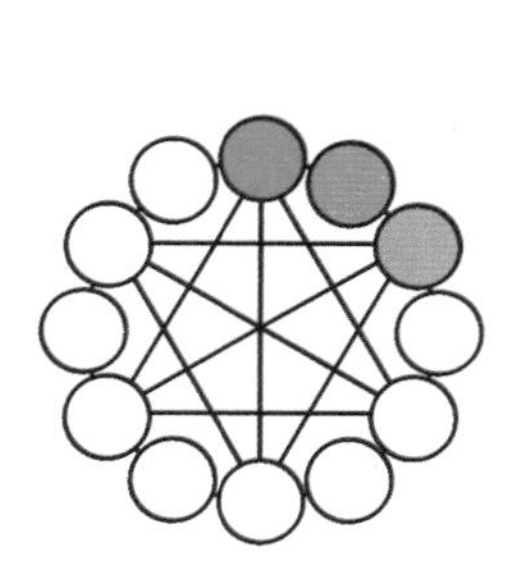

邻近色对比

图2-6

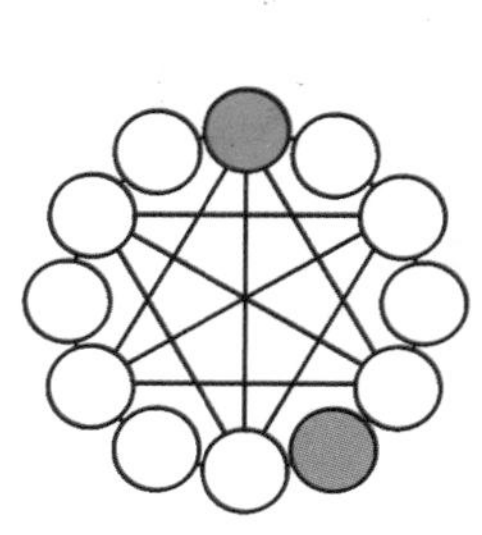

对比色对比

图2-7

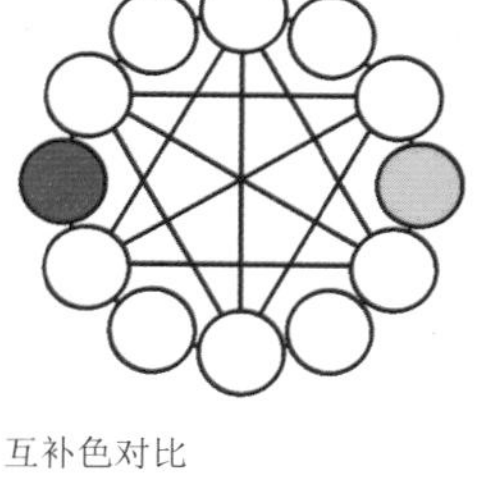

互补色对比

图2-8

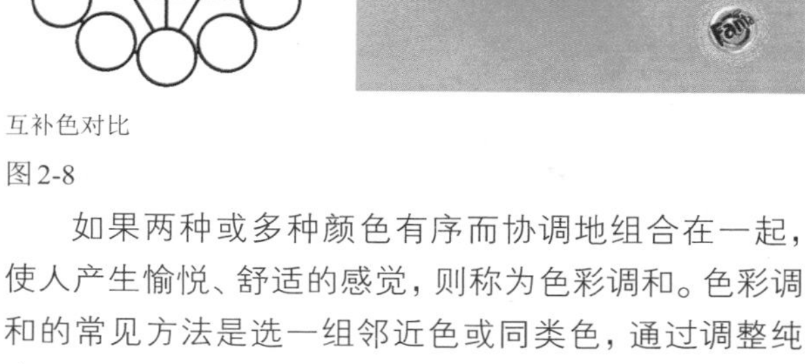

如果两种或多种颜色有序而协调地组合在一起，使人产生愉悦、舒适的感觉，则称为色彩调和。色彩调和的常见方法是选一组邻近色或同类色，通过调整纯度和明度来协调色彩效果，保持画面的秩序感、条理性，如图2-9~图2-11所示。

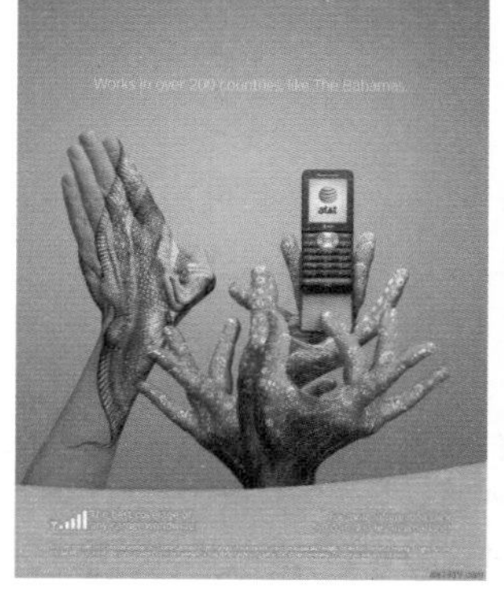

AT&T广告（面积调和）

图2-9

维尔纽斯国际电影节海报（明度调和）

图2-10

马自达卡车广告（色相调和）

图2-11

2.2 图层

图层是Photoshop的核心功能，其既能承载对象，也可以调色、制作特效。如果不会图层操作，在Photoshop中几乎“寸步难行”。

2.2.1 什么是图层

Photoshop可以编辑各种类型的文件，如图像、矢量图形、视频等，不同的对象由专属的图层承载。Photoshop中还有很多功能是通过图层应用的，如文字、蒙版、填充图层、调整图层等，因此，图层的种类非常多，如图2-12所示。所有类型的图层都通过“图层”面板管理，如图2-13所示。

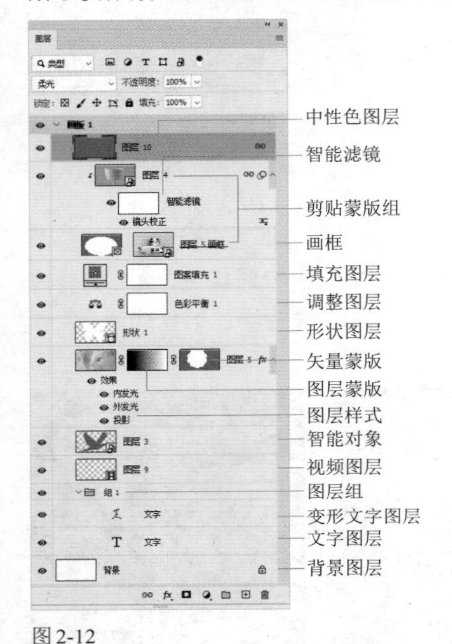

图2-12

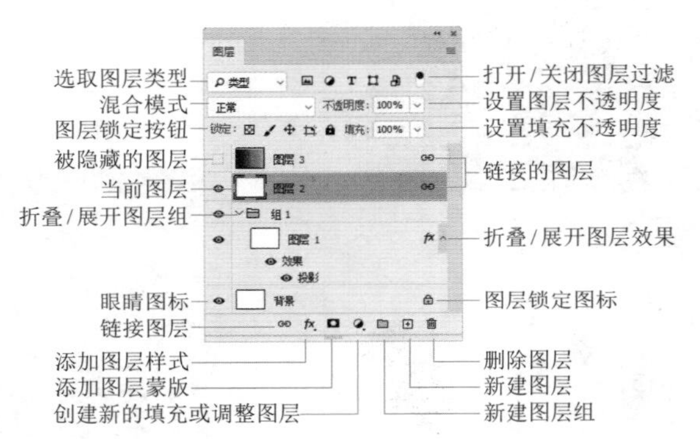

图2-13

tip 在“图层”面板中，图层名称左侧的缩览图显示了图层中包含的对象。缩览图中的棋盘格代表了透明区域。

图层如同堆叠在一起的透明纸，每一张纸(图层)上保存着不同的对象，透过上面图层的透明区域，可以看到下面的图层。将不同的对象放在不同的图层上，可单独处理任何一个图层，而不影响其他图层，如图2-14所示。如果没有图层，则所有对象都位于同一个平面，在这种状态下，想处理任何一处区域，都得先将其选中，否则将影响整幅图像。

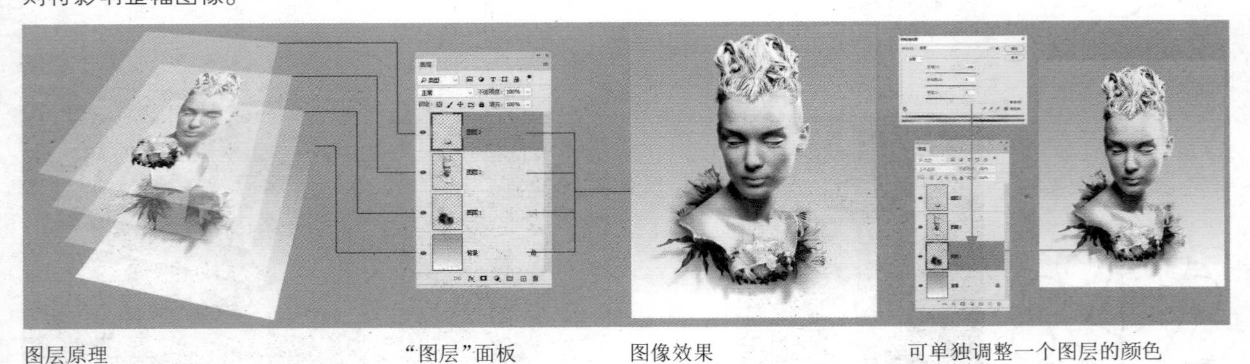

图层原理　“图层”面板　图像效果　可单独调整一个图层的颜色

图2-14

2.2.2 图层的选择与链接方法

单击“图层”面板中的图层，即可将其选择，如图2-15所示。所选图层称为“当前图层”。如果要同时选择多个图层，可以按住Ctrl键分别单击它们，如图2–16所示。一般操作只对当前图层有效，而移动、旋转、缩放、倾斜、复制、对齐和分布等操作则可同时应用于多个图层。如果要进行上述操作，可选择图层，单击“图层”面板中的 ⊖ 按钮，将它们链接，如图2–17所示。之后只要选择其中的一个图层并进行上述操作（复制除外），就会应用到所有与之链接的图层上，这样就不必单独处理各个图层。如果要取消一个图层与其他图层的链接，可单击该图层，再单击 ⊖ 按钮。

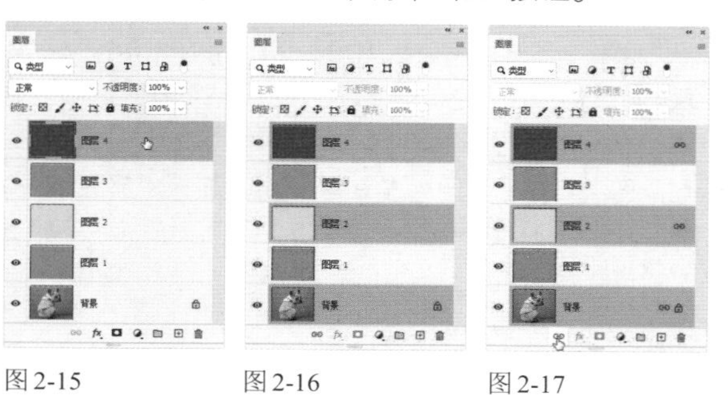

图2-15　　图2-16　　图2-17

2.2.3　图层的创建与复制方法

单击“图层”面板底部的 ⊞ 按钮，即可在当前图层上方新建图层，且新建的图层会自动成为当前图层，如图2–18所示。如果想在当前图层下方新建图层，可以按住Ctrl键单击 ⊞ 按钮（“背景”图层下方不能创建图层）。将一个图层拖曳至 ⊞ 按钮上，可以复制该图层，如图2–19所示。按Ctrl+J快捷键，则可复制当前图层。

图2-18　　图2-19

2.2.4　图层的显示与隐藏方法

单击一个图层左侧的眼睛图标 👁，可以隐藏该图层，如图2–20所示。如果要重新显示图层，可在原图层眼睛图标 👁 处单击，如图2–21所示。

在眼睛图标 👁 上单击并向上或向下拖曳鼠标，可以快速隐藏（或显示）多个相邻的图层。按住Alt键单击一个图层的眼睛图标 👁，可以将其他图层隐藏（按住Alt键再次单击同一眼睛图标 👁，可以恢复其他图层的显示）。

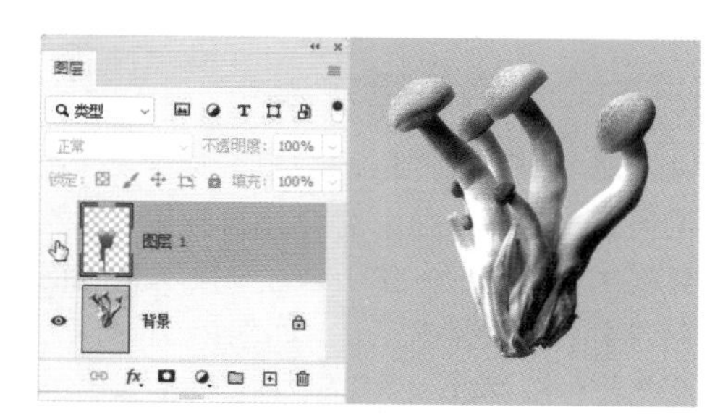

图2-20

图2-21

2.2.5　调整图层的堆叠顺序

在“图层”面板中，图层是按照创建的先后顺序堆叠排列的，就像搭积木一样，一层一层地向上搭建。将一个图层拖曳到另外一个图层的上方或下方，即可调整图层的堆叠顺序。需要注意的是，由于相互遮挡关系发生改变，会影响图像的显示效果，如图2–22和图2–23所示。

图2-22

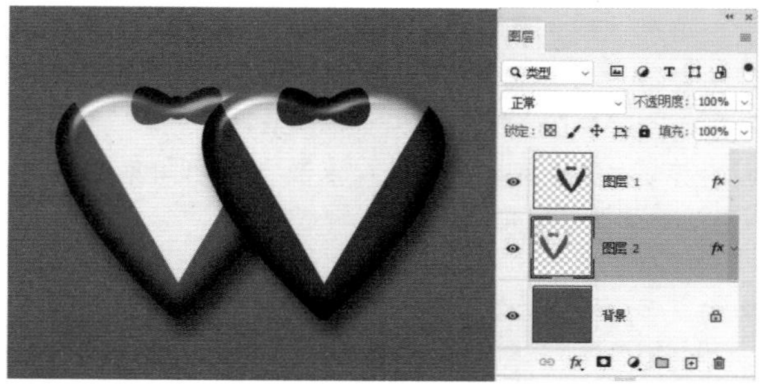

图2-23

2.2.6 图层的命名与编组方法

随着图像编辑的深入，图层的数量会越来越多，这会给选择图层带来麻烦。如果需要经常选取，或是选取比较重要的图层，可在名称上双击，显示文本框后输入特定名称并按Enter键确认，如图2–24所示，修改其名称。或者在图层的缩览图上右击，在弹出的快捷菜单中选择一个颜色命令，为图层标记此颜色，如图2–25所示。这两种方法都可使图层更易于识别。

图 2-24

图 2-25

此外，还可使用图层组管理图层。例如，选择多个图层后，如图2–26所示，执行“图层”|“图层编组”命令（快捷键为Ctrl+G），将它们编入一个图层组中，如图2–27所示。单击 〉 按钮，将图层组关闭，图层列表中就只显示组的名称。类似于用Windows操作系统中的文件夹管理文件，便于文件归类。创建图层组后，单击 ⊞ 按钮，可在该组中新建图层。也可将图层拖入组中或拖出组外。

图 2-26

图 2-27

2.2.7 图层的合并与删除方法

如果图层、图层组和图层样式等过多，会使计算机的运行速度变慢。将相同属性的图层合并，或者将多余的图层删除，可以减小文件的大小。

- 合并所有可见的图层：执行“图层”|“合并可见图层”命令（快捷键为Shift+Ctrl+E），所有可见图层会合并到“背景”图层中。
- 合并多个图层：如果要将两个或多个图层合并，可以先将它们选择，然后执行“图层”|“合并图层”命令（快捷键为Ctrl+E），如图2–28和图2–29所示。

图 2-28

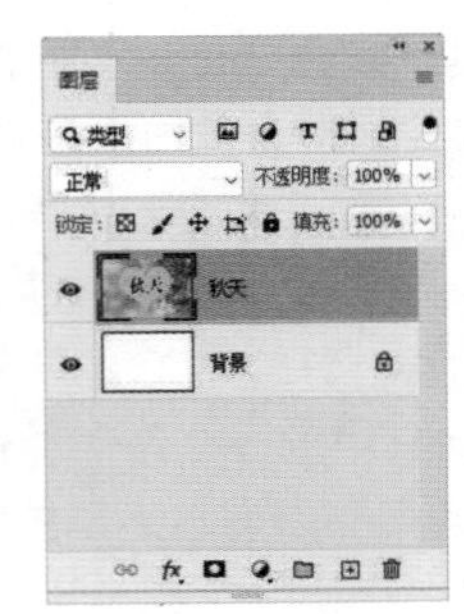

图 2-29

- 盖印图层：按Shift+Ctrl+Alt+E快捷键，可将所有可见图层盖印到一个新的图层中。按住Ctrl键并单击选择多个图层，将它们选择，按Ctrl+Alt+E快捷键，可将它们盖印到一个新的图层中。盖印可确保原图层保持不变。
- 删除图层：将一个图层拖曳到“图层”面板底部的 🗑 按钮上，可删除该图层。选择一个或多个图层后，按Delete键也可将其删除。

2.2.8 图层的锁定方法

“图层”面板提供了用于保护图层透明区域、图像像素和位置等属性的锁定功能，如图2–30所示，可避免因操作失误而修改图层。

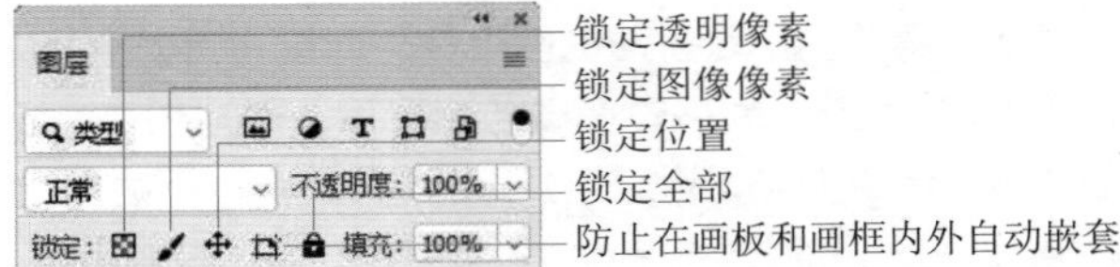

图 2-30

- 锁定透明像素 ⊠：单击该按钮后，可以将编辑范围限定在图层的不透明区域，图层的透明区域受保护。
- 锁定图像像素 🖌：单击该按钮后，只能对图层进行移动和变换操作，不能在图层上绘画、擦除或应用滤镜。
- 锁定位置 ✥：单击该按钮后，图层不能移动。对于设置了精确位置的对象，锁定位置后，就不会被意外移动了。
- 锁定全部 🔒：单击该按钮后，可以锁定以上全部项目。
- 防止在画板和画框内外自动嵌套 ⌗：将图像移出画板边缘时，其所在的图层或组仍能保留在画板中。

2.2.9 调整图层的不透明度和混合模式

不透明度和混合模式可以混合像素或图层中的对象，在图像合成、特效制作方面很有用。

选择图层后，如图2–31所示，调整“不透明度”参数，可以让所选图层中的对象呈现透明效果，如图2–32所示。

单击“图层”面板顶部的 ⌄ 按钮，打开下拉列表，选择一种混合模式，则可让当前图层与下方所有图层产生特殊的混合效果，如图 2–33 所示。

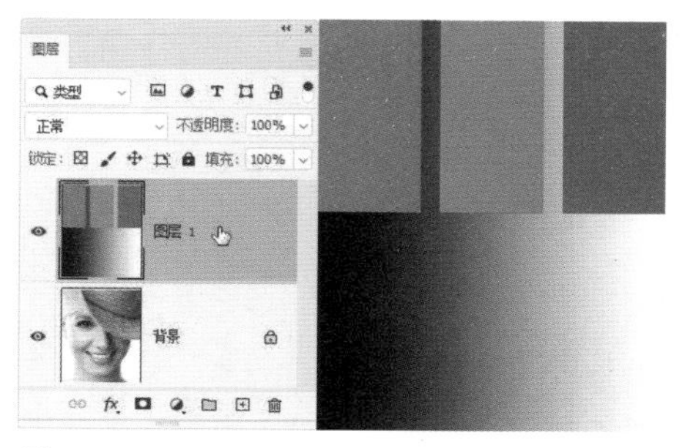

图 2-31

图 2-32

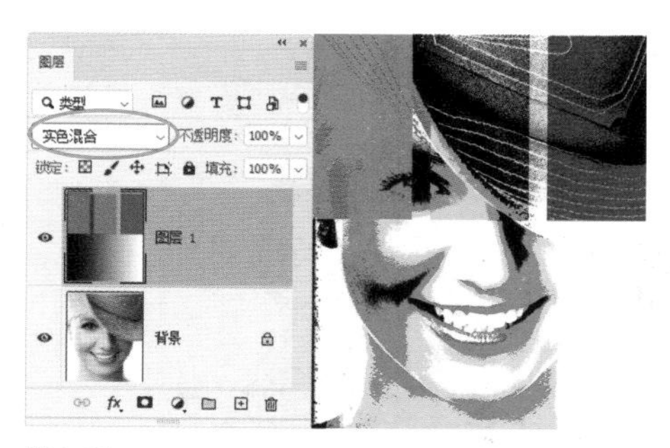

图 2-33

tip 使用除画笔、图章、橡皮擦等绘画和修饰工具之外的其他工具时，按键盘中的数字键，可快速修改图层的不透明度。例如，按数字键5，不透明度会变为50%；按数字键55，不透明度会变为55%；按数字键0，不透明度会恢复为100%。

tip 当光标在各个混合模式上移动时，文档窗口中会实时显示混合效果。此外，在混合模式选项（工具选项栏也可以）上双击，然后滚动鼠标滚轮，或按↓、↑键，可依次切换各个混合模式。

2.3　选区

使用 Photoshop 编辑图像时，无论是进行图像修复、色彩调整，还是影像合成和抠图等，都与选区有着密切的关系。编辑效果的好与坏，很大程度上取决于选区是否准确。

2.3.1　什么是选区

在 Photoshop 中编辑图像时会产生两种结果，一种是全局性的，另一种是局部性的。全局性编辑影响的是整幅图像或当前图层中的全部内容。例如，如图 2–34 所示为一张鹦鹉照片，如图 2–35 所示为调色效果。可以看到所有图像的颜色（鹦鹉及背景）都被修改了，这就是全局性编辑。

图 2-34

图 2-35

如果只想编辑局部内容，就需要创建选区来限定编辑范围，如图 2–36 所示，之后再进行调色及其他操作，如图 2–37 所示。

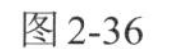

图 2-36

图 2-37

除定义编辑的有效范围外，选区还可用于分离图像。例如，想要为鹦鹉换一个背景，可以创建选区，将其选中，之后通过创建图层蒙版，或按 Ctrl+J 快捷键将其与背景分离（此过程称为“抠图”），然后在其下方加入新的图像素材，如图 2–38 和图 2–39 所示。

图 2-38

图 2-39

2.3.2 普通选区和羽化选区

选区分为两种：普通选区和羽化选区。普通选区的边界明确，在进行编辑，如调色时，选区内、外泾渭分明（如图 2–37 所示），抠图时，图像的边缘也是清晰的（如图 2–39 所示）。

羽化是指对普通选区进行羽化（即柔化）处理，使其能够部分地选取图像。经过羽化后，当调色时，选区内图像的颜色完全改变，选区边界处的调整效果会出现衰减，并影响到选区边界，之后向外逐渐消失，如图 2–40 所示。抠图则表现为图像边缘是柔和的、半透明的，如图 2–41 所示。在合成图像时，适当地羽化，可以让图像之间的衔接更加自然。

图 2-40

图 2-41

选择任意套索或选框类工具时，可以在工具选项栏中的“羽化”选项中提前设置“羽化”值（以像素为单位），如图 2–42 所示。此后使用工具创建出的将是自带羽化的选区。

图 2-42

创建普通选区后，则可以执行“选择”|“修改”|“羽化”命令，打开“羽化选区”对话框，通过设置“羽化半径”定义羽化范围，如图 2–43 所示。或者执行“选择”|“选择并遮住”命令，然后在“属性”面板的“羽化”选项中设置羽化值。

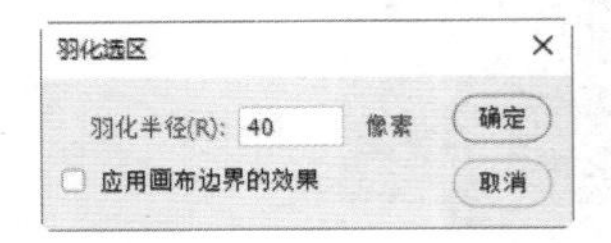

图 2-43

2.3.3 选区运算

选区运算是指存在选区的情况下，使用选框类工具、套索类工具和魔棒类工具创建新选区时，在新选区与现有选区之间进行运算，生成的选区。如图 2–44 所示为工具选项栏中的选区运算按钮。

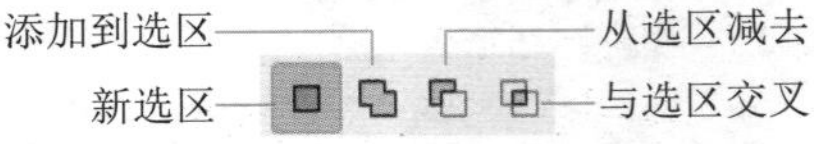

添加到选区　从选区减去
新选区　与选区交叉

图 2-44

- 新选区：单击该按钮后，如果图像中没有选区，可以创建选区，如图 2–45 所示为创建的矩形选区；如果图像中有选区存在，则新创建的选区会替换原有的选区。
- 添加到选区：单击该按钮后，可在原有选区的基础上添加新的选区，如图 2–46 所示为在现有的矩形选区基础上添加的圆形选区。
- 从选区减去：单击该按钮后，可在原有选区（矩形选区）中减去新创建的选区（圆形选区），如图 2–47 所示。
- 与选区交叉：单击该按钮后，画面中只保留原有选区（矩形选区）与新创建的选区（圆形选区）相交的部分，如图 2–48 所示。

图 2-45

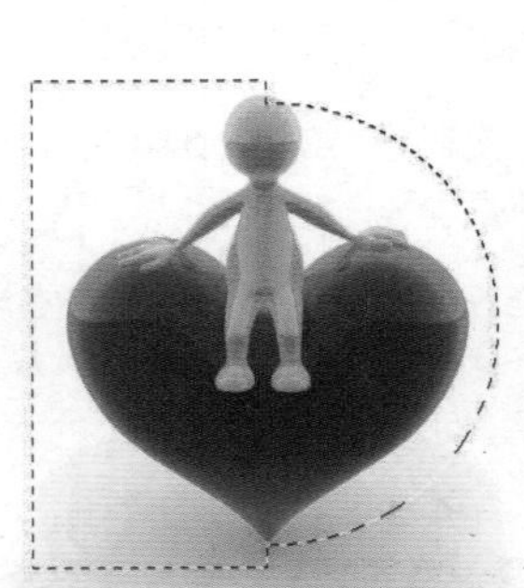

图 2-46

图 2-47

图 2-48

tip 创建选区以后，如果"新选区"按钮 为激活状态，则使用选框、套索和魔棒工具时，只要将光标放在选区内，拖曳鼠标，即可移动选区。如果要轻微移动选区，可以按→、←、↑、↓键。

2.3.4　全选、反选与取消选择

打开文件，如图2–49所示。执行"选择"|"全部"命令（快捷键为Ctrl+A），可以选择当前文档边界内的全部图像。选择部分图像后，如图2–50所示为选择的咖啡杯，执行"选择"|"反向"命令或按Shift+Ctrl+I快捷键，可以反转选区，选取背景，如图2–51所示。

图2-49

图2-50

图2-51

创建选区以后，执行"选择"|"取消选择"命令（快捷键为Ctrl+D），可以取消选择。如果要恢复被取消的选区，可以执行"选择"|"重新选择"命令。

2.3.5　存储与载入选区

创建选区后，单击"通道"面板底部的"将选区存储为通道"按钮 ，Photoshop会将选区保存到Alpha通道中，如图2–52所示。如果要从通道中调出选区，可以按住Ctrl键并单击Alpha通道，如图2–53所示。

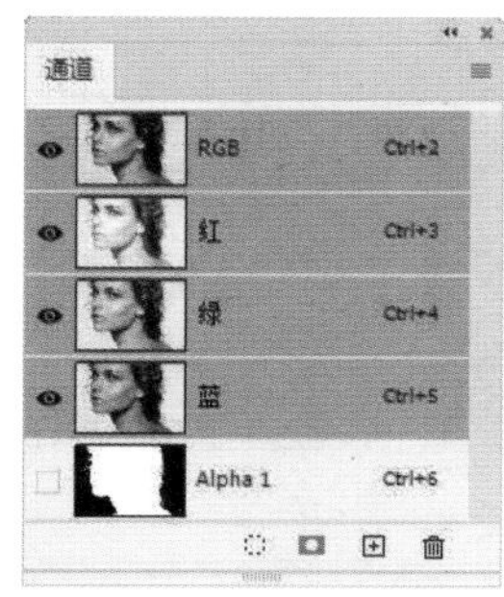

图2-52

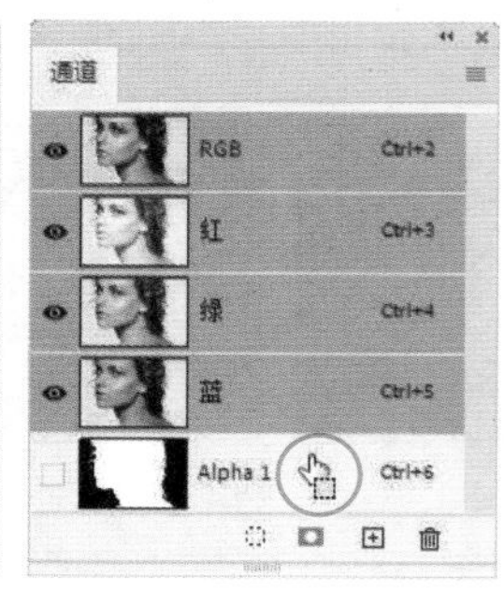

图2-53

2.3.6　实例：春天的色彩

01 打开素材，如图2-54所示。选择魔棒工具 ，在工具选项栏中将"容差"设置为32，在白色背景上单击，选中背景，如图2-55所示。背景上有漏选区域，按住Shift键在漏选区域依次单击，将其添加到选区中，如图2-56和图2-57所示。

图2-54

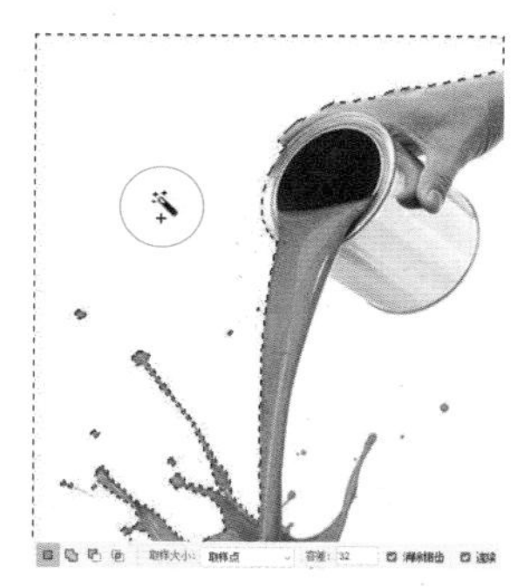
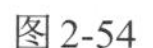

图2-55

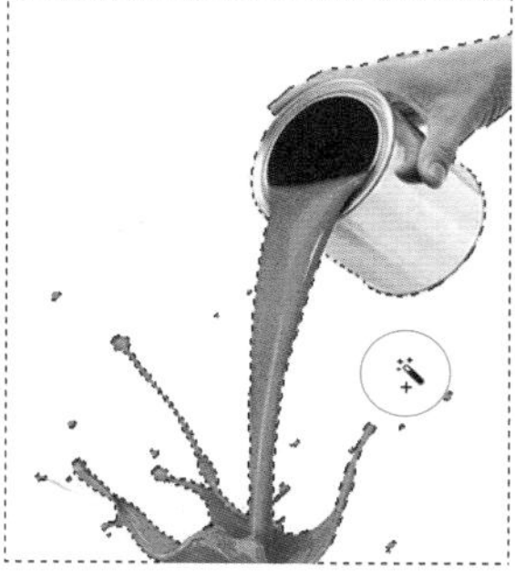

图2-56

图2-57

02 执行"选择"|"反向"命令，反转选区，选中手、油漆桶和油漆，如图2-58所示。按Ctrl+C快捷键复制选中的图像。打开另一个文件，按Ctrl+V快捷键，将所复制的图像粘贴到该文件中。使用移动工具 将其拖曳到画面的右上角，如图2-59所示。

图2-58

图2-59

03 单击"图层"面板底部的 按钮，添加图层蒙版，此时前景色会自动变为黑色。选择画笔工具 ，在工具选项栏中选择柔边圆笔尖，设置工具的不透明度为50%，在油漆底部拖曳鼠标涂抹黑色。所涂黑色会应用到图层蒙版中，并将所绘区域的图像遮盖住，如图2-60和图2-61所示。

图 2-60

图 2-61

04 单击“背景”图层，如图2-62所示。选择矩形选框工具，拖曳鼠标创建选区，如图2-63所示。

图 2-62

图 2-63

tip 在创建选区时，按住Shift键操作，可创建正方形选区；按住Alt键操作，将以单击位置为中心向外创建选区；按住Shift+Alt快捷键操作，可由单击位置为中心向外创建正方形选区。此外，在创建选区的过程中，按住空格键拖曳鼠标，可以移动选区。

05 单击“调整”面板中的按钮，创建“色相/饱和度”调整图层，在“属性”面板中选择“黄色”选项，将选中的树叶调整为红色，如图2-64和图2-65所示。

图 2-64

图 2-65

06 使用画笔工具在草地上涂抹黑色，通过蒙版遮盖调整效果，以便让草地恢复为黄色，如图2-66和图2-67所示。

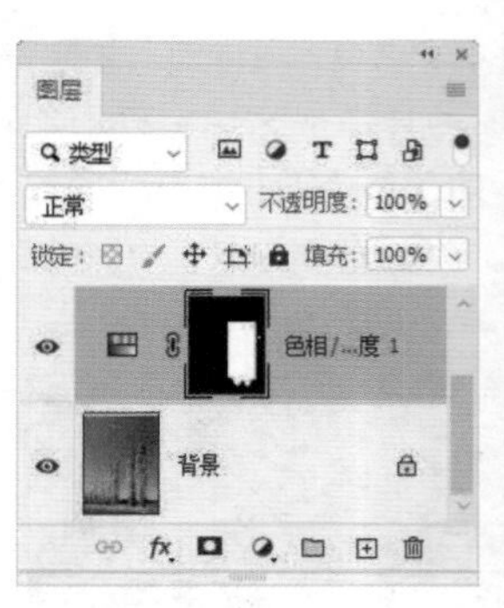

图 2-66

图 2-67

2.3.7 实例：天空下的鲨鱼

01 打开素材，如图2-68所示。使用快速选择工具在鲨鱼身上拖曳鼠标，将鲨鱼选取，如图2-69所示。

图2-68

图2-69

02 使用快速选择工具可以检索鱼身的大面积区域，但细小的鱼鳍容易被忽略，如图2-70所示，还需要添加到选区中。按 [键，将笔尖宽度调到与鱼鳍相近，如图2-71所示。单击工具选项栏中的按钮，沿鱼鳍单击并拖曳鼠标，进行选取，如图2-72所示。

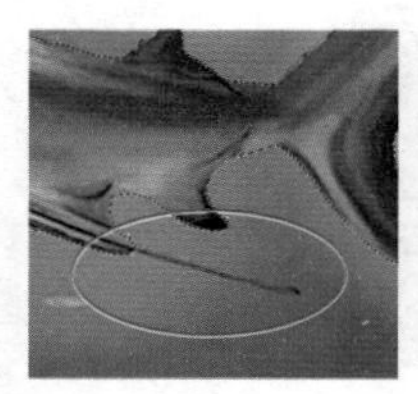

图 2-70

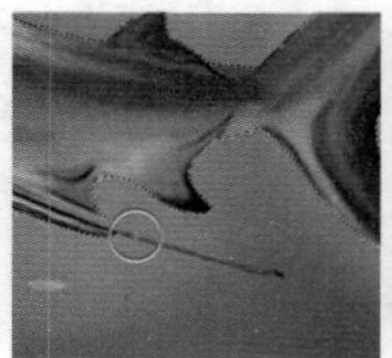

图 2-71

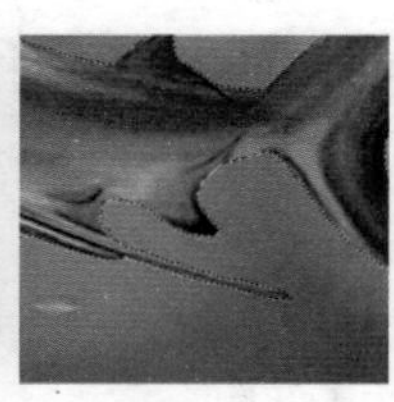

图 2-72

tip 快速选择工具的图标是一支画笔+选区轮廓，选区代表着其身份，即选择类工具，画笔则说明其是像画笔工具那样使用的，但“画”出来的是选区。

03 单击“选择并遮住”按钮，在“属性”面板中将视图模式设置为“黑白”，勾选“智能半径”复选框，设置“半径”为“8像素”，如图2-73所示。设置“平滑”为2，以减少选区边缘的锯齿。设置“对比度”为23%，使选区更加清晰明确，如图2-74所示。鲨鱼内部靠近轮廓处还有些许灰色，如图2-75所示，表示没有完全选取，用快速选择工具在这些位置单击，将它们添加到选区中，如图2-76所示。

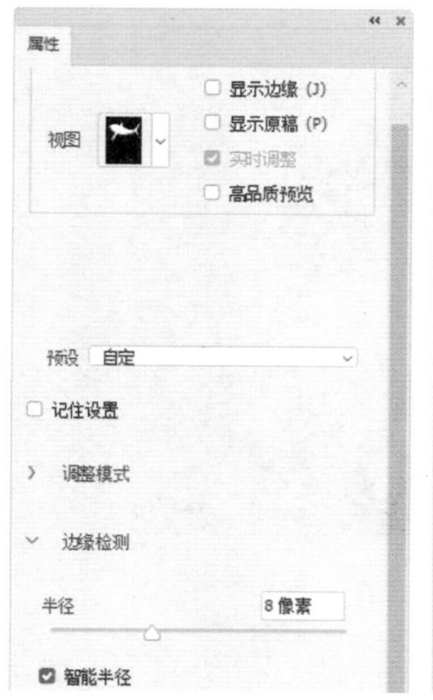

图2-73

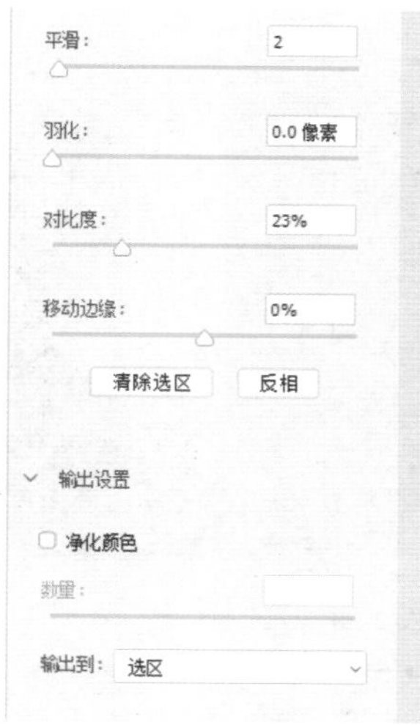

图2-74

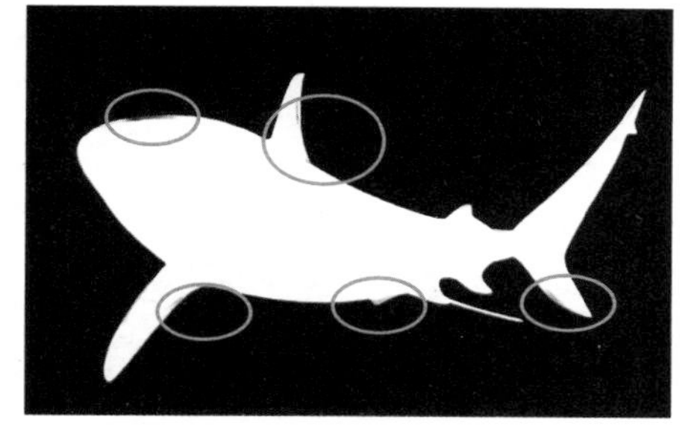

图2-75

图2-76

04 选择“图层蒙版”选项，如图2-77所示，按Enter键抠图，如图2-78所示。

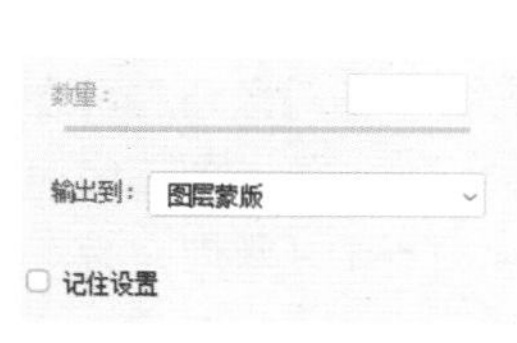

图2-77

图2-78

05 打开素材，如图2-79所示。设置“图层1”的混合模式为“滤色”，如图2-80和图2-81所示。使用移动工具将鲨鱼拖入该文件中，如图2-82所示。

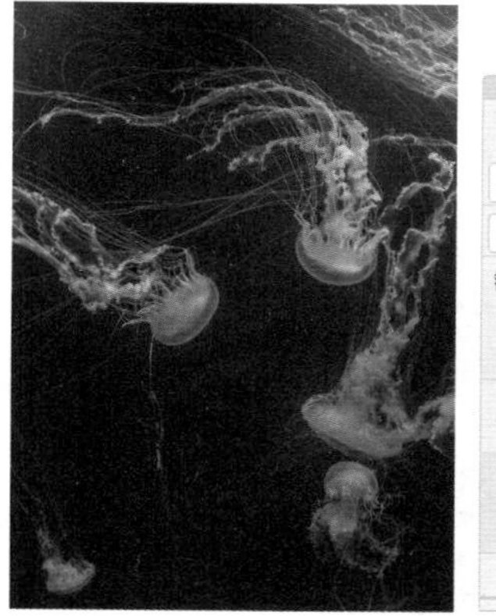

图2-79

图2-80

图2-81

图2-82

06 单击“调整”面板中的按钮，创建“亮度/对比度”调整图层。单击“属性”面板中的按钮，创建剪贴蒙版，使调整只影响鲨鱼。降低亮度，增加对比度，使鲨鱼的色调更加清晰，如图2-83和图2-84所示。

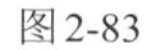

图2-83

图2-84

2.4 变换与变形

进行移动、等比缩放、旋转和翻转，即改变对象的位置、大小和角度等操作属于变换操作。进行拉伸和扭曲则是变形操作。图层、图层蒙版、选区、路径、矢量形状、矢量蒙版和Alpha通道都可进行变换和变形处理。

2.4.1 移动与复制

在"图层"面板中单击要移动的对象所在的图层，如图2-85所示，之后使用移动工具 ✥ 在文档窗口中拖曳鼠标，即可移动对象，如图2-86所示。按住Alt键拖曳鼠标，则可复制对象，如图2-87所示。

图2-85

图2-86

图2-87

如果创建了选区，如图2-88所示，则将光标放在选区内，单击并拖曳鼠标，可以移动选中的图像，如图2-89所示。

图2-88

图2-89

2.4.2 在多个文件间移动

当需要移动图层、选中的图像，或者将图像、调整图层等拖曳到其他文件时，就要用移动工具 ✥ 来操作。

打开两个或多个文件后，选择移动工具 ✥ ，将光标放在画面中，单击并拖动光标至另一个文件的标题栏，如图2-90所示，停留片刻可切换到该文件，此时将光标移动画面中，之后释放鼠标左键，便可将图像拖入该文件，如图2-91和图2-92所示。

图2-90

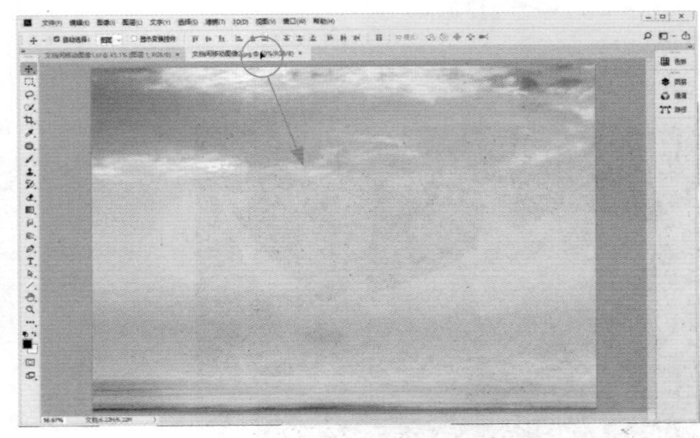

图2-91

图2-92

2.4.3 旋转、缩放与拉伸

进行变换及变形操作时，先要单击对象所在的图层，然后执行"编辑"|"自由变换"命令，或按Ctrl+T快捷键。此时，对象周围会出现定界框，四周有控制点。将工具选项栏最左侧的选项勾选以后，对象中心

还会显示参考点，如图2–93所示。

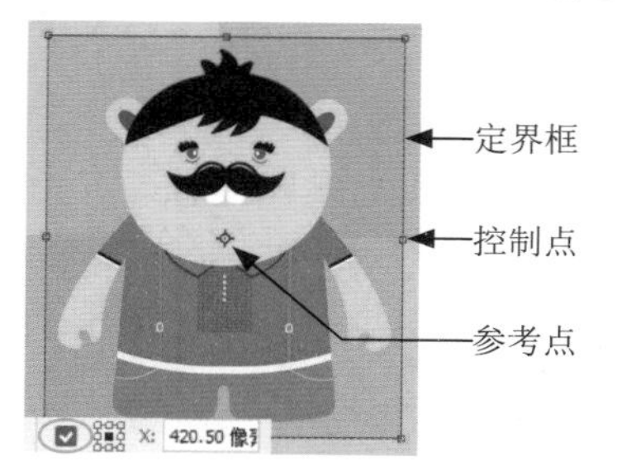

图2-93

在定界框外拖曳鼠标，可进行旋转，如图2–94所示。如果将参考点从对象中心拖曳到其他位置，则会改变旋转的基准点，如图2–95所示。进行其他变换和变形操作时也是如此。

旋转

图2-94

参考点在定界框左下角

图2-95

拖曳控制点，可进行等比缩放，如图2–96所示。按住Shift键操作，则可拉伸对象，如图2–97所示。

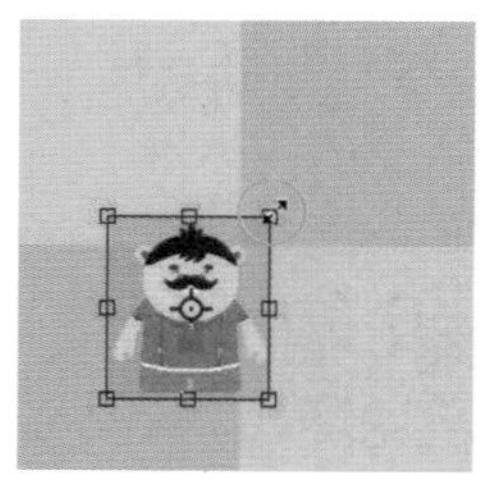

图2-96

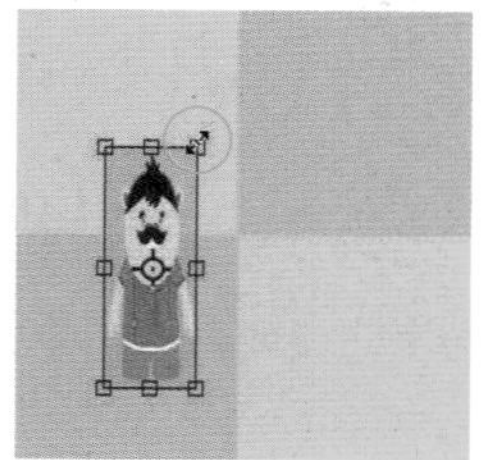

图2-97

2.4.4　斜切、扭曲与透视扭曲

将光标靠近水平定界框，按住Shift+Ctrl快捷键并进行拖曳，可沿水平（光标为▷状）或垂直（光标为▷状）方向斜切，如图2–98和图2–99所示。

图2-98

图2-99

将光标放在定界框4个角的某一控制点上，按住Ctrl键（光标变为▷状）并拖曳鼠标，可以进行扭曲，如图2–100所示。按住Ctrl+Alt快捷键操作，可以对称扭曲，如图2–101所示。按住Shift+Ctrl+Alt快捷键（光标变为▷状）操作，可进行透视扭曲，如图2–102所示。

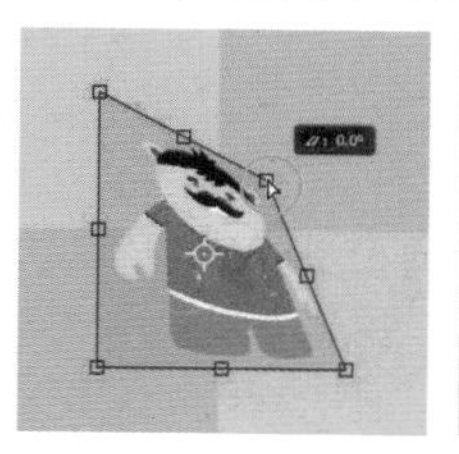

图2-100

图2-101

图2-102

tip　变换或变形操作完成以后，按Enter键可进行确认。按Esc键则取消操作。

2.4.5　实例：制作人物投影（透视变形）

01 打开素材，如图2-103所示。单击“背景”图层，如图2-104所示，单击“图层”面板底部的 ⊞ 按钮，在“背景”图层上方新建图层。双击图层名称，显示文本框后重新命名为“投影”，如图2-105所示。

图2-103

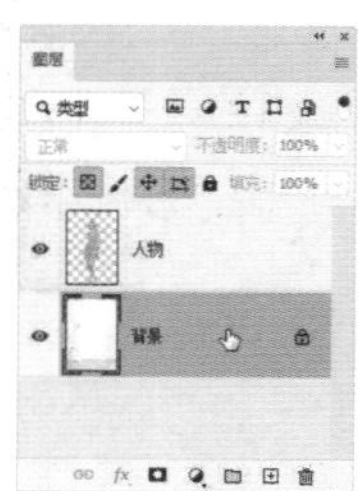

图2-104

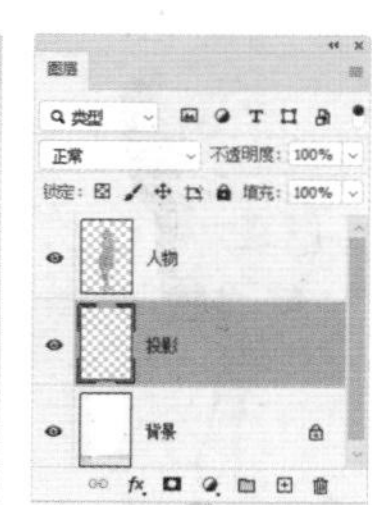

图2-105

02 按住Ctrl键单击“人物”图层的缩览图，如图2-106所示，从人物中载入选区，如图2-107所示。按Alt+Delete快捷键在选区内填充黑色，如图2-108所示。按Ctrl+D快捷键取消选择。

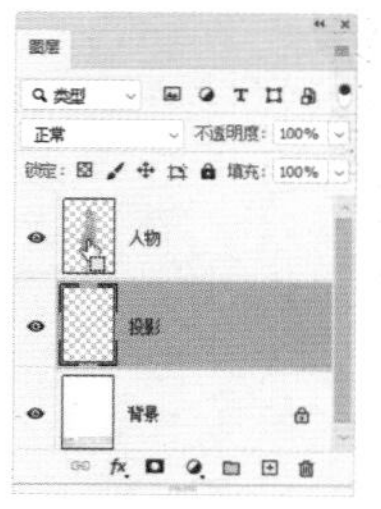

图2-106

图2-107

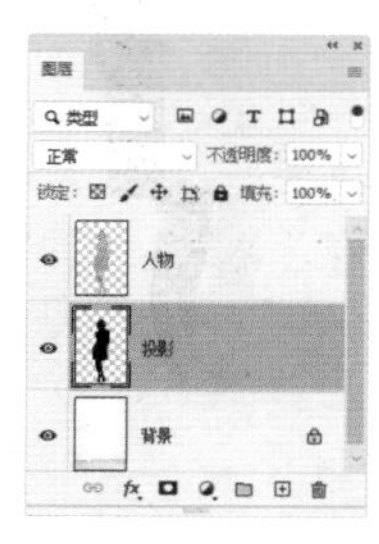

图2-108

03 执行“编辑”|“透视变形”命令，出现提示信息后将其关闭。在背景墙面上拖曳鼠标，绘制四边形，如图2-109所示。在地面上绘制四边形，如图2-110所示。

图 2-109　　图 2-110

tip 透视变形功能可以调整图像的透视，特别适合出现透视扭曲的建筑图像和房屋图像。

04 单击工具选项栏中的“变形”按钮，切换到变形模式，如图2-111所示。向右拖曳四边形的控制点，扭曲投影，注意脚底的投影应与鞋尖对齐，如图2-112~图2-115所示。按Enter键确认操作。

图 2-111

图 2-112　　图 2-113

图 2-114　　图 2-115

05 设置该图层的“不透明度”为20%，让投影变淡一些，如图2-116和图2-117所示。

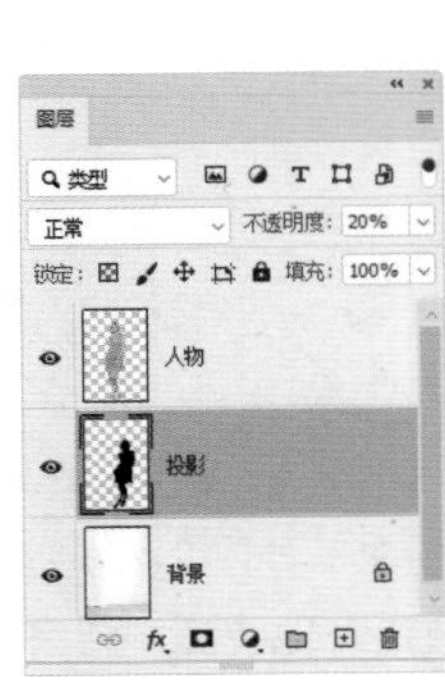

图 2-116　　图 2-117

06 执行“滤镜”|“模糊”|“高斯模糊”命令，设置“半径”为5.0像素，使投影边缘变得柔和，如图2-118和图2-119所示。

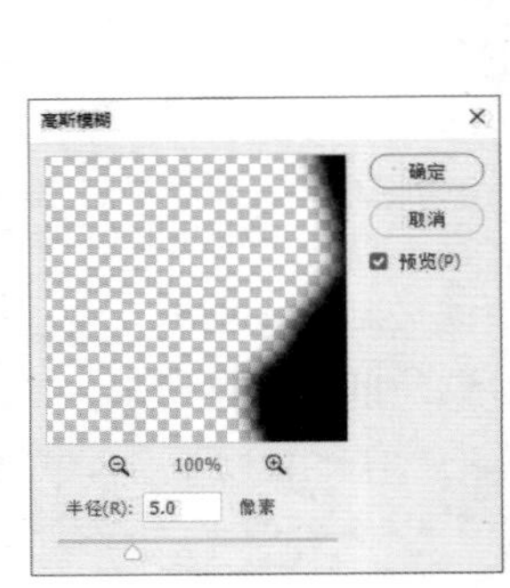

图 2-118　　图 2-119

2.4.6　实例：制作风吹效果（操控变形）

01 打开素材，如图2-120所示。由于被锁定的图层不能使用操控变形处理，先将光标放在“背景”图层的锁状图标 上，如图2-121所示，单击，解除锁定，如图2-122所示。

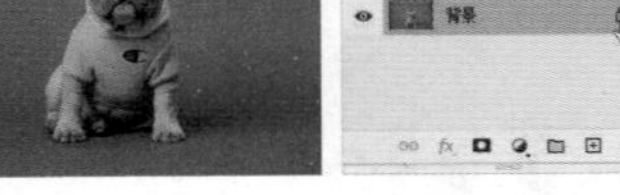

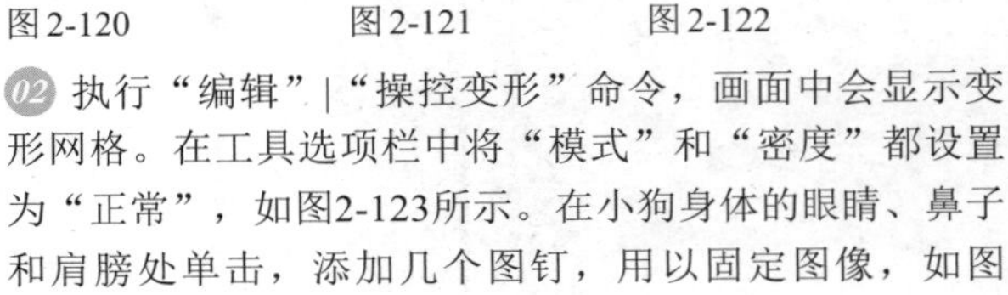

图 2-120　　图 2-121　　图 2-122

02 执行“编辑”|“操控变形”命令，画面中会显示变形网格。在工具选项栏中将“模式”和“密度”都设置为“正常”，如图2-123所示。在小狗身体的眼睛、鼻子和肩膀处单击，添加几个图钉，用以固定图像，如图2-124所示。

图2-123

图2-124

03 将光标放在一只耳朵上，如图2-125所示，向左侧拖曳鼠标，将耳朵拉长，如图2-126所示。采用同样的方法拉长另一只耳朵，如图2-127和图2-128所示。

图2-125

图2-126

图2-127

图2-128

04 按Ctrl+-快捷键，将视图比例调小，让画面之外的暂存区显示出来。在画面四周添加图钉并进行移动，使图像覆盖住空白区域，如图2-129所示。在小狗身体上添加图钉并移动位置，对身体进行修正，如图2-130所示。单击工具选项栏中的 ✓ 按钮或按Enter键确认操作。

图2-129

图2-130

tip 操控变形可以编辑图像、图层蒙版和矢量蒙版。在使用时，先要在关键点（需要扭曲的图像上）添加图钉，之后在其周围会受到影响的区域也添加图钉，用以固定图像、减小扭曲范围，再通过拖曳图钉的方式来扭曲对象。该功能非常适合修图，例如，可以轻松地让人的手臂弯曲、身体摆出不同的姿态；也可用于小范围的修饰，如让长发弯曲，让嘴角向上扬起等。

2.4.7 实例：拉宽画面（内容识别缩放）

01 打开素材，如图2-131所示。这幅图像接近于方形构图，要将其调整为A4大小的横幅画面，需要扩展画布和画面内容。按住Alt键双击“背景”图层，解除其锁定，它的名称会变为“图层0”，如图2-132所示。

图2-131

图2-132

02 执行“图像”|“画布大小”命令，打开“画布大小”对话框。在“当前大小”中可以看到图像的宽度为18.66厘米，在“新建大小”选项组中将“宽度”改为29.7厘米，然后在“定位”选项中单击，使增加的画布位于图像右侧，如图2-133所示，单击“确定”按钮。如图12-134所示，扩展的画布呈现为透明效果。

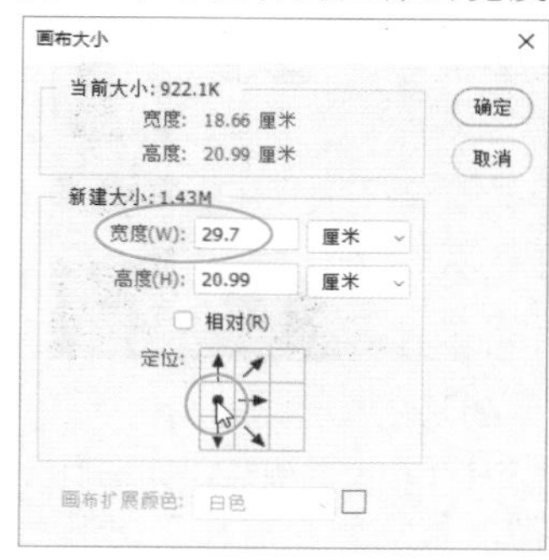

图2-133

图2-134

03 使用快速选择工具在女孩身体上拖曳鼠标，将其选取，如图12-135所示。执行“选择”|“存储选区”命令，弹出“存储选区”对话框，名称命名为“女孩”，如图12-136所示，单击“确定”按钮，将选区保存为Alpha通道。按Ctrl+D快捷键取消选择。

图2-135

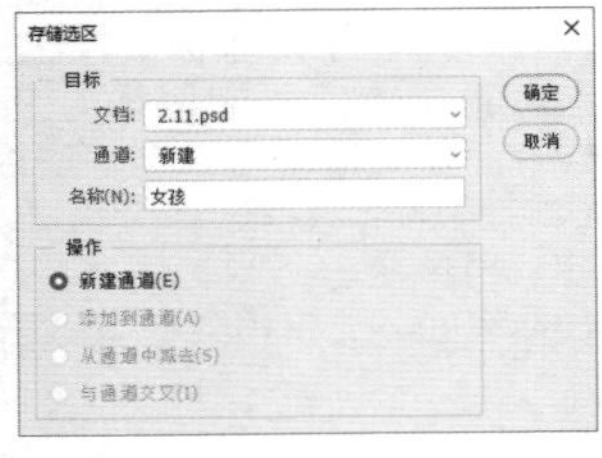

图2-136

04 执行“编辑”|“内容识别缩放”命令，显示定界框后，在工具选项栏的“保护”下拉列表中选择“女孩”选项，对这个选区中的女孩图像进行保护。拖曳右侧控制点至画布边缘，使风景布满画面的透明区域，如图2-137所示，按Enter键确认操作。

图2-137

tip 内容识别缩放可以自动识别图像中的重要内容，如人物、动物、建筑等，避免其受到破坏，只对非重要内容进行缩放。在缩放包含人物的图像时，可以单击工具选项栏中的保护肤色按钮，让Photoshop分析图像，以避免包含皮肤颜色的区域变形。如果Photoshop不能准确识别重要对象，可将其选取并将选区保存到Alpha通道中，再用Alpha通道保护图像。

2.5 智能对象

智能对象是一种可以包含位图图像和矢量图形的特殊图层，能保留对象的源内容，可进行非破坏性编辑。

2.5.1 实例：置入、更新和替换智能对象

01 打开素材，如图2-138所示。执行“文件”|“置入链接的智能对象”命令，在弹出的对话框中选择小狗素材，如图2-139所示，单击“置入”按钮，将其置入当前文件并自动创建为智能对象。

图2-138

图2-139

02 按Enter键确认，如图2-140所示。将智能对象所在的图层拖曳到“卡片”图层上方，如图2-141所示。按Alt+Ctrl+G快捷键创建剪贴蒙版，用下方的卡片显示图像的显示范围，如图2-142和图2-143所示。

图2-140

图2-141

图2-142

图2-143

tip 执行“图层”|“智能对象”|“栅格化”命令，可将智能对象栅格化，即转换为图像并存储在当前文件中。

03 置入链接的智能对象时，会与源文件保持链接关系，对智能对象进行的处理不会影响其源文件，但编辑源文件时，Photoshop中的智能对象就会自动更新。按Ctrl+O快捷键，打开智能对象的源文件，如图2-144所示。执行“图像”|“调整”|“去色”命令，删除颜色信息，将图像转换为黑白效果，如图2-145所示。按Ctrl+S快捷键保存修改结果，此时，智能对象会自动更改为黑白效果，如图2-146所示。

图2-144

图2-145

图2-146

04 下面使用另一幅图像替换智能对象。执行“图层”|“智能对象”|“替换内容”命令，弹出对话框后，选择小猫图像，如图2-147所示，单击“置入”按钮，替换小狗图像，如图2-148所示。

图2-147

图2-148

2.5.2　实例：制作可更新的设计标签

01 打开素材，如图2-149所示。按住Ctrl键单击“咖啡杯”和“阴影”图层，将它们选取，如图2-150所示。执行“图层”|“智能对象”|“转换为智能对象”命令，将这两个图层打包到一个智能对象中，如图2-151所示。

02 按Ctrl+J快捷键复制这一智能对象图层，如图2-152所示。使用移动工具将咖啡杯拖到画面左侧，按Ctrl+T快捷键显示定界框，将光标放在定界框的一角，按住Shift键拖动光标，将咖啡杯等比缩小，如图2-153所示，按Enter键确认。

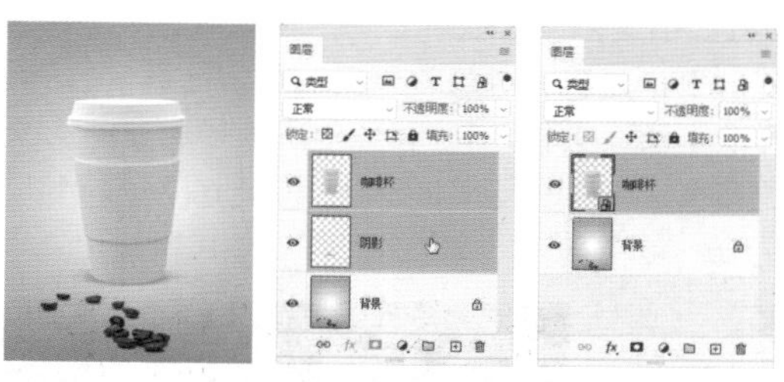
图2-149　图2-150　图2-151

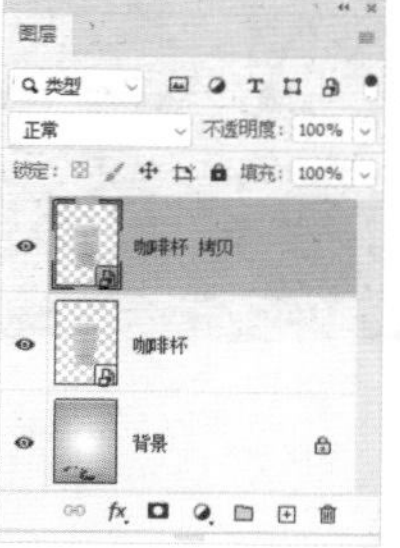
图2-152

图2-153

tip 通过按Ctrl+J快捷键方法复制出的智能对象，会自动保持链接关系，即编辑其中的一个智能对象时，其他智能对象会自动更新到与之相同的效果。

03 执行“滤镜”|“模糊”|“高斯模糊”命令，对后面的咖啡杯进行模糊处理，使其呈现近实远虚的透视效果，如图2-154和图2-155所示。

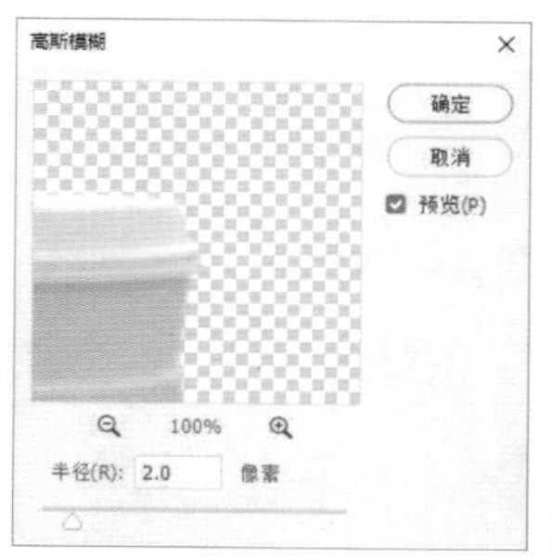

图2-154

图2-155

04 再次按Ctrl+J快捷键复制“咖啡杯 拷贝”图层，如图2-156所示。使用移动工具按住Shift键将其拖至画面右侧，如图2-157所示。

图2-156

图2-157

05 双击“咖啡杯”图层的缩览图，或选择“咖啡杯”图层并执行“图层”|“智能对象”|“编辑内容”命令，在新的窗口中打开智能对象的原始文件，如图2-158所示。打开一个图案素材，如图2-159所示使用移动工具 将图案拖曳到咖啡杯上，并设置“不透明度”为50%，以便能看到咖啡杯的轮廓，如图2-160和图2-161所示。

图 2-158

图 2-159

图 2-160

图 2-161

06 按Ctrl+T快捷键显示定界框，在图像上右击，在弹出的快捷菜单中执行“变形”命令，如图2-162所示，显示变形网格。拖曳4个角上的锚点到咖啡杯边缘，同时调整锚点上的方向点，使图片依照杯子的结构进行扭曲，如图2-163~图2-167所示，按Enter键确认操作。

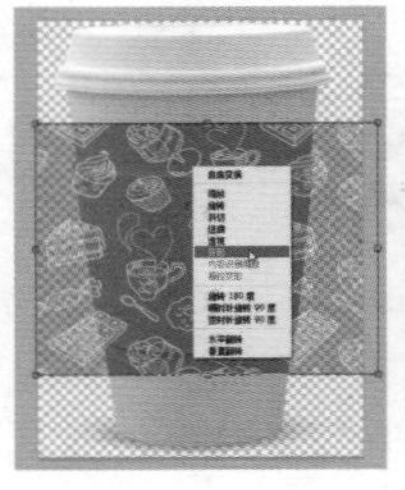

图 2-162

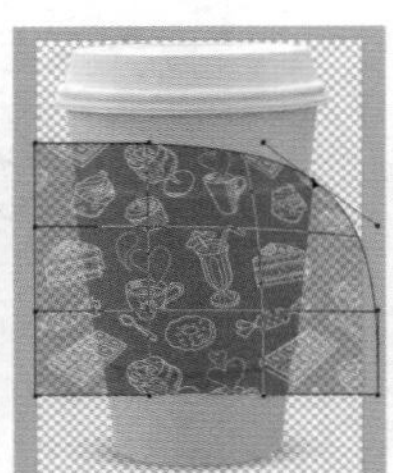

图 2-163

图 2-164

图 2-165

图 2-166

图 2-167

07 将“不透明度”设置为90%，如图2-168和图2-169所示。

图 2-168

图 2-169

08 单击“图层”面板底部的 按钮，新建图层。按Alt+Ctrl+G快捷键创建剪贴蒙版。选择画笔工具 ，在工具选项栏中设置笔尖为柔边圆笔尖，“大小”为150像素，设置“不透明度”为15%，如图2-170所示。在图案两侧涂抹白色，表现咖啡杯的反光效果，如图2-171和图2-172所示。

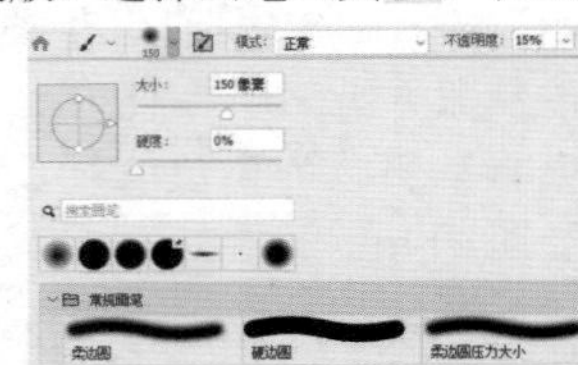

图 2-170

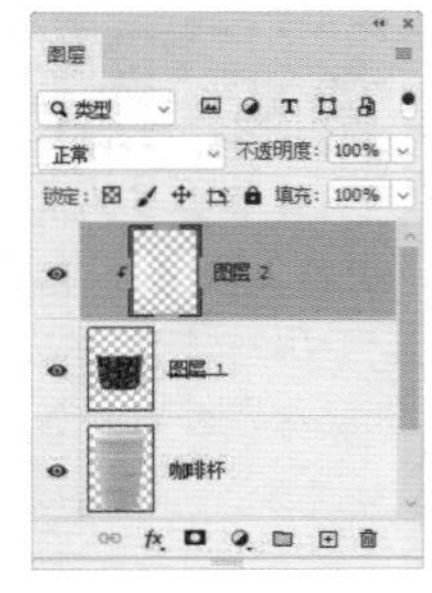

图 2-171

图 2-172

09 将Logo素材放在咖啡杯上方，如图2-173所示。按Ctrl+S快捷键保存文件，之后将其关闭，文件中所有与之链接的智能对象实例会同步更新，显示为修改后的效果，如图2-174所示。

图 2-173

图 2-174

2.5.3 实例：粘贴Illustrator图形

01 在Illustrator中打开素材。使用选择工具 选择图形，如图2-175所示，按Ctrl+C快捷键复制。

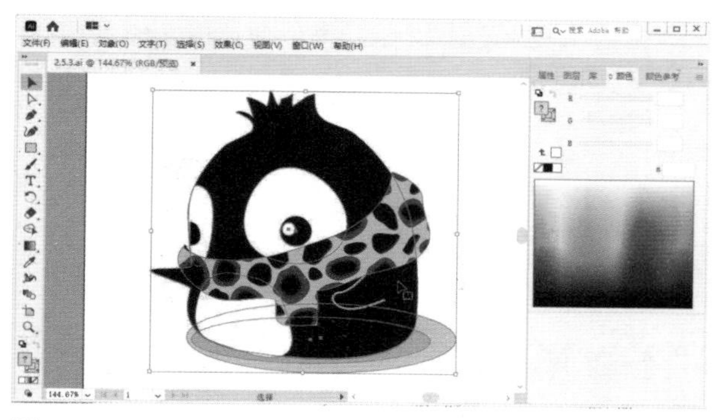

图 2-175

tip Illustrator是一款矢量软件，绘图、排版和文字处理功能非常强大。很多设计工作需要Photoshop和Illustrator协作才能完成。在Illustrator中使用选择工具▶将矢量图形直接拖曳到Photoshop文件中，可将其创建为智能对象。但只能作为智能对象使用，无法设置成路径、图像和形状图层。

02 在Photoshop中新建或打开一个文件，按Ctrl+V快捷键粘贴，弹出“粘贴”对话框，选择“智能对象”选项，如图2-176所示，单击“确定”按钮，可以将矢量图形粘贴为智能对象，如图2-177和图2-178所示。选择“路径”选项，则可将图形转换为路径。其他两个选项是粘贴为图像及转换为形状图层。

图 2-176　　图 2-177　　图 2-178

2.5.4　撤销应用于智能对象的变换和变形

对智能对象进行旋转、缩放或扭曲后，单击智能对象所在的图层，执行“图层”|“智能对象”|“复位变换”命令，可撤销应用于智能对象的变换和变形操作，将其恢复为原状。

2.6　应用案例：制作折叠的魔幻空间

制作本实例效果有两点最关键：首先画布必须是正方形的，这样才能让折叠的图像无缝衔接；其次衔接位置应避免出现人和动物，否则会造成其缺损或扭曲。

01 打开素材，如图2-179所示。选择裁剪工具，在工具选项栏中勾选“内容识别”选项，按住Shift键拖曳鼠标，创建正方形裁剪框，如图2-180所示。按Enter键裁剪图像，超出原图像范围的空间，Photoshop会进行内容识别填充，即从图像中取样并填充空白区域，如图2-181所示。

图 2-179

图 2-180

图 2-181

tip 拖曳裁剪框边界，可调整其大小。将光标放在裁剪框内，单击并拖曳鼠标，可以移动图像。

02 按Ctrl+-快捷键，将视图比例调小。按Ctrl+R快捷键显示标尺，如图2-182所示。将光标放在标尺上，向画面中拖曳鼠标，拖出参考线（共4条），放在画面边界，如图2-183所示。

图 2-182

图 2-183

03 选择多边形套索工具，在画面上单击（有参考线做辅助，可以将选区准确定位在图像边角），如图2-184所示，光标移动到选区起点处，单击即闭合选区，如图2-185所示。

图2-184

图2-185

04 按Ctrl+J快捷键复制选中的图像，如图2-186所示。按Ctrl+T快捷键显示定界框，右击，在弹出的快捷菜单中执行“垂直翻转”命令翻转图像，如图2-187所示。

图2-186

图2-187

05 右击，在弹出的快捷菜单中执行“顺时针旋转90度”命令，如图2-188所示，或者按住Shift键拖动，以15°角为增量进行旋转，到90°之后停下，按Enter键确认。在当前图层的 图标上单击，将图层隐藏。单击“背景”图层，如图2-189所示。

图2-188

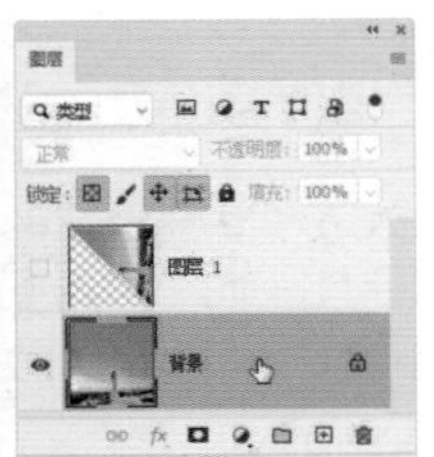

图2-189

06 使用多边形套索工具 选取图像右下方，如图2-190所示。按Ctrl+J快捷键复制。按Ctrl+T快捷键显示定界框，右击，在弹出的快捷菜单中执行“垂直翻转”和“逆时针旋转90度”命令，变换后按Enter键确认，如图2-191所示。

图2-190

图2-191

07 按Ctrl+R快捷键隐藏标尺。按Ctrl+;快捷键隐藏参考线。选择隐藏的图层并在其缩览图前方单击，显示该图层，如图2-192和图2-193所示。

图2-192

图2-193

08 单击“图层”面板底部的 按钮，添加图层蒙版，此时前景色会自动变为黑色。选择画笔工具 ，在工具选项栏中选择柔边圆笔尖，在画面右上角拖曳鼠标，涂抹黑色，将天空隐藏，如图2-194和图2-195所示。

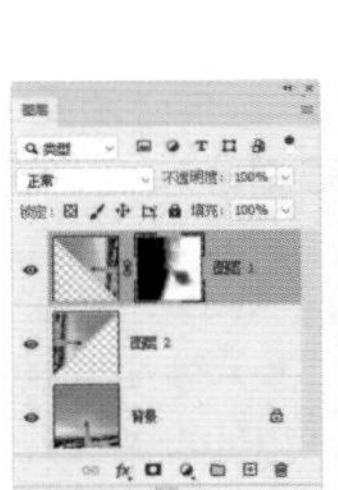

图2-194

图2-195

09 单击“图层2”，单击“图层”面板底部的 按钮，为该图层添加图层蒙版。使用画笔工具 在左侧人物头部之外的区域涂抹黑色，消除接缝，使3幅图像的融合更加自然，如图2-196和图2-197所示。

图2-196 图2-197

2.7　课后作业：食材版愤怒的小鸟

本章介绍了选区的用途、类型，以及如何进行羽化和保存。随着学习过程的深入，后面还会深入学习抠图技术。本作业是制作一只愤怒的小鸟，如图2-198所示。

如图2-199所示是用到的PSD格式分层素材。操作时主要使用椭圆选框工具和多边形套索工具选取素材，再使用移动工具将它们其合成到一处。

用素材造型时要抓住小鸟的特征，如又圆又大的眼睛、竖起的眉毛等。如果素材大小不合适，可以按Ctrl+T快捷键显示定界框，拖曳控制点调整其大小。如果有不清楚的地方，可以观看教学视频。

图2-198

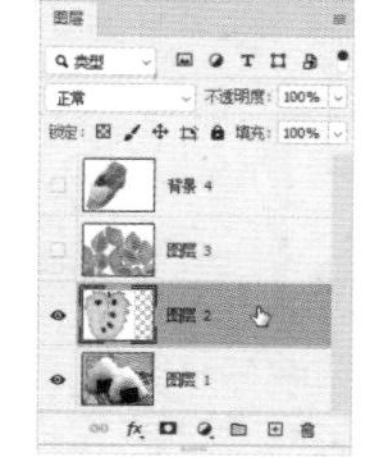

图2-199

2.8　课后作业：制作水中倒影

本章介绍怎样使用Photoshop中的变换和变形功能编辑图像。变换和变形是改变对象外观的操作方法之一，可用于制作各种效果。

本课作业制作水中倒影，如图2-200所示。打开素材，如图2-201所示，按Ctrl+J快捷键复制“背景”图层，以用作倒影图像。执行“编辑”|“变换”|“垂直翻转”命令，将图像翻转。选择移动工具，按住Shift键的同时向下拖曳图像。执行“图像”|“显示全部”命令，显示完整的图像效果。执行“滤镜”|“模糊”|“动感模糊”命令，对倒影进行模糊处理，如图2-202所示。按Ctrl+L快捷键，打开“色阶”对话框，将倒影调亮即可，如图2-203所示。

图2-200

图2-201

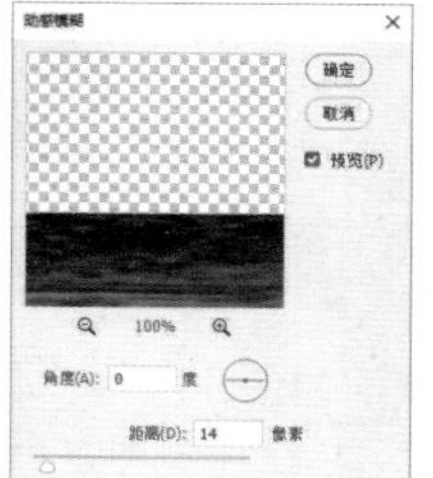

图2-202

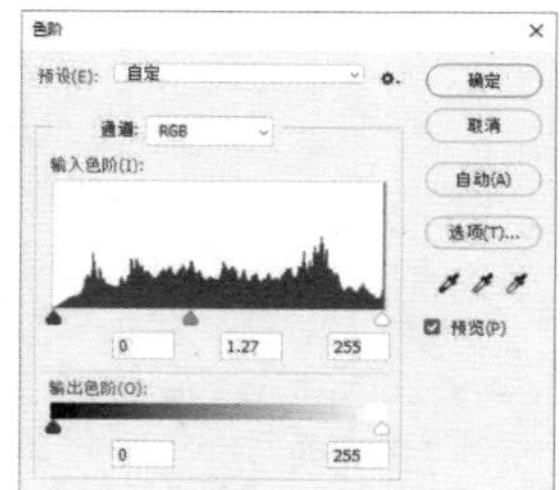

图2-203

2.9　复习题

1. 图层的重要性体现在哪几个方面？

2. “图层”面板、绘画和修饰类工具的工具选项栏、“图层样式”对话框、“填充”命令、“描边”命令、“计算”和“应用图像”命令等都包含混合模式选项，请加以归类。

3. 请描述选区的种类及特点。

4. 创建选区后，怎样将其保存？以哪种格式保存文件可以存储选区？

5. Photoshop中哪些对象可以进行变换和变形操作？

第3章

包装设计：颜色、渐变、图案与绘画

在Photoshop中进行填色、描边选区、绘画、调色、编辑蒙版、创建文字、添加图层样式、使用某些滤镜时，都需要设置颜色或渐变。图案则在包装上应用比较多，本章介绍与此相关的操作。其中渐变、画笔工具及笔尖种类和设置方法比较重要。

学习重点

拾色器............33
渐变样式............35
设置渐变颜色............36
使用填充图层制作灯光效果...38
画笔设置面板............40
定义图案并制作牛奶包装.....46

3.1 关于包装设计

包装是产品的第一形象，好的商品要有好的包装才能够引起消费者的注意，扩大企业和产品的知名度。

包装具有三大功能，即保护性、便利性和销售性。包装设计应传递完整的信息，即这是一种什么样的商品，这种商品的特色是什么，以及适用于哪些消费群体，如图3-1~图3-3所示。

Fisherman胶鞋包装

图3-1

Ne moloko牛奶包装

图3-2

Pietro Gala意大利面包装

图3-3

包装设计要突出品牌，通过巧妙地组合色彩、文字和图形，形成有冲击力的视觉形象，将产品的信息准确地传递给消费者。如图3-4所示为Gloji公司灯泡型枸杞子混合果汁包装设计，其打破了饮料包装的常规形象，让人眼前一亮。灯泡形的包装与产品的定位高度契合，让人感觉到Gloji混合型果汁饮料是能量的源泉。如同灯泡给人带来光明，Gloji混合型果汁饮料给人取之不尽的力量。

图3-4

3.2　设置颜色

使用画笔、渐变和文字等工具，或者进行填充、描边选区、修改蒙版和修饰图像时，需要先设置好颜色。

3.2.1　前景色与背景色

工具面板底部包含设置、切换和恢复前景色和背景色的图标，如图3-5所示。前景色决定了使用绘画类工具（画笔和铅笔等）绘制线条，以及使用文字工具创建文字时的颜色。背景色决定了使用橡皮擦工具擦除背景时呈现的颜色，以及增加画布的大小时，新增的画布的颜色。

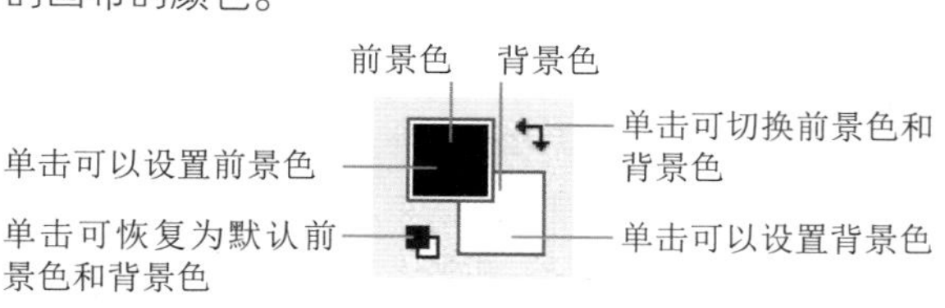

图3-5

tip 按Alt+Delete快捷键，可以使用当前前景色进行填充；按Ctrl+Delete快捷键，则可使用当前背景色填充。

3.2.2　拾色器

要调整前景色，可单击前景色图标，如图3-6所示；要调整背景色，则单击背景色图标，如图3-7所示。单击这两个图标后，都会弹出“拾色器”对话框，如图3-8所示，在该对话框中可以设置颜色。

图3-6

图3-7

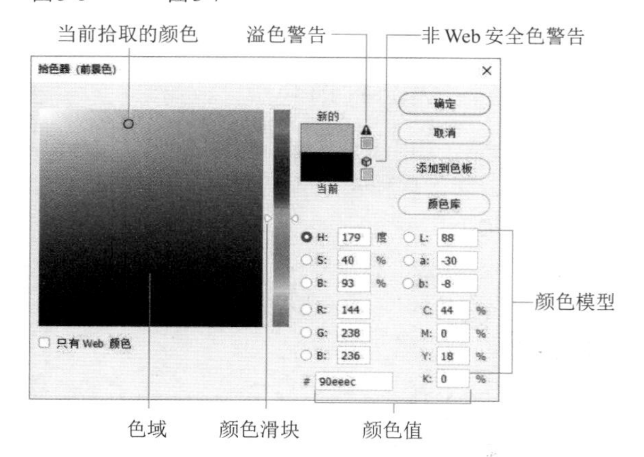

图3-8

在渐变颜色条上单击，可以选择颜色范围，在色域中单击，可调整所选颜色的深浅（单击后可以拖曳鼠标），如图3-9所示。如果要调整颜色的饱和度，可选择S单选按钮，然后进行调整，如图3-10所示；如果要调整颜色的亮度，可选择B单选按钮，然后进行调整，如图3-11所示。

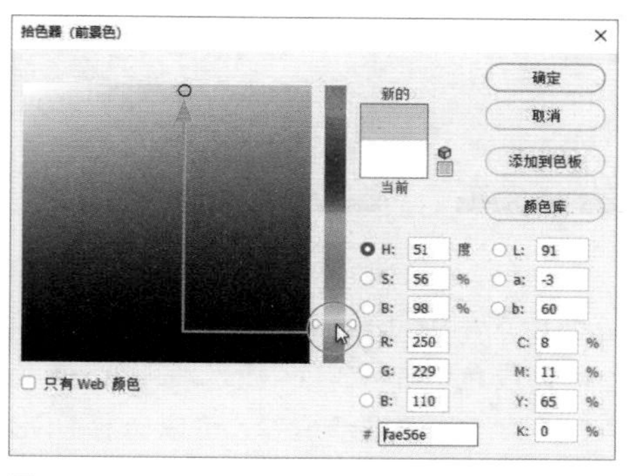

图3-9

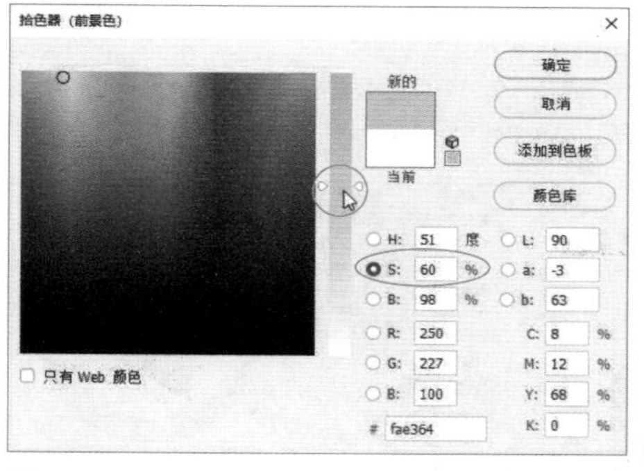

图3-10

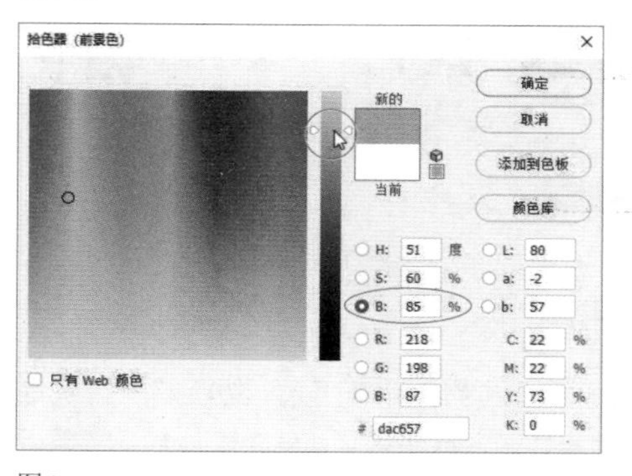

图3-11

tip 当“拾色器”对话框中出现溢色警告图标▲时，表示当前颜色超出了CMYK颜色范围，无法准确打印。单击警告图标下面的颜色块，可将颜色替换为Photoshop给出的校正颜色（即CMYK色域范围内的颜色）。如果出现非Web安全色警告图标，表示当前颜色超出了Web颜色范围，不能在网页中正确显示，单击下面的颜色块，可将其替换为Photoshop给出的最为接近的Web安全颜色。

3.2.3 颜色面板

"颜色"面板与调色盘类似，可以通过混合的方法设置颜色。默认情况下，前景色处于编辑状态，此时拖曳滑块或输入颜色值，可调整前景色，如图3-12所示。如果要调整背景色，则单击背景色颜色块，将其设置为当前状态，然后进行操作，如图3-13所示。

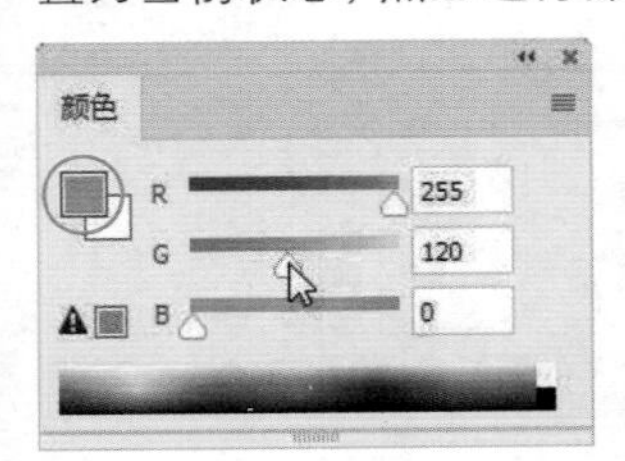

图3-12

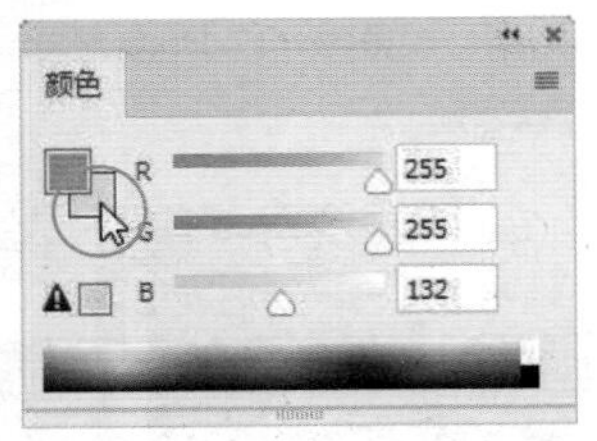

图3-13

在"颜色"面板菜单中，还可以选择不同的颜色模型编辑前景色和背景色，如图3-14所示。例如，屏幕显示的图像（幻灯片、电子显示屏等）可以选择RGB滑块；用于印刷的图像可以选择CMYK滑块；用于网页设计的图像可以选择Web颜色滑块。

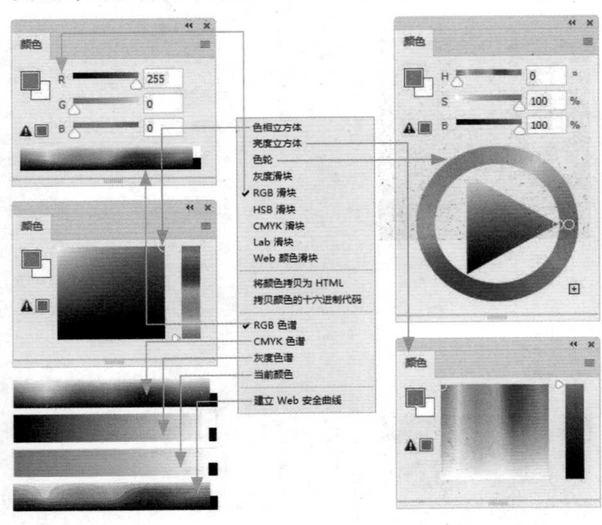

图3-14

3.2.4 色板面板

"色板"面板提供了各种常用色，其顶部一行是最近使用过的颜色，下方是色板组。单击 › 按钮，将色板组展开后，单击其中的一个颜色，可将其设置为前景色，如图3-15所示。按住Alt键并单击，则可将其设置为背景色，如图3-16所示。

在"拾色器"对话框或"颜色"面板中调整前景色后，单击"色板"面板中的"创建新色板"按钮 ⊞，可以将颜色保存到"色板"面板中。将"色板"面板中的某一色样拖至"删除"按钮 🗑 上，可将其删除。

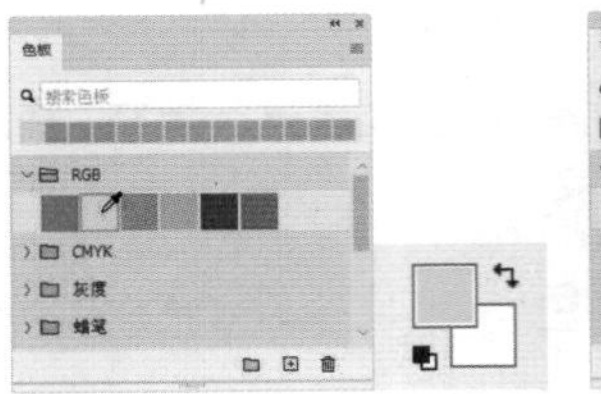

图3-15

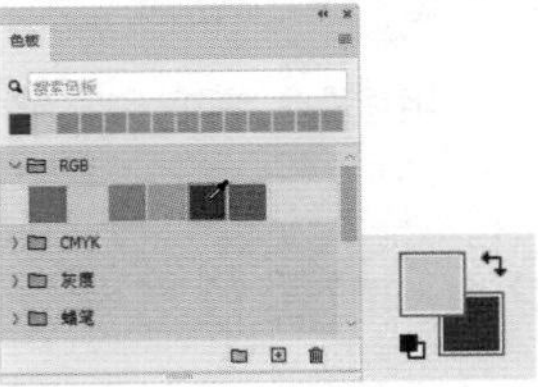

图3-16

3.2.5 吸管工具

从优秀作品中汲取灵感，是学习色彩设计的有效途径。如果图像中有可供借鉴的颜色，可以使用吸管工具单击，拾取单击点的颜色并将其设置为前景色，如图3-17所示。按住Alt键并单击，可以拾取单击点的颜色并将其设置为背景色。按住鼠标左键拖曳，取样环中会出现两种颜色，下面的是前一次拾取的颜色，上面的是当前拾取的颜色。

图3-17

tip 使用画笔、铅笔、渐变、油漆桶等绘画类工具时，可以按住Alt键临时切换为吸管工具。拾取颜色后，放开Alt键可恢复为之前的工具。

3.2.6 实例：为海报填色

01 打开海报素材，如图3-18所示。打开"图层"面板，如图3-19所示。对于这种未分层的文件，在重新填色时可以使用油漆桶工具。

图3-18

图3-19

02 选择油漆桶工具，在工具选项栏中将“填充”设置为“前景”，“容差”设置为32，分别勾选“消除锯齿”“连续的”和“所有图层”复选框，如图3-20所示。

图3-20

03 在“色板”面板中拾取“10%灰色”作为前景色，如图3-21所示。在柠檬黄背景色上单击，将其填充为灰色，如图3-22所示。由于勾选了“连续的”复选框，在填色时只填充连续的像素，文字中间的黄色块为非连续像素，得以保留，也使文字更有设计感。填充绿色背景时，可以取消“连续的”复选框的勾选状态，使文字中间的背景区域都能被填充新的颜色。

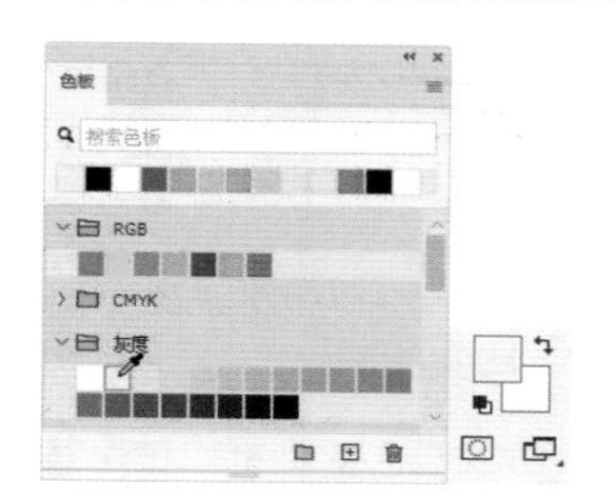

图3-21

图3-22

04 在“颜色”面板中将前景色调整为粉色，如图3-23所示。在绿色背景上单击，填充粉色，如图3-24所示。同样，在文字“夏”上单击，改变其颜色，如图3-25所示。

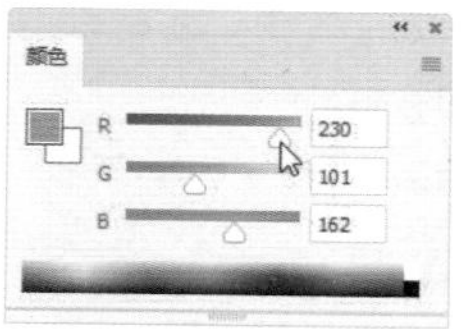

图3-23

图3-24

图3-25

05 还可以使用图案填充。在工具选项栏中选择“图案”选项，单击按钮，打开“图案”下拉面板，选择水滴图案，如图3-26所示，在灰色背景上单击，能制作出水池波纹的效果，如图3-27所示。

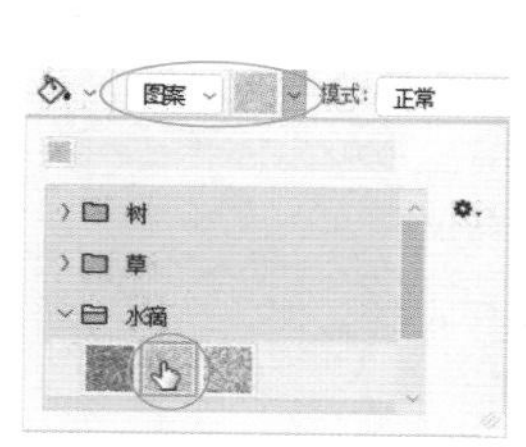

图3-26

图3-27

3.3　填充渐变

当一种颜色的明度或饱和度逐渐变化，或者两种或多种颜色平滑过渡时，就会产生渐变效果。渐变具有规则性特点，能让人感觉到秩序和统一。

3.3.1　渐变样式

选择渐变工具后，可以在工具选项栏中选取渐变样式（共5种），如图3-28所示。

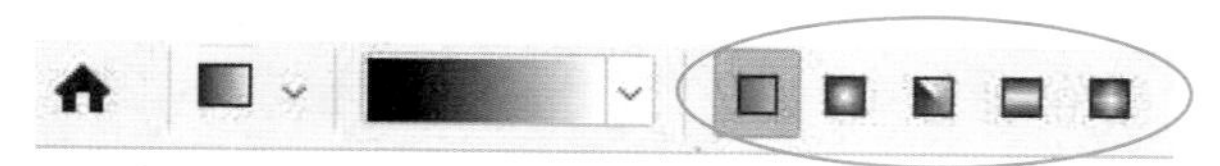
图3-28

如图3-29所示为使用渐变工具填充的渐变（线段起点代表渐变的起点，线段终点箭头代表渐变的终点，箭头方向代表鼠标的移动方向）。其中，线性渐变从光标起点开始到终点结束，如果未横跨整个图像区域，则其外部会以渐变的起始颜色和终止颜色填充，其他几种渐变以光标起始点为中心展开。

渐变可以通过渐变工具、渐变填充图层、渐变映射调整图层和图层样式（描边、内发光、渐变叠加和外发光效果）来应用。渐变工具可以在图像、图层蒙版、快速蒙版和通道等不同的对象上填充渐变，后几种只用于特定的图层。

线性渐变（以直线从起点渐变到终点）

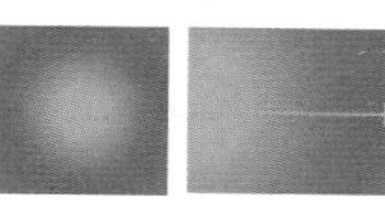
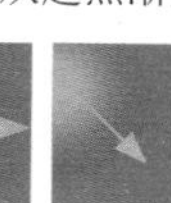
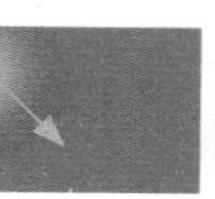
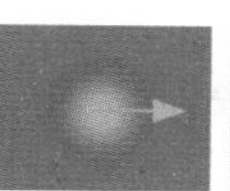

径向渐变（以圆形图案从起点渐变到终点）

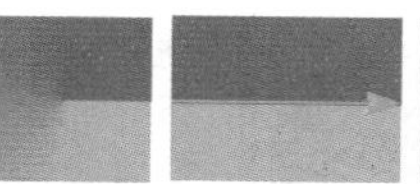

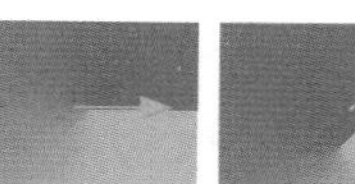
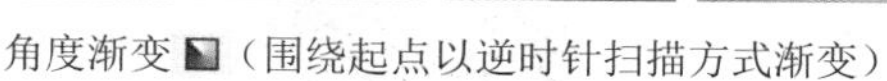
角度渐变（围绕起点以逆时针扫描方式渐变）

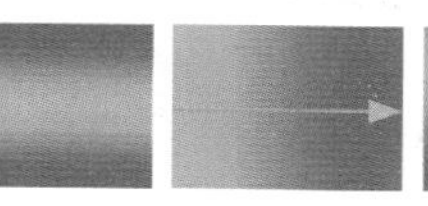

对称渐变（在起点的两侧镜像相同的线性渐变）

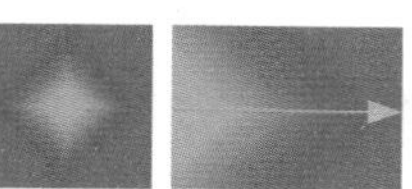

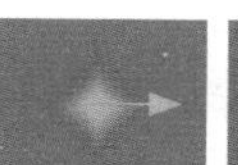

菱形渐变（遮蔽菱形图案从中间到外边角的部分）

图3-29

3.3.2 设置渐变颜色

选择渐变工具，在工具选项栏中选择渐变样式，在“渐变”下拉面板中选择预设的渐变，之后在画面中拖曳鼠标，即可填充渐变，如图3-30所示。

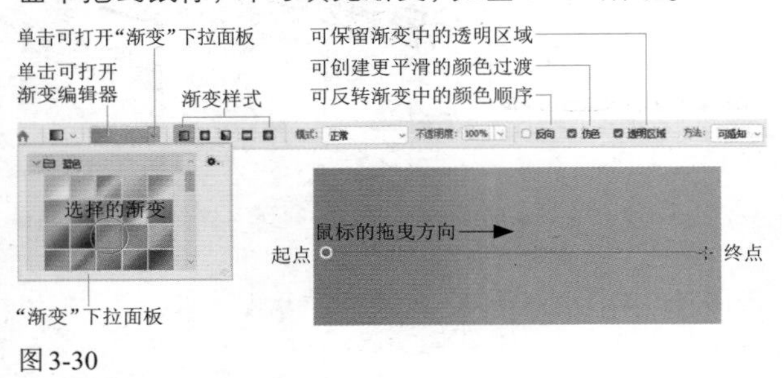

图3-30

如果要自定义渐变颜色，可以单击工具选项栏中的渐变颜色条，打开“渐变编辑器”对话框进行设置，如图3-31所示。

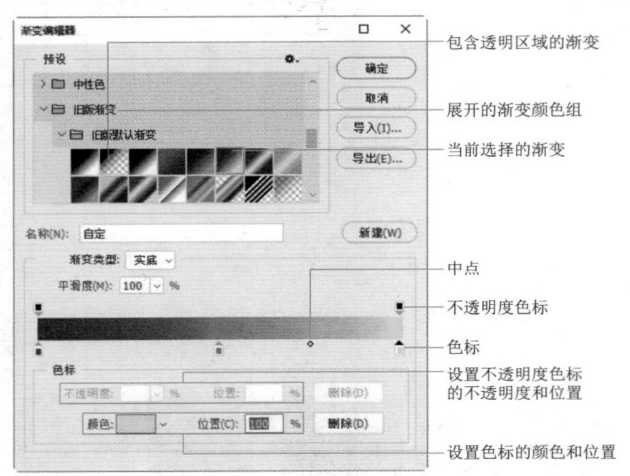

图3-31

双击一个色标，或单击色标后，单击“颜色”选项中的颜色块，可以打开“拾色器”对话框调整色标颜色，如图3-32和图3-33所示。

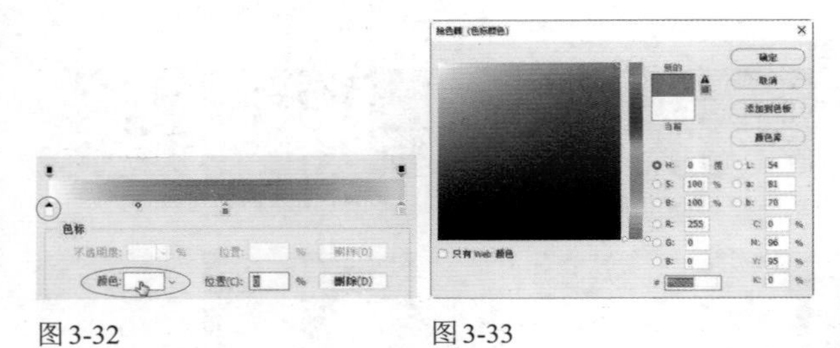

图3-32　图3-33

拖曳色标，可移动其位置，如图3-34所示。每两个色标中间都有一个菱形滑块的中点，拖曳该滑块，则可控制该点两侧颜色的混合位置。在渐变颜色条下方单击，可以添加色标，如图3-35所示。将色标拖曳到渐变颜色条外，可将其删除。

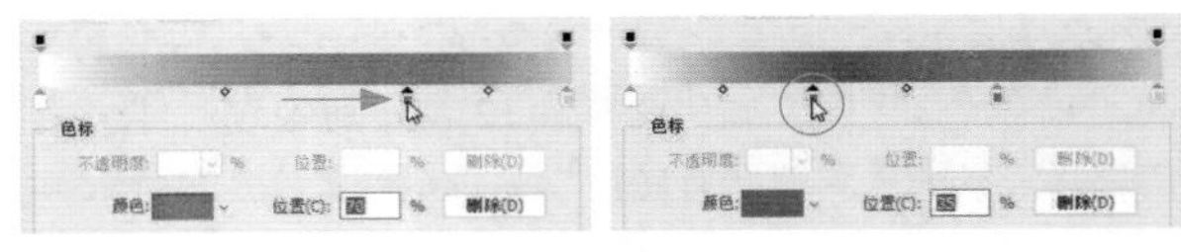

图3-34　图3-35

如果要创建包含透明区域的渐变，可以单击渐变条上方的不透明度色标，之后降低其“不透明度”参数，此时渐变色条中的棋盘格即代表透明区域，如图3-36所示。在“渐变类型”下拉列表中选择“杂色”选项，并设置“粗糙度”选项，还可生成杂色渐变，如图3-37所示。

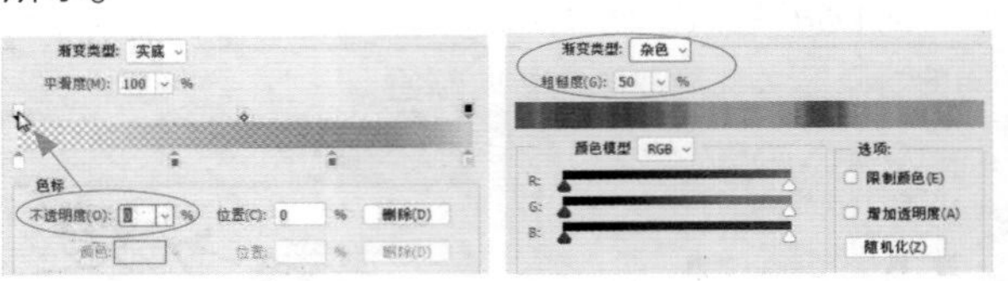

图3-36　图3-37

3.3.3 实例：制作石膏几何体

01 按Ctrl+N快捷键，打开“新建文档”对话框，使用其中的预设创建一个A4大小的文件，如图3-38所示。选择渐变工具，单击工具选项栏中的渐变颜色条，打开“渐变编辑器”对话框，调出深灰到浅灰色渐变。在画面顶部单击，然后按住Shift键（可以锁定垂直方向）向下拖曳鼠标，填充线性渐变，如图3-39所示。

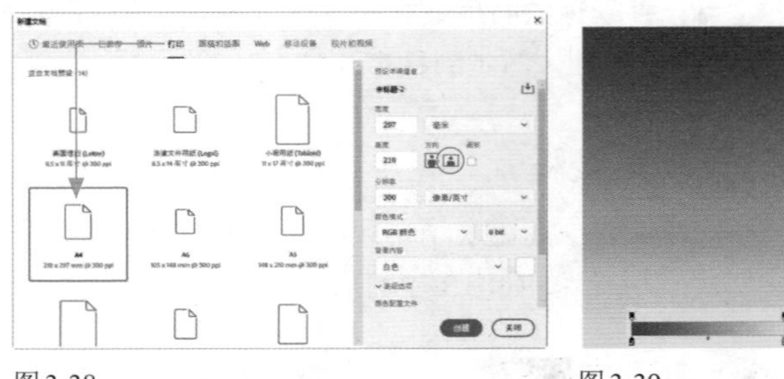

图3-38　图3-39

02 单击“图层”面板底部的按钮，新建图层。选择椭圆选框工具，按住Shift键拖曳鼠标创建圆形选区，如图3-40所示。选择渐变工具，单击轨迹选项栏中的“径向渐变”按钮，在选区内拖曳鼠标填充径向渐变，制作出球体，如图3-41所示。

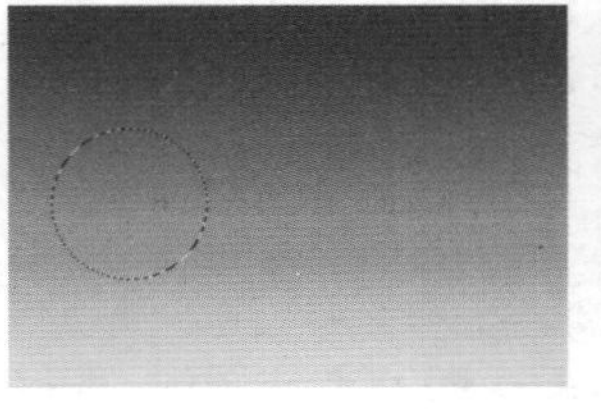

图3-40　图3-41

03 按D键恢复为默认的前景色和背景色。单击“线性渐变”按钮■，选择前景到透明渐变，如图3-42所示。在选区外部右下方处单击并向选区内拖曳鼠标，稍微进入选区内时释放鼠标左键，进行填充。将光标放在选区外部的右上角，向选区内拖曳鼠标再填充渐变，增强球形的立体感，如图3-43所示。

图3-42

图3-43

04 按Ctrl+D快捷键取消选择。下面制作圆锥。使用矩形选框工具⬚创建选区，如图3-44所示。单击“图层”面板底部的⊞按钮，新建图层，如图3-45所示。

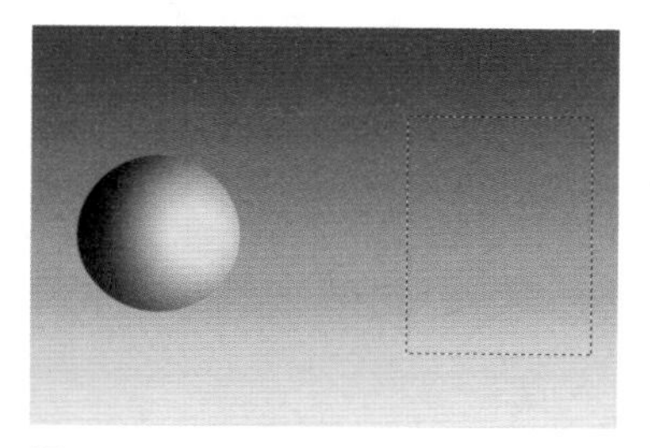
图3-44

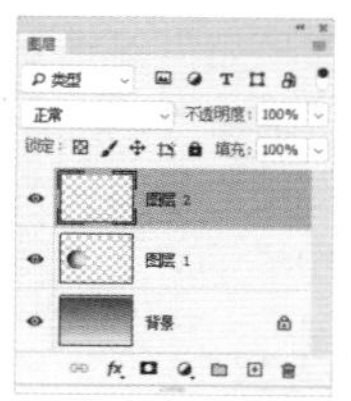
图3-45

05 选择渐变工具■并调整渐变颜色，按住Shift键，在选区内从左至右拖曳鼠标填充渐变，如图3-46所示。按Ctrl+D快捷键取消选择。执行“编辑”|“变换”|“透视”命令，显示定界框，将右上角的控制点拖曳到中央，如图3-47所示，然后按Enter键确认操作。

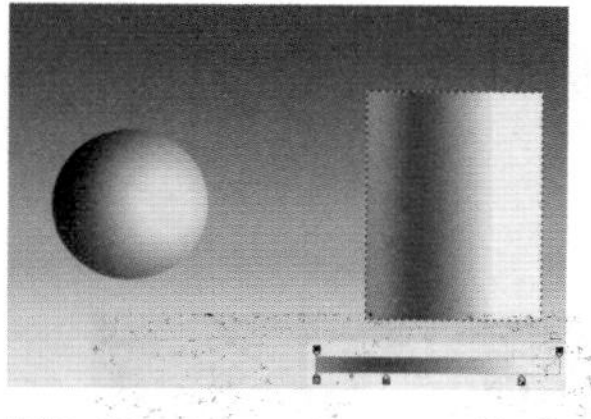
图3-46

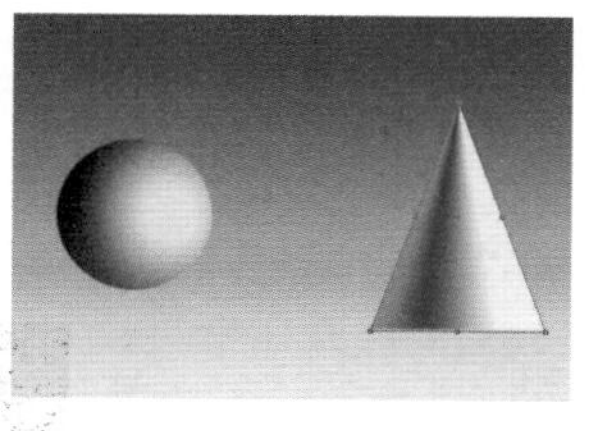
图3-47

06 使用椭圆选框工具◯创建选区，如图3-48所示。使用矩形选框工具⬚（按住Shift键）创建矩形选区，如图3-49所示，释放鼠标左键后两个选区会进行相加运算，得到如图3-50所示的选区。

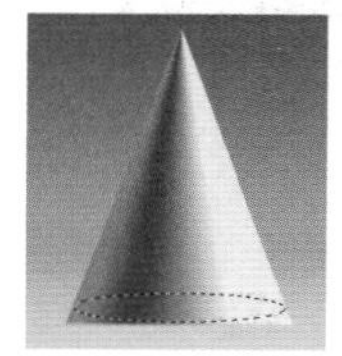
图3-48

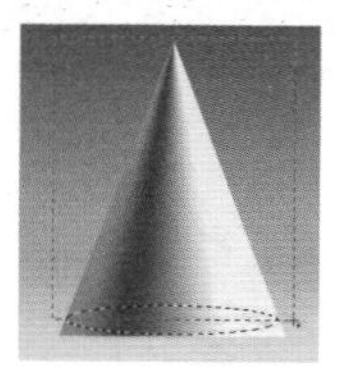
图3-49

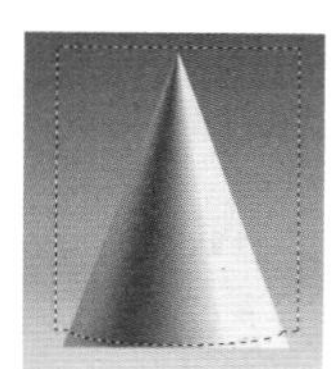
图3-50

07 按Shift+Ctrl+I快捷键反选，如图3-51所示。按Delete键删除多余的图像，按Ctrl+D快捷键取消选择，完成圆锥的制作，如图3-52所示。

图3-51

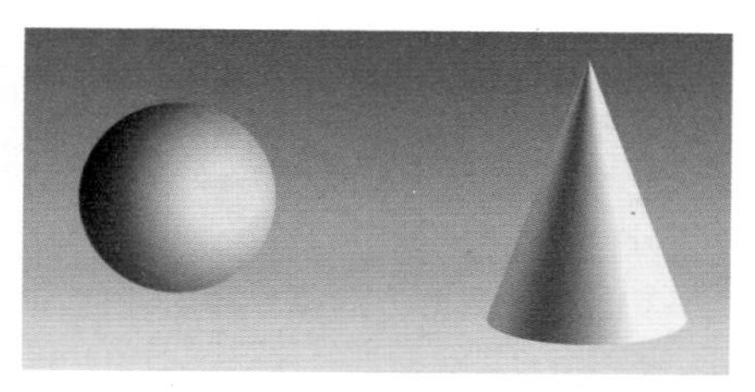
图3-52

08 下面制作斜面圆柱体。单击“图层”面板底部的⊞按钮，新建图层。使用矩形选框工具⬚创建选区，填充渐变，如图3-53所示。采用与处理圆锥底部相同的方法对圆柱的底部进行修改，如图3-54所示。

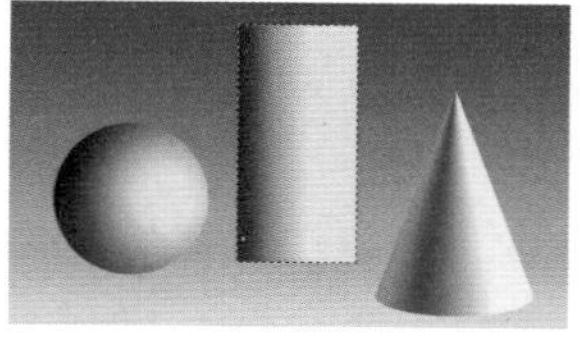
图3-53

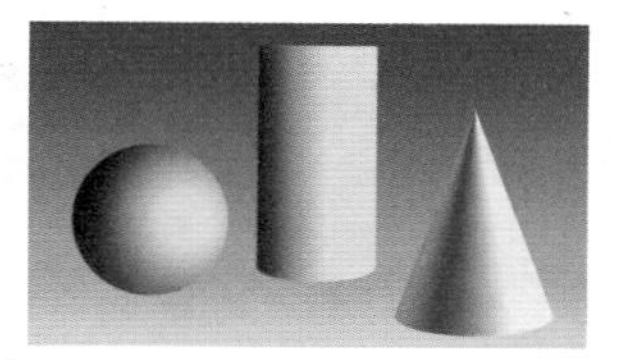
图3-54

09 使用椭圆选框工具◯创建选区，如图3-55所示。执行“选择”|“变换选区”命令，显示定界框，拖曳鼠标将选区旋转，之后移动到圆柱上半部，如图3-56所示。按Enter键确认操作。单击“图层”面板底部的⊞按钮，新建图层。调整渐变颜色，如图3-57所示。

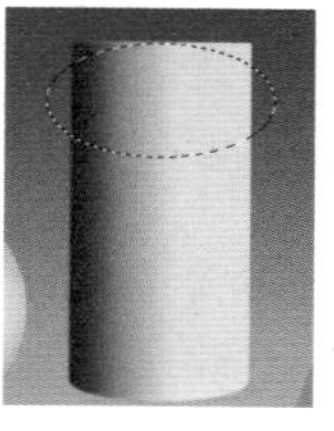
图3-55

图3-56

图3-57

10 先在选区内填充渐变，如图3-58所示。选择前景到透明渐变样式，分别在右上角和左下角填充渐变，如图3-59和图3-60所示。

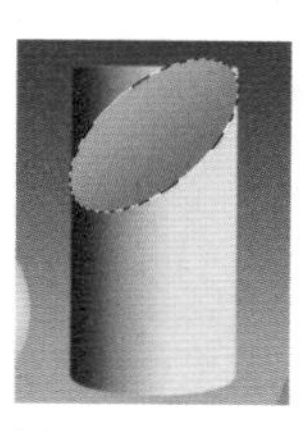
图3-58

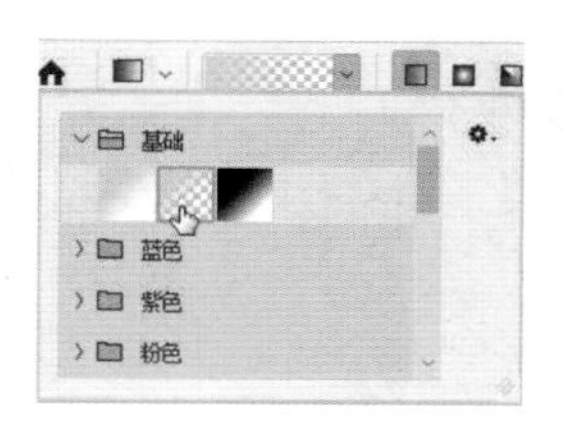

图3-59

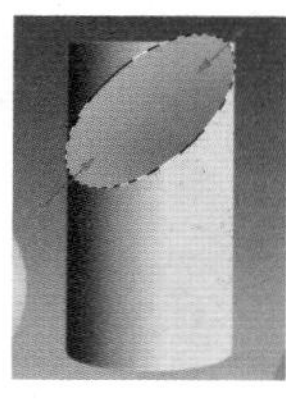
图3-60

11 按Ctrl+D快捷键取消选择。选择圆柱体所在的图层，如图3-61所示。使用多边形套索工具将顶部多余的图像选中，如图3-62所示，按Delete键删除。按Ctrl+D快捷键取消选择，斜面圆柱就制作完成了，如图3-63所示。

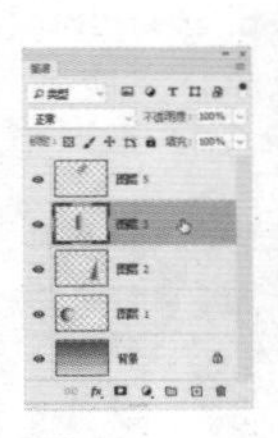
图 3-61

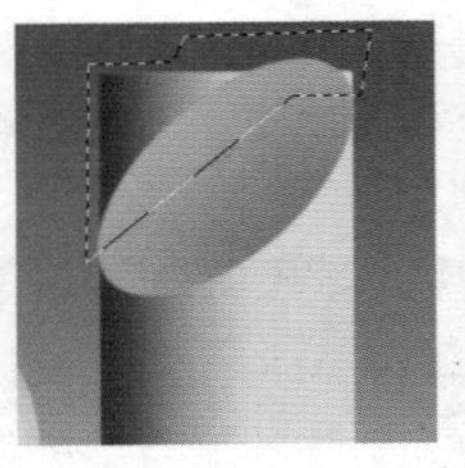
图 3-62

图 3-63

12 下面制作倒影。选择球体所在的图层，如图3-64所示，按Ctrl+J快捷键进行拷贝，如图3-65所示。

图 3-64

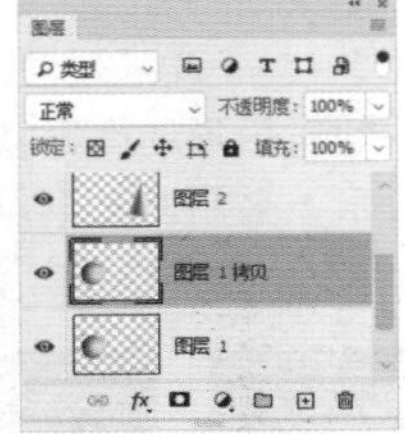
图 3-65

13 执行“编辑”|“变换”|“垂直翻转”命令，翻转图像。使用移动工具 拖动到球体下方，如图3-66所示。单击“图层”面板底部的 按钮，添加图层蒙版。使用渐变工具 填充黑白线性渐变，将画面底部的球体隐藏，如图3-67和图3-68所示。

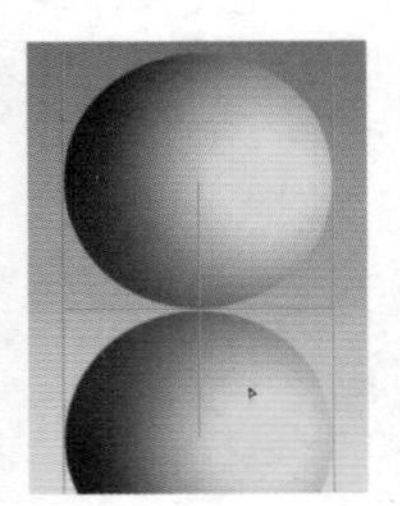
图 3-66

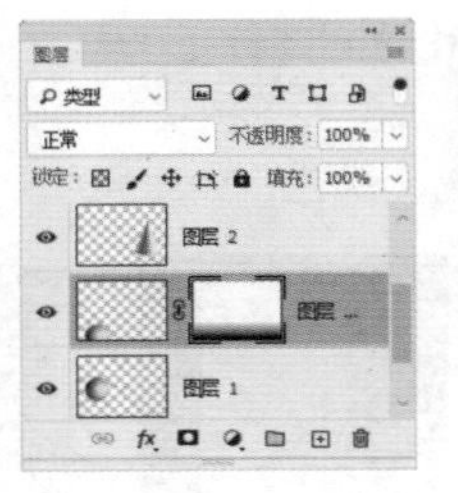
图 3-67

图 3-68

14 采用相同的方法为另外两个几何体添加倒影。需要注意的是，应将投影所在的图层放在几何体所在的图层的下方，不要让投影盖住几何体，效果如图3-69所示。

图 3-69

3.3.4 实例：使用填充图层制作灯光效果

01 打开素材，如图3-70所示。单击“图层”面板底部的 按钮，打开菜单，执行“渐变”命令，如图3-71所示，打开“渐变填充”对话框。

图 3-70

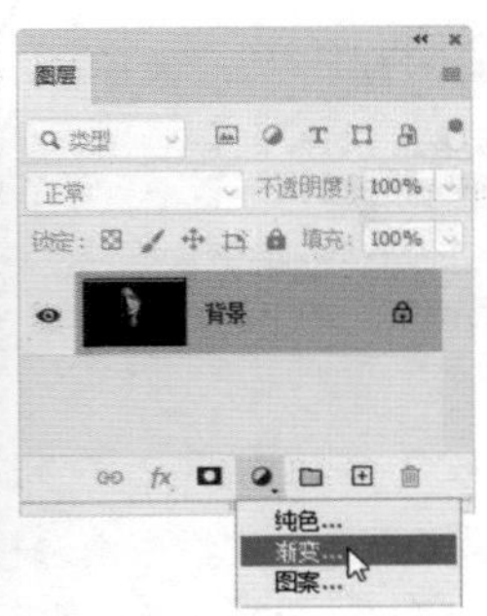

图 3-71

02 单击渐变颜色条，打开“渐变编辑器”对话框，调整渐变颜色，如图3-72所示。单击“确定”按钮，返回“渐变填充”对话框，设置“角度”为 0 度，如图3-73所示。单击“确定”按钮关闭对话框，创建渐变填充图层，设置混合模式为“叠加”，如图3-74所示，效果如图3-75所示。

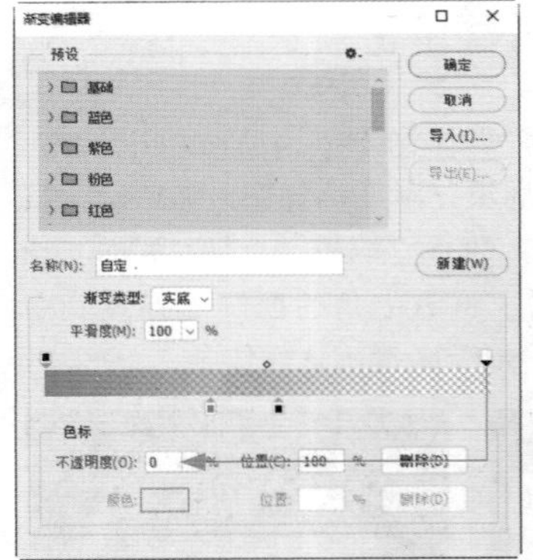
图 3-72

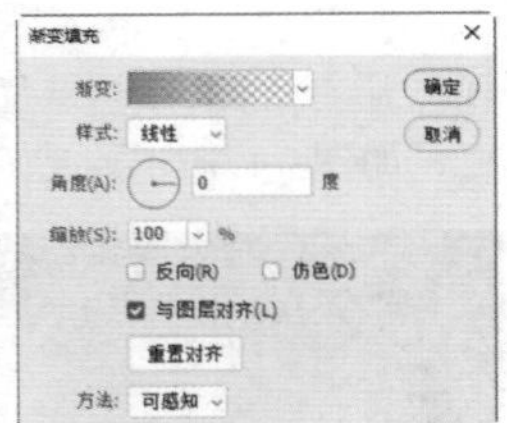
图 3-73

图 3-74

图 3-75

tip 填充图层是一种可承载纯色、渐变和图案的特殊图层。其具备普通图层的所有属性，既可以添加图层样式、复制和删除，也可以通过调整不透明度、混合模式等，对图像和色彩施加影响。填充图层属于非破坏性编辑功能，可以随时修改填充内容，也可以删除。

03 再创建一个渐变填充图层，设置渐变颜色并修改图层的混合模式，制作出从右侧照射过来的绿光，如图3-76~图3-79所示。

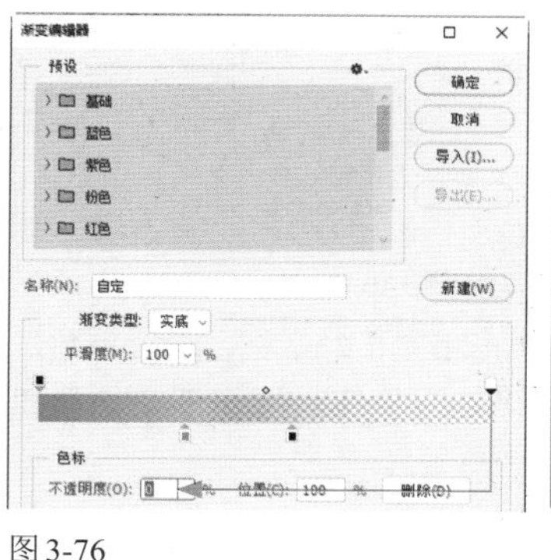

图3-76

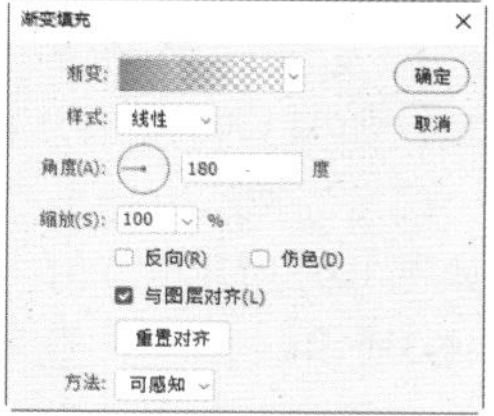

图3-77

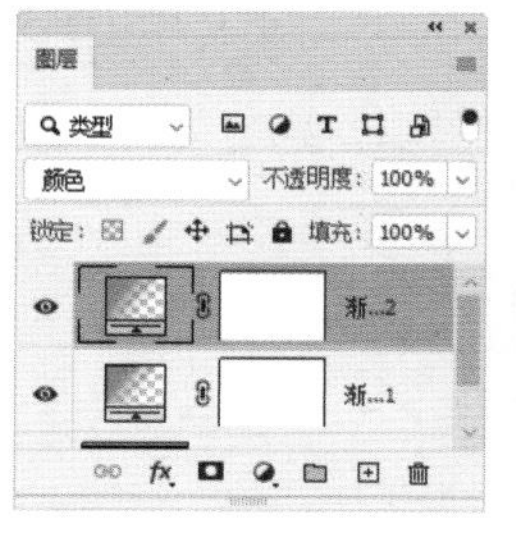

图3-78

图3-79

04 如果想修改渐变颜色或参数，可双击渐变填充图层的缩览图，如图3-80所示，打开“渐变填充”对话框进行设置，如图3-81和图3-82所示。

图3-80

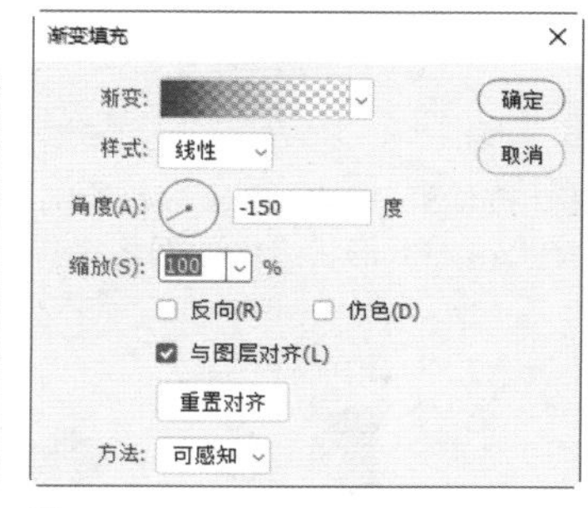

图3-81

图3-82

tip 新建一个图层，之后单击“渐变”面板中的一个预设渐变，可将该图层转换为渐变填充图层。单击“渐变”面板中的其他预设渐变，还可修改填充图层中的渐变颜色。

3.4　制作图案

图案是有装饰意味的、结构整齐的花纹或图形，以构图匀称、调和为特点，在包装设计中的应用比较多。

3.4.1　使用油漆桶工具填充图案

选择油漆桶工具，单击工具选项栏中的按钮，打开下拉列表，选择“图案”选项，之后单击右侧的按钮，打开下拉面板，选择一种图案，如图3-83所示，在画布上单击，可填充与单击点颜色相似的区域，如图3-84和图3-85所示。颜色的相似程度取决于“容差”的大小。“容差”值低，只填充与单击点颜色非常相似的区域；“容差”值越高，对颜色相似程度的要求越低，填充的颜色范围也越大。

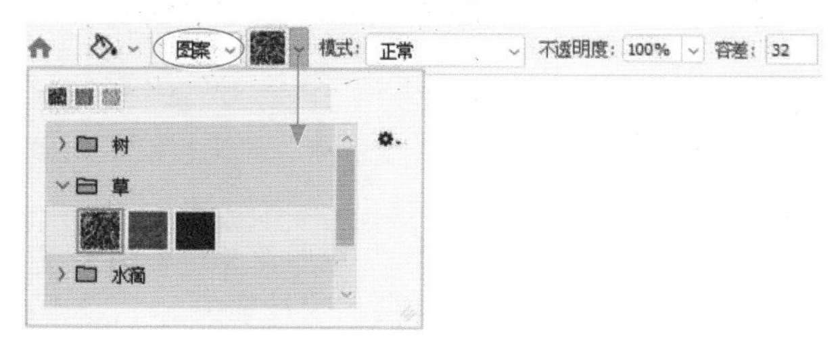

图3-83

图3-84

图3-85

3.4.2　实例：制作四方连续图案

01 按Ctrl+N快捷键，打开“新建文档”对话框，创建一个5厘米×5厘米、300像素/英寸的文件。

02 选择自定形状工具，在工具选项栏中选择“形状”选项，单击“填充”选项右侧的颜色块，打开下拉面板，选择填充颜色。单击按钮打开“形状”下拉面板，选择“野生动物”形状组中的牡鹿图形，如图3-86所示。

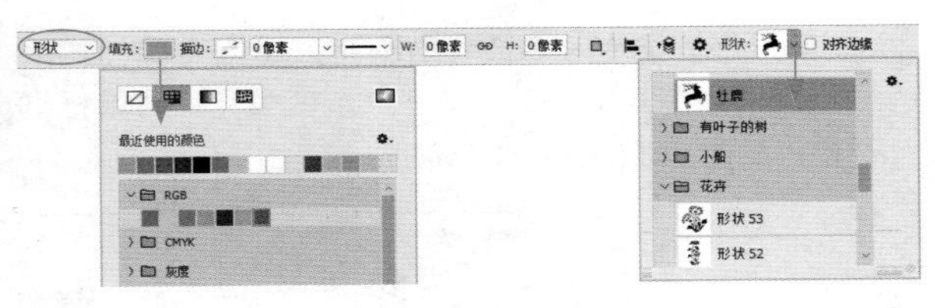

图3-86

03 按住Shift键拖曳鼠标，绘制图形，如图3-87所示。选择“花卉”形状组中的图形进行绘制，如图3-88所示。

图3-87　　图3-88

04 将“背景”图层拖曳到“图层”面板底部的 按钮上，删除该图层，让背景变为透明状态，如图3-89和图3-90所示。执行“编辑”|“定义图案”命令，将所绘图形定义为图案。

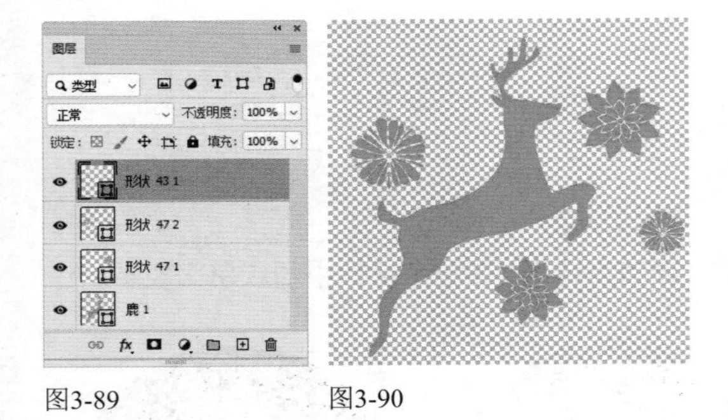

图3-89　　图3-90

tip 如果要将局部图像定义为图案，可以先用矩形选框工具将其选取，再执行“定义图案”命令。

05 按Ctrl+N快捷键，打开“新建文档”对话框，使用预设创建一个A4大小的文件。单击“图层”面板底部的 按钮，新建图层。执行“编辑”|“填充”命令，打开“填充”对话框，选择“图案”选项及自定义的图案，选择“脚本”及“砖形填充”选项，如图3-91所示，单击“确定”按钮，弹出“砖形填充”对话框，设置参数，如图3-92所示。单击“确定”按钮，填充图案，如图3-93所示。

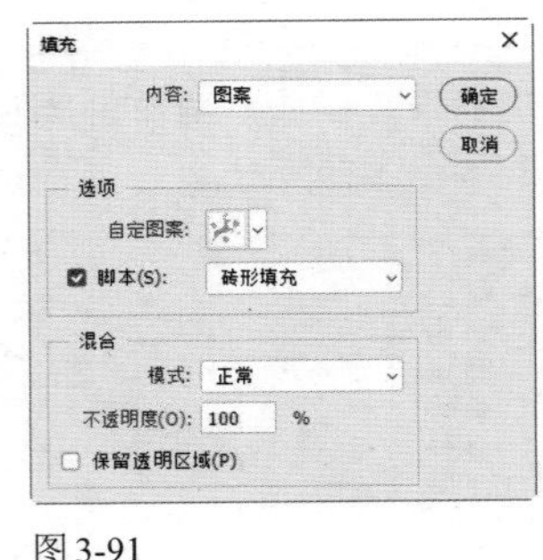

图3-91

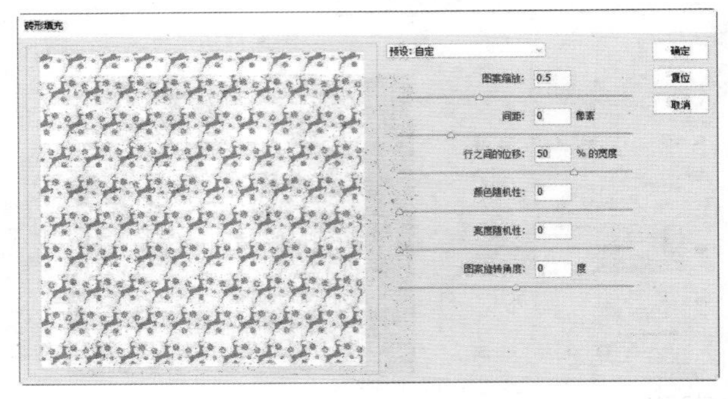

图3-92

图3-93

3.5 绘画

使用Photoshop中的绘画工具时，更换笔尖可绘制铅笔、炭笔、水彩笔、油画笔等不同的笔触效果。

3.5.1 画笔设置面板

选择画笔工具 或其他绘画类工具后，执行“窗口”|“画笔设置”命令，打开“画笔设置”面板，如图3-94所示。在该面板中可以选取笔尖并设置参数。操作时，先单击左侧列表中的一个属性名称，使其处于被勾选状态，面板右侧会显示具体选项内容。要注意的是，如果勾选名称前面的复选框，可开启相应的属性，但不会显示选项。

Photoshop中的笔尖分为圆形笔尖、图像样本笔尖、硬毛刷笔尖、侵蚀笔尖和喷枪笔尖5种，如图3-95所示。

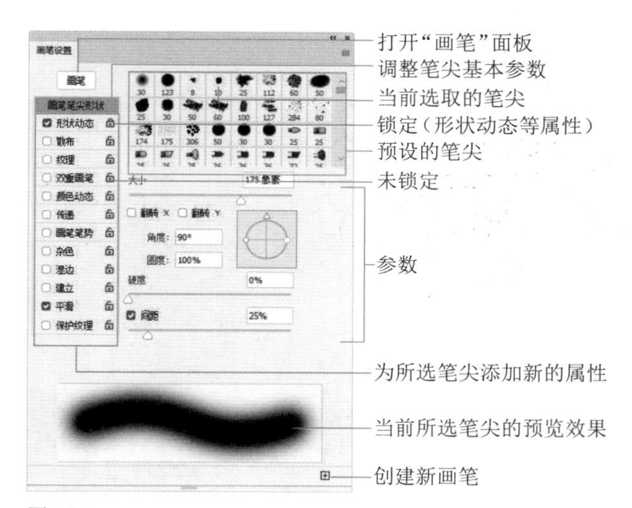

图3-94

喷枪笔尖（可喷洒颜料）

圆形笔尖（形状为圆形，可调圆度和旋转角度）

硬毛刷笔尖（类似于传统的水彩笔、油画笔）

侵蚀笔尖（类似于铅笔、蜡笔，使用时会出现磨损）

图像样本笔尖（可绘制出图像）

图3-95

圆形笔尖是标准笔尖，常用于绘画、修改蒙版和通道。图像样本笔尖是使用图像定义的，只在表现特殊效果时才使用。其他几种笔尖可以模拟各种画笔（如毛笔、铅笔、炭笔等）的笔触效果。

3.5.2　画笔工具

画笔工具通过拖曳的方法使用。选择该工具后，单击工具选项栏中的按钮（或在文档窗口中右击），可以打开"画笔"下拉面板，如图3-96所示。

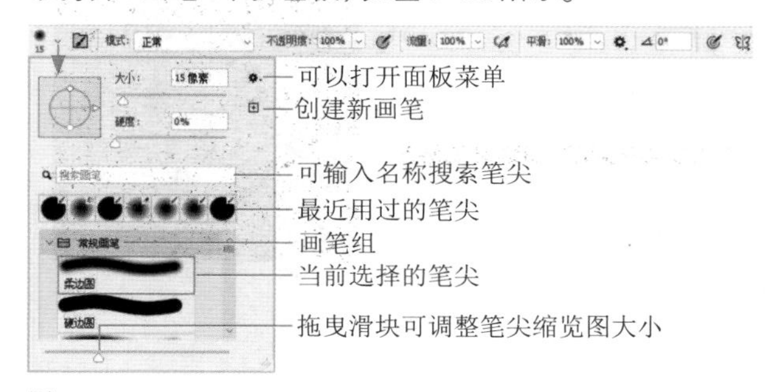

图3-96

- 大小：可以调整画笔的笔尖大小。
- 硬度：设置画笔笔尖的硬度。硬度值越低，画笔的边缘越柔和，色彩越淡，如图3-97所示。

硬度为0%的柔边圆笔尖　　硬度为50%的柔边圆笔尖

硬度为100%的硬边圆笔尖

图3-97

- 模式：在下拉列表中可以选择画笔笔迹颜色与下面像素的混合模式。
- 不透明度：设置画笔的不透明度，该值越低，绘画笔迹的透明度越高。
- 绘图板压力按钮：激活这两个按钮后，使用数位板绘画时，光笔压力可覆盖"画笔"面板中的不透明度和大小设置。
- 流量：设置当光标移动到某个区域上方时应用颜色的速率。在某个区域上方涂抹时，如果一直按住鼠标左键不放，颜色将根据流动速率增加，直至达到设置的不透明度效果。
- 喷枪：激活该按钮，可以启用喷枪功能，单击该按钮后，按住鼠标左键的时间越长，颜色堆积得越多。"流量"设置越高，颜色堆积的速度越快，直至达到所设定的"不透明度"。在"流量"设置较低的情况下，会以缓慢的速度堆积颜色，直至达到设定的"不透明度"。再次单击该按钮，可以关闭喷枪功能。
- 平滑：数值越高，描边越平滑。单击按钮，可以在打开的下拉列表中设置平滑选项，使画笔带有智能平滑效果。
- 设置绘画的对称选项：在该选项列表中选择对称类型后，所绘描边将在对称线上实时反映出来，从而可以轻松地创建各种复杂的对称图案。

3.5.3　实例：绘制对称花纹

01 按Ctrl+N快捷键，新建一个文件。选择画笔工具及硬边圆笔尖，设置笔尖"大小"为"10像素"。单击工具选项栏中的按钮，打开下拉菜单，执行"曼陀罗"命令，如图3-98所示。

图3-98

02 弹出对话框后，将“段计数”设置为10，如图3-99所示，以生成10段对称的路径，如图3-100所示。按Enter键确认。

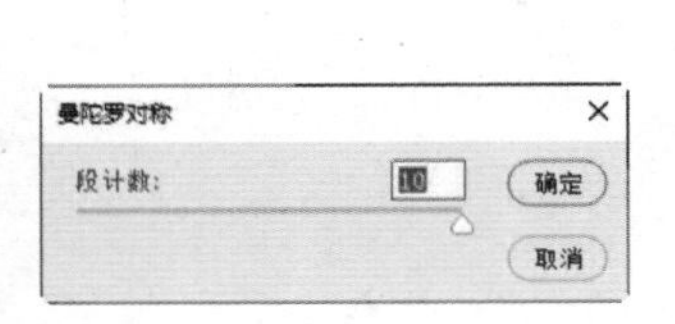

图 3-99

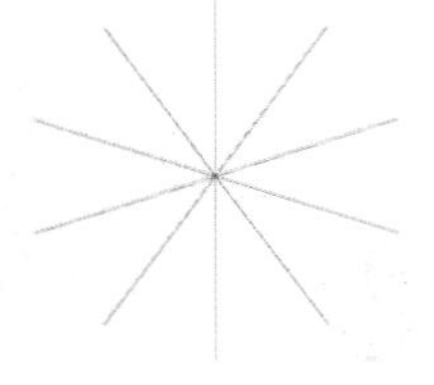

图 3-100

03 新建4个图层。按照如图3-101~图3-104所示的方法，在每一个图层上绘制一根线条（释放鼠标左键后，便会生成对称的花纹。黑线代表鼠标移动轨迹，箭头处为终点）。花纹整体效果如图3-105所示。

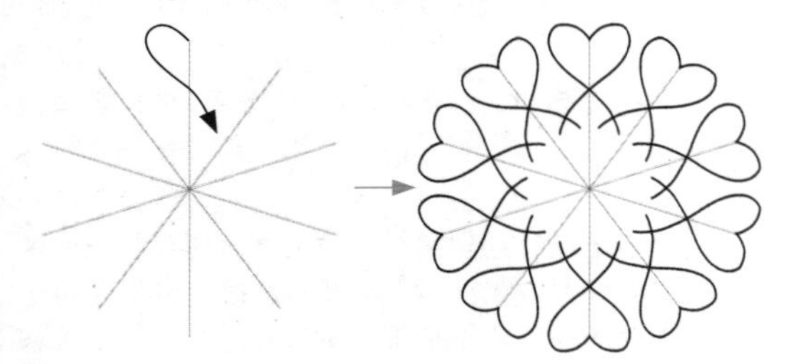

图 3-101

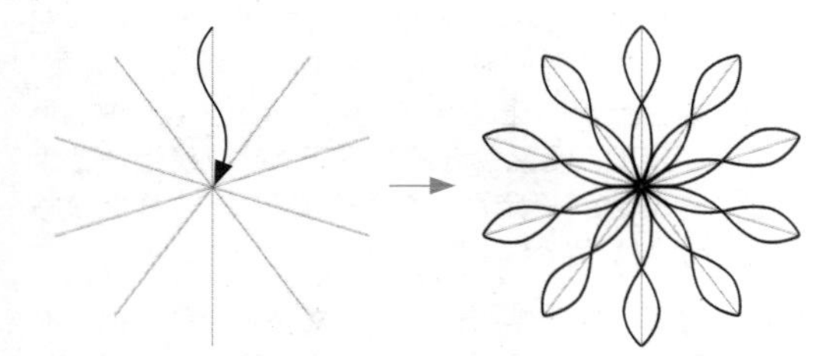

图 3-102

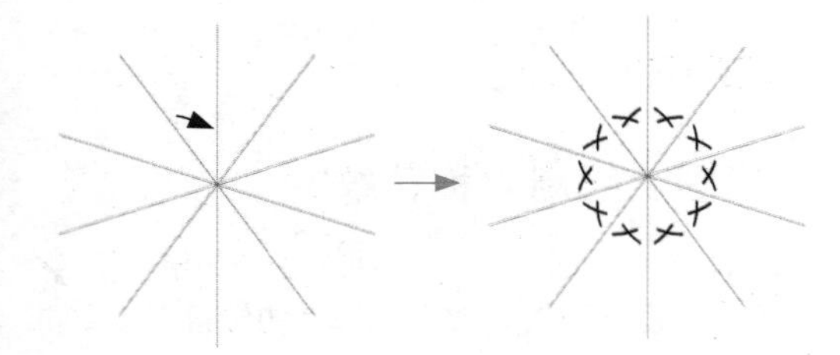

图 3-103

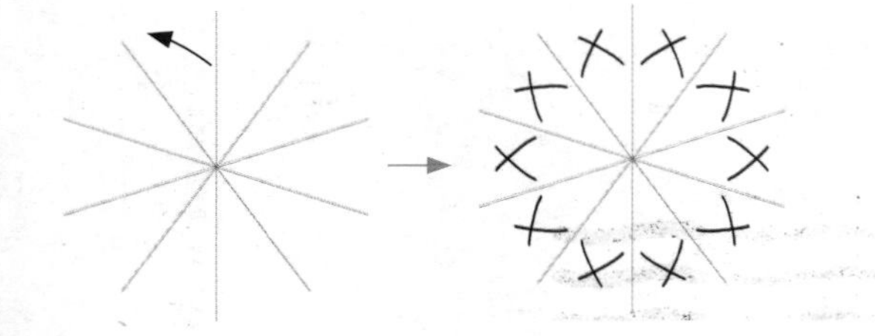

图 3-104

图 3-105

tip 使用画笔工具时，在画面中单击，然后按住Shift键单击画面中任意一点，两点之间会以直线连接。按住Shift键，还可以绘制水平、垂直或以45°角为增量的直线。按 [键可将画笔调小，按] 键则调大。对于硬边圆、柔边圆和书法画笔，按Shift+[快捷键可减小画笔的硬度，按Shift+]快捷键则增加硬度。按键盘中的数字键可调整画笔工具的不透明度。如按数字键1，画笔不透明度为10%；按数字键75，不透明度为75%；按数字键0，不透明度会恢复为100%。

04 按住Shift键单击“图层1”，将这4个线条图层同时选取，如图3-106所示。按Ctrl+G快捷键编入图层组中，如图3-107所示。

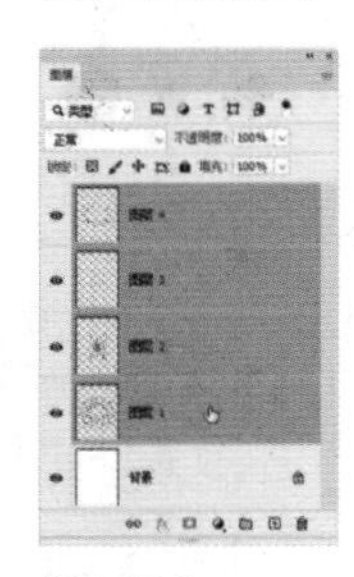

图 3-106

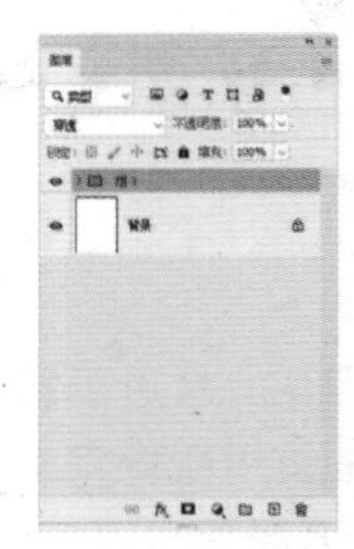

图 3-107

05 单击“背景”图层，使用渐变工具 填充对称渐变，如图3-108和图3-109所示。

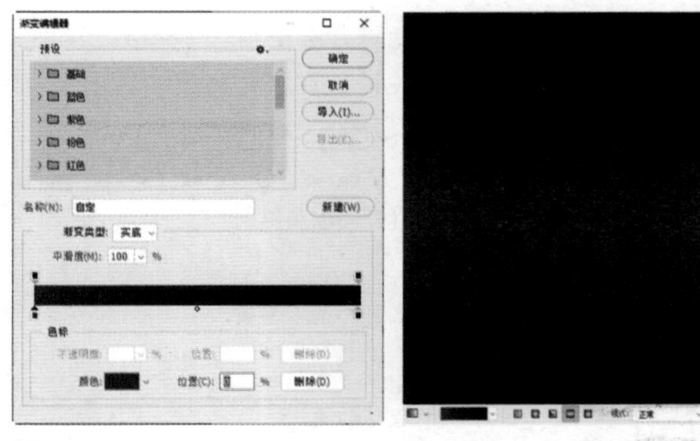

图 3-108　　图 3-109

06 单击“组1”，如图3-110所示。单击“图层”面板底部的 按钮，打开菜单，执行“渐变”命令，在“组1”上方创建渐变填充图层，设置渐变颜色，如图3-111所示。

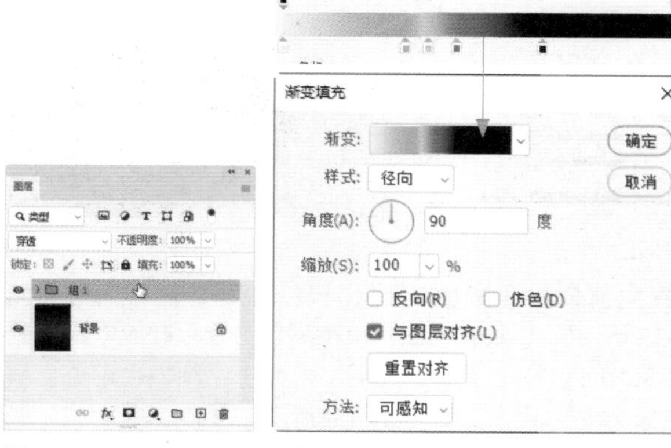

图3-110　　图3-111

07 按Alt+Ctrl+G快捷键，将填充图层与“组1”创建为剪贴蒙版组，让渐变颜色只对“组1”有效，不会影响背景，如图3-112和图3-113所示。

图3-112　　图3-113

3.5.4　实例：绘制超萌表情包

01 打开素材，如图3-114所示。单击“图层”面板底部的 ⊞ 按钮，新建图层，如图3-115所示。

图3-114

图3-115

02 按D键，将前景色和背景色恢复为默认的黑色和白色。选择画笔工具 ，在“画笔”下拉面板中选择硬边圆笔尖，设置“大小”为“15像素”，如图3-116所示。拖曳鼠标，在嘴上面画出眼睛、鼻子、帽子和脸的轮廓，如图3-117所示。

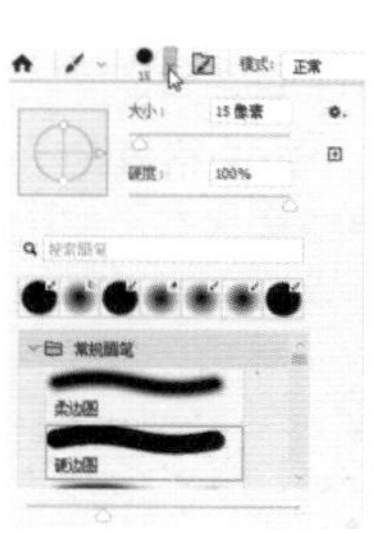

图3-116

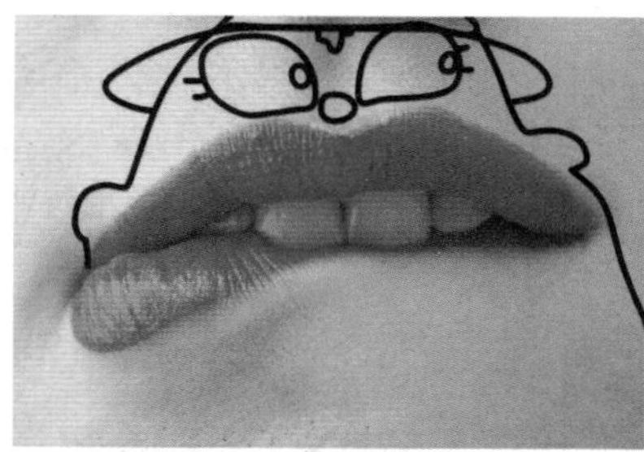

图3-117

03 画一个花边领结，之后在左下角画台词框，如图3-118所示，这样轮廓就画完了。选择魔棒工具 ，在工具选项栏中单击“添加到选区”按钮 ，设置“容差”为30，不要勾选“对所有图层取样”复选框，以保证仅对当前图层进行选取。在眼睛上单击，选取眼睛和眼珠内部的区域，如图3-119所示。

图3-118

图3-119

04 按Ctrl+Delete快捷键，在选区内填充白色，按Ctrl+D快捷键取消选择，如图3-120所示。依次选取鼻子、帽子和领结，填充不同的颜色，如图3-121和图3-122所示。按] 键将笔尖调大，绘制红脸蛋。将前景色设置为紫色，在台词框内涂抹颜色。将前景色设置为白色，写出文字，一幅生动有趣的表情涂鸦作品就制作完成了，如图3-123所示。

图3-120

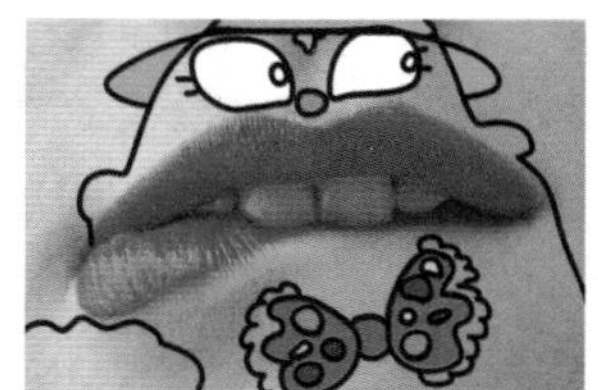

图3-121

图3-122

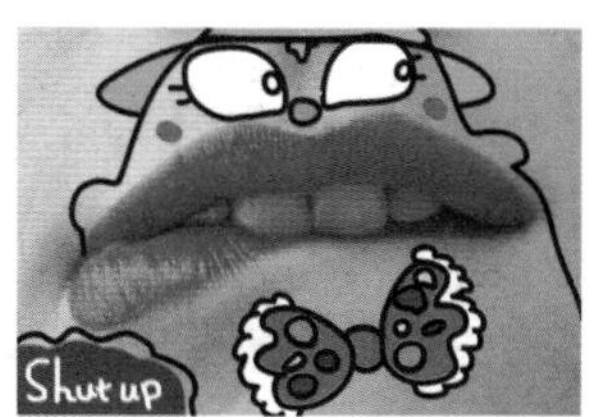

图3-123

3.5.5 实例：绘制多色唇彩

颜色替换工具可以用前景色替换光标所在位置的颜色，比较适合修改小范围、局部图像的颜色。

01 打开素材，如图3-124所示。这是一个PSD格式的分层文件，部分素材位于“组1”中，处于隐藏状态，如图3-125所示。

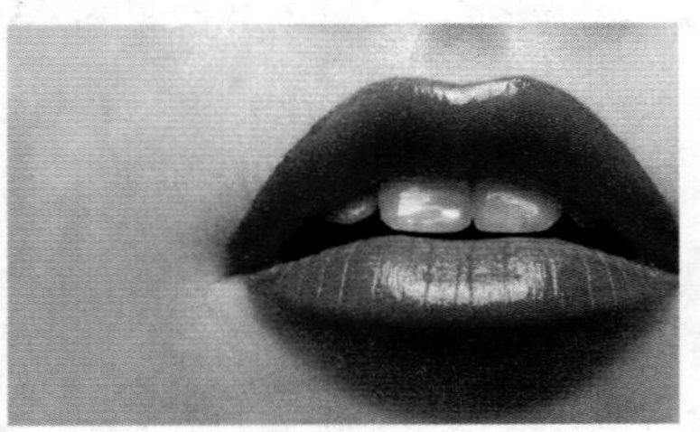

图3-124

图3-125

02 按Ctrl+J快捷键，复制“背景”图层。选择颜色替换工具及柔边圆笔尖，单击工具选项栏中的“连续”按钮（以确保拖曳鼠标时可以连续对颜色进行取样），将“限制”设置为“查找边缘”，“容差”设置为50%，如图3-126所示。

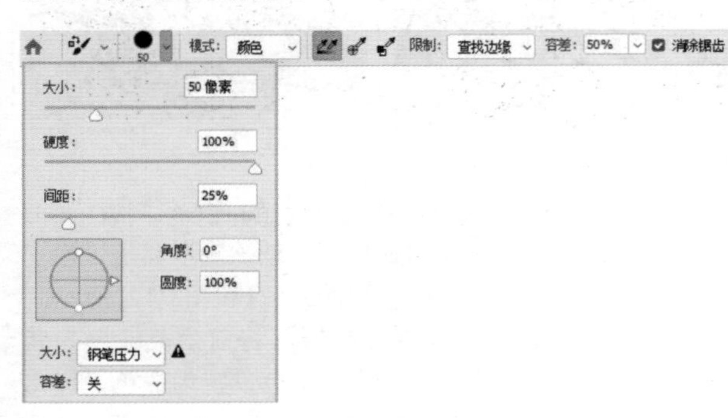

图3-126

03 在“颜色”面板中将前景色设置为紫色，如图3-127所示。在嘴唇边缘拖曳鼠标，用当前颜色替换原有的粉红色，如图3-128所示。在操作时应注意，光标中心的十字线不要碰到面部皮肤，否则也会替换其颜色。

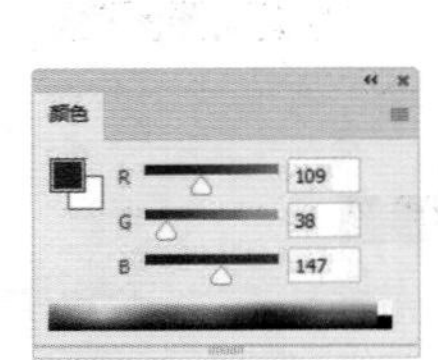

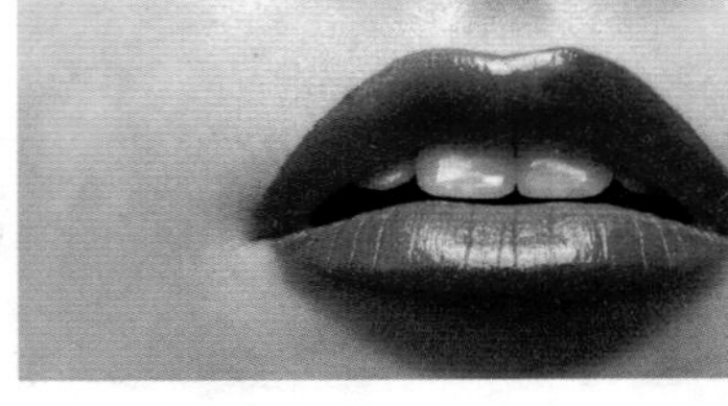

图3-127 图3-128

04 将前景色设置为黄橙色，为下嘴唇涂色，效果如图3-129所示。用浅青色涂抹上嘴唇，与紫色呼应。涂抹到嘴角时可以按 [键将笔尖调小，便于绘制，也避免将颜色涂到皮肤上，效果如图3-130所示。

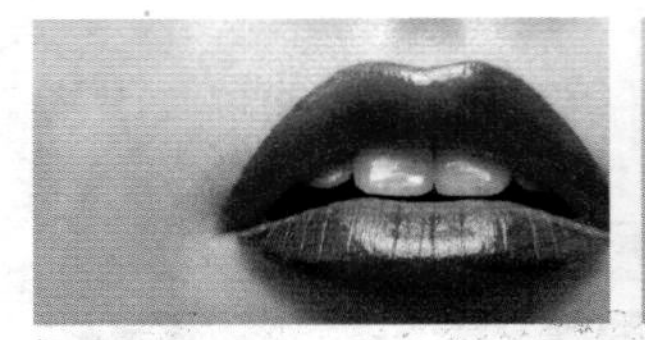

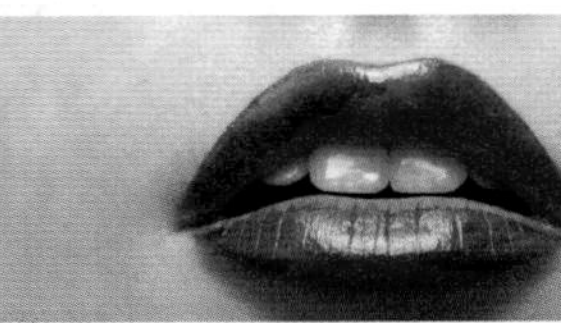

图3-129 图3-130

05 将画笔调小。使用洋红色修补各颜色的边缘，让笔触看起来更自然，如图3-131和图3-132所示。

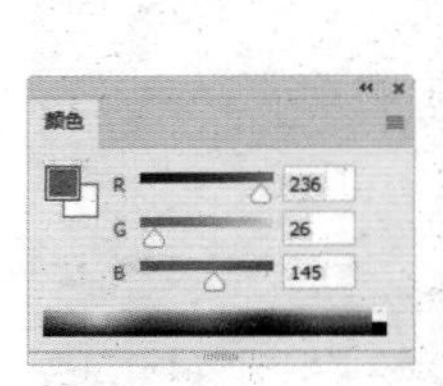

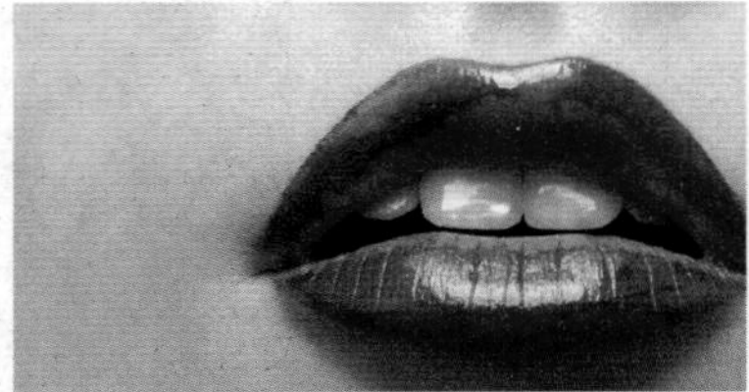

图3-131 图3-132

06 将“图层”面板中“组1”文字显示出来，如图3-133所示，当前画作就变成了一幅完整的平面设计作品，如图3-134所示。

图3-133 图3-134

3.6 应用案例：制作炫彩气球字

混合器画笔工具可以让画笔上的颜料（颜色）混合，并能模拟不同湿度的颜料所生成的绘画痕迹。下面使用该工具的图像采集功能，将渐变球用作样本，对路径进行描边制作气球字。

01 按Ctrl+O快捷键，打开素材。单击“图层”面板底部的按钮，新建一个图层。选择椭圆选框工具，按住Shift键并拖曳鼠标，创建圆形选区，如图3-135所示（观察光标旁边的提示，圆形大小在2厘米左右即可）。

图3-135

02 选择渐变工具，单击工具选项栏中的按钮，单击渐变颜色条，如图3-136所示，打开“渐变编辑器”对话框。单击渐变色标，打开“拾色器”对话框调整渐变颜色。两个色标一个设置为天蓝色（R31，G210，B255），一个设置为紫色（R217，G38，B255），如图3-137所示。

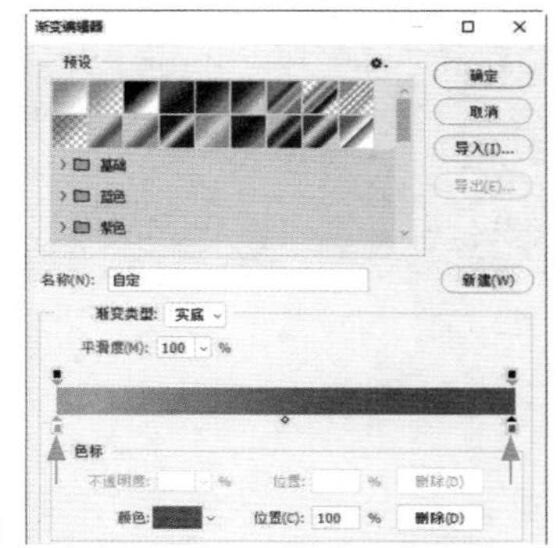

图3-136　　图3-137

03 在选区内拖曳鼠标填充线性渐变，如图3-138所示。选择椭圆选框工具，将光标放在选区内进行拖曳，将选区向右移动，如图3-139所示。

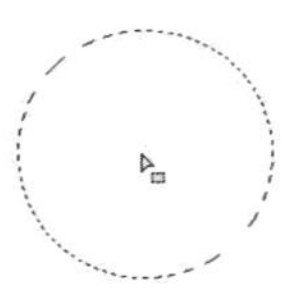

图3-138　　图3-139

04 再次打开“渐变编辑器”对话框。在渐变条下方单击，添加色标，然后重新调整颜色，如图3-140所示。在选区内拖曳鼠标填充渐变，如图3-141所示。

图3-140　　图3-141

05 在“背景”图层的图标上单击，隐藏背景，如图3-142所示。单击“图层”面板底部的按钮，新建一个图层，如图3-143所示。

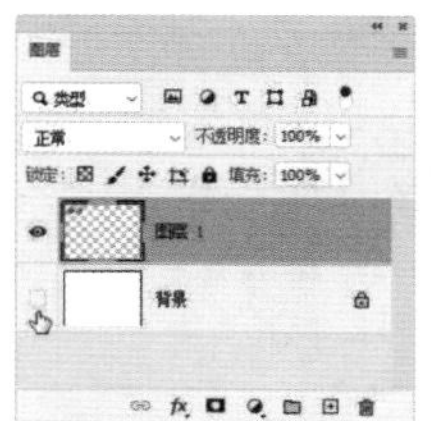

图3-142　　图3-143

06 选择混合器画笔工具和硬边圆笔尖（大小为170像素），单击按钮，选择“干燥，深描”预设，勾选“对所有图层取样”复选框，其他参数设置如图3-144所示。在“画笔设置”面板中将“间距”设置为1%，如图3-145所示。将光标放在蓝色球体上，如图3-146所示，光标不要超出球体（如果超出，可以按 [键，将笔尖调小一些），按住Alt键并单击进行取样。

图3-144

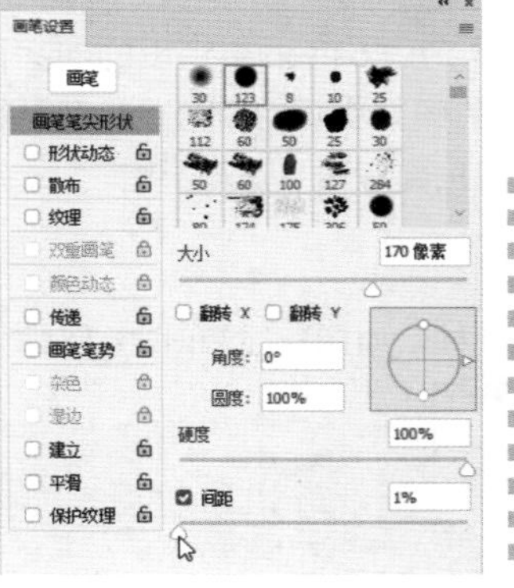

图3-145　　图3-146

07 执行“窗口”|“路径”命令，打开“路径”面板。单击P路径层，画面中会显示文字图形，如图3-147和图3-148所示。

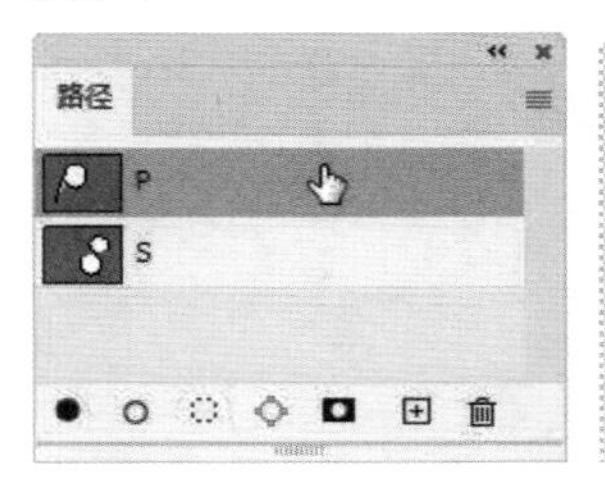

图3-147　　图3-148

08 将混合器画笔工具的“大小”设置为“250像素”，如图3-149所示。单击“路径”面板底部的按钮钮，用该工具描边路径，效果如图3-150所示。

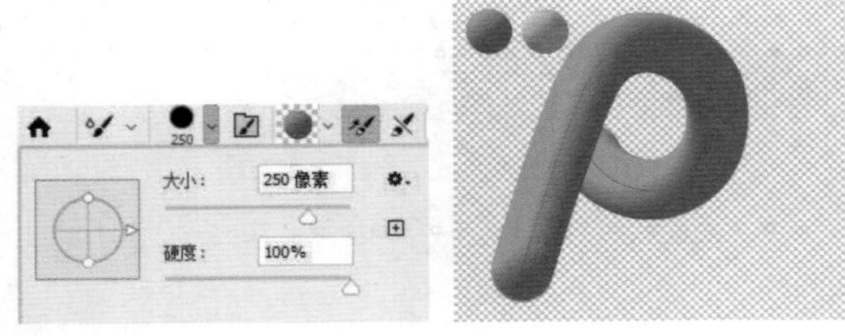

图 3-149　图 3-150

09 新建一个图层。采用同样的方法对橙色渐变球进行取样，单击S路径层，并使用混合器画笔工具描边路径，效果如图3-151所示。

图 3-151

10 将渐变球所在的图层隐藏，显示“背景”图层并单击该图层，将其选择。选择渐变工具，打开“渐变编辑器”调整渐变颜色，拖曳鼠标，在背景上填充线性渐变，如图3-152所示。

图 3-152

3.7　应用案例：定义图案并制作牛奶包装

图案有两个来源，一是Photoshop中预设的图案，以树、草、水滴和各种纸张为主，比较简单；另外是使用图像定义的图案。自定义的图案会保存到在“图案”面板及油漆桶工具、图案图章工具、修复画笔工具和修补工具选项栏的下拉面板中，以及“填充”命令和“图层样式”对话框中。本实例采用第2种方法定义图案并制作牛奶包装。

01 打开PSD格式的分层素材，如图3-153和图3-154所示，其中每幅卡通画位于单独的图层中。

图 3-153　图 3-154

02 执行“视图”|“图案预览”命令，开启图案预览。连续按Ctrl+-快捷键，将视图比例缩小，此时画布（即蓝色矩形框）外会显示图案拼贴效果，如图3-155所示。选择移动工具，按住Ctrl键单击小鸭子，如图3-156所示，通过这种方法可以快速选取小鸭子所在的图层，如图3-157所示。

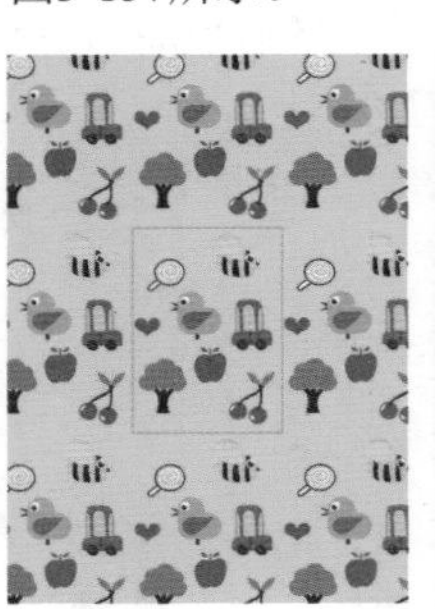

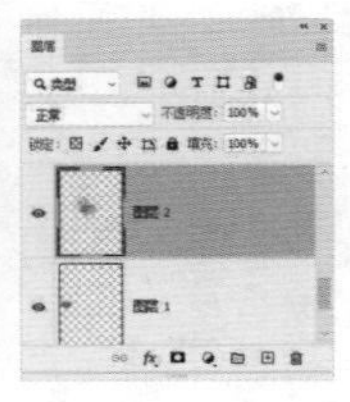

图 3-155　图 3-156　图 3-157

03 按Ctrl+T快捷键显示定界框，将光标放在定界框内进行拖曳，将小鸭子拖曳到画面左上角，如图3-158所示。在定界框外拖曳鼠标，进行旋转，如图3-159所示。拖曳定界框右下角的控制点，进行放大，如图3-160所示。按Enter键确认，当前图案效果如图3-161所示。

图 3-158

图 3-159

图 3-160

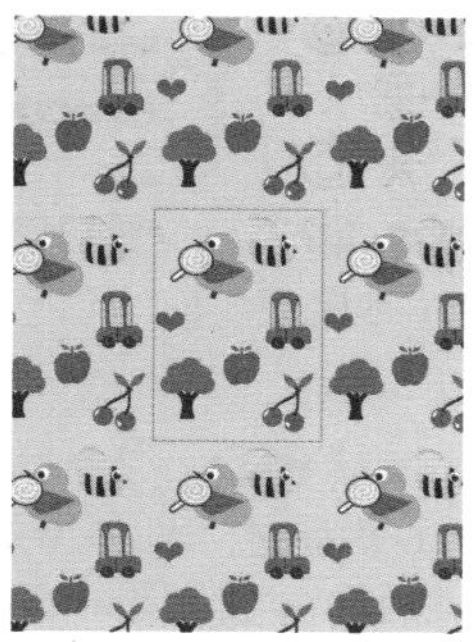
图 3-161

04 采用同样的方法，选取其他图层，调整位置、大小和角度，如图3-162所示。当前图案拼贴效果如图3-163所示。

图 3-162

图 3-163

05 执行“窗口”|“图案”命令，打开“图案”面板。单击面板底部的 ⊞ 按钮，弹出“图案名称”对话框，如图 3-164 所示，单击“确定”按钮，将当前图案保存到该面板中，如图 3-165 所示。

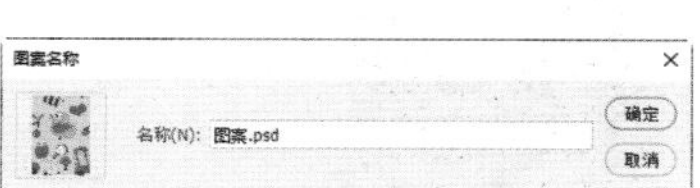

图 3-164

图 3-165

06 按Ctrl+O快捷键，打开素材，如图3-166所示。单击“图层”面板底部的 按钮，打开菜单，执行“图案”命令，打开“图案填充”对话框，选取新定义的图案并设置“缩放”参数，如图3-167和图3-168所示。单击“确定”按钮，创建填充图层。执行“图层”|“智能对象”|“转换为智能对象”命令，将其转换为智能对象，如图3-169所示。

图 3-166

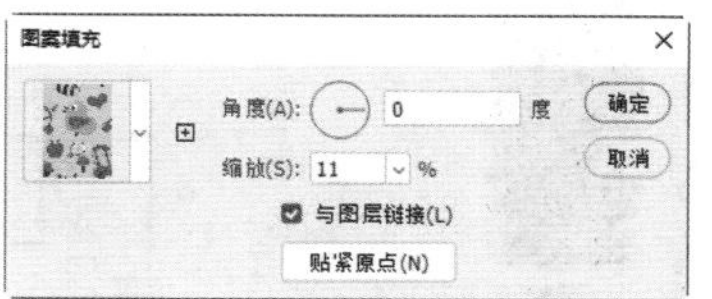

图 3-167

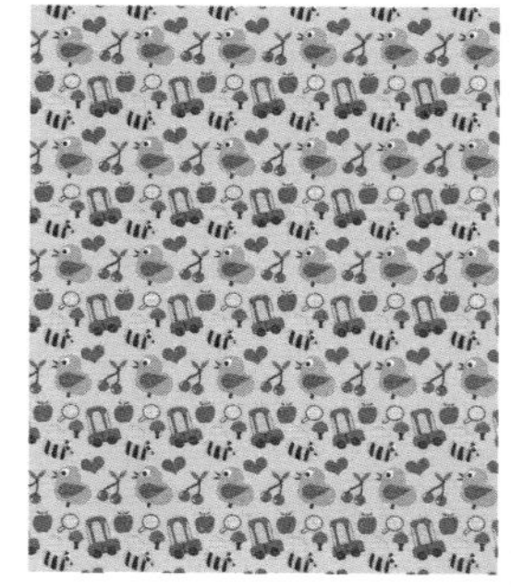
图 3-168

图 3-169

07 按数字键2，将图层的“不透明度”设置为20%，让下方的牛奶瓶显示出来，如图3-170和图3-171所示。

图 3-170

图 3-171

08 按Ctrl+T快捷键显示定界框，拖曳控制点将图案缩小，如图3-172所示，按Enter键确认。单击“图层”面板底部的 按钮添加图层蒙版。选择画笔工具 及硬边圆笔尖，在瓶子外的图案上涂抹黑色，通过蒙版将图案隐藏，如图3-173和图3-174所示。将图层的“不透明度”恢复为100%，并设置混合模式为“正片叠底”，如图3-175所示。

图 3-172

图 3-173

图 3-174

图 3-175

09 新建一个图层，设置“不透明度”为40%。按Alt+Ctrl+G快捷键，将其与下方的图层创建为剪贴蒙版组。选择画笔工具及柔边圆笔尖，在瓶子两侧绘制暗面，如图3-176和图3-177所示。

图 3-176

图 3-177

tip 绘制时，可以按住Shift键在下方单击，这样便可绘制出竖线。由于创建了剪贴蒙版，所以超出瓶子之外的线条会被剪贴蒙版隐藏。

10 选择自定形状工具，在工具选项栏中选择“形状”选项，单击“填充”选项右侧的颜色块，打开下拉面板，设置“填充”颜色为白色；单击“描边”选项右侧的颜色块，打开下拉面板，设置“描边”颜色为棕色，设置“描边”粗细为“10像素”，如图3-178所示。打开“形状”面板，单击按钮打开面板菜单，执行“旧版形状及其他”命令，加载该形状库，之后单击“符号”形状组中的“标准6”图形，如图3-179所示。

图 3-178

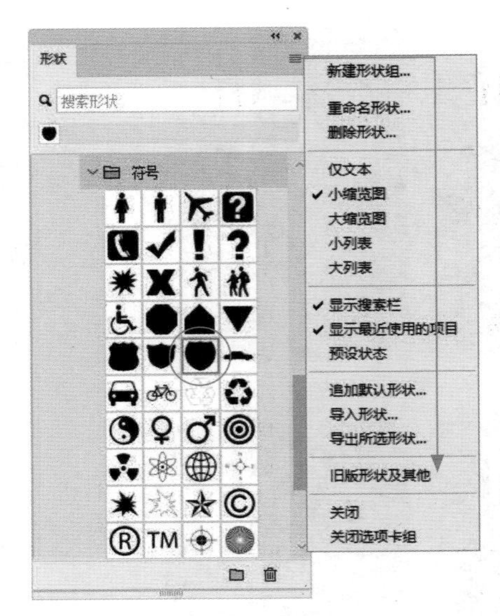

图 3-179

11 按住Shift键拖曳鼠标，绘制图形，如图3-180所示。按Alt+Ctrl+G快捷键，将其加入剪贴蒙版组中，如图3-181所示。此时剪贴蒙版组中的基底图层，即“形状图层1”的混合模式会影响图形，效果如图3-182所示。

图 3-180

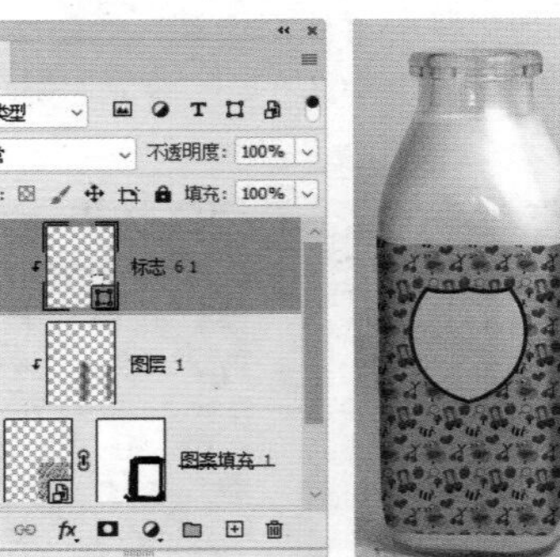

图 3-181　图 3-182

12 在“物件”形状组中选择如图3-183所示的图形，按住Shift键拖曳鼠标，绘制该图形。按Alt+Ctrl+G快捷键，将其也加入剪贴蒙版组中，效果如图3-184所示。

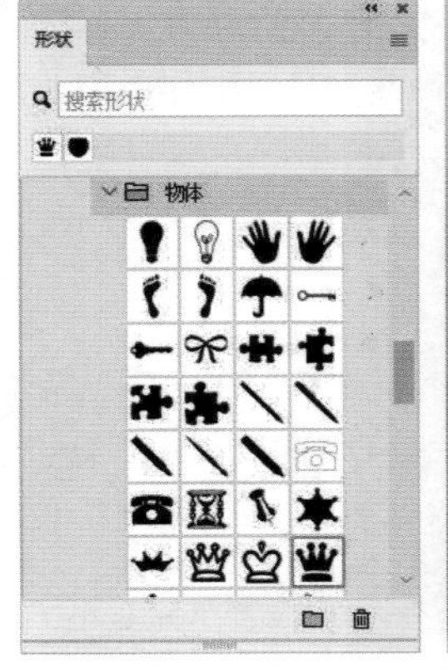

图 3-183

图 3-184

⑬ 选择横排文字工具 T，打开“字符”面板，设置文字颜色为棕色，字体及大小等参数如图3-185所示。在画面中单击并输入文字MILK。单击工具选项栏中的✓按钮结束文字编辑。按Alt+Ctrl+G快捷键，将文字加入剪贴蒙版组中，效果如图3-186所示。

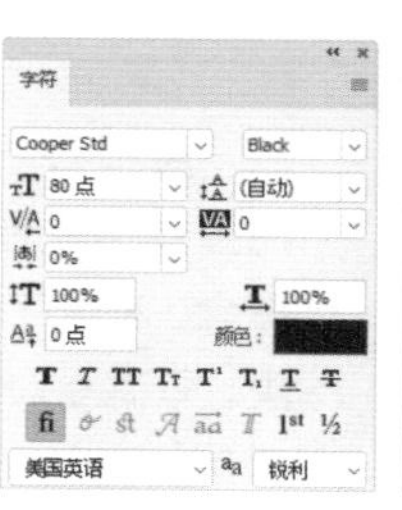

图3-185

图3-186

3.8　课后作业：制作彩虹

渐变填充并不意味着颜色完全覆盖画面，颜色间也可以有透明区域，这就是透明渐变。下面用这种渐变制作彩虹。

打开素材，新建一个图层。选择渐变工具 ，打开“渐变”面板菜单，执行“旧版渐变”命令，加载该渐变库，并使用其中的透明彩虹渐变进行填充（鼠标拖曳的距离不可过大），如图3–187和图3–188所示。执行“滤镜”|“扭曲”|“极坐标”命令，打开“极坐标”对话框，选择“平面坐标到极坐标”选项，将直线渐变扭曲成圆环状，效果如图3–189所示。按Ctrl+T快捷键，显示定界框。拖曳定界框将彩虹放大（放大图形时按住Alt键，可以使对称的另一边也同时产生变换），按Enter键确认，效果如图3–190所示。在“图层”面板中将不透明度设置为26%。选择橡皮擦工具 及柔边圆笔尖，擦除左右两边的彩虹。彩虹投射到大海中的倒影应该再浅一些。在工具选项栏中设置不透明度为40%，将海中的彩虹适当擦除。最后的效果如图3–191所示。

图3-187

图3-188

图3-189

图3-190

图3-191

3.9　复习题

1. Pantone配色系统是选择、确定、配对和控制油墨色彩方面的国际参照标准，广泛地应用于平面设计、包装设计、服装设计、室内装修、印刷出版等行业。怎样使用“色板”面板加载Pantone颜色？

2. 怎样将自己设置的渐变颜色保存到“渐变编辑器”对话框中？

3. 渐变包含3种插值方法，即可感知、线性和古典（在渐变工具选项栏的“方法”下拉列表中可以进行选取），请指出三者的区别。

4. 怎样显示画笔名称和画笔的笔尖？

5. 怎样加载Photoshop中的画笔库和外部画笔库（例如从网上下载的笔刷）？

第4章

海报设计：蒙版与通道

蒙版是一种可以遮盖图像的工具，可用于创建合成效果，以及控制填充图层、调整图层、智能滤镜的应用范围。蒙版属于非破坏性功能，掌握了此功能，就可以在不破坏原始文件的条件下合成图像，随心所欲地进行修改，尝试不同的效果。

通道与图像内容、色彩和选区有关，可以保存选区。此外，抠图、调色和制作特效等也会用到通道，但这些技术都较难，本章只需了解通道的基本功能及怎样保存选区即可，其他应用实例将在后面的章节中介绍。

学习重点

什么是图层蒙版 51
制作人物消散特效................52
制作纸片特效字 55
创建和编辑矢量蒙版............57
合成微缩景观.......................60
字符招贴画...........................62

4.1 海报设计的常用表现手法

海报(Poster)即招贴，是指张贴在公共场所的告示和印刷广告。海报作为一种视觉传达艺术，最能体现平面设计的形式特征，其设计理念、表现手法较其他广告媒介更具典型性。海报从用途上可以分为3类，即商业海报、艺术海报和公共海报。下面介绍海报设计的常用表现手法。

- 写实表现法：一种直接展示对象的表现方法，能够有效地传达产品的最佳利益点。如图4-1所示为HARIBO橡皮软糖广告。
- 联想表现法：一种婉转的艺术表现方法，是由一个事物联想到其他事物，或将事物某一点与其他事物的相似点或相反点自然地联系起来的思维过程。如图4-2所示为Jequiti肥皂液广告。

图4-1

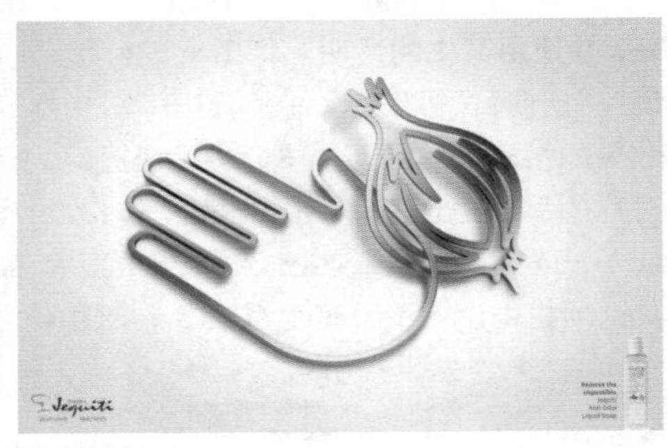

图4-2

- 对比表现法：将性质不同的要素放在一起相互比较。如图4-3所示为KelOptic眼镜广告，戴上眼镜前是印象主义，戴上眼镜后变成现实主义，通过对比淋漓展现了眼镜的功效。如图4-4所示为Schick Razors舒适剃须刀海报，男子强壮的身体与婴儿般的脸蛋形成了强烈的对比，既新奇又幽默。

图4-3

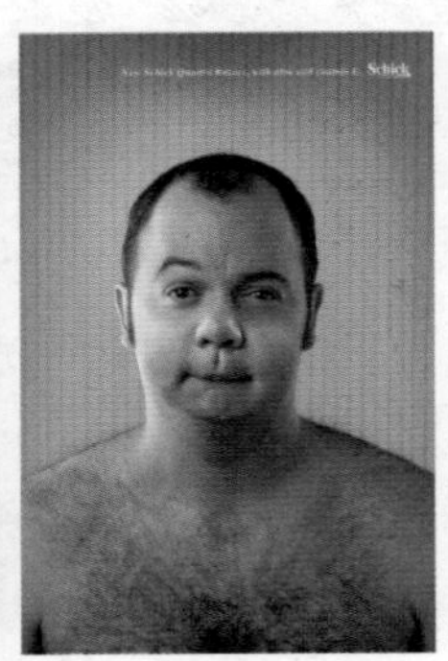

图4-4

- 夸张表现法：海报中常用的表现手法之一，通过一种夸张的、超出观众想象的画面吸引受众的眼球，具有极强的吸引力和戏剧性。如图4-5所示为生命阳光牛初乳婴幼儿食品海报——不可思议的力量。如图4-6所示为Nikol纸巾广告——超强吸水。

- 幽默表现法：广告大师波迪斯曾经说过：“巧妙地运用幽默，就没有卖不出去的东西”。幽默的海报具有很强的戏剧性、故事性和趣味性，往往能够让人会心一笑，让人感觉到轻松愉快，并产生良好的说服效果。如图4-7所示为LG洗衣机广告：有些生活情趣是不方便让外人知道的，LG洗衣机可以帮你。不再使用晾衣绳，自然也不再为生活中的某些情趣感到不好意思了。如图4-8所示为Sauber 丝袜广告——我们的产品超薄透明，而且有超强的弹性。这些都是一款优质丝袜必备的，但是如果被绑匪们用就是另外一个场景了。

图4-5

图4-6

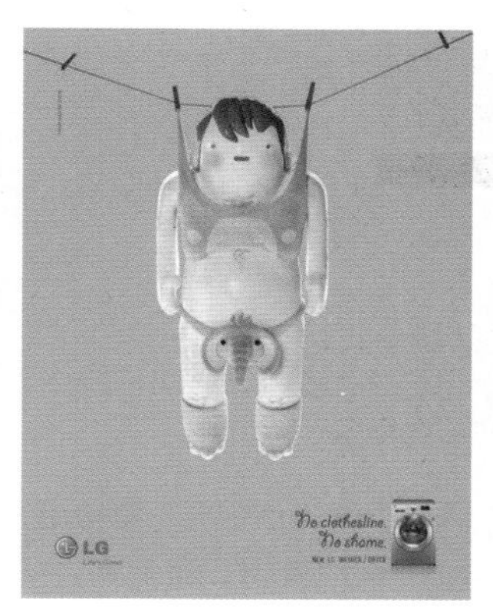

图4-7

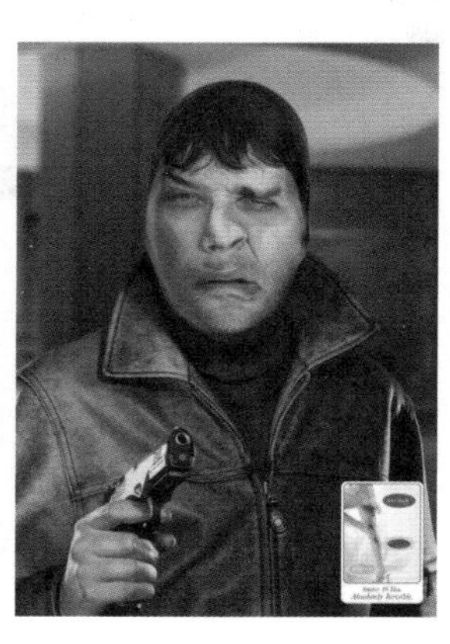

图4-8

- 情感表现法：“感人心者，莫先于情”，情感是一种最能引起人们心理共鸣的感受。美国心理学家马斯诺指出：“爱的需要是人类需要层次中最重要的一个层次”。在海报中运用情感因素可以增强作品的感染力，达到以情动人的效果。如图4-9所示为李维斯牛仔裤海报——融合起来的爱，叫完美！
- 拟人表现法：将自然界的事物进行拟人化处理，赋予其人格和生命力，能让受众迅速产生心理共鸣。如图4-10所示为Mirador餐厅广告——娱乐和餐饮兼具。如图4-11所示为Kiss FM摇滚音乐电台海报——跟着Kiss FM的劲爆音乐跳舞。
- 名人表现法：巧妙地运用名人效应会增加产品的亲切感，产生良好的社会效益。如图4-12所示为猎头公司广告——幸运之箭即将射向你。这则海报暗示了猎头公司会像丘比特一样为用户制定专属的目标，帮用户找到心仪的工作。

图4-9

图4-10

图4-11

图4-12

4.2　图层蒙版

图层蒙版是用来遮盖对象的功能，可以将图层内容全部或部分隐藏，但不会将其删除，其还可以让图层内容呈现一定程度的透明效果。

4.2.1　什么是图层蒙版

图层蒙版是一个256级色阶的灰度图像，附加在图层上，其自身并不可见。图层蒙版中白色对应的内容是可见的；黑色会遮盖对象；灰色的遮盖强度弱于黑色，因此可以使对象呈现透明效果（灰色越深，对象的透明度越高）。基于以上原理，如果想要隐藏图像的某些区域，可以添加图层蒙版，再将相应的区域涂黑；想让图像呈现出半透明效果，可以将蒙版涂灰，如图4–13所示。

图 4-13

4.2.2 创建、编辑图层蒙版

选择图层，如图 4-14 所示，单击“图层”面板底部的 按钮，即可为其添加白色的蒙版，如图 4-15 所示。如果创建了选区，如图 4-16 所示，则单击 按钮可基于选区创建蒙版，将选区外的图像隐藏，如图 4-17 所示。

图 4-14

图 4-15

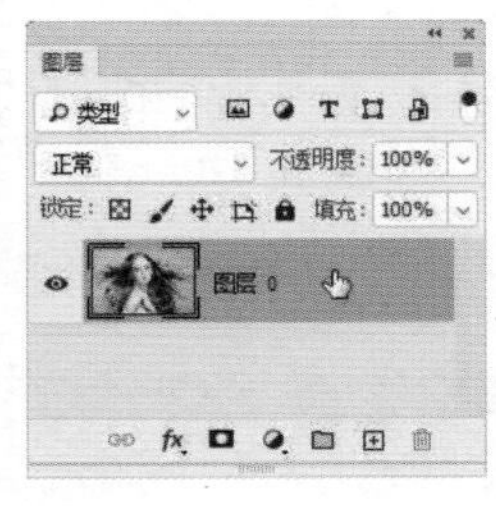

图 4-16

图 4-17

添加图层蒙版后，如图 4-18 所示，可以看到，蒙版缩览图有一个白色边框，此时进行的操作将应用于蒙版。如果要编辑图像，应先单击图像缩览图，如图 4-19 所示，之后再进行操作。

图 4-18

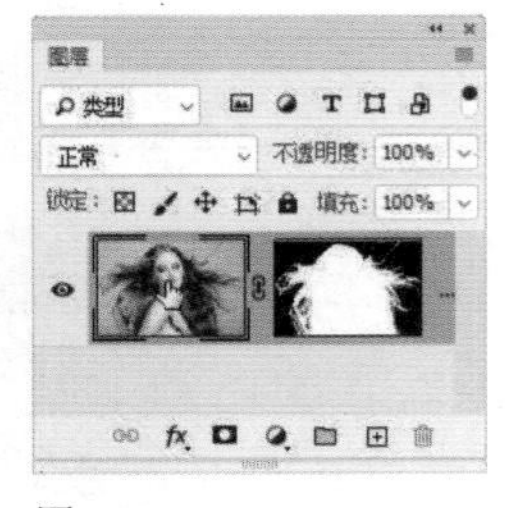

图 4-19

在蒙版和图像缩览图中间有一个 状图标，表示蒙版与图像正处于链接状态，此时进行变换操作，如旋转、缩放时，蒙版会与图像一同变换。如果想单独移动或变换其中的一个，可单击 图标，取消链接。要重新建立链接，在原图标处单击即可。

图层蒙版是位图，几乎可以使用所有的绘画类、修饰类工具和滤镜编辑。如图 4-20 所示为使用渐变工具 编辑蒙版，将当前图像逐渐融入另一个图像中制作的合成效果。

图 4-20

4.2.3 复制、删除图层蒙版

按住 Alt 键将蒙版拖曳给另一图层，可以将蒙版复制给该图层。如果没有按住 Alt 键操作，则会将蒙版转移过去，原图层将不再有蒙版。

执行“图层”|“图层蒙版”|“删除”命令，可删除蒙版。执行“图层”|“图层蒙版”|“应用”命令，则可将蒙版及被其遮盖的图像同时删除。

4.2.4 实例：制作人物消散特效

01 打开素材。先抠取人像。执行“选择”|“主体”命令，将人选取，如图4-21所示。选择快速选择工具 ，按住Shift键并在漏选的裙角处拖曳鼠标，将其添加到选区中，如图4-22所示。

图 4-21

图 4-22

02 按Ctrl+J快捷键抠图，如图4-23所示。在图层名称上双击，显示文本框后修改名称。按Ctrl+J快捷键再次复制该图层并修改名称，如图4-24所示。

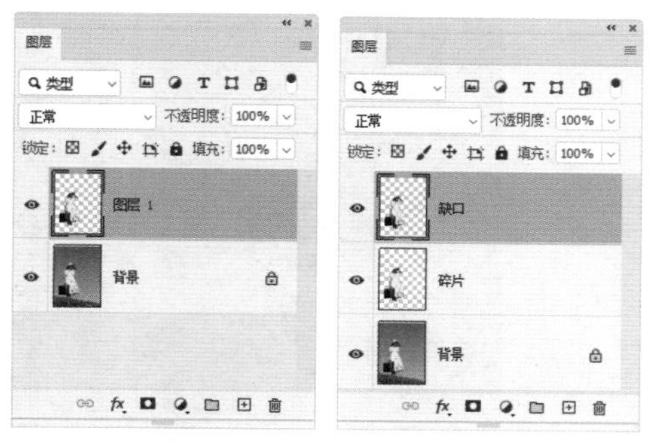

图 4-23　　图 4-24

03 下面制作背景。单击“背景”图层并按Ctrl+J快捷键复制，如图4-25所示。选择套索工具，在人物外侧拖曳鼠标创建选区，如图4-26所示。

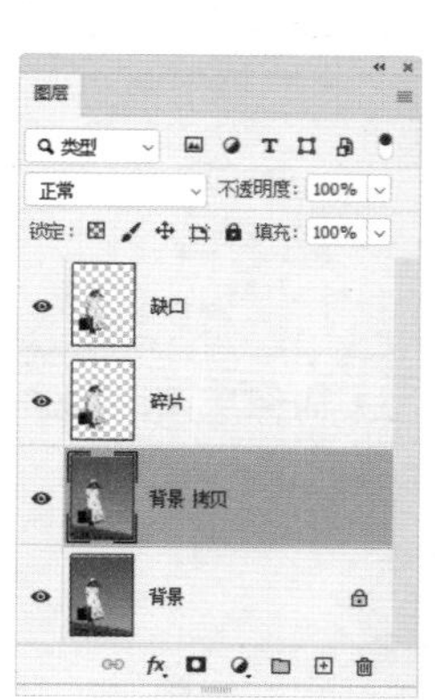

图 4-25　　图 4-26

04 执行“编辑”|“填充”命令，在“填充”对话框中选择“内容识别”选项，如图4-27所示，填充效果如图4-28所示（此图为上面两个图层隐藏后的效果）。按Ctrl+D快捷键取消选择。

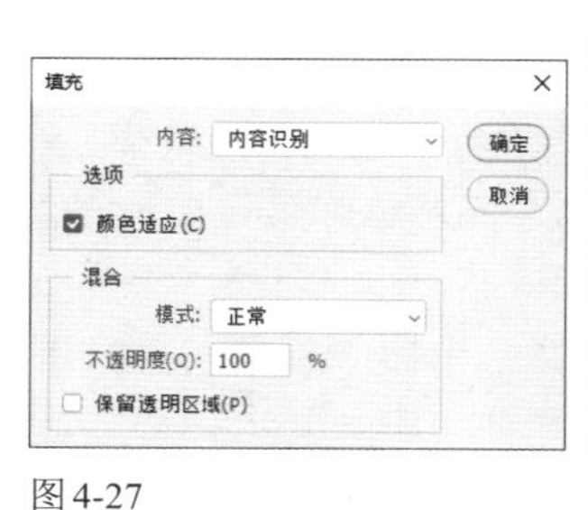

图 4-27　　图 4-28

05 隐藏“碎片”图层，选择“缺口”图层并为其添加蒙版，如图4-29所示。选择画笔工具，在工具选项栏中打开画笔下拉面板，在“特殊效果画笔”组中选择如图4-30所示的笔尖（用 [键和] 键调整画笔大小），沿人物身体边缘拖曳鼠标，画出缺口效果，如图4-31和图4-32所示。

图 4-29　　图 4-30

图 4-31　　图 4-32

06 将“缺口”图层隐藏。选择并显示“碎片”图层，执行“滤镜”|“转换为智能滤镜”命令，将其转换为智能对象。执行“滤镜”|“液化”命令，打开“液化”对话框，选择向前变形工具，在人身体靠近右侧的位置单击，然后向右拖曳鼠标，将图像往右侧拉伸，处理成如图4-33所示的效果。关闭对话框。

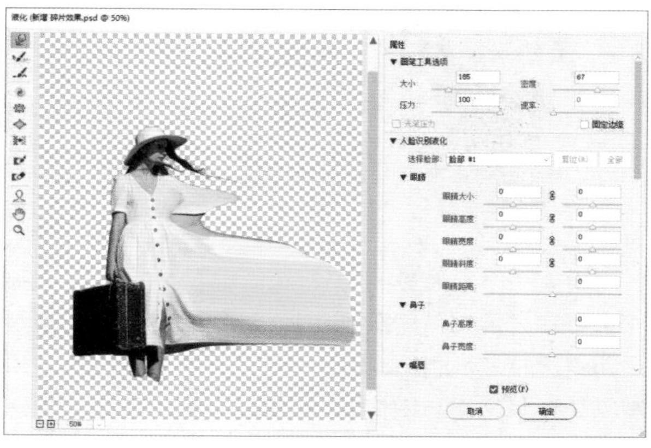

图 4-33

07 按Alt键单击“图层”面板底部的 按钮，添加一个反相的（即黑色）蒙版，将液化效果遮盖住。使用画笔工具修改蒙版（不用更换笔尖，但可适当调整画笔大小），从靠近缺口的位置开始，向画面右侧涂抹白色，让液化后的图像以碎片的形式显现，如图4-34和图4-35所示。为了衔接自然，可以显示“缺口”图层，再处理碎片效果。

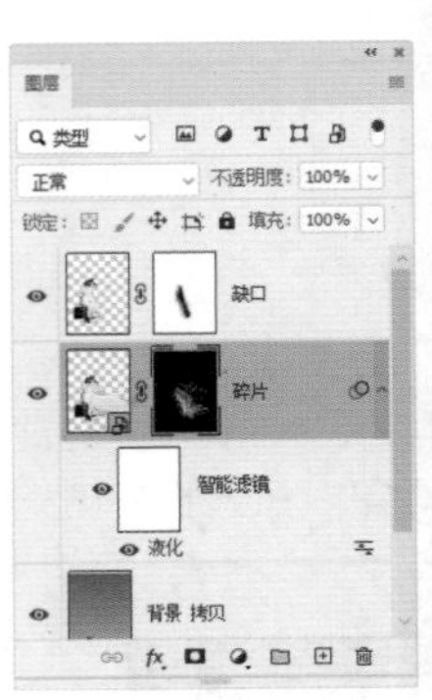

图4-34

图4-35

4.3 剪贴蒙版

作为蒙版家族的一个成员，剪贴蒙版可以用一个基底图层控制其上方多个图层的可见性，而图层蒙版和矢量蒙版都只能控制一个图层。剪贴蒙版虽然可应用于多个图层，但要求这些图层必须上下相邻。

4.3.1 什么是剪贴蒙版

制作剪贴蒙版至少要有两个图层，其中“基底图层”(最下方图层)中包含像素的区域控制内容图像(其上方图层)的显示范围，如图4-36所示。因此，移动基底图层，就会改变内容图层的显示区域。

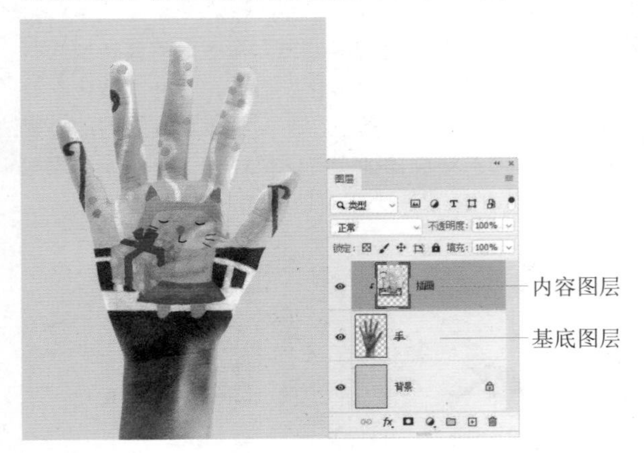

图4-36

如果一个图形或人物轮廓内显示了很多图像，那么大概率是用剪贴蒙版制作的，这种技巧在电影海报中用得比较多，如图4-37所示。在平面设计作品中用剪贴蒙版将文字与图像做一个简单的合成，也能快速呈现生动的效果，如图4-38所示。

图4-37

图4-38

4.3.2 剪贴蒙版的创建和编辑方法

单击一个图层，执行“图层”|“创建剪贴蒙版”命令(快捷键为Alt+Ctrl+G)，即可将该图层与其下方的图层创建为剪贴蒙版组。

创建剪贴蒙版组后，将一个图层拖曳到基底图层上方，可将其加入剪贴蒙版组中，如图4-39和图4-40所示。将内容图层拖出剪贴蒙版组，则可将其从剪贴蒙版组中释放出来，如图4-41和图4-42所示。如果想将剪贴蒙版组解散，即释放所有图层选择基底图层正上方的内容图层，执行“图层”|“释放剪贴蒙版”命令(快捷键为Alt+Ctrl+G)。

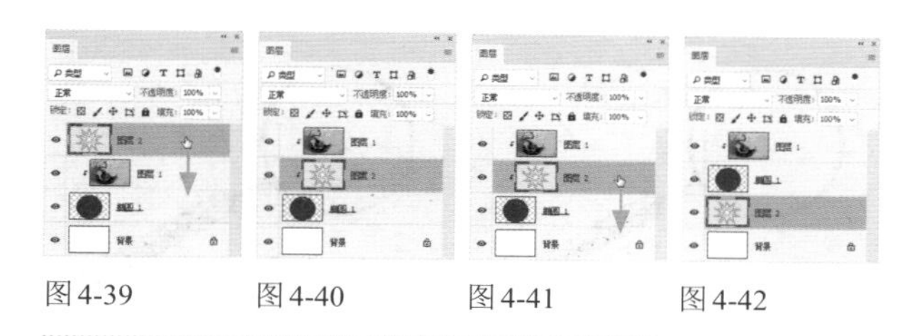

图4-39　图4-40　图4-41　图4-42

4.3.3　实例：制作纸片特效字

01 打开素材，如图4-43所示。单击“图层”面板底部的⊞按钮，新建一个图层。

图4-43

02 选择套索工具，拖曳鼠标绘制字母 c 的轮廓，如图4-44所示，将光标移至起点处时，释放鼠标左键，封闭选区，如图4-45所示。按Alt+Delete快捷键，在选区内部填充前景色，如图4-46所示。按Ctrl+D快捷键取消选择。

03 采用同样的方法再制作出字母 h 的选区并填色，如图4-47所示，然后取消选择。

图4-44

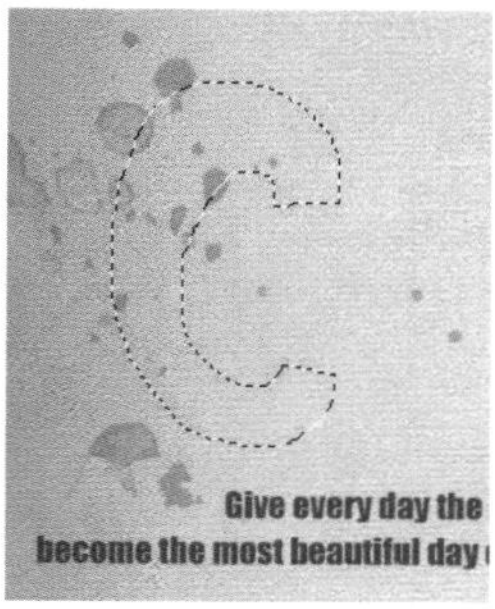

图4-45

图4-46

图4-47

04 下面通过选区运算制作字母 e 的选区。先创建外轮廓选区，如图4-48所示；按住Alt键拖曳鼠标，创建内部选区，如图4-49所示；释放鼠标左键后，这两个选区可进行运算，得到字母e的选区，如图4-50所示。按Alt+Delete快捷键填色，然后按Ctrl+D快捷键取消选择，如图4-51所示。

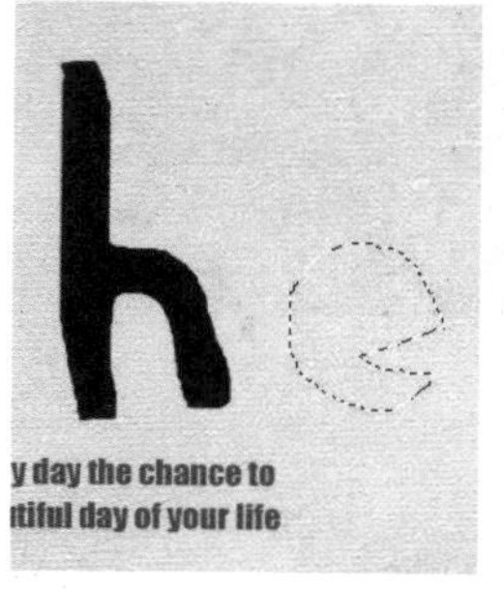

图4-48

图4-49

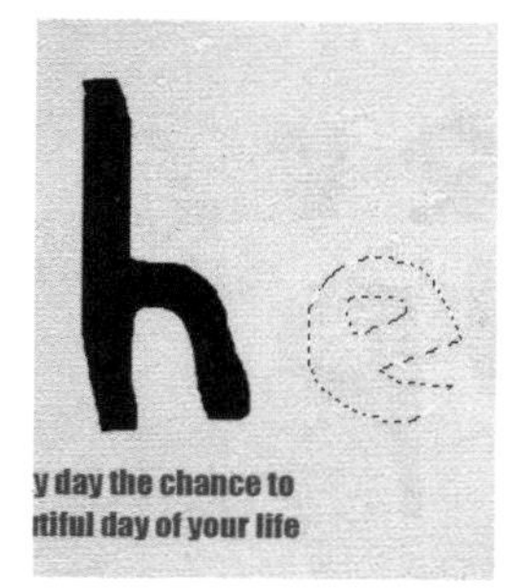

图4-50

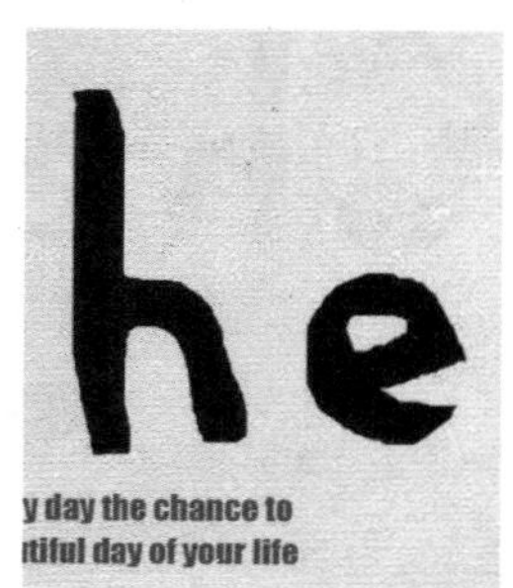

图4-51

05 使用套索工具在 e 外侧创建选区，选中该文字，如图4-52所示。将光标放在选区内，按住Alt+Ctrl+Shift快捷键并向右侧拖曳鼠标，复制文字，如图4-53所示。

图4-52

图4-53

06 采用同样的方法制作文字“r”“u”“p”和“！”的选区并填色，如图4-54所示。

图4-54

07 单击“树叶”图层，然后在其前方单击，让👁图标显示出来，即显示该图层，如图4-55和图4-56所示。按Alt+Ctrl+G快捷键创建剪贴蒙版，将树叶的显示范围限定在文字中，效果如图4-57所示。

图4-55

图4-56

图4-57

4.3.4 实例：制作放大镜特殊观察效果

01 打开两幅素材，如图4-58和图4-59所示。选择移动工具，按住Shift键将树林拖入沙漠文件中，在“图层”面板中自动生成“图层1”，如图4-60所示。

图4-58

图4-59

图4-60

tip 将一个图像拖入另一个文件时，按住Shift键操作，可以使拖入的图像位于画面的中心。

02 打开放大镜素材，如图4-61所示。选择魔棒工具，在放大镜的镜片处单击，创建选区，如图4-62所示。

图4-61

图4-62

03 单击“图层”面板底部的 按钮，新建图层。按Ctrl+Delete快捷键在选区内填充背景色（白色），按Ctrl+D快捷键取消选择，如图4-63和图4-64所示。

图4-63

图4-64

04 按住Ctrl键单击“图层0”和“图层1”，将它们选择，如图4-65所示，使用移动工具拖曳到铁轨文件中。单击 按钮，将两个图层链接在一起，如图4-66和图4-67所示。链接图层后，对其中的一个图层进行移动、旋转等变换操作时，另外一个图层也同时变换，这将在后面的操作中发挥作用。

图4-65

图4-66

图4-67

05 将“图层3”拖曳到“图层1”的下方，如图4-68和图4-69所示。

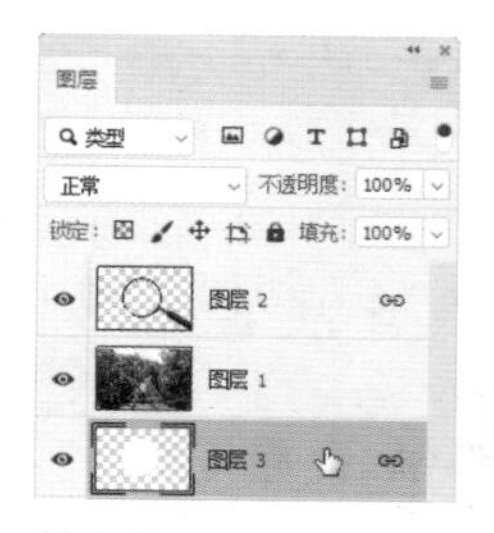

图4-68

图4-69

06 按住Alt键，将光标移动到"图层3"和"图层1"的交界处，此时光标变为↓□状，如图4-70所示，单击创建剪贴蒙版，如图4-71和图4-72所示。现在放大镜下面显示的是树林图像。

图4-70

图4-71

图4-72

07 使用移动工具✥移动"图层3"，放大镜所到之处，显示的都是郁郁葱葱的树林，如图4-73和图4-74所示。此海报传达的是环保心愿，希望所有荒漠都变为绿洲。

图4-73

图4-74

4.4　矢量蒙版

图层蒙版和剪贴蒙版都是基于位图的蒙版，而矢量蒙版则是通过路径（矢量对象）控制图层内容显示范围的。蒙版中的路径（矢量图形）不仅绘制方便，还可以无损缩放。

4.4.1　创建和编辑矢量蒙版

使用自定形状工具或其他形状工具绘制路径后，如图4-75所示，执行"图层"|"矢量蒙版"|"当前路径"命令，可以创建矢量蒙版，路径区域外的图像会被蒙版遮盖，如图4-76所示。

图4-75

图4-76

创建矢量蒙版后，可以选择钢笔工具、自定形状工具或其他形状工具，在工具选项栏中选择路径运算选项，如图4-77所示，在画面中拖曳鼠标，绘制新的矢量图形，将其添加到矢量蒙版中（或从中删除图形），如图4-78所示。

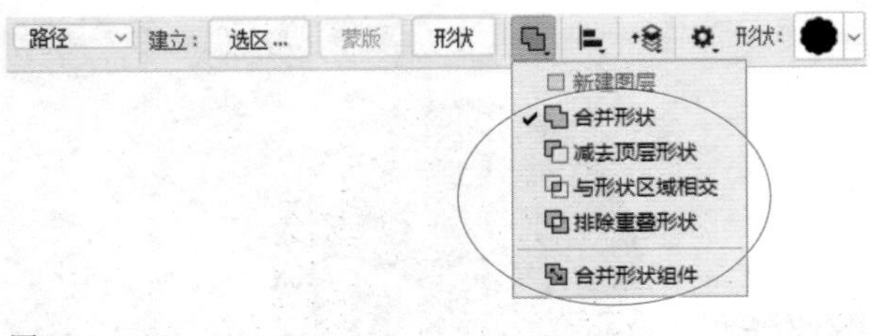

图4-77

图4-78

使用路径选择工具 拖曳画面中的路径可进行移动，蒙版的遮盖区域也会随之改变。单击路径后，按Ctrl+T快捷键显示定界框，拖曳控制点，可以对路径进行旋转、缩放和扭曲。如果要删除路径，可单击后，按Delete键。如果要删除矢量蒙版，可单击"图层"面板中矢量蒙版所在的图层，然后执行"图层"|"矢量蒙版"|"删除"命令。

tip 添加矢量蒙版后，蒙版缩览图上有一个白色边框，此时进行的操作将应用于蒙版。如果要编辑图像，应先单击图像缩览图，再进行操作。

4.4.2 实例：制作花饰艺术相框

01 打开素材，如图4-79所示。单击"图层1"，如图4-80所示。

图4-79

图4-80

02 选择自定形状工具 ，在工具选项栏中选择"路径"选项。打开"形状"下拉面板，选择心形图形，在画面中拖曳鼠标，绘制心形路径，如图4-81所示。

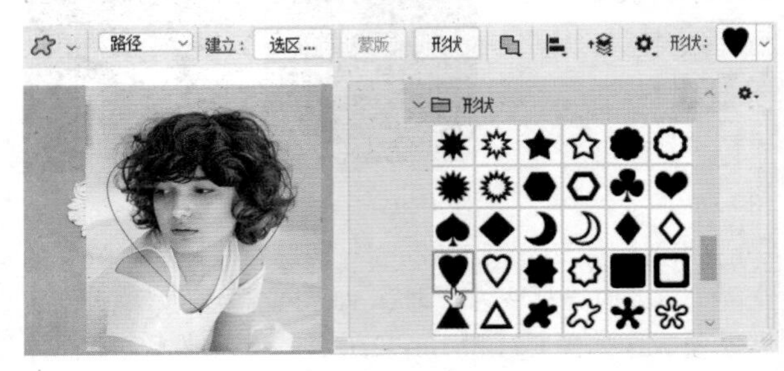

图4-81

03 执行"图层"|"矢量蒙版"|"当前路径"命令，创建矢量蒙版，如图4-82和图4-83所示。如果心形位置和大小不对，可以使用路径选择工具 单击，再进行拖曳或调整大小。

图4-82　　图4-83

04 在"图层"面板中双击"图层1"，打开"图层样式"对话框，在左侧勾选"描边"复选框，设置"大小"为7像素，单击"颜色"按钮 ，打开"拾色器"对话框，在花朵上单击，拾取花朵的颜色作为描边色，如图4-84和图4-85所示。勾选"投影"复选框，将投影的颜色设置为图案的背景色，如图4-86和图4-87所示。

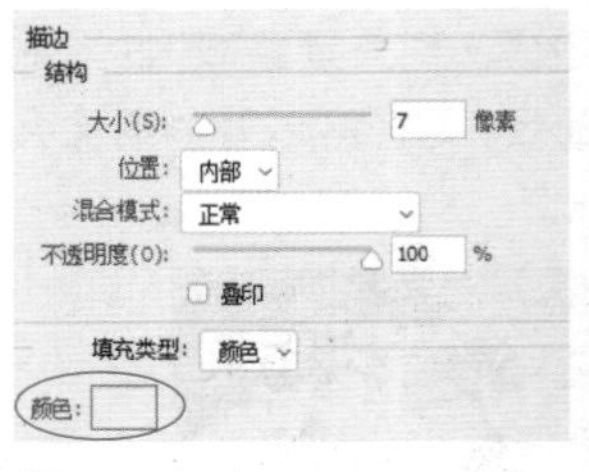

图4-84　　图4-85

图4-86　　图4-87

4.5 通道

Photoshop 中有 3 种通道，即颜色通道、Alpha 通道和专色通道，它们与图像内容、色彩和选区有关，可用于保存选区、抠图、调色和制作特效。

4.5.1 颜色通道

打开图像时，Photoshop 会在“通道”面板中创建颜色信息通道，如图 4-88 和图 4-89 所示。

图 4-88

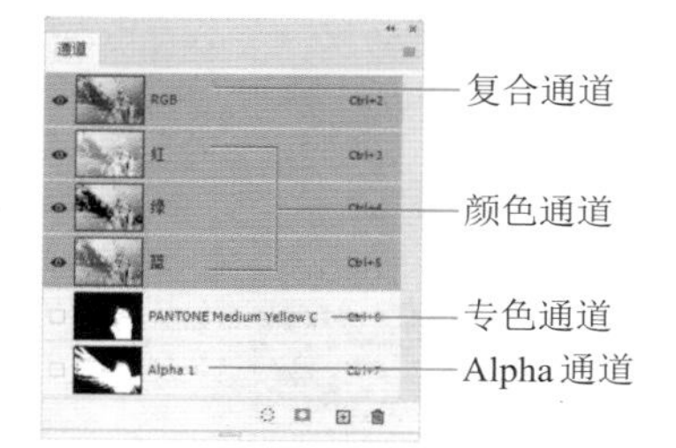

图 4-89

tip 复合通道是红、绿和蓝色通道组合的结果。编辑复合通道时，会影响所有颜色通道。

颜色通道就像是摄影胶片，保存了图像内容和色彩，因此，编辑图像时，各个颜色通道也会发生相应的改变。

颜色通道的数量取决于颜色模式。RGB 模式的图像包含红、绿、蓝和一个用于编辑图像的 RGB 复合通道；CMYK 图像包含青色、洋红、黄色、黑色和一个复合通道；Lab 图像包含明度、a、b 和一个复合通道；位图、灰度、双色调和索引颜色的图像只有一个通道。

4.5.2 Alpha 通道

创建选区后，单击“通道”面板底部的 ◘ 按钮，可以将选区存储到 Alpha 通道中，使之成为与图层蒙版类似的灰度图像，在这之后，便可像编辑图层蒙版或图像那样，使用绘画工具、调整工具、滤镜、选框和套索工具，甚至钢笔工具来编辑选区。

当需要使用 Alpha 通道中的选区时，按住 Ctrl 键单击，即可将其加载到图像上。

4.5.3 专色通道

专色通道用来存储印刷用的专色油墨。专色属于特殊的预混油墨，如金银色油墨、荧光油墨、明亮的橙色、绿色等普通印刷色（CMYK）油墨无法表现的色彩。通常情况下，专色通道以专色的名称来命名。

4.5.4 通道的基本操作

- 选择通道：单击“通道”面板中的通道，即可将其选择，文档窗口中会显示所选通道的灰度图像，如图 4-90 所示。按住 Shift 键单击其他通道，可以选择多个通道，此时窗口中会显示所选颜色通道的复合信息。

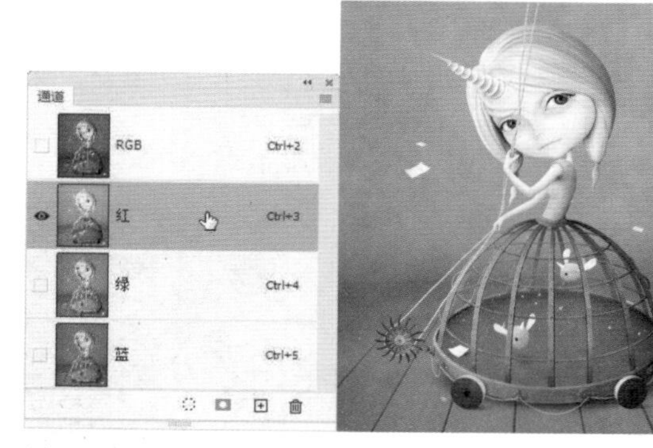

图 4-90

- 返回到 RGB 复合通道：选择并编辑通道后，如果想要返回到默认的状态以查看彩色图像，可以单击 RGB 复合通道，这时所有颜色通道重新被激活，如图 4-91 所示。

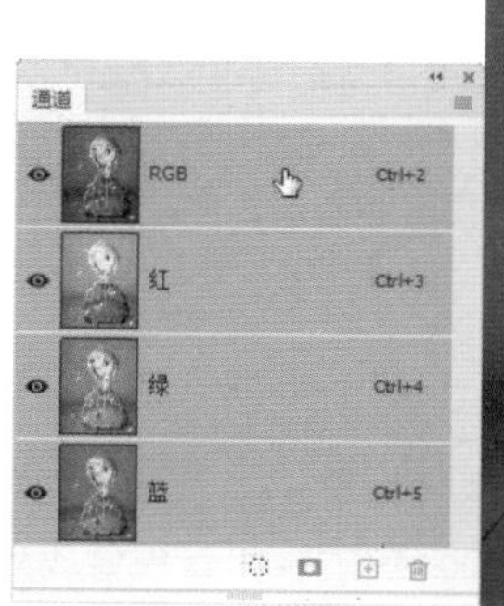

图 4-91

- 复制与删除通道：将一个通道拖曳到“通道”面板底部的 ⊞ 按钮上，可以复制该通道。拖曳到 🗑 按钮上，可删除该通道。复合通道不能复制，也不能删除。颜色通道可以复制，但如果删除了，图像就会自动转换为多通道模式。

4.5.5 实例：制作多重曝光效果

多重曝光是摄影中采用两次或多次独立曝光并重叠起来组成一张照片的技术，可以在一张照片中展现双重或多重影像效果。

01 如图4-92和图4-93所示为本实例用到的素材。使用移动工具，同时按住Shift键，将素材拖曳到同一个文件中，如图4-94所示。注意上下堆叠顺序。

图 4-92

图 4-93

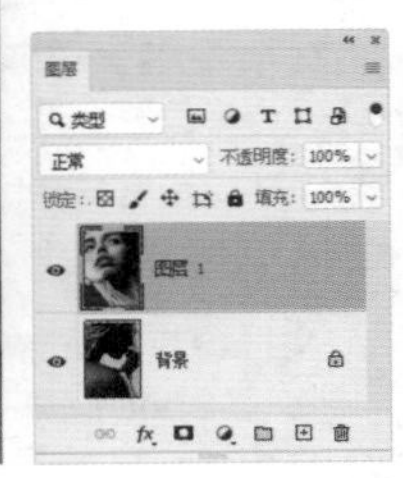

图 4-94

02 双击“图层1”，打开“图层样式”对话框。取消“R”选项的勾选，即不让红通道参与混合，这样下层图像就会显现出来，如图4-95和图4-96所示。关闭对话框。设置混合选项后的图层右侧会显示状图标。

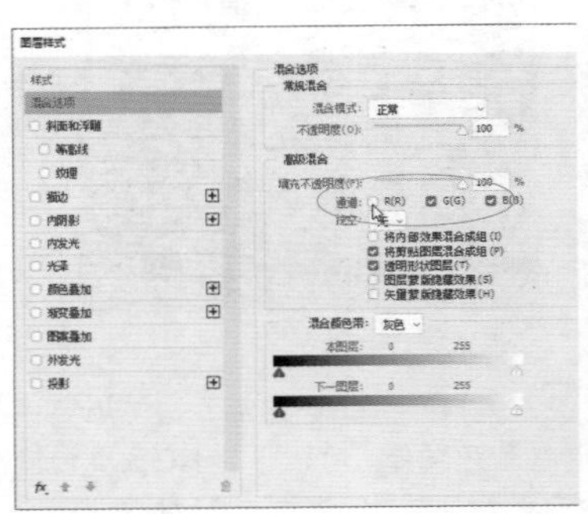
图 4-95

图 4-96

03 单击“调整”面板中的按钮，创建“色阶”调整图层。分别选择红、蓝通道，拖曳滑块或者输入数值，对色阶进行调整，如图4-97和图4-98所示，把照片的整体色彩转换成蓝色和洋红色，如图4-99所示。

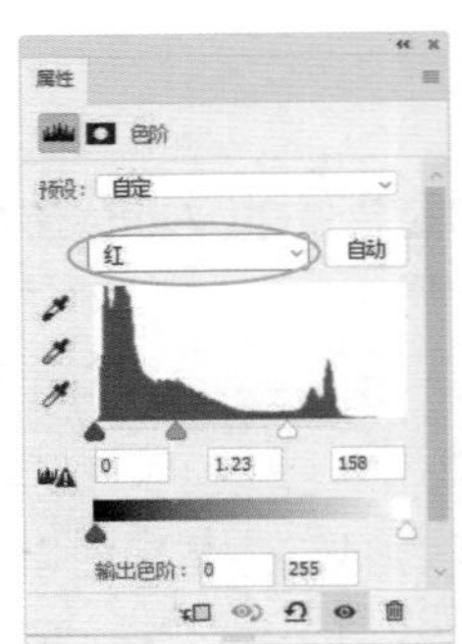

图 4-97

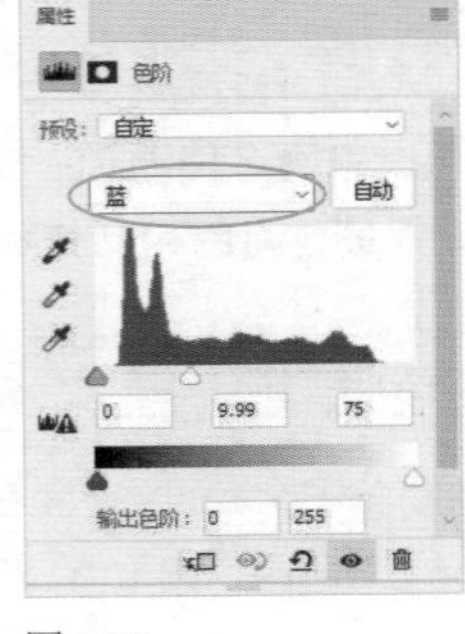

图 4-98

图 4-99

tip 在“图层样式”对话框中，“混合模式”“不透明度”和“填充不透明度”选项与“图层”面板中的选项一一对应，且用途相同。“通道”选项则与各个颜色通道相对应，可用于控制通道是否显示。由于颜色通道中存储了色彩信息，如果取消一个通道的勾选，该通道就不参与混合，导致图像的颜色发生改变。

04 色彩感增强之后，图像细节却减少了。单击“调整”面板中的按钮，创建“颜色查找”调整图层，将过于鲜艳的颜色的饱和度降下来，图像细节就能恢复过来，如图4-100和图4-101所示。

图 4-100

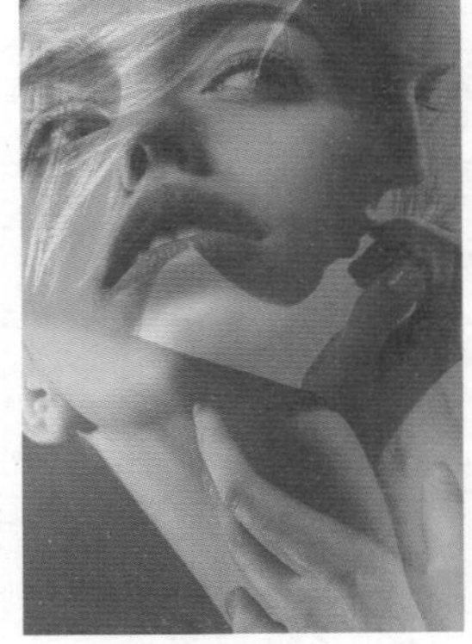
图 4-101

4.6 应用案例：合成微缩景观

本实例使用通道、蒙版和混合模式制作景观合成效果。其中会涉及通道调色方法。

01 打开瓶子素材，如图4-102所示。单击“调整”面板中的按钮，创建“曲线”调整图层。在曲线上单击，添加控制点并进行拖曳，增加色调的对比度，如图4-103所示。选择“蓝”通道，向上拖曳曲线，将该通道调亮，这样可以增强该通道中保存的蓝色，使瓶子变为蓝色，以便与雪景颜色相匹配，如图4-104所示。按Alt+Ctrl+G快捷键，将调整图层与下方图层创建为剪贴蒙版组，效果如图4-105所示。

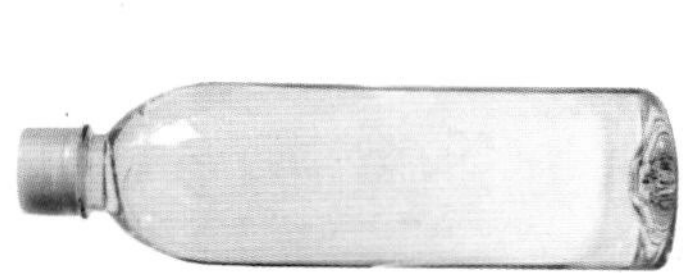

图4-102

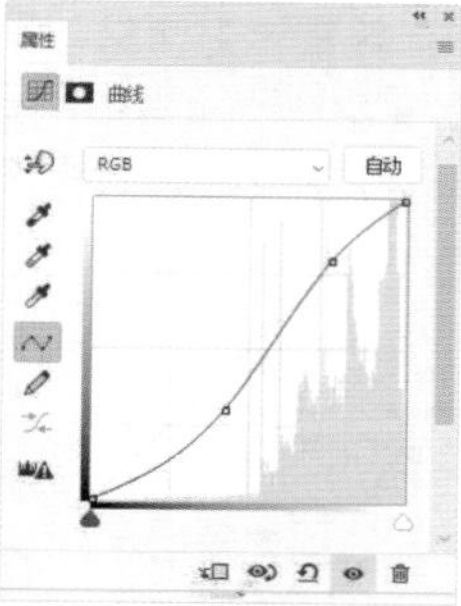

图4-103

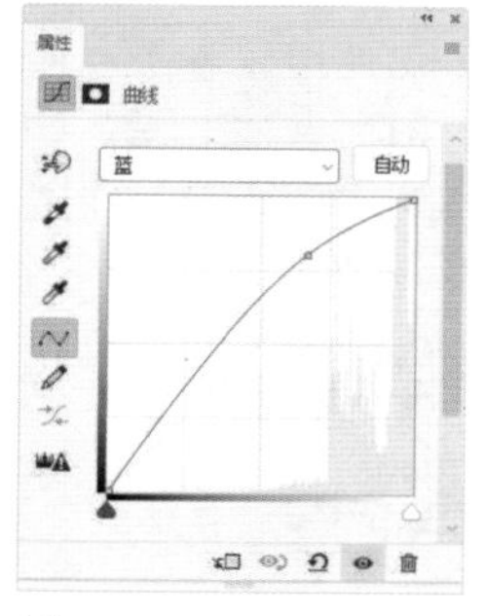

图4-104

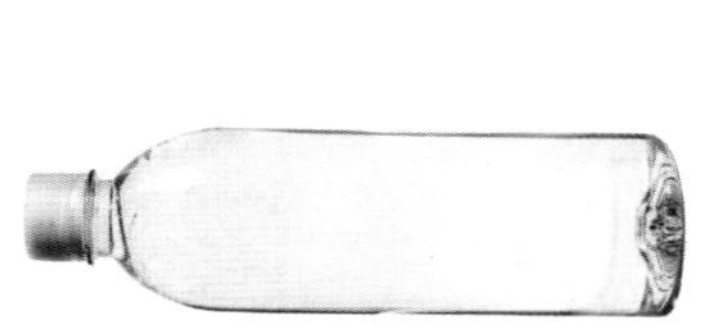

图4-105

02 单击“背景”图层。选择渐变工具，单击工具选项栏中的渐变颜色条，打开“渐变编辑器”对话框，调整渐变颜色，如图4-106所示。按住Shift键的同时由上至下拖曳鼠标，填充渐变，如图4-107所示。

图4-106

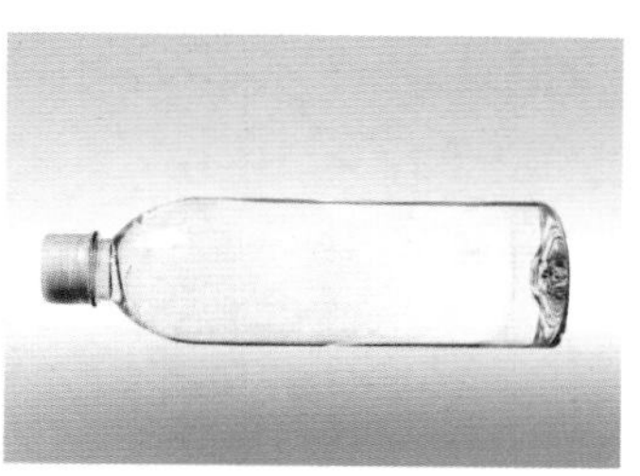

图4-107

03 打开雪景素材，使用移动工具将其拖入瓶子文件中，如图4-108所示。按Alt+Ctrl+G快捷键，将其加入剪贴蒙版组，此时瓶子之外的雪景会被隐藏，如图4-109和图4-110所示。

图4-108

图4-109

图4-110

04 单击添加“图层”面板底部的按钮，为雪景图层添加蒙版。选择黑色到透明渐变，使用渐变工具在瓶子的四周填充渐变，将这些图像隐藏，使风景与瓶子的融合效果更加自然，如图4-111和图4-112所示。

图4-111　　图4-112

05 按住Shift键并单击“瓶子”图层，将其与当前图层之间的三个图层同时选取，如图4-113所示，按Alt+Ctrl+E快捷键，将所选图层中的图像盖印到一个新的图层中，如图4-114所示。按Shift+Ctrl+[快捷键，将图层移至底层，如图4-115所示。

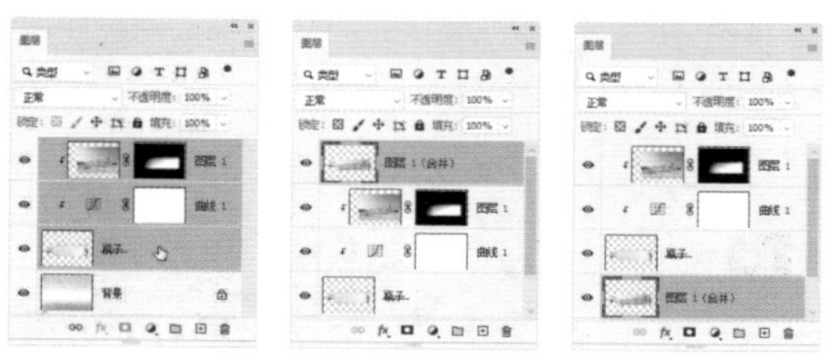

图4-113　　图4-114　　图4-115

06 按Ctrl+T快捷键，显示定界框，右击，在弹出的快捷菜单中执行“垂直翻转”命令，将图像翻转。将光标放在定界框内，拖曳鼠标，将图像移动到瓶子下方作为倒影，之后调整图像的高度，如图4-116所示。按Enter键确认。

图4-116

07 执行“滤镜”|“模糊”|“高斯模糊”命令，对图像进行模糊处理，如图4-117和图4-118所示。

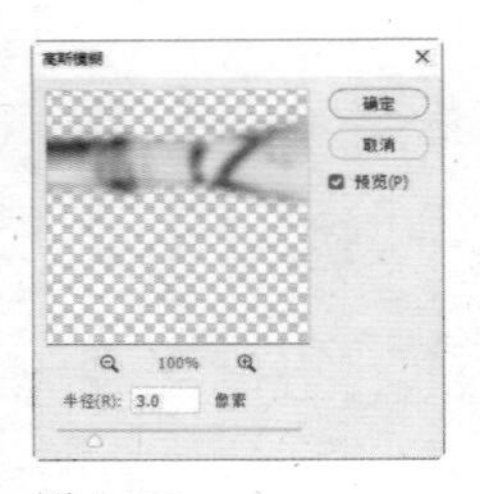

图4-117

图4-118

08 设置该图层的混合模式为“正片叠底”。选择画笔工具 及柔边圆笔尖（不透明度为50%），在瓶子的底边和瓶底处涂抹深灰色，如图4-119和图4-120所示。

图4-119

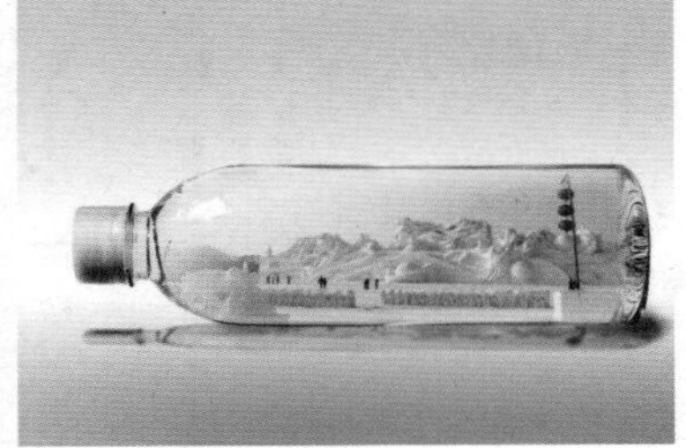

图4-120

09 新建一个图层，设置混合模式为“正片叠底”，“不透明度”为65%，按Alt+Ctrl+G快捷键，将其加入剪贴蒙版组中。将前景色设置为蓝色。选择渐变工具 及前景色到透明渐变，分别在瓶子的上、下两边填充线性渐变，如图4-121和图4-122所示。

图4-121

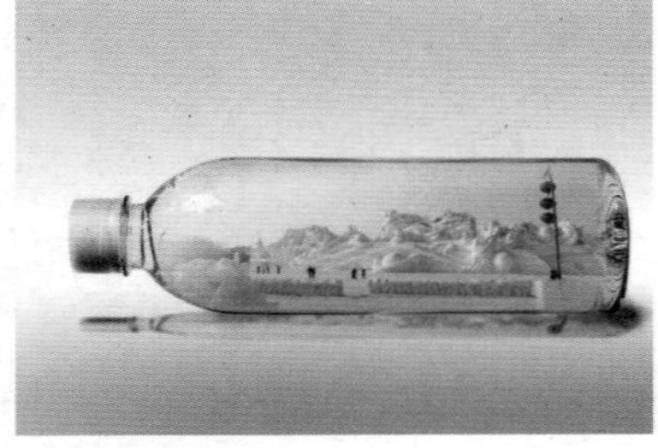

图4-122

10 新建一个图层，设置混合模式为“叠加”并加入剪贴蒙版组中。使用画笔工具 在瓶子上涂抹一些紫色和黄色，如图4-123和图4-124所示。

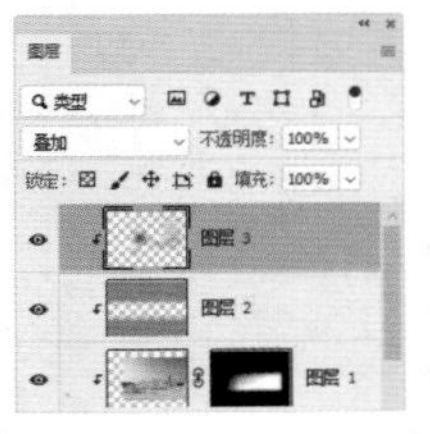

图4-123

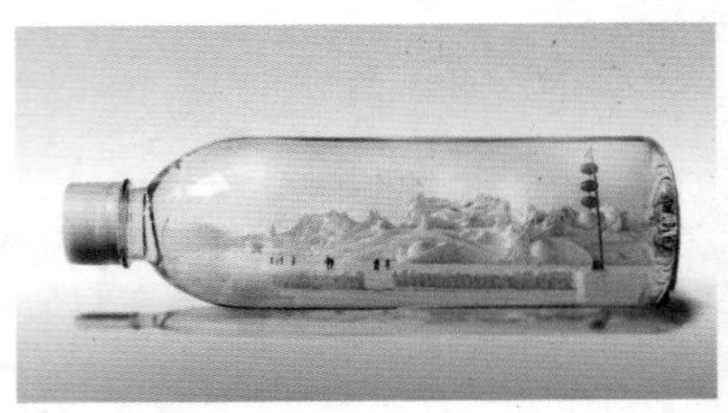

图4-124

11 打开光影素材，将其拖入瓶子文件中。单击“调整”面板中的 按钮，创建“色彩平衡”调整图层，分别对“中间调”和“阴影”进行调整，如图4-125和图4-126所示，使画面的色调更加协调，如图4-127所示。

图4-125

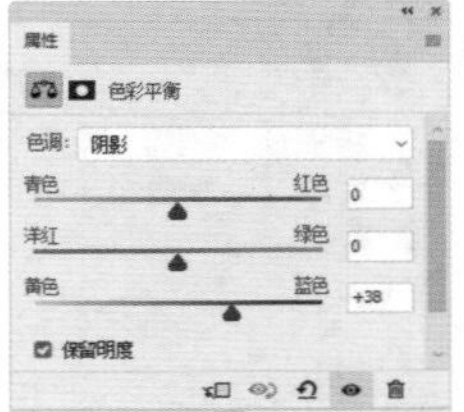

图4-126

图4-127

4.7 应用案例：字符招贴画

在Photoshop中进行绘画与平常画一幅画不太一样，由于笔尖不同，绘画内容也千差万别，Photoshop既可绘制素描、水彩、油画等传统笔迹效果，也能用图像和文字绘画。下面的实例用文字笔尖进行绘画。

01 先定义一个文字笔尖。按Ctrl+N快捷键创建一个文件。选择横排文字工具 T，在工具选项栏中选择字体并设置大小和颜色，如图4-128所示，输入文字，如图4-129所示。执行“编辑”|“定义画笔预设”命令，将文字定义为画笔笔尖，如图4-130所示。

图4-128

Compositing

图4-129

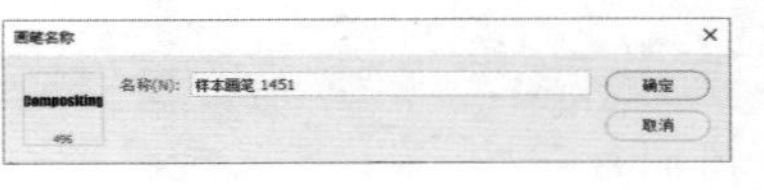

图4-130

02 打开素材，如图4-131所示。单击“背景”图层右侧的 🔒 按钮，如图4-132所示，将其转换为普通图层。

图4-131　　图4-132

03 按住Ctrl键单击 ⊞ 按钮，在“图层0”图层下方新建一个图层，如图4-133所示。在如图4-134所示的图层分隔线上单击，创建剪贴蒙版，如图4-135所示。

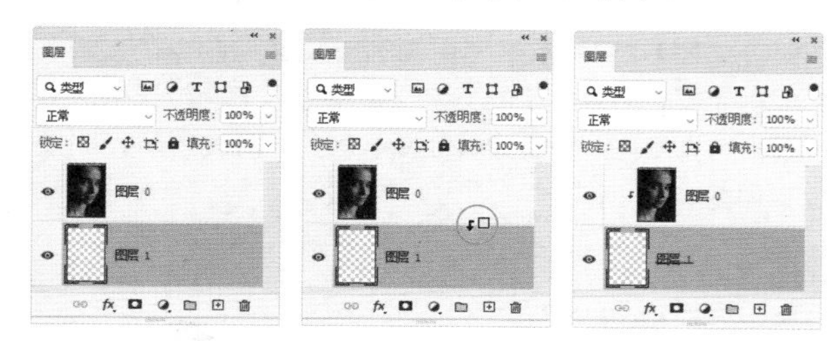

图4-133　　图4-134　　图4-135

tip Photoshop允许将整幅图像或选中的部分图像定义为图像样本类笔尖。笔尖是灰度图像，如果想呈现色彩，可以再设置前景色。

04 选择画笔工具 及新定义的笔尖，将“间距”设置为200，如图4-136所示。单击面板左侧的“形状动态”和“散布”属性，并设置参数，如图4-137和图4-138所示。拖曳鼠标绘制文字。由于创建了剪贴蒙版，文字内显示的是上层图像，即人像，如图4-139所示。通过 [键和] 键调整笔尖大小，人物面部用大笔尖绘制，背景用小笔尖绘制。也可暂时取消勾选“形状动态”和“散布”属性，以便将面部绘制完整。

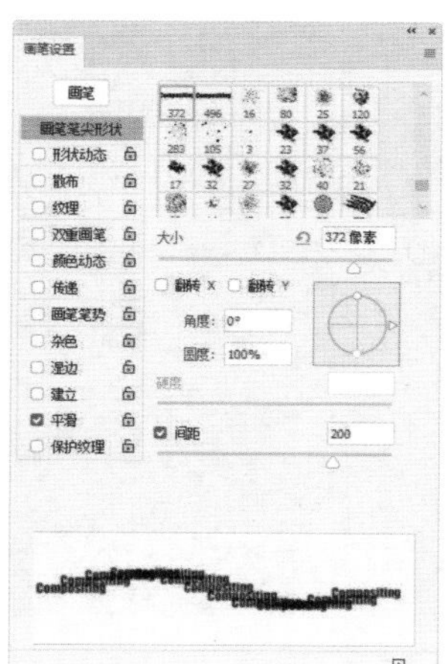

图4-136

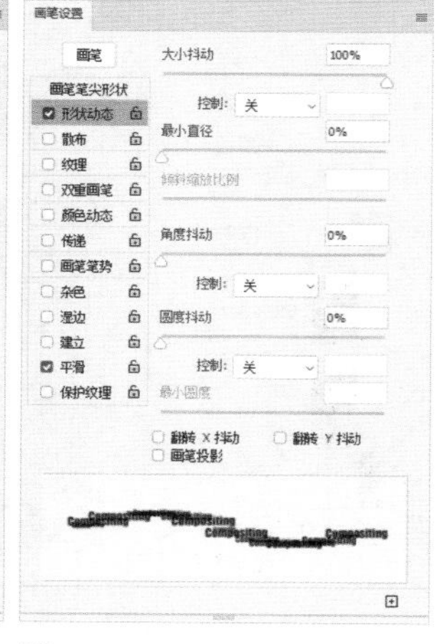

图4-137

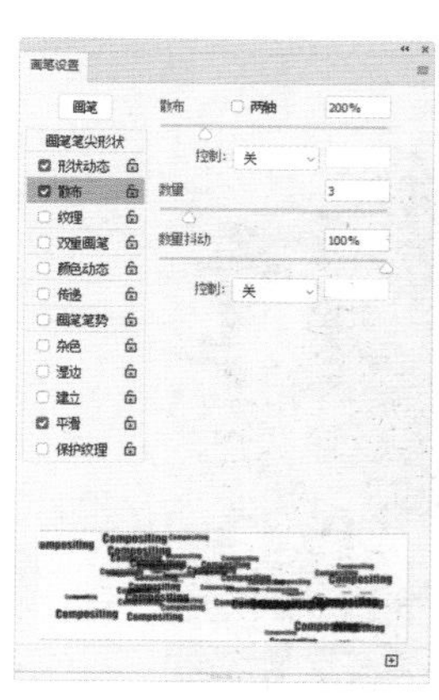

图4-138　　图4-139

05 拖曳“图层0”图层到 ⊞ 按钮上，复制图层，如图4-140和图4-141所示。设置混合模式为“叠加”，如图4-142和图4-143所示。

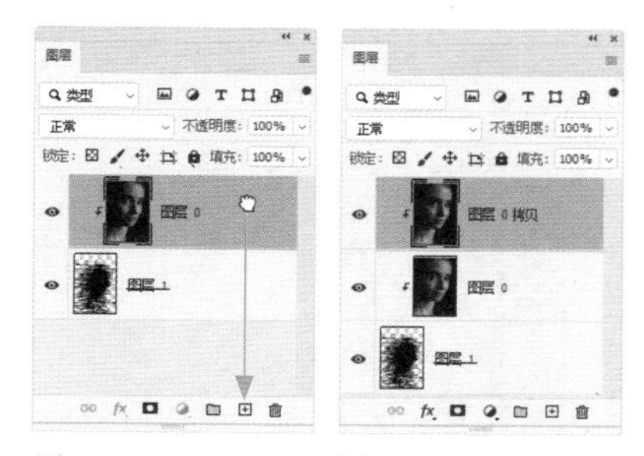

图4-140　　图4-141

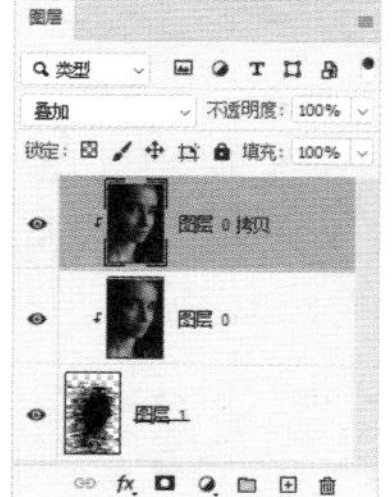

图4-142

图4-143

06 单击 ◐ 按钮，打开菜单，执行“渐变”命令，在弹出的对话框中选择如图4-144所示的渐变颜色，创建渐变填充图层，如图4-145所示。

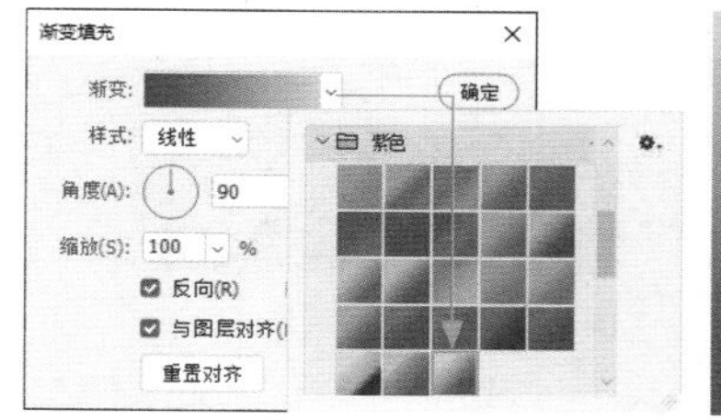

图4-144

图4-145

07 设置渐变填充图层的混合模式为“柔光”，如图4-146和图4-147所示。

图4-146

图4-147

08 按Ctrl+J快捷键复制该图层，设置混合模式为“滤色”，如图4-148和图4-149所示。

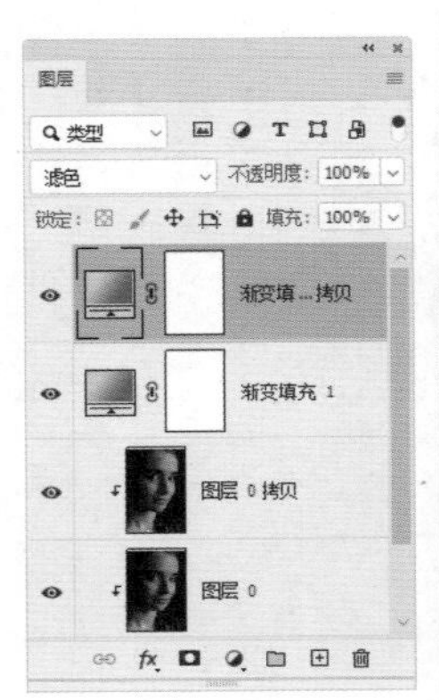

图4-148

图4-149

09 单击“调整”面板中的按钮，创建“曲线”调整图层。在曲线上单击，添加控制点并向下拖曳，增强暗部色调，如图4-150和图4-151所示。

图4-150

图4-151

10 分别输入4组文字，大小与颜色有所变化，如图4-152和图4-153所示。

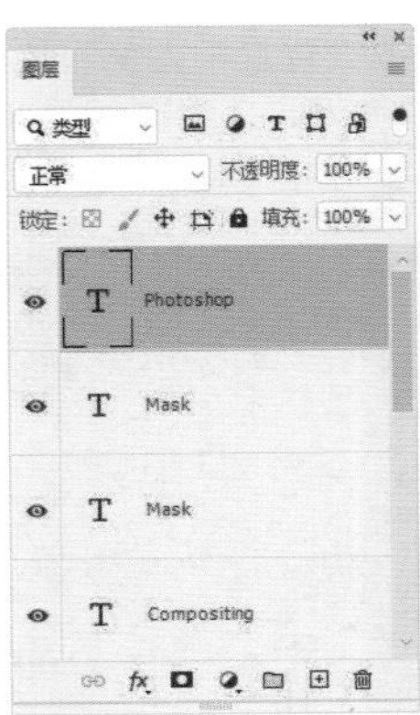

图4-152

图4-153

11 再完善一下细节，使文字呈现远近、虚实变化。选择“图层1”，单击“图层”面板底部的按钮，添加蒙版，如图4-154所示。使用画笔工具绘制少量文字。然后再处理右上方重叠的文字，使用套索工具选中这个区域，填充黑色，蒙版效果如图4-155和图156所示，图像效果如图4-157所示。

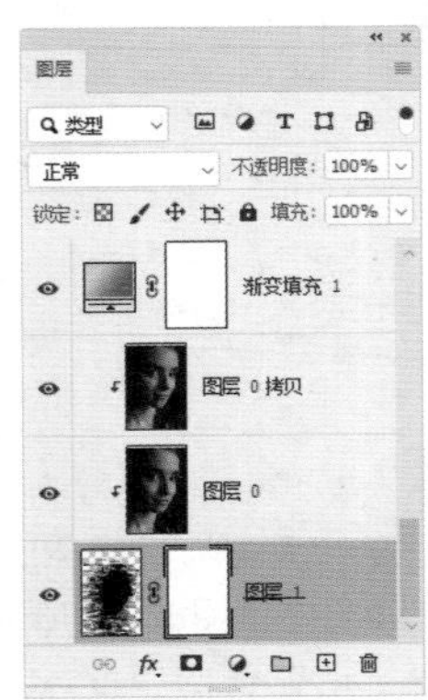

图4-154

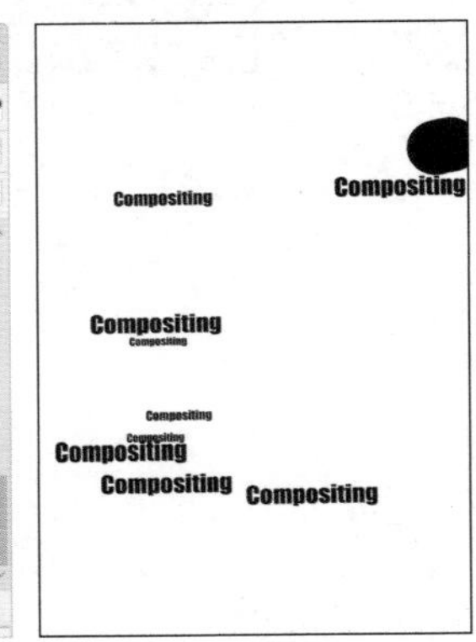

图4-155

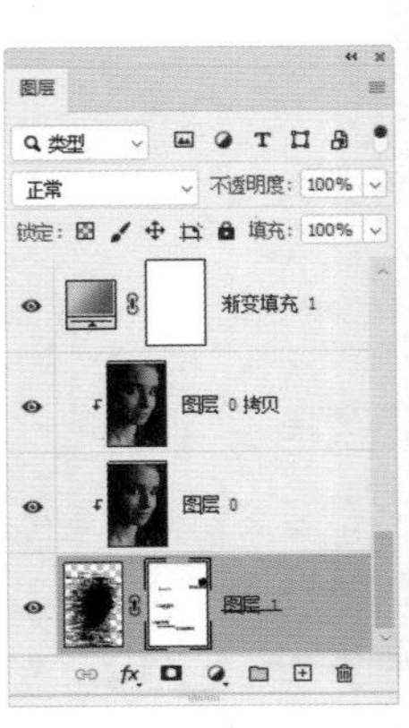

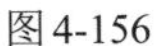

图4-156

图4-157

4.8　课后作业：地球变暖公益广告

本作业是制作一幅地球变暖公益广告。公益广告是非商业性、不以营利为目的免费广告，是社会公益事业的一个重要部分。与商业广告一样，创意独特、内涵深刻的广告更能引起公众的共鸣。

打开素材，执行“选择”|“色彩范围”命令，打开“色彩范围”对话框，在背景上单击，如图4-158所示，定义颜色选取范围，然后拖曳“颜色容差”滑块，当北极熊变为黑色时，如图4-159所示，表示背景被完全选取了，关闭对话框，创建选区，之后按Shift+Ctrl+I快捷键反选，便可将北极熊选中，如图4-160所示。

图4-158

图4-159

图4-160

加入冰山素材，如图4-161所示，为其添加图层蒙版，并用渐变工具填充黑白线性渐变，创建融合效果，再将该图层与下面的图层创建为剪贴蒙版组，如图4-162和图4-163所示。

图4-161

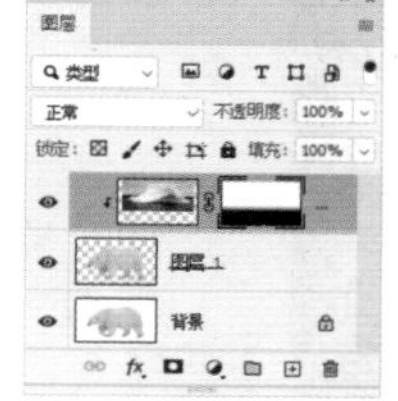

图4-162

图4-163

4.9　课后作业：练瑜伽的汪星人

本作业是制作一只练瑜伽的小狗，如图4-164所示。素材是一只正常站立的狗狗，如图4-165所示。操作时首先通过图层蒙版将小狗的后腿和尾巴隐藏，再复制“小狗”图层，按Ctrl+T快捷键显示定界框，将小狗旋转；创建图层蒙版，这个图层只保留小狗的一条后腿，其余部分全部隐藏。如图4-166所示为该实例的图层结构。

图4-164

图4-165

图4-166

4.10　复习题

1. 图层蒙版可应用于哪些对象，会起到怎样的作用？
2. 图层蒙版、剪贴蒙版、矢量蒙版的区别有哪些？
3. 矢量蒙版是矢量对象，有没有方法能将其转换成位图？
4. 用什么方法可以快速将图层蒙版或Alpha通道中的选区加载到画布上？
5. 颜色通道与Alpha通道在编辑时对图像的影响有何不同？

第5章 UI设计：矢量图形与效果

UI设计、VI设计、网页制作中涉及的图形和界面大多使用矢量工具绘制，因为矢量绘图比较方便，且容易修改，而且还可以无损缩放，加之与图层样式和滤镜等结合使用，可以模拟金属、玻璃、木材、大理石等材质；表现纹理、浮雕、光滑、褶皱等质感；以及创建发光、反射、反光和投影等特效。学好矢量绘图功能的关键是掌握其绘图方法，尤其是用钢笔工具绘图，需要经过大量练习才能做到得心应手。

学习重点

绘图模式及路径面板............67
填充和描边形状....................68
添加图层样式........................72
制作饮料杯立体镂空字........77
制作激光图形........................78
液体容器状UI图标................81

5.1 关于UI设计

UI（User Interface，用户界面或人机界面）是20世纪70年代由施乐公司帕洛阿尔托研究中心（Xerox PARC）施乐研究机构工作小组提出的，并率先在施乐一台实验性的计算机上使用。

UI设计是一门结合了计算机科学、美学、心理学、行为学等学科的综合性艺术，应用领域包括手机通信移动产品、计算机操作平台、软件产品、数码产品、车载系统、智能家电、游戏、在线推广等。如图5-1所示为UI图标设计，如图5-2所示为儿童App界面设计，如图5-3和图5-4所示为闹钟和计算器界面设计。

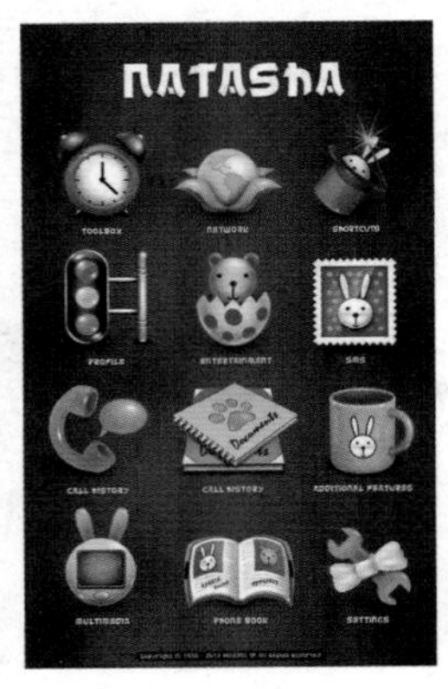

图5-1

图5-2

图5-3

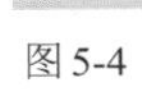

图5-4

5.2 矢量图形

由于受分辨率的限制，位图（图像）在旋转和缩放时，清晰度会变差。矢量图形与分辨率无关，可以任意缩放和旋转，而且修改时也更加方便，常用于制作不同尺寸或以不同分辨率使用的对象，如App图标、Logo等。

5.2.1 什么是矢量图形

矢量图形是由被称作矢量的数学对象定义的直线和曲线构成的。在Photoshop中，主要是指使用钢笔工具 或各种形状工具绘制的路径和图形，以及加载到Photoshop中的由其他软件制作的矢量素材。

从外观上看，路径是一段一段的线条状轮廓，各个路径段由锚点连接，如图5-5所示（路径的形状通过锚点调节）。从路径中转换出6种对象，即选区、形状图层、矢量蒙版、文字基线、填充颜色的图像、用画笔描边的图像，如图5-6所示。通过这些转换，可以完成绘图、抠图、合成图像、创建路径文字等工作。

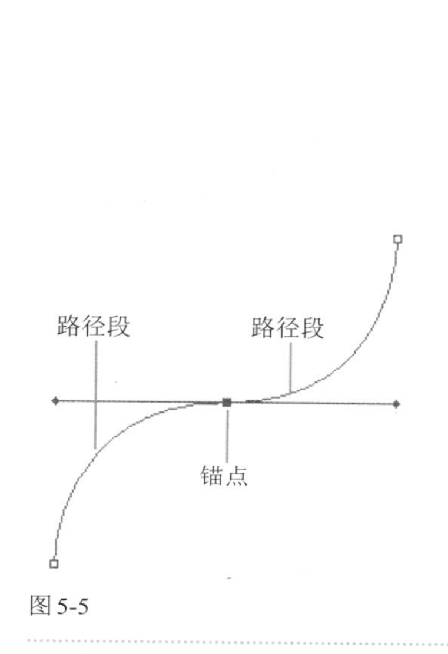

图5-5

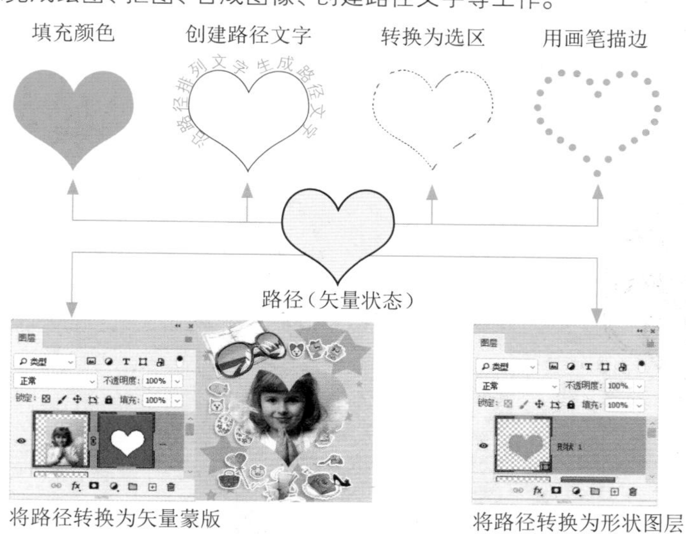

图5-6

5.2.2 绘图模式及路径面板

选取矢量绘图工具后，可以在工具选项栏中设置绘图模式。选择“形状”选项后，可创建形状图层，其由填充区域和形状（矢量图形）两部分组成，形状同时出现在“图层”和“路径”面板中，如图5-7所示。选择“路径”选项后，可创建工作路径，并出现在“路径”面板中，如图5-8所示。选择“像素”选项后，可以在当前图层上绘制以前景色填充的图像（位图），如图5-9所示。

tip “路径”面板用于保存和管理路径。面板中可以显示每条存储的路径、当前工作路径、当前矢量蒙版的名称和缩览图。使用钢笔工具或形状工具绘图时，如果先新建路径（单击“路径”面板中的“创建新路径”按钮 ），再绘图，可以创建路径；如果没有新建路径而直接绘图，则创建的是工作路径。工作路径是一种临时路径，用于定义形状的轮廓。将工作路径拖曳到面板底部的 按钮上，可将其转换为路径。

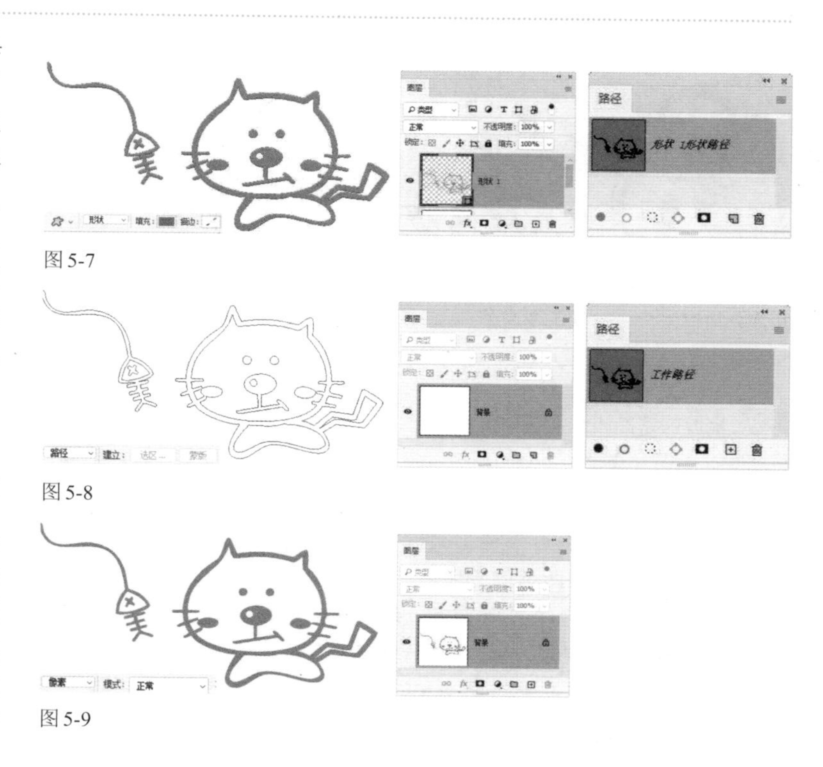

图5-7

图5-8

图5-9

5.2.3 填充和描边形状

在工具选项栏中选择“形状”选项后，可单击“填充”和“描边”按钮，打开下拉面板，如图5-10所示，选择用纯色、渐变或图案对图形进行填充和描边，如图5-11和图5-12所示。

打开“拾色器”对话框

形状 填充： 描边： 8点

无填充/描边

用纯色填充/描边

用图案填充/描边

用渐变填充/描边

图5-10

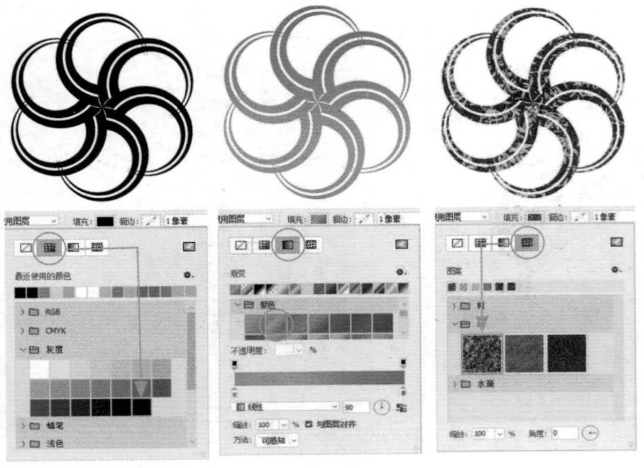

用纯色填充　用渐变填充　用图案填充

图5-11

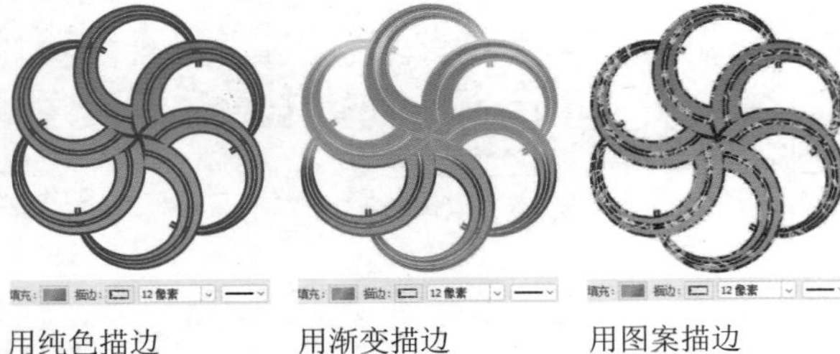

用纯色描边　用渐变描边　用图案描边

图5-12

tip 未填色或描边时，如果取消选择，路径会自动隐藏。

5.2.4 路径及形状运算

使用钢笔或形状等矢量工具时，可以对路径或形状进行运算，以得到所需的轮廓。

单击工具选项栏中的按钮，可以在打开的下拉面板中选择运算方式，如图5-13所示。例如，如图5-14所示的图形，首先绘制邮票图形，之后使用不同的运算方式绘制人物图形，就会得到不同的运算结果，如图5-15所示。

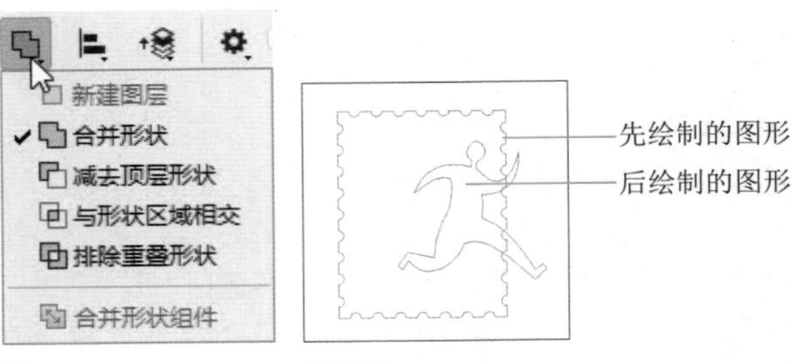

图5-13　图5-14

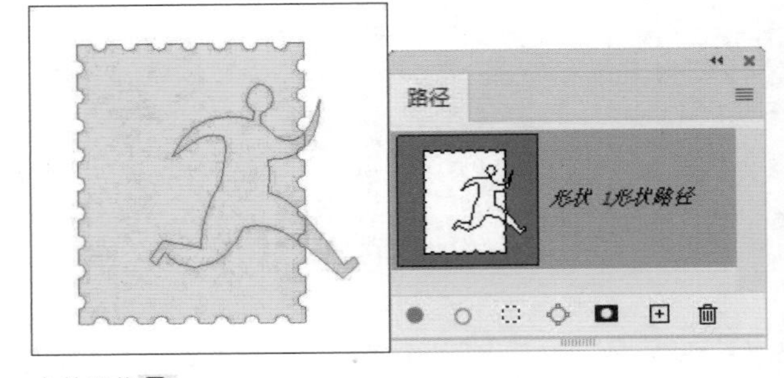

合并形状

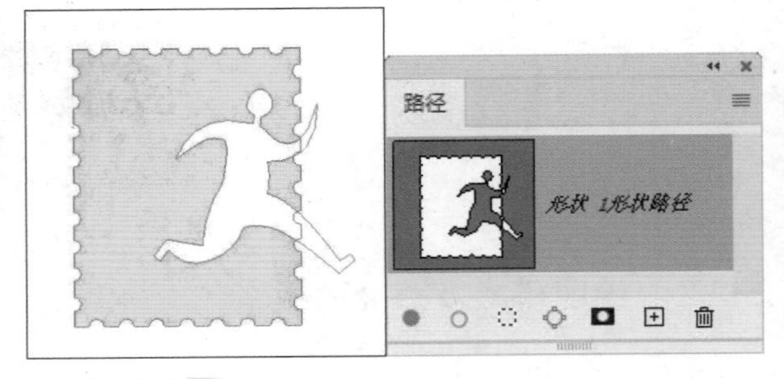

减去顶层形状

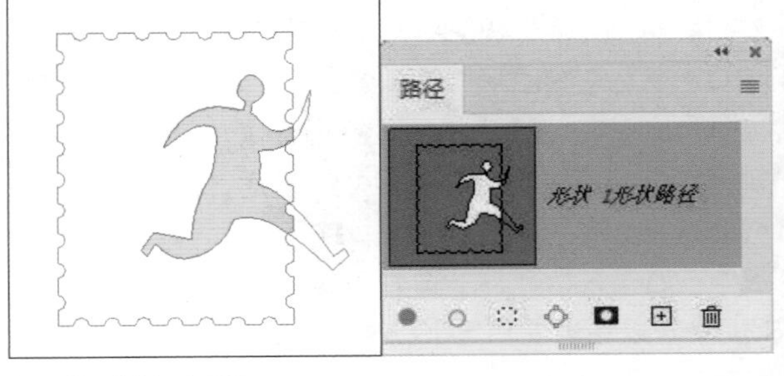

与形状区域相交

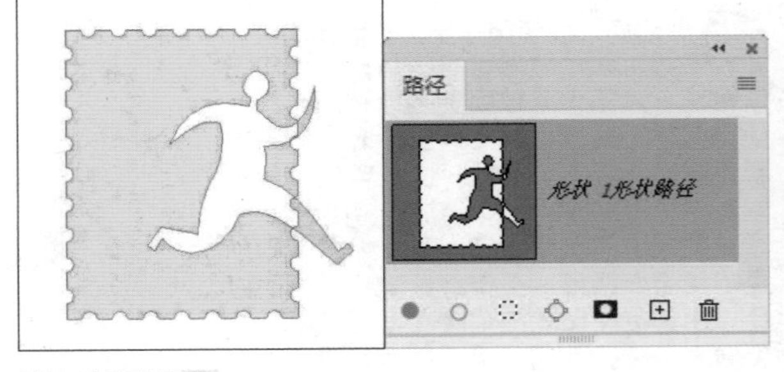

排除重叠形状

图5-15

5.3　用钢笔工具绘图

钢笔工具 有两个用途，一是绘制矢量图形；二是用于描摹对象的轮廓，将轮廓转换为选区后，可以进行抠图（指将所选图像分离到单独的图层上）。

5.3.1　锚点的特征及调整方法

路径有直线和曲线两种，如图5-16所示。锚点也分为两种，一种是平滑点；一种是角点。平滑的曲线由平滑点连接而成，如图5-17所示。直线和转角曲线则由角点连接而成，如图5-18和图5-19所示。

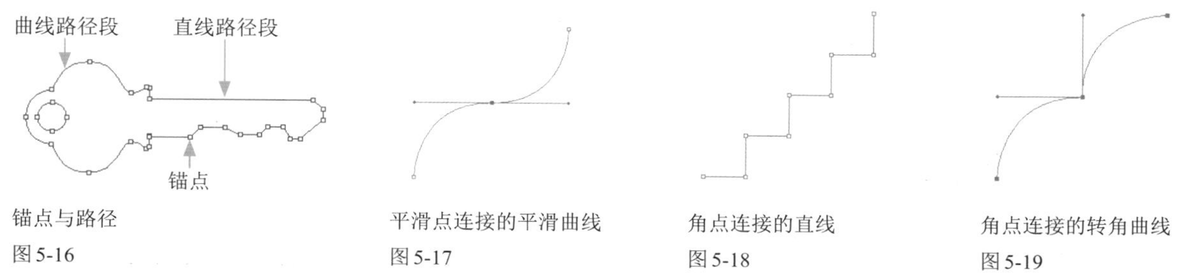

锚点与路径
图5-16

平滑点连接的平滑曲线
图5-17

角点连接的直线
图5-18

角点连接的转角曲线
图5-19

在曲线路径上，每个锚点都包含一条或两条方向线，方向线的端点是方向点，如图5-20所示。拖曳方向点可以调整方向线的长度和方向，进而改变曲线的形状。直接选择工具 和转换点工具 都可进行此操作。其中，直接选择工具 会区分平滑点和角点。对于平滑点，拖曳其任何一端的方向点时，都会影响锚点两侧的路径段，因此，方向线永远是一条直线，如图5-21所示。角点上的方向线可单独调整，即拖曳角点上的方向点，只调整与方向线同侧的路径段，如图5-22所示。而使用转换点工具 时，无论拖曳哪种方向点，都只调整锚点一侧的方向线，不影响另外一侧的方向线和路径段，如图5-23和图5-24所示。

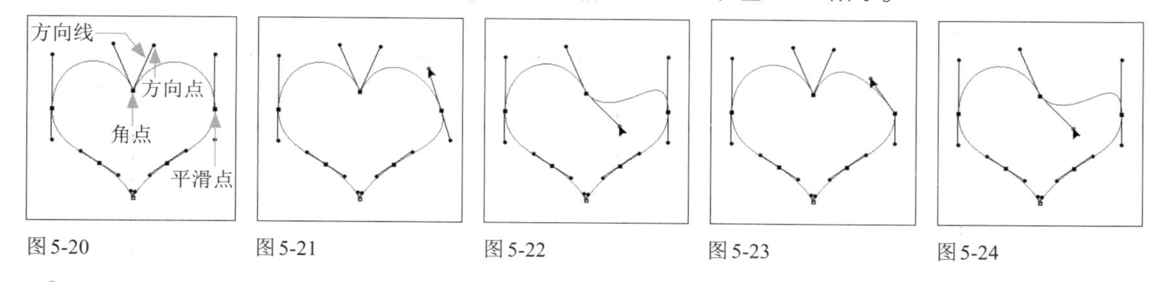

图5-20　图5-21　图5-22　图5-23　图5-24

tip 选择转换点工具 后，将光标放在锚点上，如果当前锚点为角点，拖曳可将其转换为平滑点；如果当前锚点为平滑点，则单击可以将其转换为角点。

5.3.2　绘制直线

选择钢笔工具 ，在工具选项栏中选择“路径”选项，在画板单击创建锚点；释放鼠标左键，在其他位置单击，可以创建直线路径（按住Shift键单击，可锁定水平、垂直或以45° 角为增量创建直线路径）。如果要封闭路径，可在路径的起点单击。如图5-25所示为矩形的绘制过程。

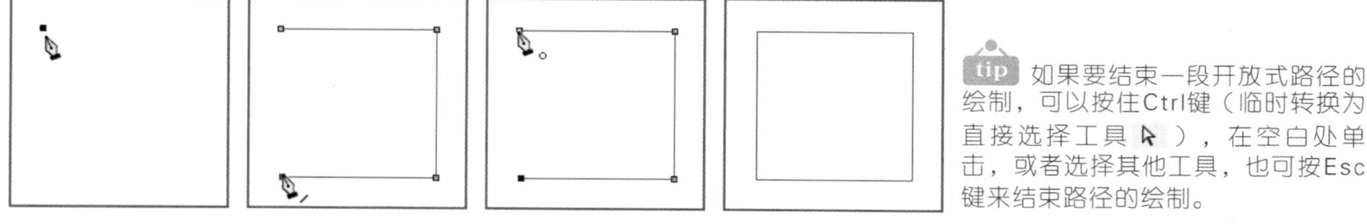

图5-25

tip 如果要结束一段开放式路径的绘制，可以按住Ctrl键（临时转换为直接选择工具 ），在空白处单击，或者选择其他工具，也可按Esc键来结束路径的绘制。

绘制一段直线后，将光标放在最后一个锚点上，如图5-26所示，按住Alt键并拖曳鼠标，可以从该锚点上拖出方向线，如图5–27所示。在其他位置拖曳鼠标，可以在直线后面绘制出曲线，如图5–28和图5–29所示。

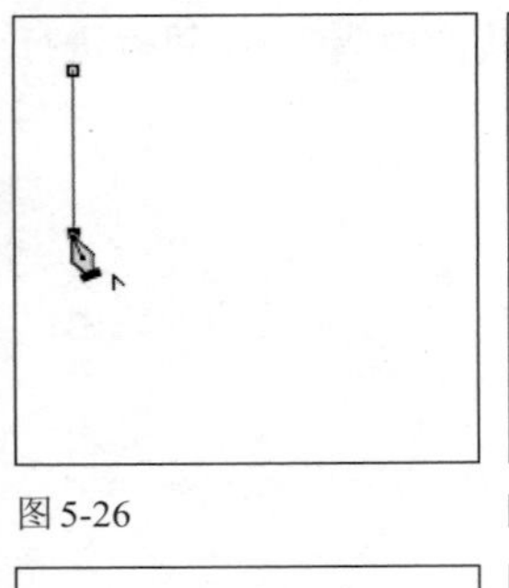
图5-26

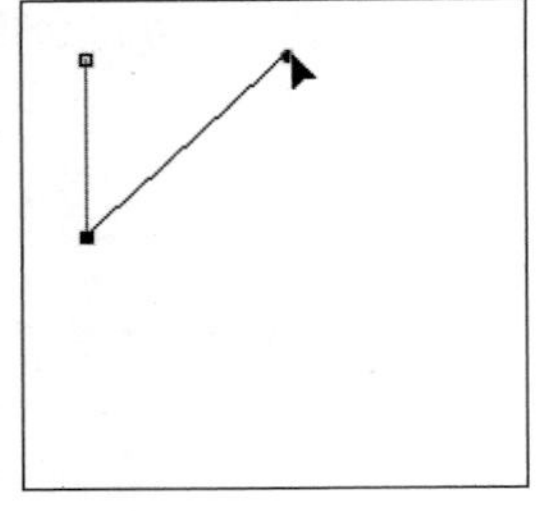
图5-27

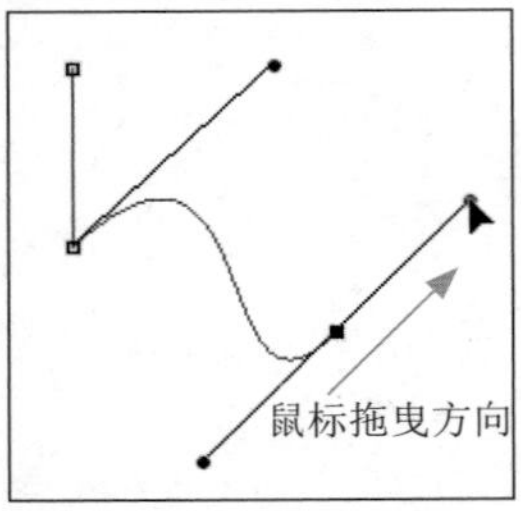

图5-28

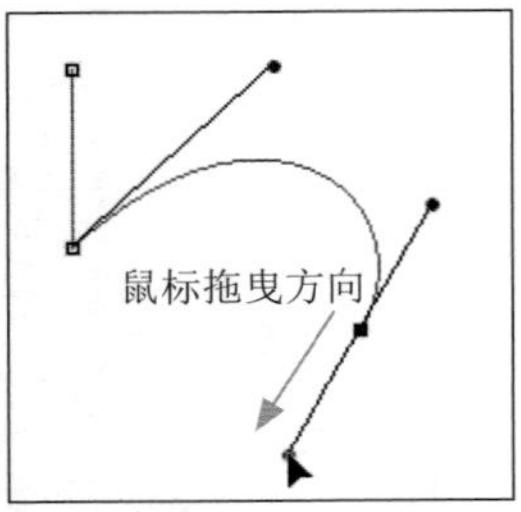

图5-29

5.3.3 绘制曲线

选择钢笔工具，在画板上拖曳鼠标，创建平滑点（拖曳过程中可调整方向线的长度和方向），如图5–30所示；将光标移动至下一位置，如图5–31所示，拖曳鼠标，创建第二个平滑点，如图5–32所示；继续创建平滑点，即可生成曲线，如图5–33所示。

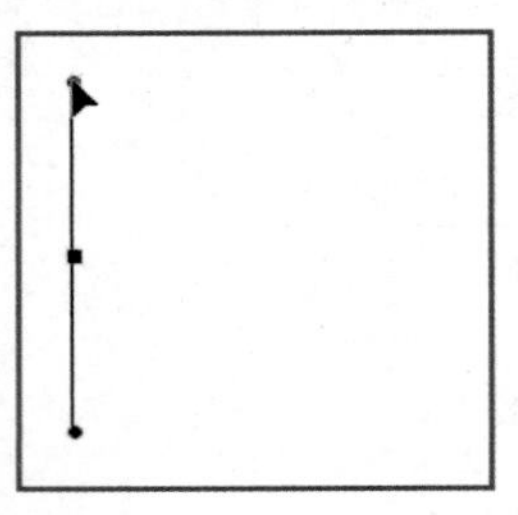
图5-30

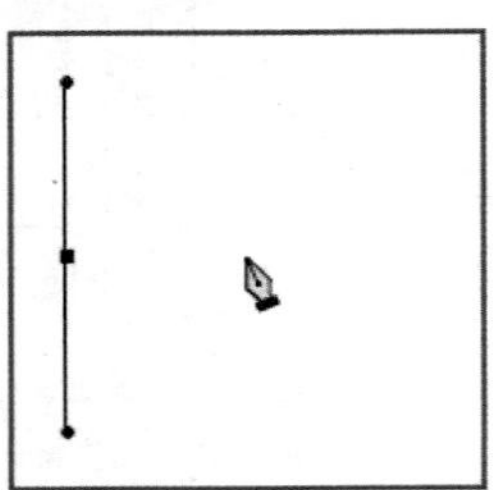
图5-31

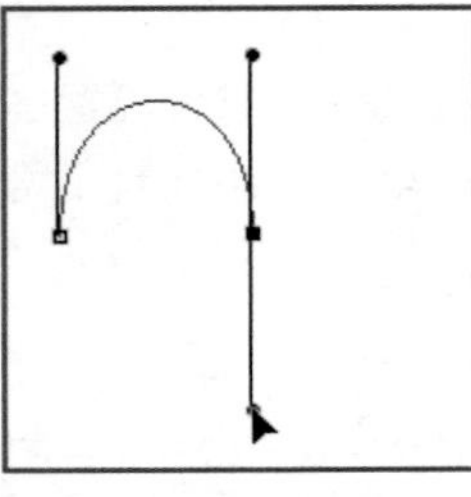
图5-32

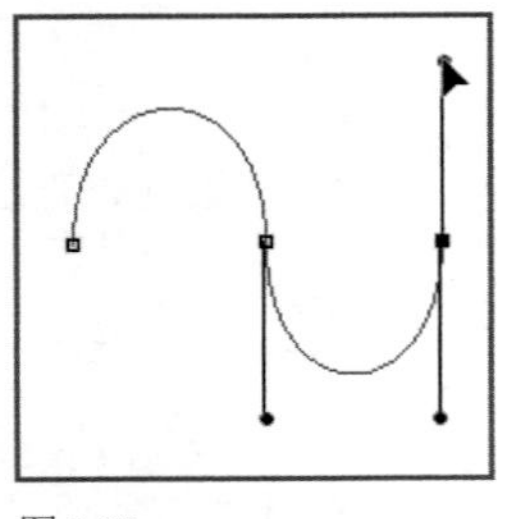
图5-33

绘制一段曲线后，将光标移动到最后一个锚点上，按住Alt键并单击，如图5–34所示，可以将该平滑点转换为角点，这时其另一侧方向线会被删除，如图5–35所示，在其他位置单击（不要拖曳鼠标），则可在曲线后面绘制出直线，如图5–36所示。

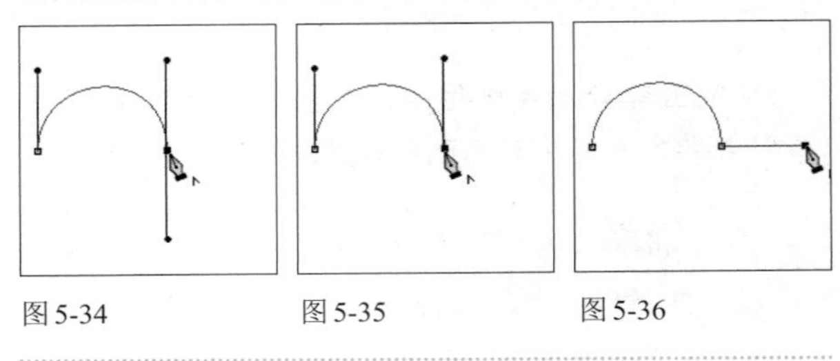
图5-34　图5-35　图5-36

5.3.4 绘制转角曲线

转角曲线是与上一段曲线之间出现转折的曲线。要绘制这种曲线，需要先改变曲线的走向。操作时将光标放在最后一个平滑点上，如图5–37所示，按住Alt键，光标变为状，单击该锚点，将其转换为只有一条方向线的角点，如图5–38所示，然后在其他位置拖曳鼠标，便可以绘制出转角曲线，如图5–39所示。

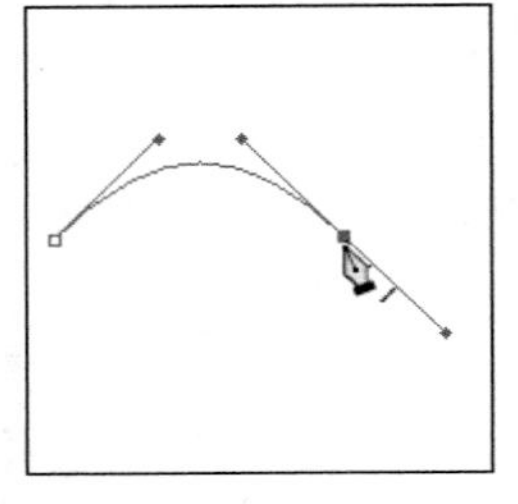
图5-37

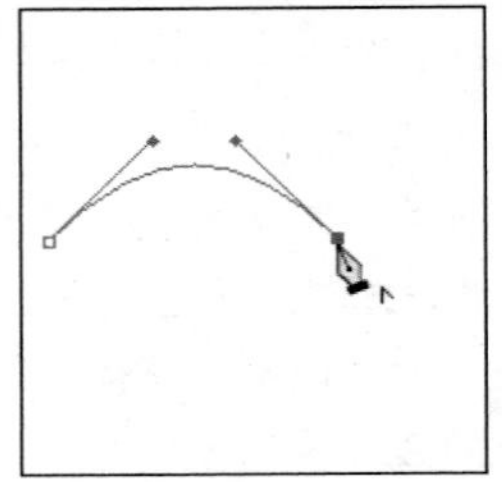
图5-38

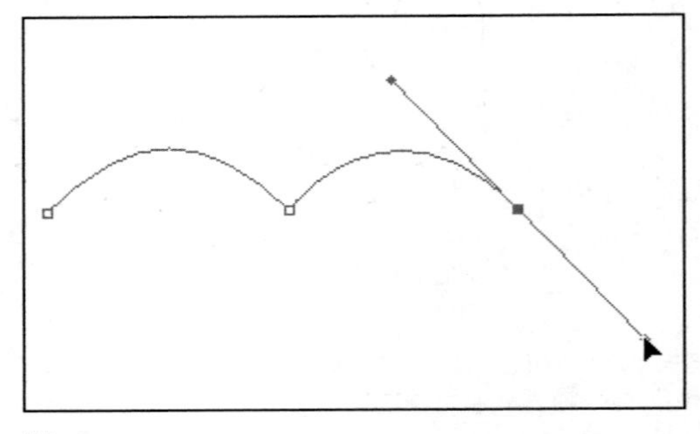
图5-39

tip 选择一条开放的路径，选择钢笔工具，并将光标移动到路径的一个端点上，光标会变为状，单击该锚点，之后可继续绘制此路径。绘制路径时，将钢笔工具移至另外一条开放路径的端点上，光标会变为状，单击，可以将这两段开放式路径连接为一条路径。此外，在工具选项栏中勾选"自动添加/删除"复选框后，光标在路径上时会变为状，单击可以在路径上添加锚点；当光标在锚点上时变为状，单击可以删除锚点。

5.3.5 选择锚点和路径

使用直接选择工具单击锚点时，可以选择该锚点，选中的锚点为实心方块，未选中的锚点则为空心方块，如图5–40所示。单击路径，可以选择该路径，如图5–41所示。使用路径选择工具 单击路径，可以选择整条路径，如图5–42所示。选择锚点、路径段和整条路径后，按住鼠标左键不放并拖曳，即可将其移动。

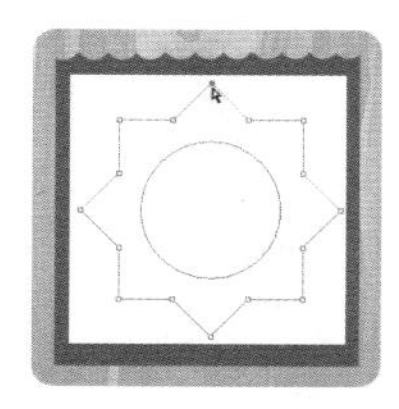
图5-40

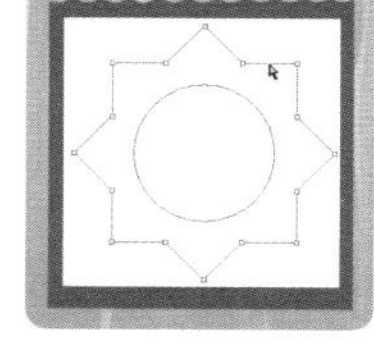
图5-41

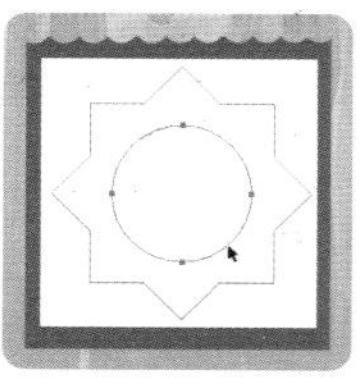
图5-42

5.3.6　路径与选区的转换方法

创建选区后，如图5–43所示，单击“路径”面板中的 按钮，可以将选区转换为工作路径，如图5–44和图5–45所示。如果要将路径转换为选区，可以按住Ctrl键单击“路径”面板中的路径缩览图，如图5–46所示。

图5-43

图5-44

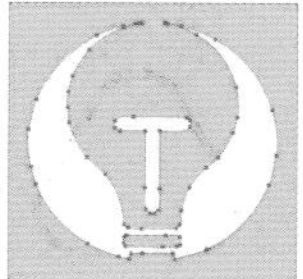
图5-45

图5-46

5.4　用形状工具绘图

Photoshop中的形状工具可以绘制矩形、圆角矩形、圆形、椭圆、多边形、星形、直线，也可以绘制Photoshop中预设的形状及用户自定义的图形。

5.4.1　创建几何状图形

- 矩形工具 ：拖曳鼠标可以绘制矩形；按住Shift键并拖曳鼠标可以绘制正方形，如图5-47所示。创建矩形后，在“属性”面板中设置圆角半径，可以得到圆角矩形，效果如图5-48所示。
- 椭圆工具 ：拖曳鼠标可以绘制椭圆形和圆形（按住Shift键），如图5-49所示。

图5-47

图5-48

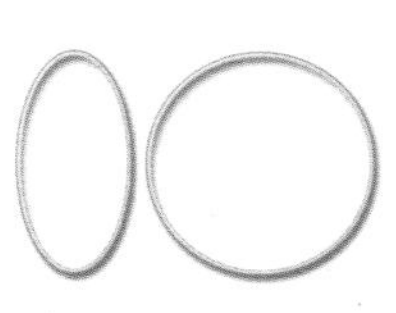
图5-49

- 三角形工具 ：拖曳鼠标可以绘制三角形。
- 多边形工具 ：用来创建三角形、多边形和星形。选择该工具后，可以在工具选项栏的 选项中设置多边形（或星形）的边数。如果要创建星形，还需单击工具选项栏中的 按钮，打开下拉面板设置星形的比例等参数，如图5-50所示，效果如图5-51所示。

图5-50

tip　绘制矩形、圆形、多边形、直线和自定义的形状时，按住空格键并拖曳鼠标，可以移动形状。

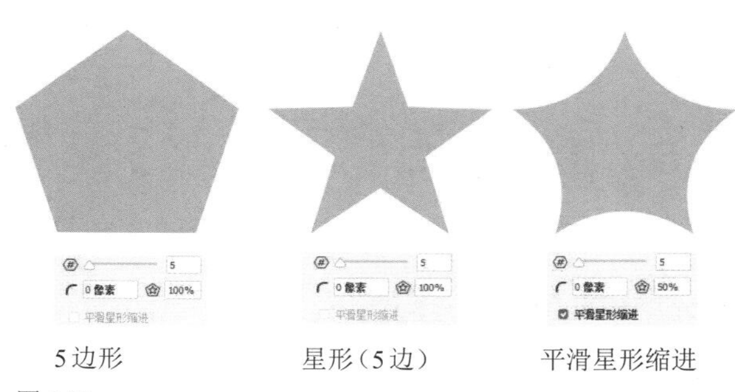
5边形　　星形（5边）　　平滑星形缩进

图5-51

- 直线工具 ：用来绘制直线和带有箭头的线段，如图5-52所示。按住Shift键拖曳鼠标，可以锁定水平或垂直方向。

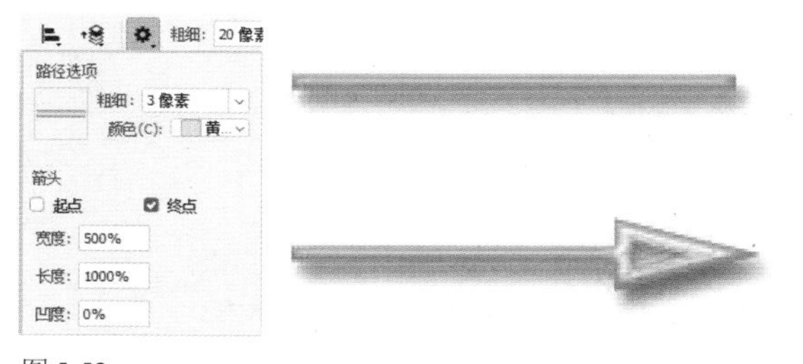

图5-52

5.4.2　修改实时形状

在工具选项栏中选择“形状”或“路径”选项，以形状图层或路径的形式绘制出矩形、圆角矩形、三角形、多边形和直线后，如图5–53所示，可以拖曳图形上的控件调整形状的大小和角度，也可将直角改成圆角，如图 5-54 所示。也可以通过"属性"面板来进行调整。

图 5-53

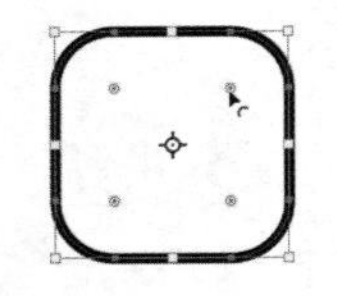
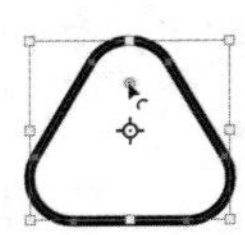
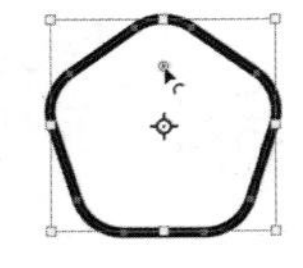

图 5-54

5.4.3 创建自定义形状

选择自定义形状工具，打开"形状"面板，或单击工具选项栏中的按钮，打开"形状"下拉面板，选择形状后，如图 5-55 所示，拖曳鼠标即可绘制图形，如图 5-56 所示。如果要保持形状的比例，可以在绘制时按住 Shift 键。

图 5-55

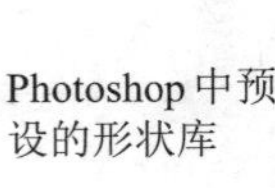

图 5-56

单击"形状"面板右上角的按钮，打开面板菜单，执行"导入形状"命令，可以将本书提供的形状库加载到该面板中。如果从网上下载了形状库，也可以使用该命令进行加载。

tip 绘图后，执行"编辑" | "定义自定形状"命令，可将其保存到"形状"面板中，成为一个预设的形状。

5.5 图层样式

图层样式是用于制作特效的功能，可以为图层中的对象添加投影、光泽和图案等。

5.5.1 添加图层样式

图层样式也称"图层效果"或"效果"。如果本书中出现为图层添加某一效果，如"阴影"效果，指的就是添加"阴影"图层样式。图层样式在"图层样式"对话框中设置。有两种方法可以打开该对话框。一是在"图层"面板中选择图层，然后单击面板底部的 fx 按钮，在打开的菜单中选择需要的样式，如图 5-57 所示；另一种方法是在图层右侧的空白处双击，如图 5-58 所示，直接打开"图层样式"对话框，然后在左侧的列表中选择需要添加的效果，如图 5-59 所示。

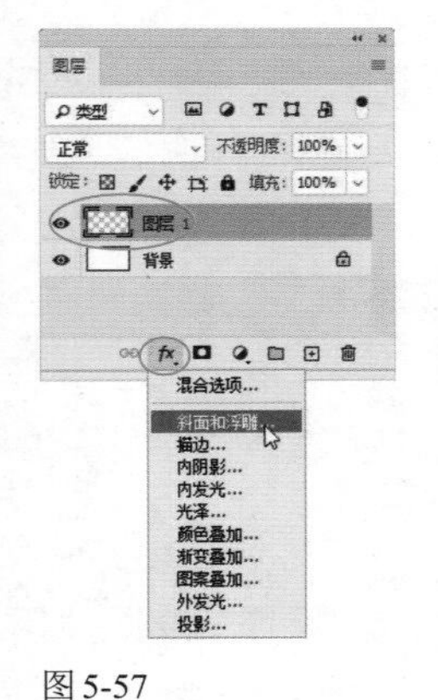

图 5-57

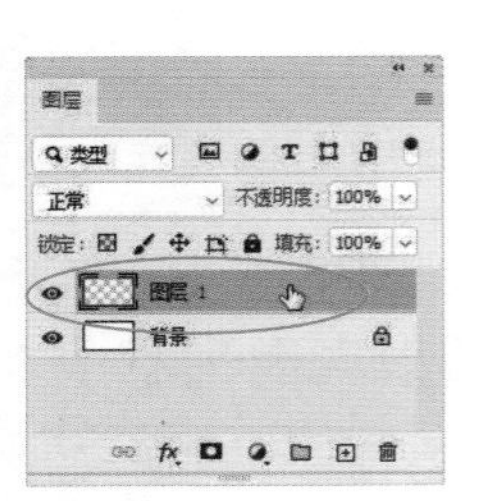

图 5-58

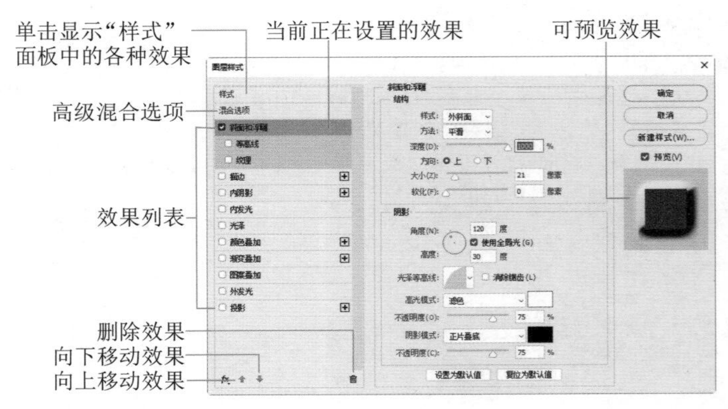

图 5-59

该对话框左侧是效果列表，选择效果后，对话框右侧会显示相关的参数选项，可一边调整参数，一边观察对象的变化情况。如果勾选效果名称左侧的复选框，则可应用该效果，但不会显示效果选项。

“描边”“内阴影”“颜色叠加”等效果右侧都有⊞按钮，单击该按钮，可以增加相应的效果。如果添加了多个相同的效果，可单击⬆按钮和⬇按钮，调整它们的堆叠顺序。此外，在“图层”面板中上下拖曳效果，也能进行调整。

5.5.2　效果概览

- “斜面和浮雕”效果：可以添加高光与阴影的各种组合，使对象呈现立体的浮雕效果，如图5-60所示。

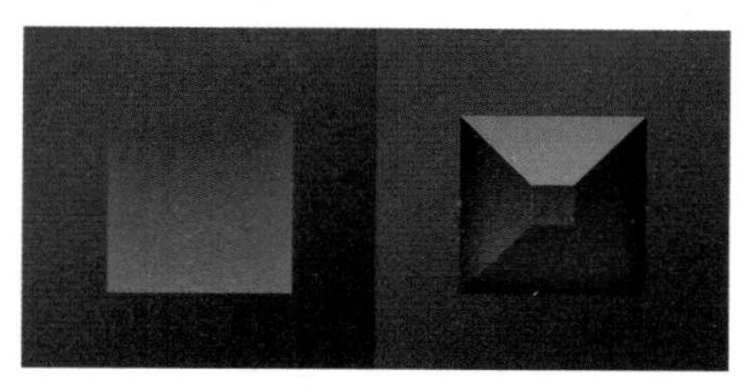

图5-60

- “描边”效果：可以使用颜色、渐变或图案描画对象的轮廓，如图5-61所示。该效果对硬边形状（如文字等）特别有用。

图5-61

- “内阴影”效果：可以在紧靠图层内容的边缘内添加阴影，使其产生凹陷效果，如图5-62所示。

图5-62

- “内发光”效果：可以沿图层内容的边缘向内创建发光效果，如图5-63所示。

图5-63

- “光泽”效果：可以应用具有光滑光泽的内部阴影，通常用来创建金属表面的光泽外观，如图5-64所示。

图5-64

- “颜色叠加”效果：可以在图层上叠加指定的颜色，如图5-65所示。通过设置颜色的混合模式和不透明度，可以控制叠加效果。

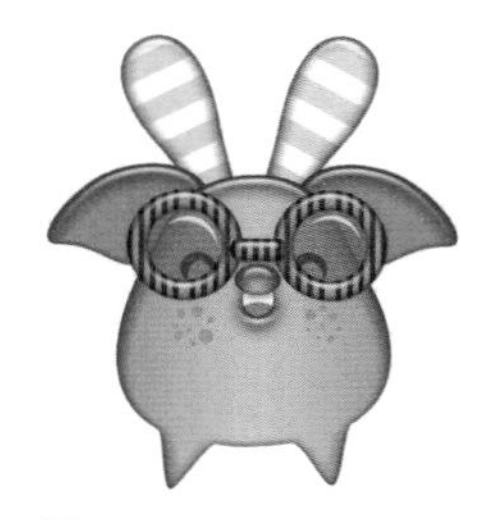
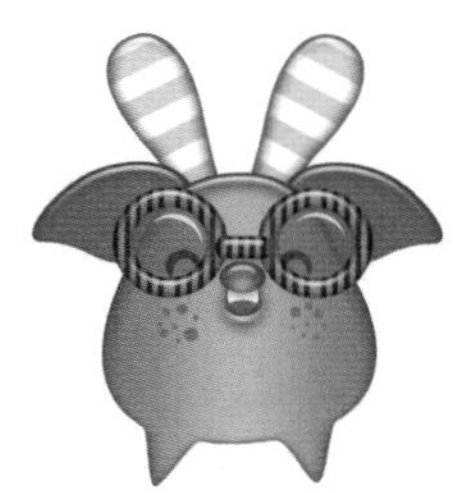

图5-65

- “渐变叠加”效果：可以在图层上叠加渐变颜色，如图5-66所示。

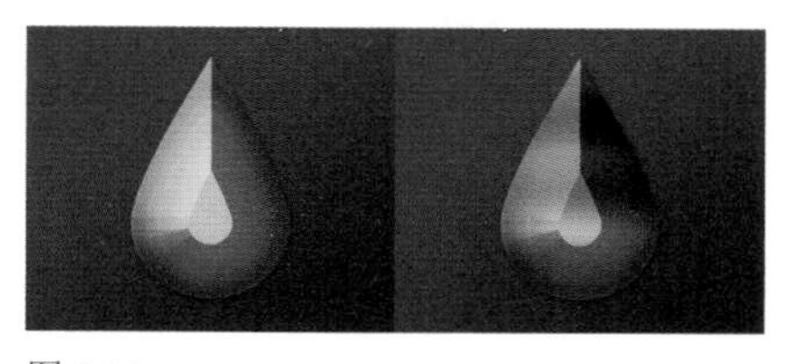

图5-66

- “图案叠加”效果：可以在图层上叠加图案，如图5-67所示。图案可缩放，也可设置不透明度和混合模式。

图5-67

- “外发光”效果：可以沿图层内容的边缘向外创建发光效果，如图5-68所示。

图5-68

- “投影”效果：可以为图层内容添加投影，使其产生立体感，如图5-69所示。

图5-69

5.5.3　编辑图层样式

- 修改效果参数：添加图层样式以后，如图5-70所示，图层下面会出现具体的效果名称，双击效果，如图5-71所示，可以打开“图层样式”对话框修改参数，如图5-72所示，效果如图5-73所示。

图5-70

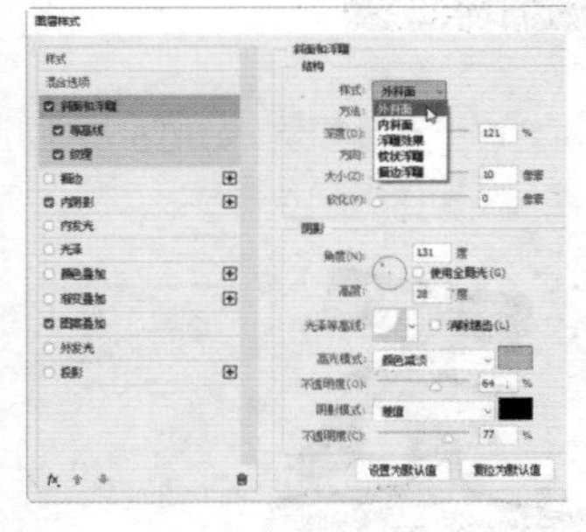

图5-71

图5-72

图5-73

- 隐藏与显示效果：每个效果左侧都有眼睛图标，单击该图标可以隐藏效果，如图5-74所示。再次单击则重新显示效果，如图5-75所示。

图5-74

图5-75

- 复制效果：按住Alt键，将效果图标 fx 从一个图层拖曳到另一个图层，可以将该图层的所有效果都复制到目标图层，如图5-76和图5-77所示。如果只需要复制一个效果，可以按住Alt键拖曳该效果的名称至目标图层。

图5-76

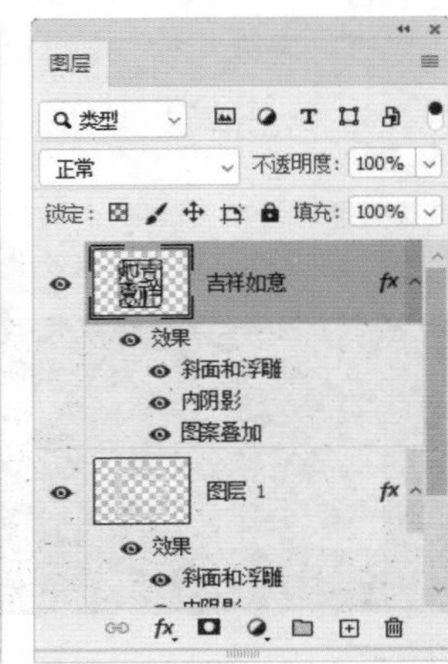

图5-77

- 删除效果：如果要删除效果，可将其拖曳到“图层”面板底部的 按钮上。如果要删除图层的所有效果，可以将效果图标 fx 拖曳到 按钮上。
- 关闭效果列表：如果觉得“图层”面板中的效果名称占用了太多空间，可以单击效果图标右侧的按钮，将列表关闭。

5.5.4　让效果与图像比例匹配

在对添加了图层样式的对象进行缩放时一定要注意，效果是不会改变比例的。例如，如图5-78所示为缩放前的图像，如图5-79所示为将图像缩小至50%。由于效果的比例未变，在缩小的图像上就显得发光和投影范围过大、描边过粗等，与原有效果不一致，就像小孩子穿着大人的衣服，非常不协调。出现这种情况时，可以执行“图层”|“图层样式”|“缩放效果”命令，在打开的对话框中对效果进行单独缩放，使其与图像的比例一致，如图5-80和图5-81所示。“缩放效果”命令只缩放效果，不会缩放图层中的对象。

图5-78

图5-79

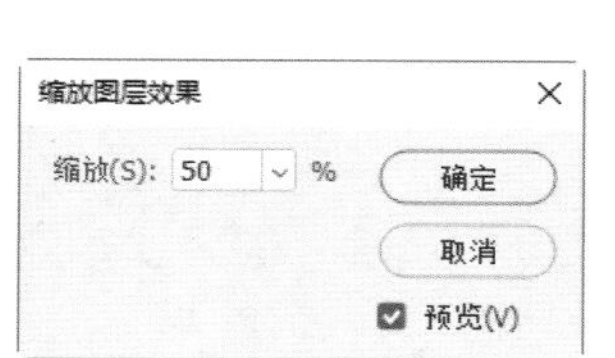

图 5-80

图 5-81

tip 相同尺寸的两个文件，分辨率不同时，即使添加相同参数的图层样式，效果也会产生差别。究其原因，在于分辨率对像素的影响导致效果的范围出现视觉上的差异。

5.5.5　实例：在笔记本上压印图案

01 打开素材，如图5-82所示。这是一个分层文件，包含图案和笔记本文字图像。选择“图层1”，将“填充”设置为0%，如图5-83所示。

图 5-82

图 5-83

tip “填充”设置为0%，可以隐藏图层中的对象（图案和笔记本文字），而不影响效果。即下面为图层添加“斜面和浮雕”效果，只有该效果显现，这样才能让图案看上去是压印在笔记本上的。

02 双击“图层1”图层的空白处，打开“图层样式”对话框，添加“斜面和浮雕”效果，如图5-84和图5-85所示。

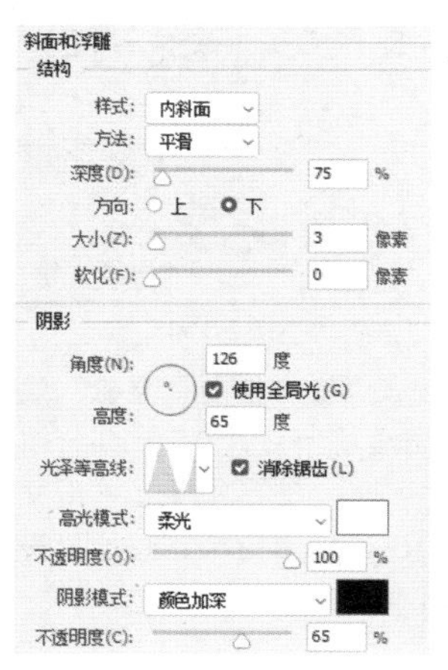

图 5-84

图 5-85

03 按Ctrl+T快捷键显示定界框，将光标放在定界框外进行拖曳，旋转图像，如图5-86所示。按住Ctrl键拖曳右侧的控制点，进行透视扭曲，如图5-87所示。按Enter键确认，如图5-88所示。

图 5-86

图 5-87

图 5-88

5.5.6　实例：制作甜蜜糖果字

01 打开素材，如图5-89所示。执行“编辑”|“定义图案”命令，弹出“图案名称”对话框，单击“确定”按钮，将纹理图像定义为图案。

图 5-89

02 再打开一个素材，如图5-90所示。双击文字所在的图层的空白处，如图5-91所示，打开“图层样式”对话框。

图 5-90

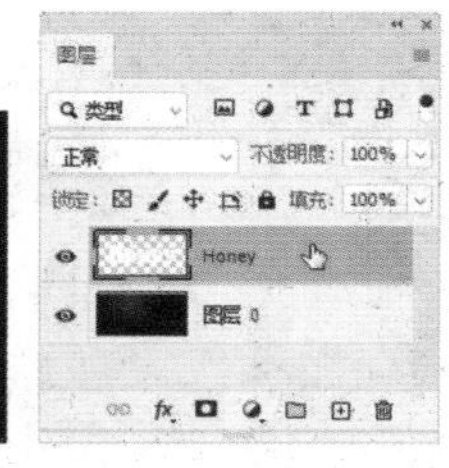

图 5-91

03 为文字添加“投影”“内阴影”“外发光”“内发

光”“斜面和浮雕”“颜色叠加”和“渐变叠加”效果，如图5-92~图5-99所示。

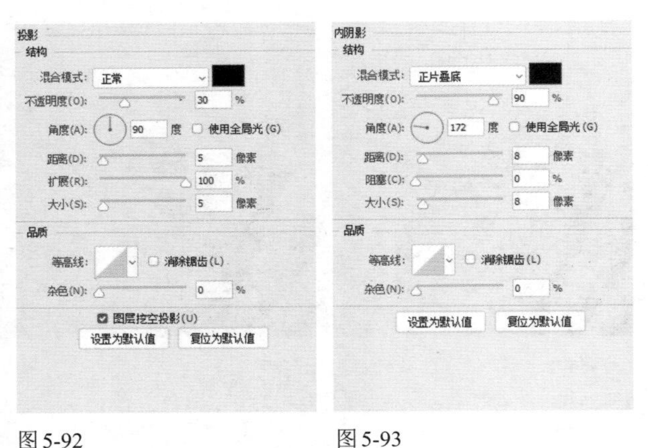

图 5-92　　图 5-93

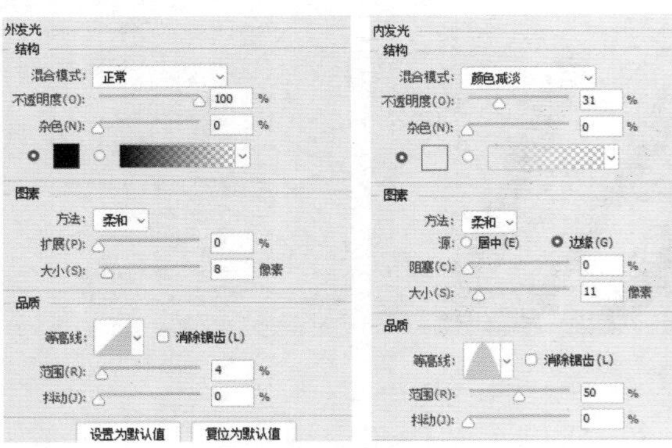

图 5-94　　图 5-95

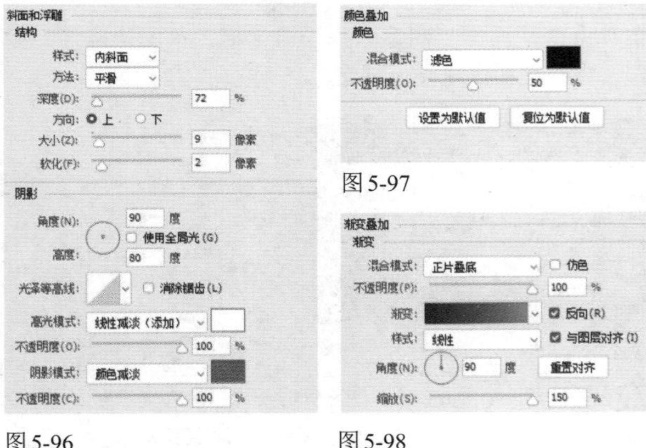

图 5-96　　图 5-97　　图 5-98

图 5-99

04 添加“图案叠加”效果，单击“图案”选项右侧的三角按钮，打开下拉面板，选择自定义的图案，设置图案的“缩放”为150%，如图5-100所示。

05 添加“描边”效果，如图5-101所示，完成糖果字的制作，如图5-102所示。

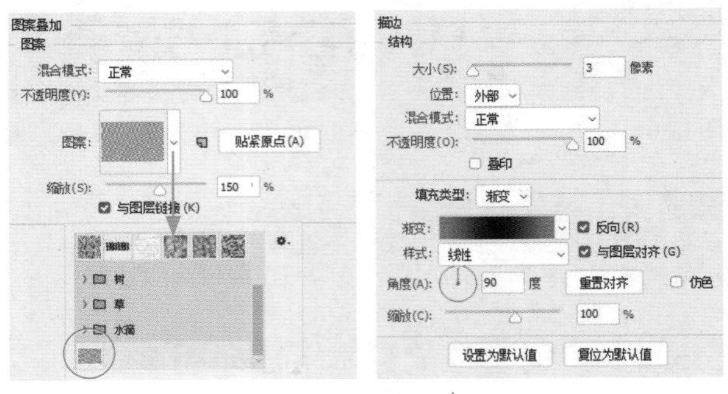

图 5-100　　图 5-101

图 5-102

5.5.7　实例：制作果酱卡通人

01 打开素材，如图5-103所示。面包片上有用眼镜、心形和胡子组成的卡通形象，下面为其添加图层样式。先为“胡子”添加效果，双击该图层，如图5-104所示。

图 5-103　　图 5-104

02 打开“图层样式”对话框后，添加“斜面和浮雕”效果，使图形立体化。单击“光泽等高线”右侧的按钮，打开“等高线编辑器”对话框，在等高线上单击并拖曳控制点，如图5-105和图5-106所示。再分别添加“投影”和“等高线”效果，如图5-107～图5-109所示。

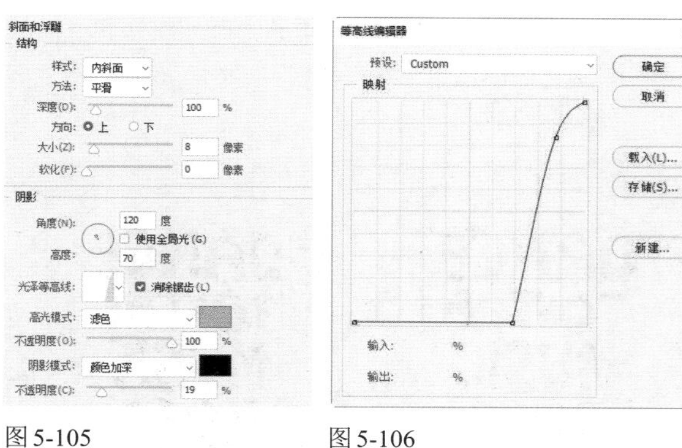

图5-105　　图5-106

图5-108

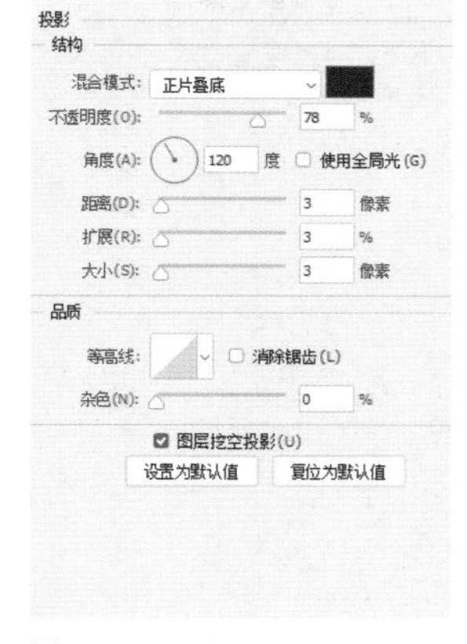

图5-107

图5-109

tip 修改等高线可以使浮雕结构发生改变，有时还会生成新的浮雕斜面。

03 按住Alt键，将“胡子”图层的效果图标 fx 拖曳到“心形”图层，为该图层复制相同的效果，如图5-110和图5-111所示。

图5-110

图5-111

04 在“图层”面板中双击“心形”图层的空白处，打开“图层样式”对话框，添加“斜面和浮雕”和“投影”效果，将参数调小，如图5-112和图5-113所示。添加“颜色叠加”效果，设置颜色为红色，将心形制作成果酱效果，如图5-114和图5-115所示。

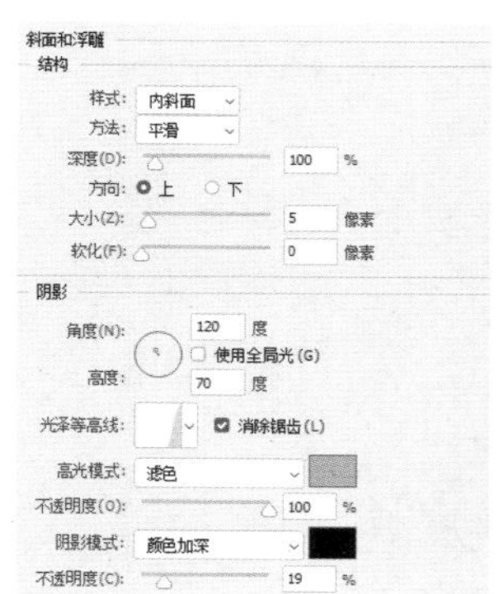

图5-112

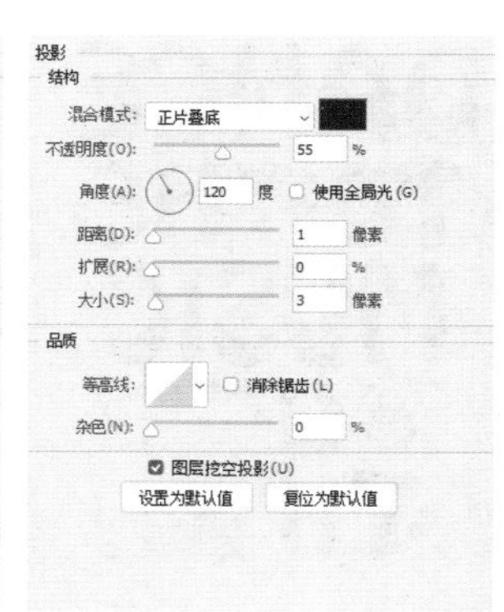

图5-113

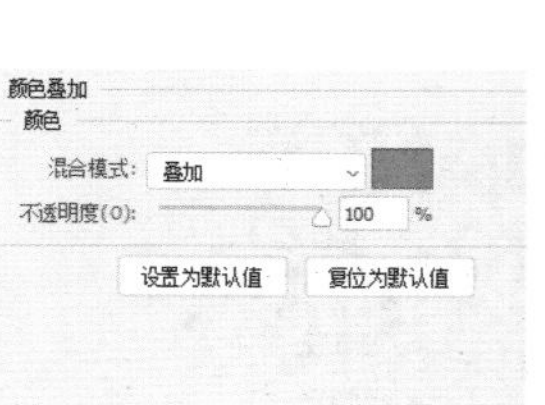

图5-114

图5-115

05 采用同样的方法将“心形”图层的效果复制到“眼镜”图层，如图5-116所示。

图5-116

5.5.8　实例：制作饮料杯立体镂空字

01 打开素材。文字图形是智能对象，如图5-117和图5-118所示。如果安装了Illustrator软件，则双击素材缩览图右下角的图标，可以在Illustrator中打开原文件进行编辑，修改并存储以后，Photoshop中的文字会自动更新成与之相同的效果。

图 5-117

图 5-118

02 使用移动工具 将文字拖入饮料杯文件中。执行“图层”|“栅格化”|“智能对象”命令，将其转换为普通图层，如图5-119所示。执行“编辑”|“变换”|“变形”命令，显示变形网格，如图5-120所示。

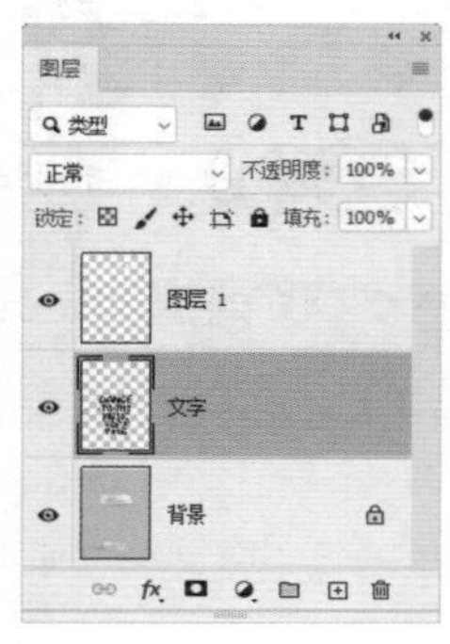

图 5-119

图 5-120

03 将光标放在第一行文字上，按住鼠标左键向上拖曳，如图5-121所示；最后一行文字向下拖曳，使文字边缘与饮料杯契合，如图5-122所示。

图 5-121

图 5-122

04 将中间的文字向边缘拖曳，使中间的文字略有膨胀感，两边的文字被挤压后会变窄，如图5-123所示。按Enter键确认操作，如图5-124所示。

05 在“图层”面板中双击该图层的空白处，打开“图层样式”对话框，添加“斜面和浮雕”效果。单击“光泽等高线”右侧的按钮，打开“等高线编辑器”对话框，在等高线上单击，添加控制点并进行拖曳，改变等高线的形状，如图5-125所示。添加“等高线”和“渐变叠加”效果，如图5-126和图5-127所示。完成立体字的制作，如图5-128所示。

图 5-123

图 5-124

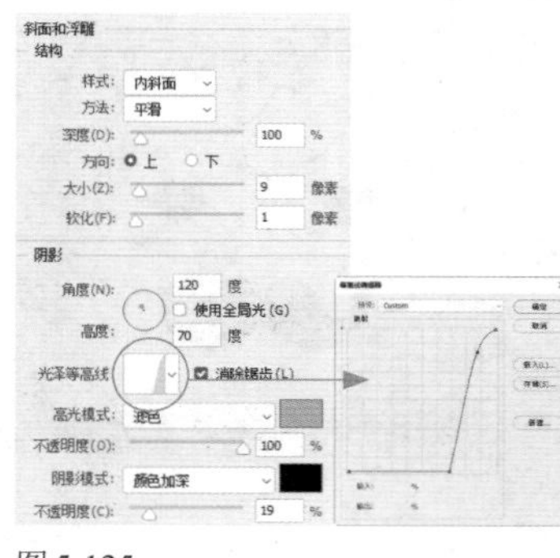

图 5-125

图 5-126

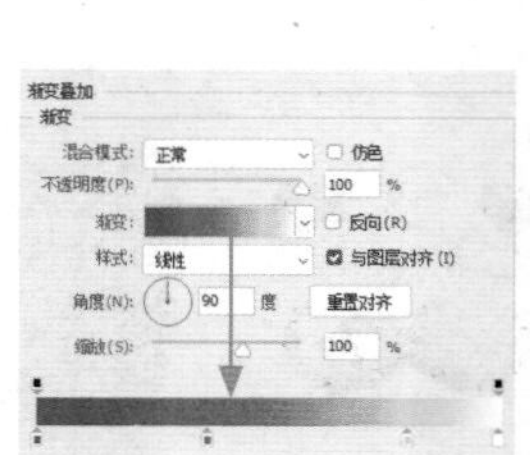

图 5-127

图 5-128

5.5.9 实例：制作激光图形

01 选择钢笔工具 ，在工具选项栏中选取“形状 ”选项，设置描边颜色为白色，无填充颜色，如图5-129所示。打开素材，如图5-130所示。在画布上单击，绘制一个三角形，如图5-131所示。

图 5-129

图 5-130　　图 5-131

02 双击该形状图层，打开“图层样式”对话框，添加“外发光”和“内发光”效果，如图5-132~图5-134所示。

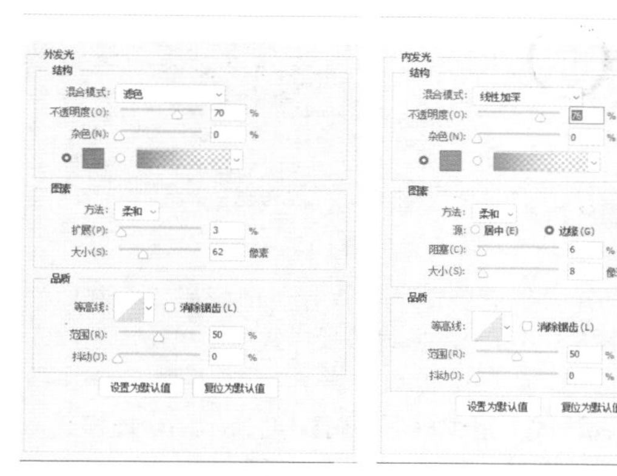

图 5-132　　图 5-133

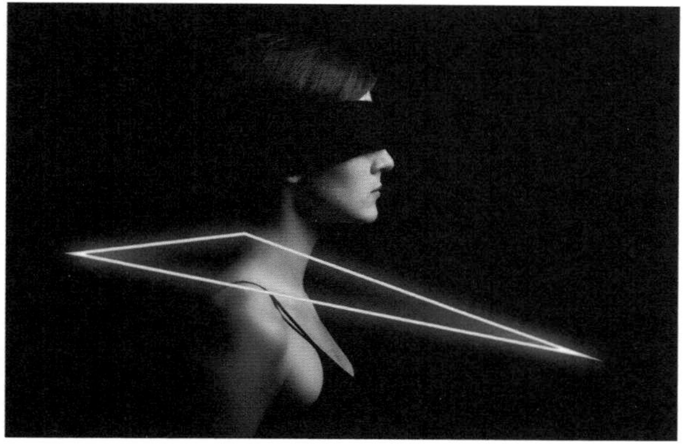

图 5-134

03 单击“图层”面板底部的 ◘ 按钮，为形状图层添加图层蒙版，如图5-135所示。选择画笔工具 及硬边圆笔尖，在脖子上拖曳鼠标涂抹黑色，绘制出一个缺口，如图5-136所示。

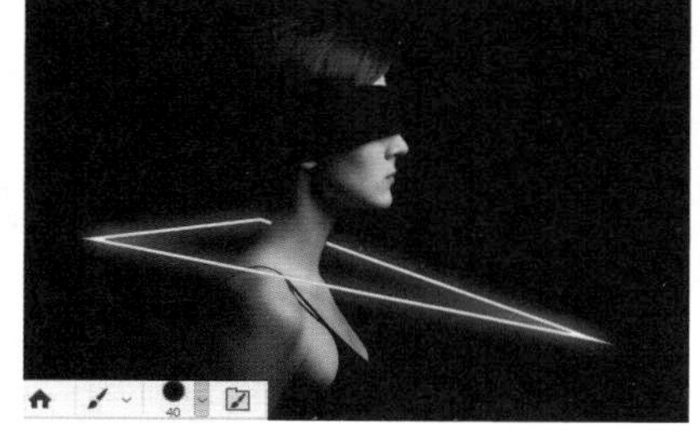

图 5-135　　图 5-136

04 按住Ctrl键单击“图层”面板底部的 ⊞ 按钮，在当前图层下方新建一个图层，设置混合模式为“线性加深”，如图5-137所示。将前景色设置为洋红色，如图5-138所示。

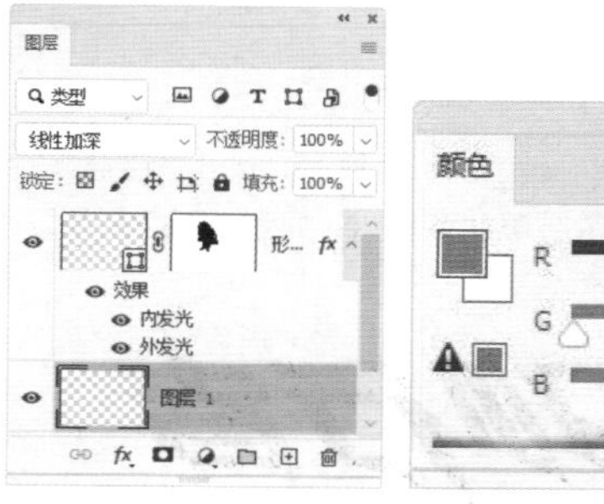

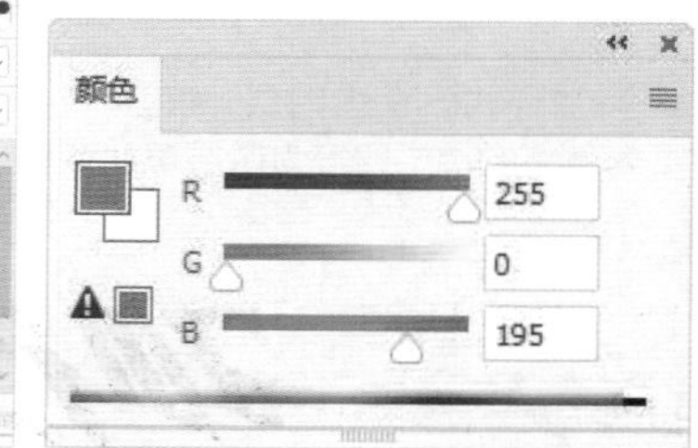

图 5-137　　图 5-138

05 选择柔边圆笔尖，将不透明度设置为10%，如图5-139所示，在三角形周边及人物身体上涂抹洋红色，绘制出光的发散效果，如图5-140所示。

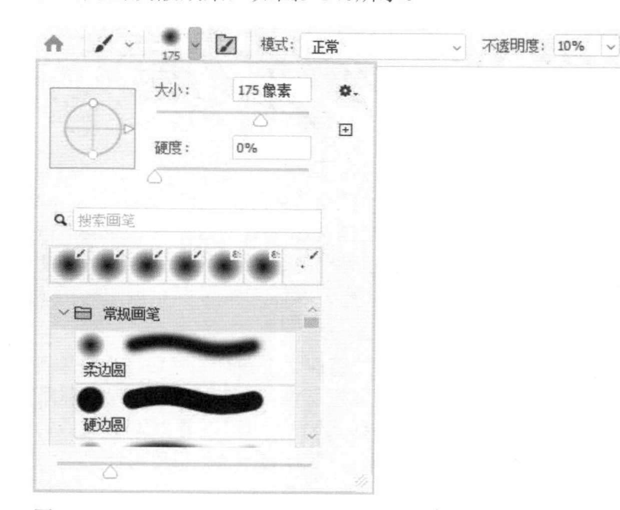

图 5-139

图 5-140

5.6 样式面板

“样式”面板用来保存、管理和应用图层样式。此外，Photoshop提供的预设样式及外部样式库也可以加载到该面板中使用。

5.6.1 添加、保存和加载样式

- 添加样式：单击图层，如图5-141所示，单击“样式”面板中的样式，即可为图层添加该样式，如图5-142所示。

图5-141

图5-142

- 保存样式：用图层样式制作出满意的效果后，可以单击“样式”面板中的 ⊞ 按钮，将效果保存起来。以后要使用时，选择图层，然后单击该样式就可以直接应用，非常方便。
- 载入样式：单击“样式”面板右上角的 ≡ 按钮，打开面板菜单，执行“旧版样式及其他”命令，可以载入以前版本的样式。执行“导入样式”命令，可以导入本书提供的样式素材。如果在网络上下载了样式库，也可以使用该命令加载。
- 删除样式：将“样式”面板中的样式拖曳到“删除样式”按钮 🗑 上，可将其删除。

5.6.2 实例：制作圆环嵌套效果

01 按Ctrl+N快捷键，创建一个大小为30厘米×20厘米、分辨率为100像素/英寸的文件。使用渐变工具 填充径向渐变，如图5-143所示。

图5-143

02 选择椭圆工具 ◯，在工具选项栏中选择“形状”选项，设置描边颜色为黑色，设置宽度为20像素。按住Shift键拖曳鼠标创建圆环，如图5-144所示。执行“图层”|“栅格化”|“图层”命令，将图层栅格化，将矢量图形转换为图像，如图5-145所示。

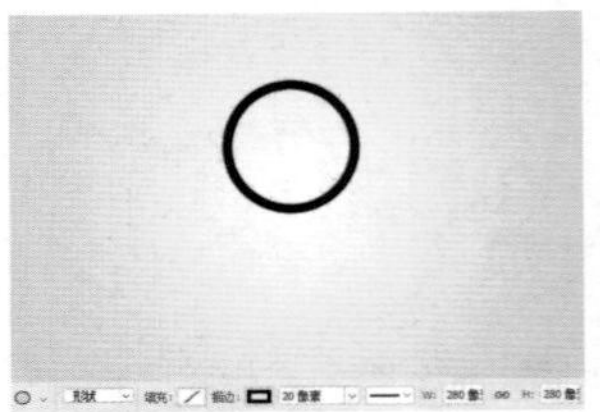

图5-144

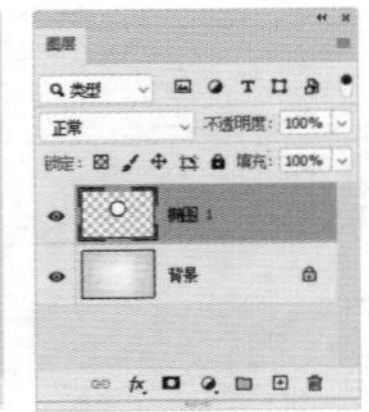

图5-145

03 打开“样式”面板菜单，执行“旧版样式及其他”命令，如图5-146所示，加载旧版样式库。单击库名称左侧的 › 图标，展开样式列表，在“所有旧版默认样式”|“Web样式”组中单击如图5-147所示的金属样式，将圆环制作成金属效果，如图5-148所示。

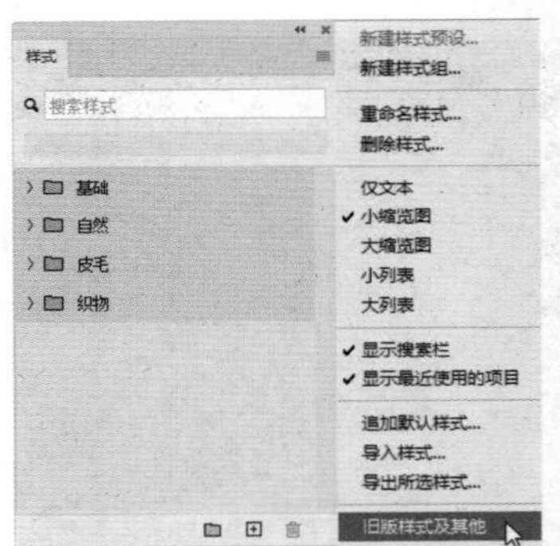

图5-146

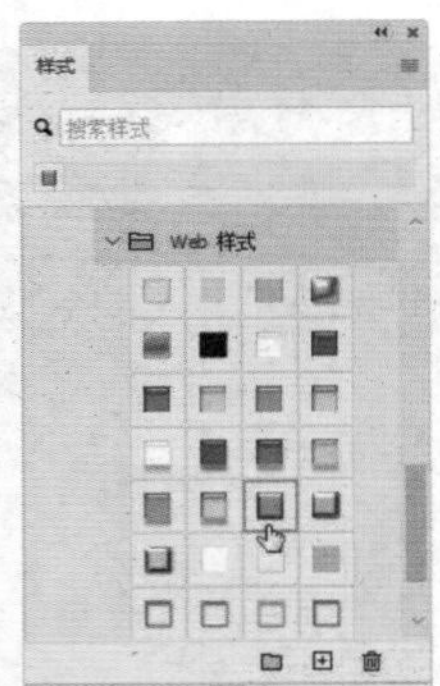

图5-147

图5-148

04 选择移动工具 ✥，按住Alt键向左下方拖曳圆环进行复制，如图5-149所示。单击“图层”面板底部的 ◘ 按钮，为第二个圆环添加图层蒙版，如图5-150所示。

05 下面处理两个圆环相交的位置，让一个圆环套入另一个圆环中。按住Ctrl键单击第一个圆环所在图层的缩览图，将其选区载入，如图5-151和图5-152所示。

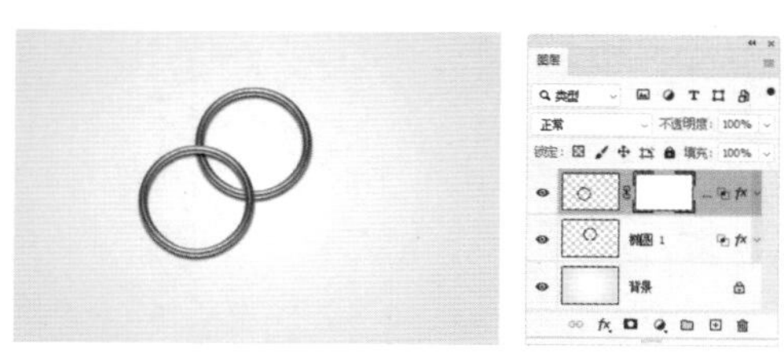
图5-149　图5-150

图5-151　图5-152

06 使用画笔工具 在圆环相交处涂抹黑色，如图5-153所示。按Ctrl+D快捷键取消选择，如图5-154所示。可以看到，相交处有很深的压痕，这种嵌套效果显然并不真实。下面通过调整“高级混合”选项来控制蒙版中的效果范围。

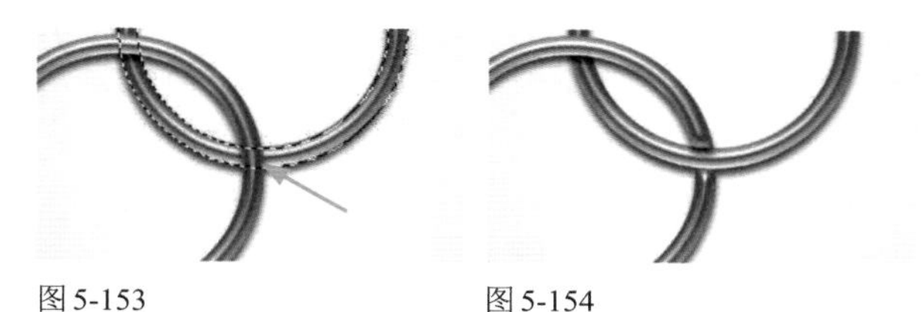
图5-153　图5-154

07 双击第二个圆环所在的图层的空白处，打开“图层样式”对话框，勾选“图层蒙版隐藏效果”复选框，将此处的效果隐藏，如图5-155和图5-156所示。

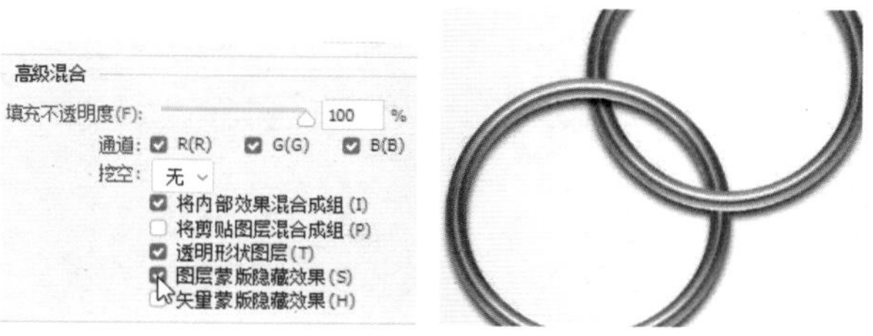

图5-155　图5-156

08 再复制得到一个圆环，修改其蒙版，制作出如图5-157所示的效果。

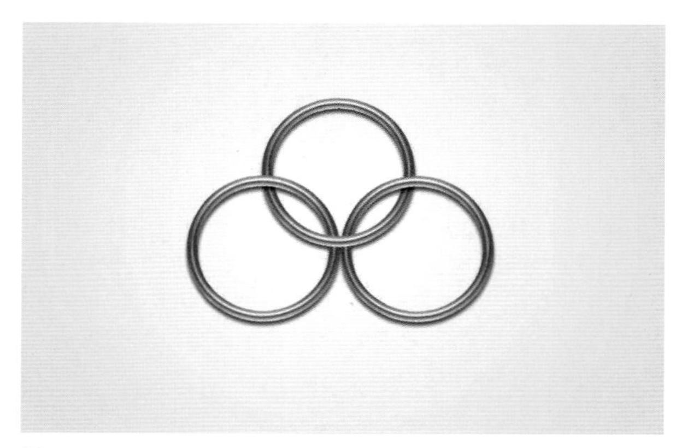
图5-157

5.7　应用案例：液体容器状UI图标

本实例制作一款拟物图标——透明的液体容器。拟物图标是指模拟现实物品的造型和质感，适度概括、变形和夸张，通过表现高光、纹理、材质、阴影等效果对实物进行再现。

01 打开素材，如图5-158所示。单击“椭圆1”图层，将“填充”设置为0%，如图5-159所示。

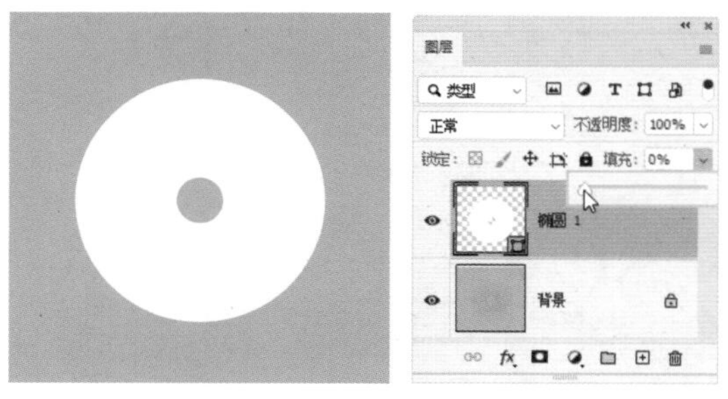

图5-158　图5-159

02 在“椭圆1”图层的空白处双击，打开“图层样式”对话框，添加“斜面和浮雕”和“等高线”效果，如图5-160~图5-162所示。

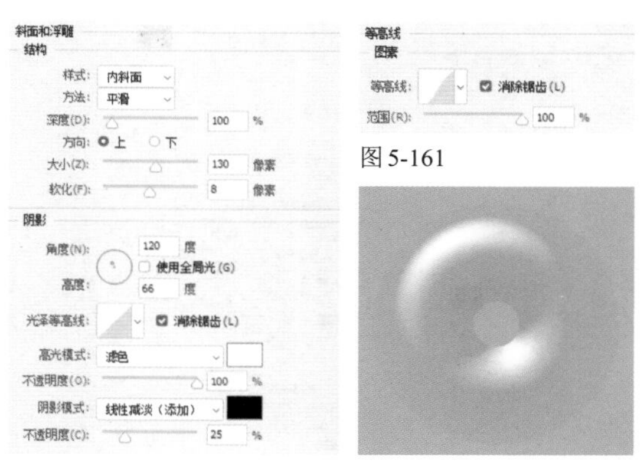

图5-160　图5-161　图5-162

03 添加“内阴影”和“内发光”效果，参数设置如图5-163和图5-164所示。选择“渐变叠加”效果，单击渐变按钮 ，打开“渐变编辑器”对话框，设置渐变颜色，如图5-165所示，效果如图5-166所示。

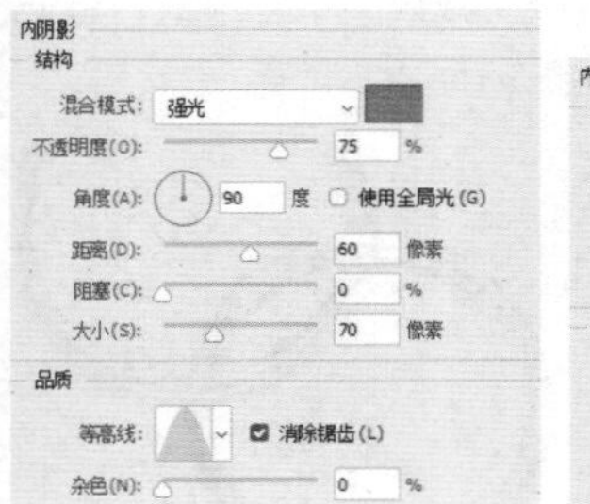

图 5-163

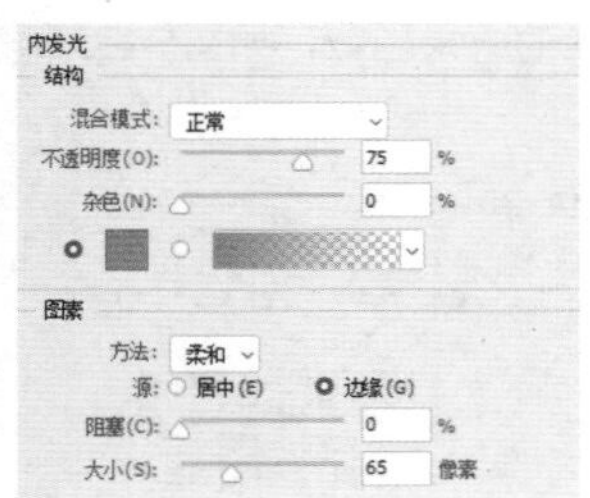

图 5-164

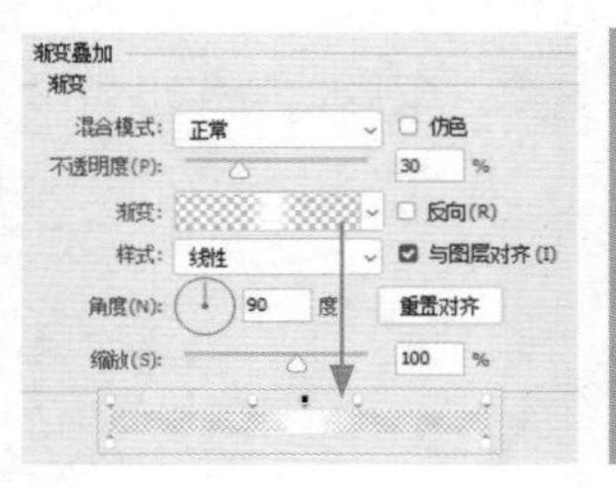

图 5-165

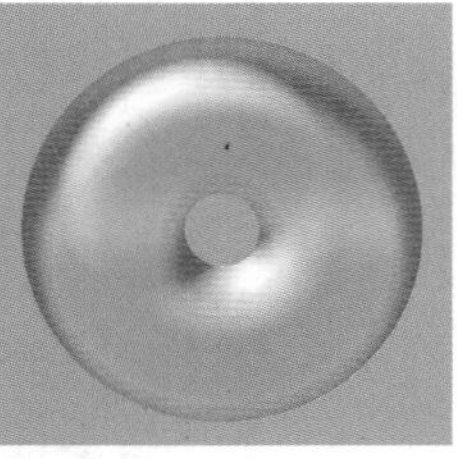

图 5-166

04 按Ctrl+J快捷键复制“椭圆1”图层，如图5-167所示。双击“椭圆1拷贝”图层的空白处，打开“图层样式”对话框，对“斜面和浮雕”“内阴影”“内发光”“渐变叠加”等效果的参数进行调整，使图标变得更加通透，如图5-168~图5-172所示。

图 5-167

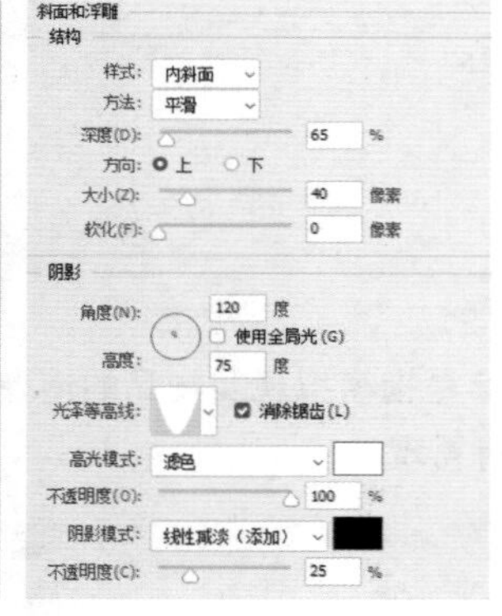

图 5-168

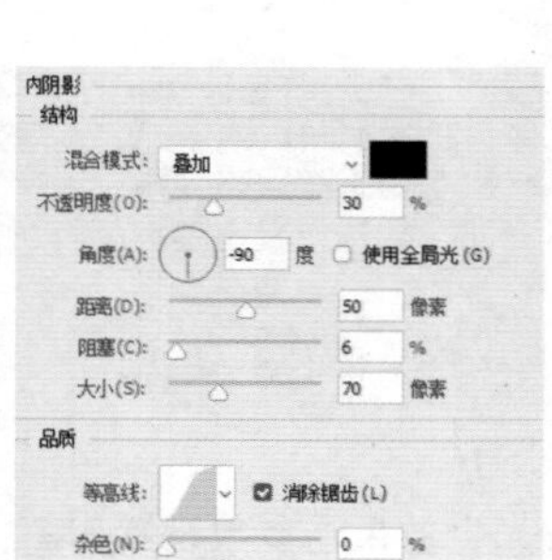

图 5-169

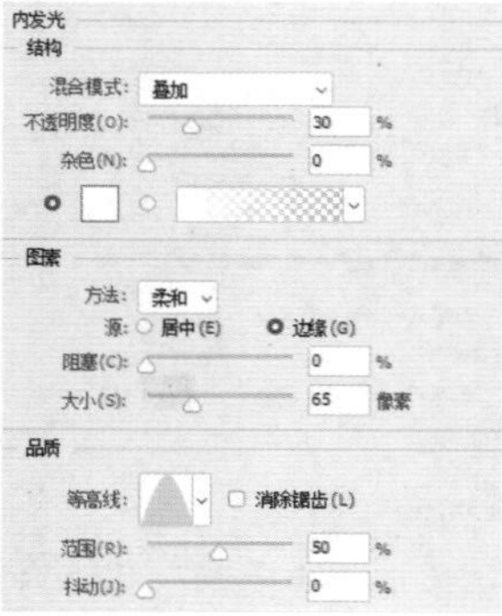

图 5-170

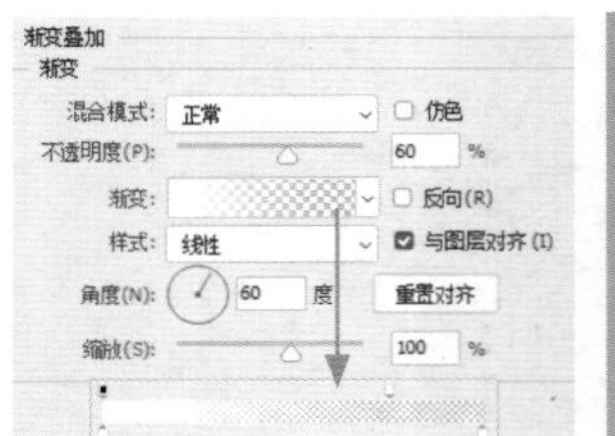

图 5-171

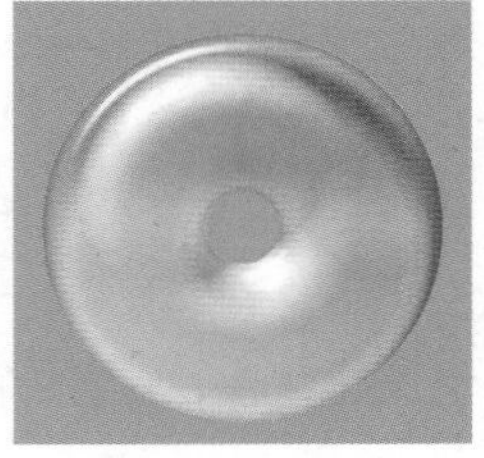

图 5-172

05 选择椭圆工具，绘制椭圆形作为水面，如图5-173所示。设置该图层的“填充”为0%，如图5-174所示。

图 5-173

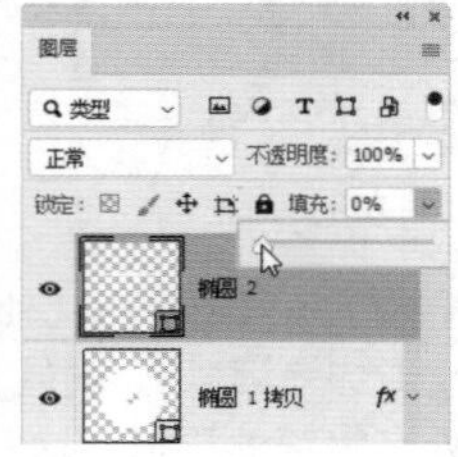

图 5-174

06 添加“渐变叠加”和“投影”效果，如图5-175~图5-177所示。

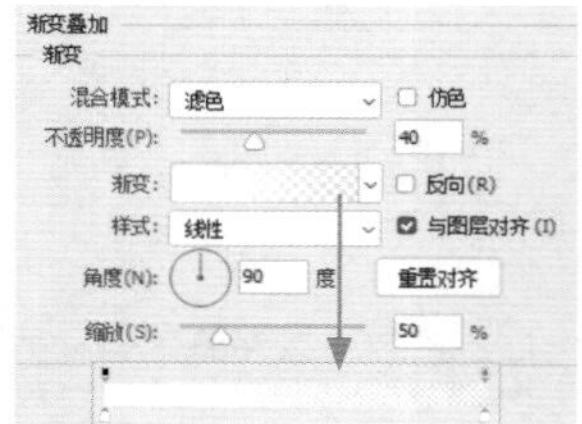

图 5-175

图 5-176

07 按住Ctrl键单击“椭圆1”图层的缩览图，如图5-178所示，载入选区，如图5-179所示。新建图层，设置混合模式为“颜色”，如图5-180所示。

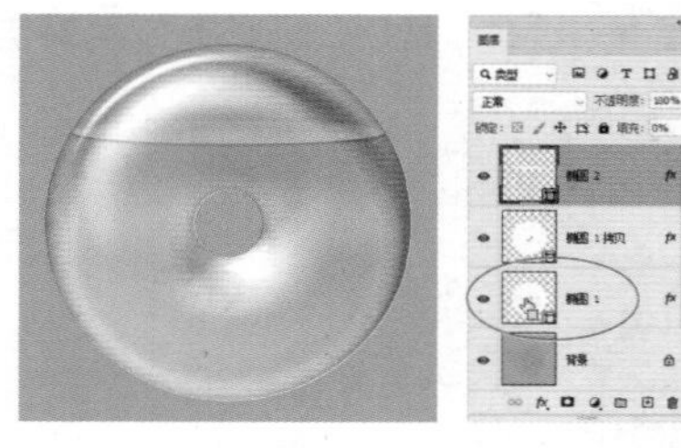

图 5-177　　图 5-178

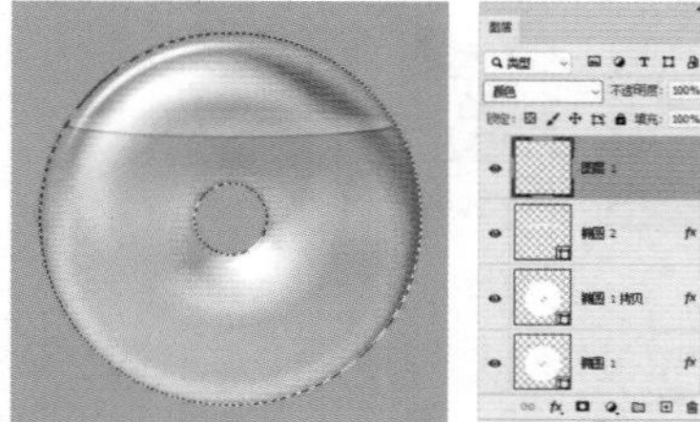

图 5-179　　图 5-180

08 将前景色设置为粉红色。选择渐变工具，在渐变下拉面板中选择“前景色到透明渐变”选项，如图5-181所示。在选区内由上至下拖曳鼠标，填充线性渐变，如图5-182所示。

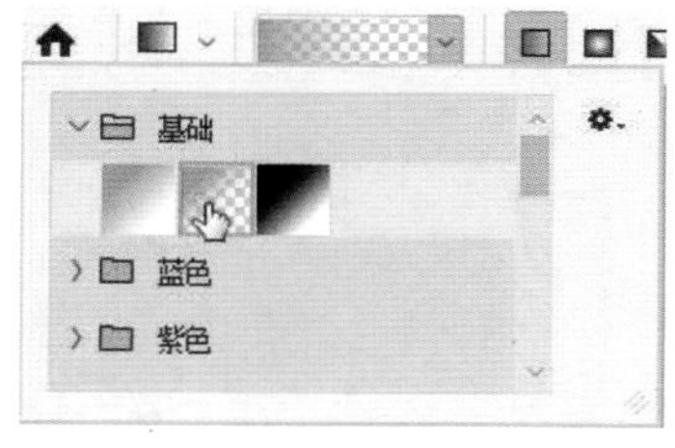

图5-181

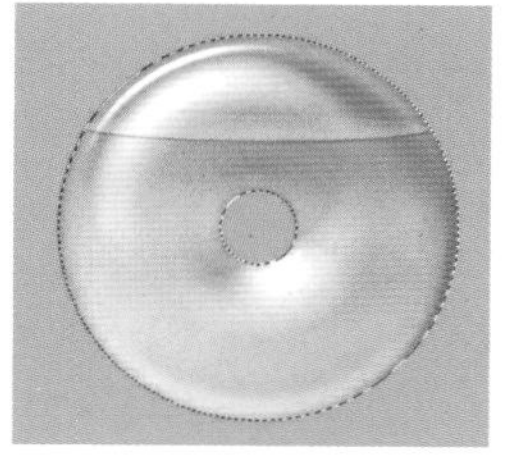
图5-182

09 水面还需要再强化一下。按住Ctrl键单击“椭圆2”图层的缩览图，如图5-183所示，载入水面选区，如图5-184所示。按Shift+Ctrl+I快捷键反选，如图5-185所示。选择橡皮擦工具，将水平面以上的渐变颜色擦除，如图5-186所示。

图5-183

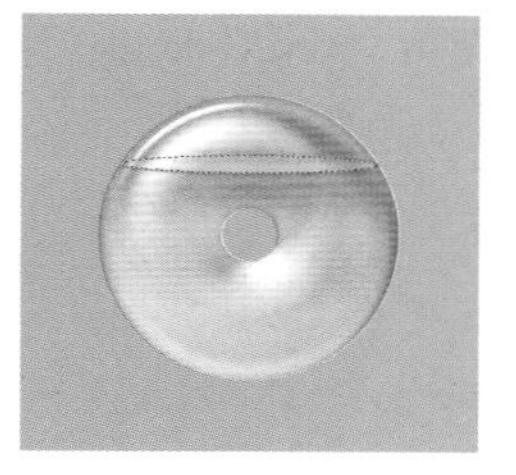
图5-184

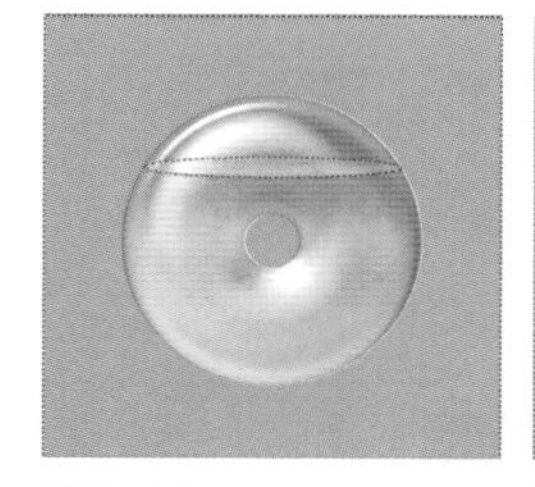
图5-185

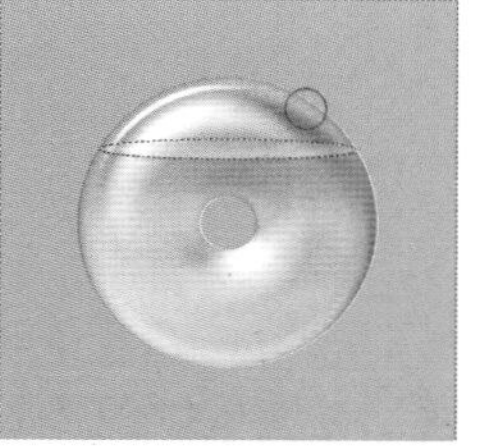
图5-186

10 新建一个图层，设置混合模式为“正片叠底”，设置“不透明度”为50%，如图5-187所示。按住Ctrl键单击“椭圆1”的缩览图，载入选区，填充线性渐变，如图5-188所示。

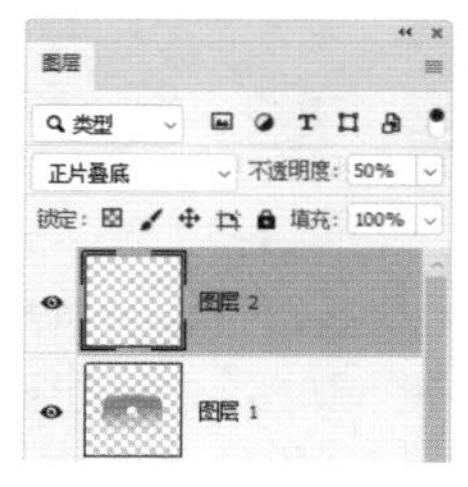

图5-187

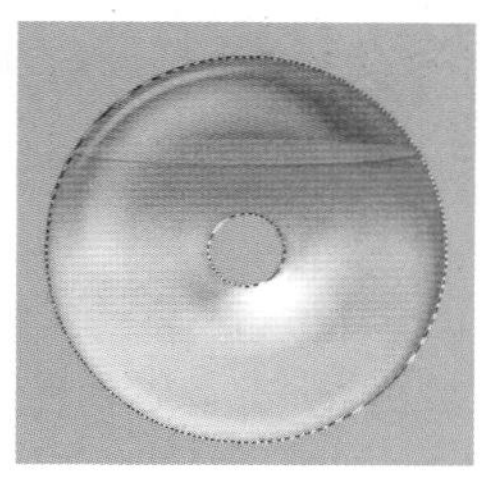
图5-188

11 载入“椭圆2”的选区，如图5-189所示。按Delete键删除选区内的图像，如图5-190所示。按Ctrl+D快捷键取消选择。使用橡皮擦工具将图标上部擦除，如图5-191所示。

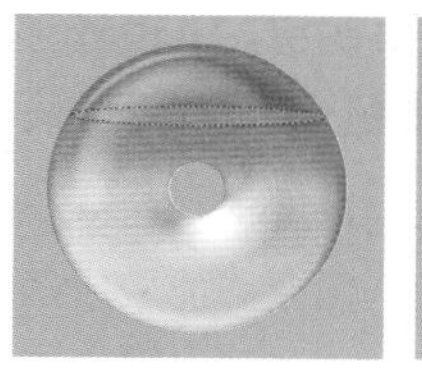
图5-189

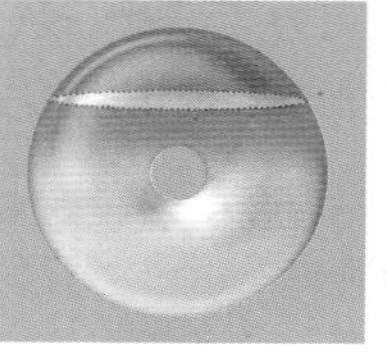
图5-190

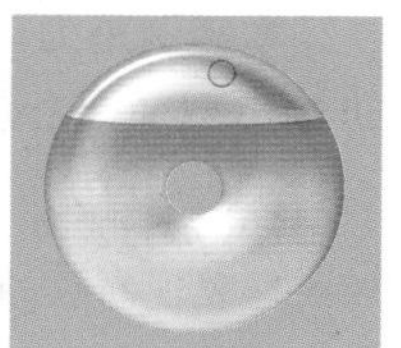
图5-191

12 打开水珠素材，如图5-192所示。使用移动工具将其拖入图标文件中，设置混合模式为“划分”，设置“不透明度”为75%。载入“椭圆1”的选区，单击“图层”面板底部的按钮，基于选区创建蒙版，将多余的水珠图像隐藏，如图5-193和图5-194所示。

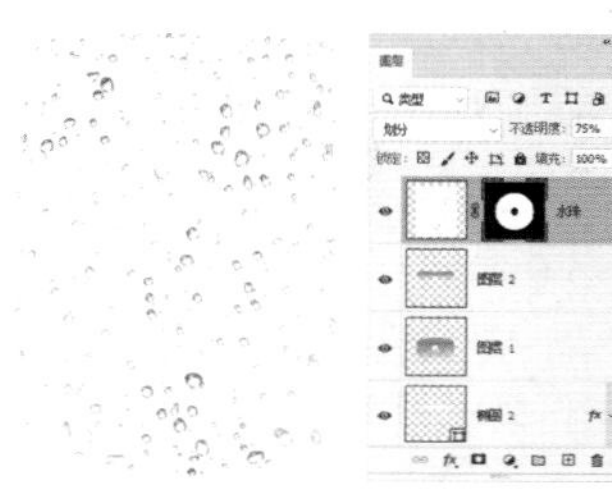
图5-192　图5-193

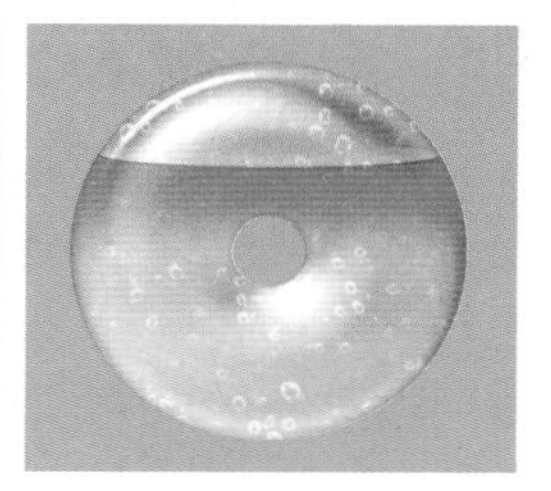
图5-194

13 隐藏“背景”图层，按Alt+Shift+Ctrl+E快捷键盖印图层，如图5-195和图5-196所示。执行“编辑”|“变换”|“垂直翻转”命令，将其拖至图标底部，设置“不透明度”为35%，使之成为倒影。将隐藏的图层都显示出来，效果如图5-197所示。

图5-195

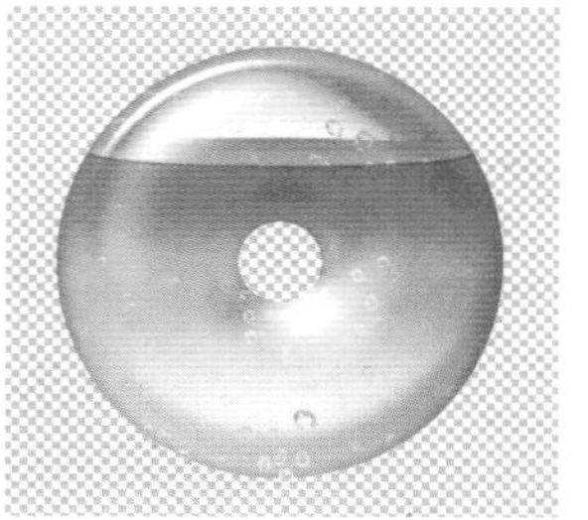
图5-196

图5-197

5.8 应用案例：巧克力店UI图标设计

本实例是为巧克力店设计一款UI图标。UI设计强调一致性，因此，图标的风格必须与产品内容一致。整个UI的造型是一个心形，展现了爱的主题，通过V领和领结来体现绅士品味。

01 打开素材，如图5-198所示。先来制作背景，通过添加纹理表现布纹的质感。由于“背景”图层不能应用图层样式，需要先将其转换为普通图层。按住Alt键双击“背景”图层即可完成转换，默认名称为“图层0”，如图5-199所示。

图5-198

图5-199

02 双击“图层0”图层的空白处，打开“图层样式”对话框，添加“图案叠加”效果。单击“图案”选项右侧的按钮，打开下拉面板，在“旧版图案及其他”|“旧版图案”|“图案”组中选择“箭尾”图案，设置“混合模式”为“正片叠底”，设置“不透明度”为50%，设置“缩放”为33%，如图5-200和图5-201所示。

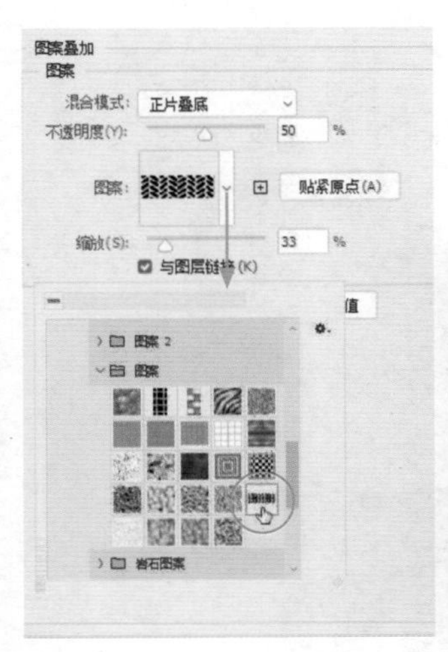

图5-200

图5-201

03 双击“巧克力”图层的空白处，打开“图层样式”对话框，添加“斜面和浮雕”效果，设置样式为“内斜面”，调整参数，使图形产生立体感，如图5-202所示。单击光泽等高线缩览图，打开“等高线编辑器”对话框，单击左下角的控制点，设置“输入”为50%，如图5-203所示。

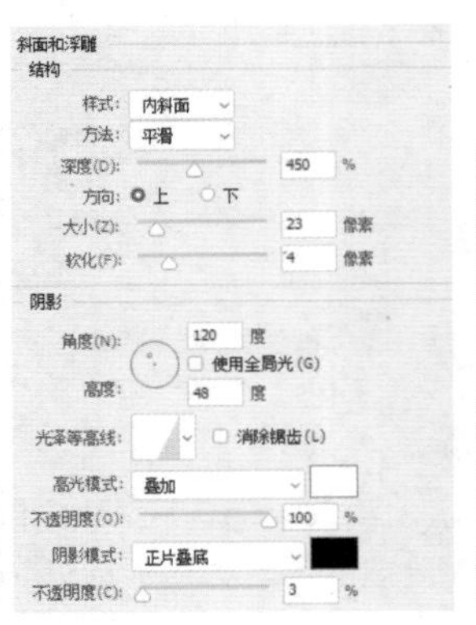

图5-202

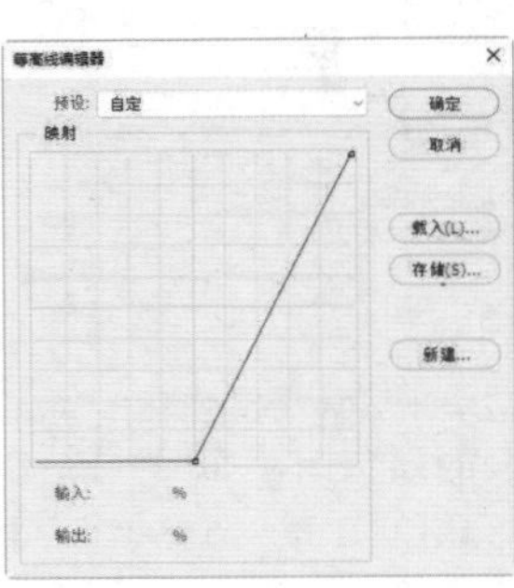

图5-203

04 添加“内发光”和“投影”效果，如图5-204~图5-206所示。单击“确定”按钮关闭对话框。按Ctrl+J快捷键复制图层，如图5-207所示。

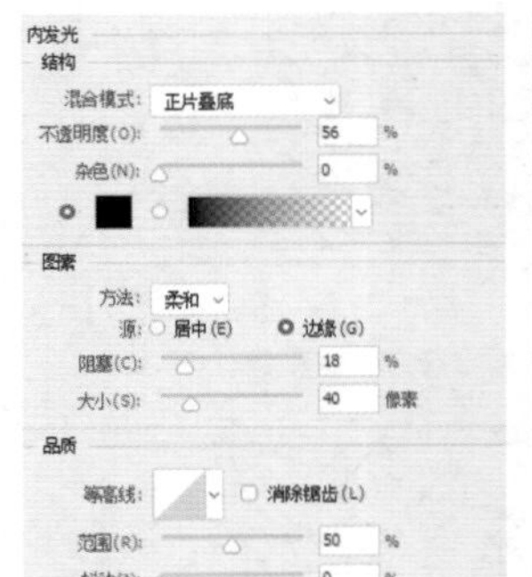

图5-204

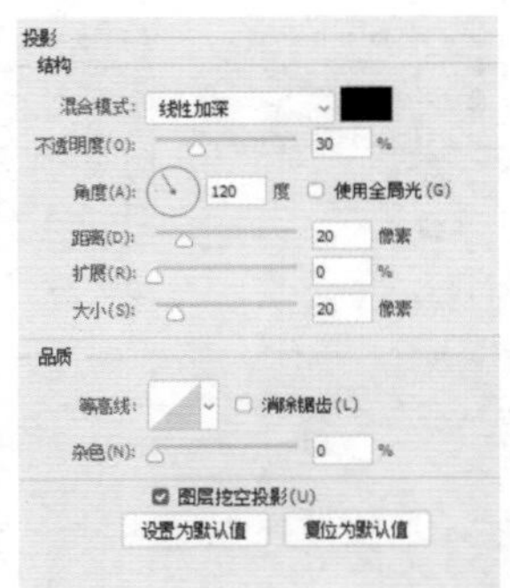

图5-205

图5-206

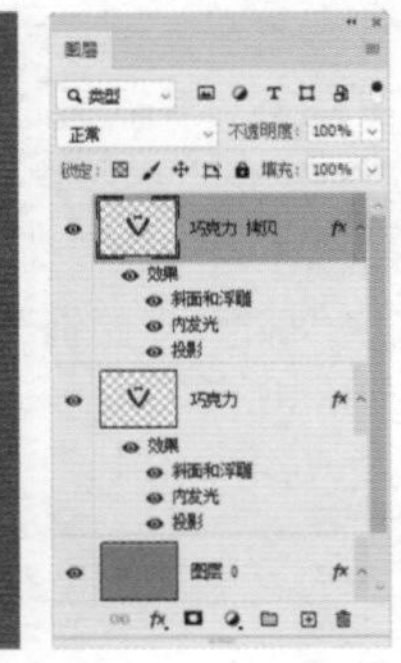

图5-207

05 分别将“内发光”和“投影”效果拖曳到“图层”面板底部的 按钮上，删除这两种效果，如图5-208和图5-209所示。设置“填充”为0%，如图5-210所示，强化巧克力的高光，如图5-211所示。

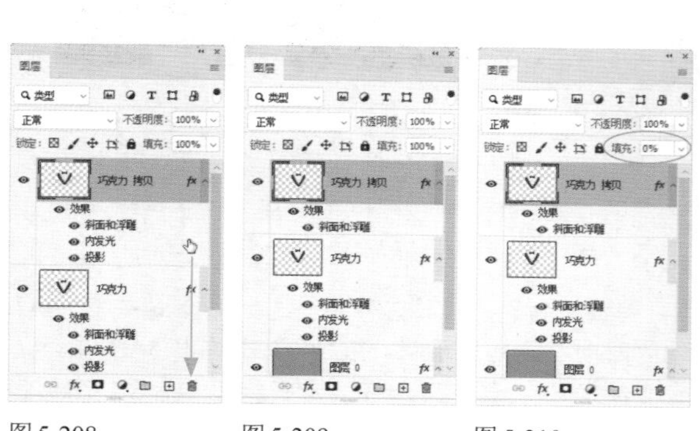

图5-208　图5-209　图5-210

图5-211

06 双击“斜面和浮雕”效果，打开“图层样式”对话框，在“光泽等高线”下拉面板中选择“线性”选项，其他参数保持不变，如图5-212和图5-213所示。

07 选择横排文字工具 T，输入巧克力的名称与文案，如图5-214所示。

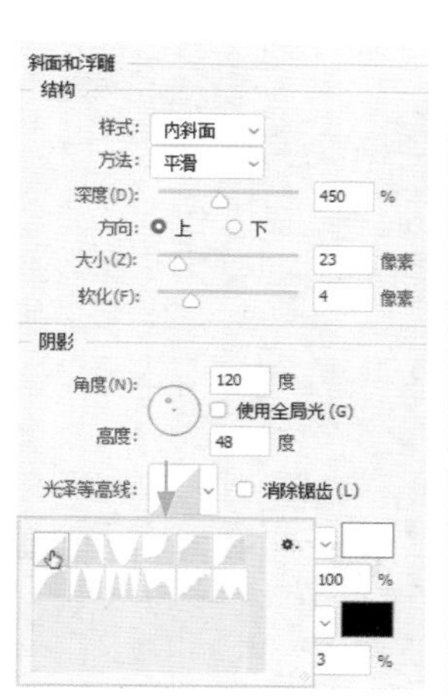

图5-212

图5-213

图5-214

5.9 应用案例：游戏登录界面设计

游戏登录界面设计要与游戏的整体风格相符，使玩家感到亲切和舒适。需要安排好画面元素，设置合理的流程，引导玩家进入游戏。

01 选择矩形工具 ，在工具选项栏中选择“形状”选项，打开“形状”下拉面板，单击按钮，打开“拾色器”对话框，设置填充颜色为皮肤色（R255，G205，B159），如图5-215所示。在画布上单击，弹出“创建矩形”对话框，设置参数，如图5-216所示，创建圆角矩形，如图5-217所示。

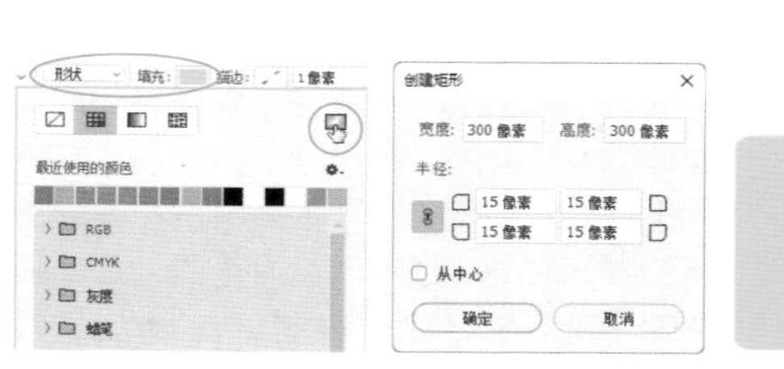

图5-215　图5-216　图5-217

02 创建形状后，“图层”面板中生成形状图层，如图

5-218所示。双击该图层的空白处，打开“图层样式”对话框，添加“投影”效果，如图5-219和图5-220所示。

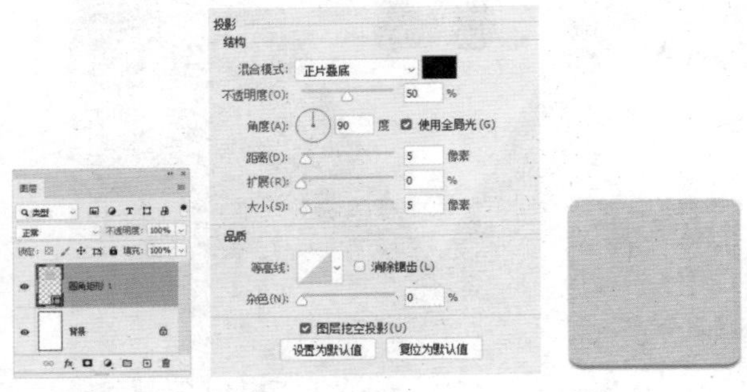

图5-218　图5-219　图5-220

03 使用矩形工具 创建黑色矩形。选择添加锚点工具 ，将光标放在矩形路径上，如图5-221所示，单击添加锚点，如图5-222所示；在其右侧再添加一个锚点，如图5-223所示。选择直接选择工具 ，在按住Shift键的同时单击左侧的锚点，如图5-224所示，将这两个新添加的锚点一同选取，按↓键，将它们向下移动，从而改变路径的外观，如图5-225所示。选择转换锚点工具 ，分别在这两个锚点上单击，将平滑点转换为角点，如图5-226所示。

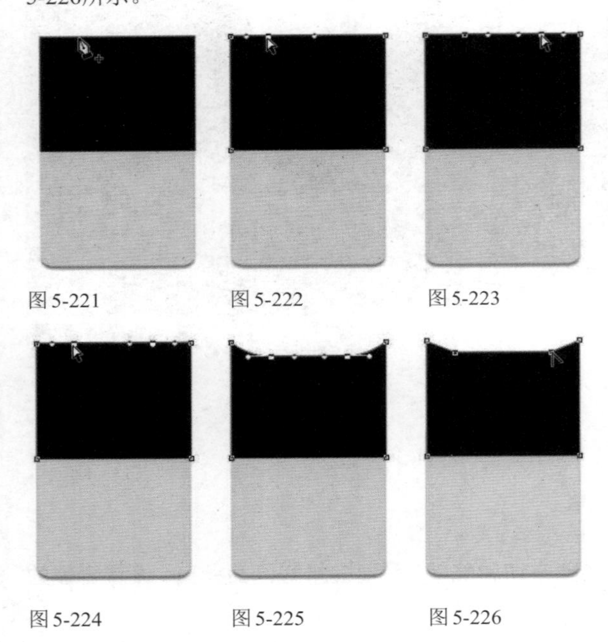

图5-221　图5-222　图5-223

图5-224　图5-225　图5-226

tip 本实例中所有形状工具，包括钢笔工具的选项均为“形状”。

04 按住Alt键，将“圆角矩形1”图层的效果图标 拖曳到“矩形1”图层上，如图5-227所示，为该图层复制相同的效果，如图5-228所示。使用钢笔工具 绘制眼睛，如图5-229所示。

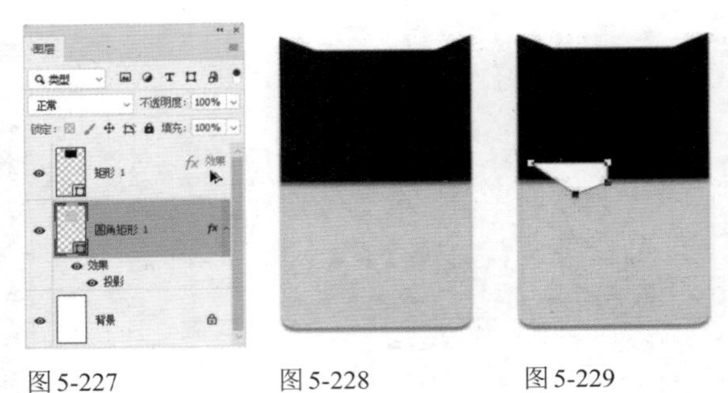

图5-227　图5-228　图5-229

05 复制效果到该图层。选择路径选择工具 ，按住Alt键的同时向右侧拖曳眼睛，进行复制，如图5-230所示。执行“编辑”|“变换路径”|“水平翻转”命令，将路径图形水平翻转，如图5-231所示。选择椭圆工具 ，按住Shift键创建圆形，作为眼珠，如图5-232所示。

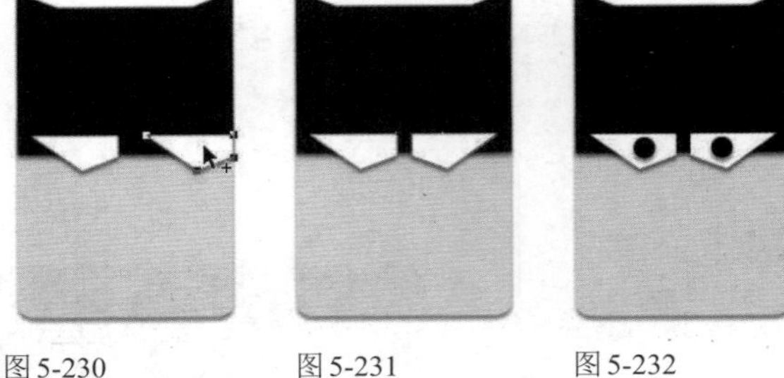

图5-230　图5-231　图5-232

06 创建矩形，使用直接选择工具 选取并移动图形下方的锚点，使之成为梯形，如图5-233所示。为梯形添加“投影”效果，如图5-234和图5-235所示。

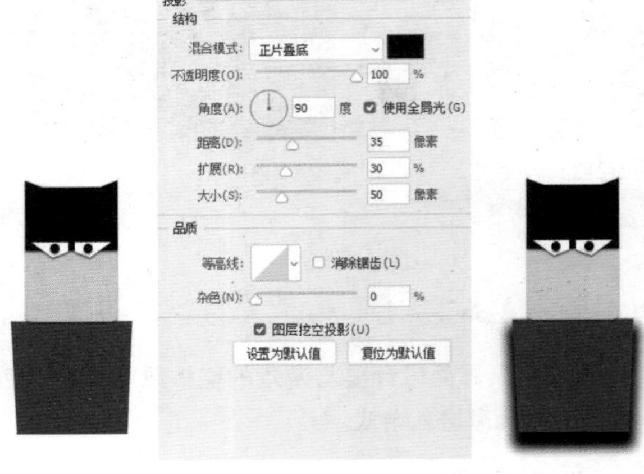

图5-233　图5-234　图5-235

07 选择矩形工具 ，在画布上单击，弹出“创建矩形”对话框，设置半径为80像素，单击“确定”按钮，创建圆角矩形，如图5-236所示。在工具选项栏中选择“减去顶层形状”选项，如图5-237所示，在圆角矩形右侧与之重叠的位置创建矩形，用来减去圆角矩形的右半边，使其成为直线，如图5-238所示。

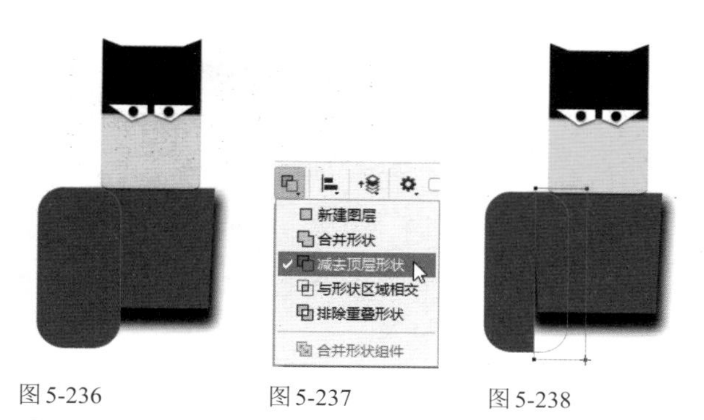

图5-236　　图5-237　　图5-238

08 在该图形的下方创建矩形，如图5-239所示。选择工具选项栏中的“合并形状组件”选项，如图5-240所示，在弹出的提示框中单击“是”按钮，合并形状，此时会自动删除多余的路径，如图5-241所示。

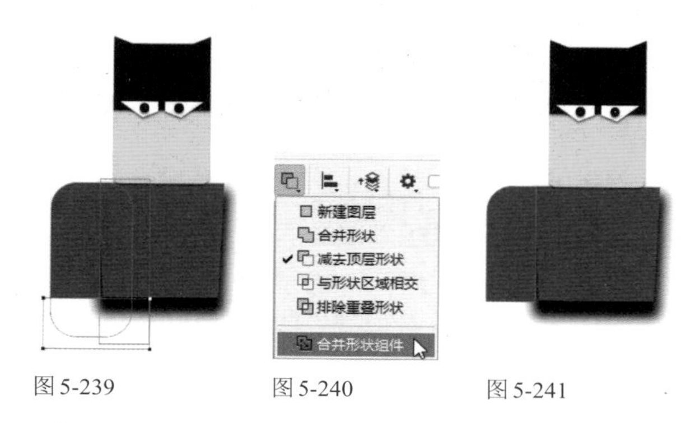

图5-239　　图5-240　　图5-241

tip 创建形状图层或路径后，可以通过“属性”面板调整图形的大小、位置、填色和描边属性，还可以为矩形添加圆角，对两个或更多的形状和路径进行运算。

09 使用路径选择工具 选择手臂图形，按住Alt键的同时向右拖曳鼠标，进行复制，执行“编辑”|“变换路径”|“水平翻转”命令，将图形水平翻转，如图5-242所示。按Ctrl+[快捷键，将该图层移动到身体图层下方，如图5-243和图5-244所示。

图5-242　　图5-243　　图5-244

10 采用同样的方法制作卡通人身体的其他部分，如图5-245所示。选择自定形状工具 ，在工具选项栏中单击“形状”选项右侧的按钮，打开“形状”下拉面板，用面板中的符号装饰上衣及腰带，如图5-246和图5-247所示。将小超人各部分所在的图层全部选取，按Ctrl+G快捷键编入一个图层组中。

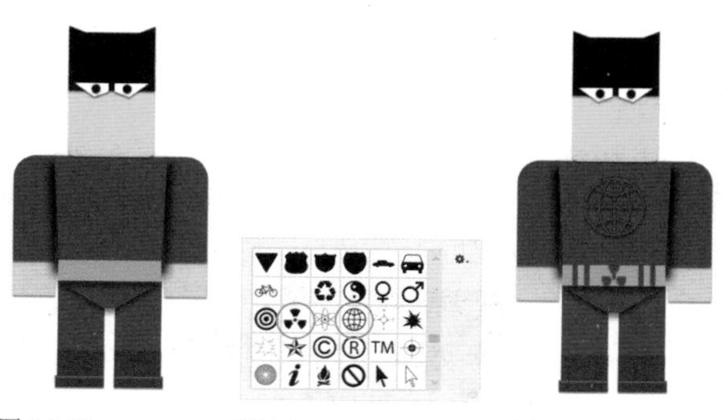

图5-245　　图5-246　　图5-247

11 下面制作登录界面。新建大小为750像素×1334像素、分辨率为72像素/英寸的文件。使用选择矩形工具 创建一个与界面大小相同的矩形，填充渐变，如图5-248和图5-249所示。

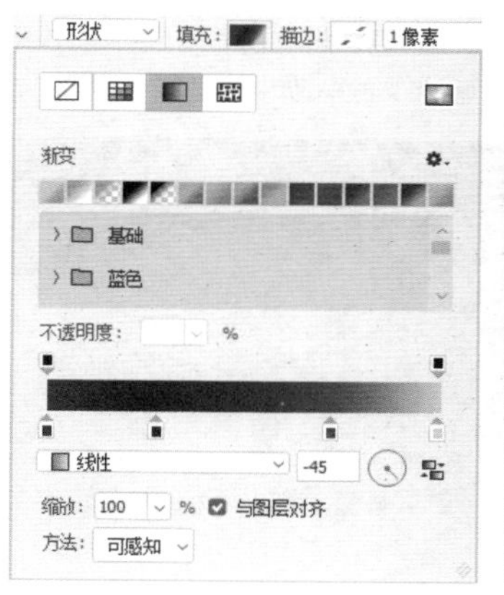

图5-248

图5-249

12 使用椭圆工具 在界面下方创建椭圆形，填充渐变，如图5-250和图5-251所示。需要注意的是这两个图形的线性渐变角度不同。

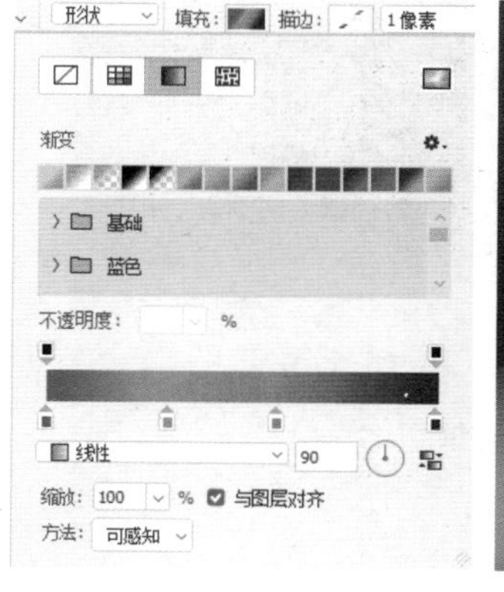

图5-250

图5-251

13 使用横排文字工具 T 输入文字，如图5-252所示。创建圆角矩形，如图5-253所示。

图 5-252 图 5-253

14 按住Ctrl键单击这两个图层，将它们选取，如图5-254所示，选择移动工具，按住Alt+Shift快捷键向下拖曳鼠标，进行复制，如图5-255所示。

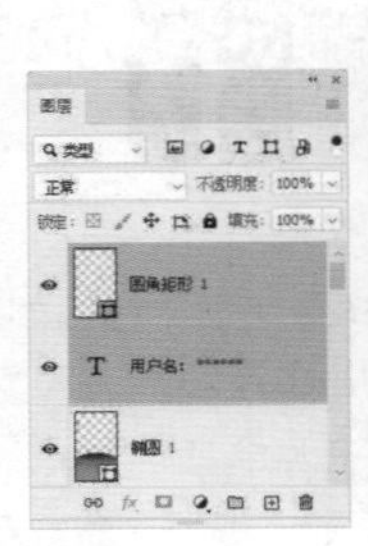

图 5-254 图 5-255

15 在复制得到的文字图层缩览图上双击，如图5-256所示，进入文字编辑状态，输入文字，如图5-257所示。

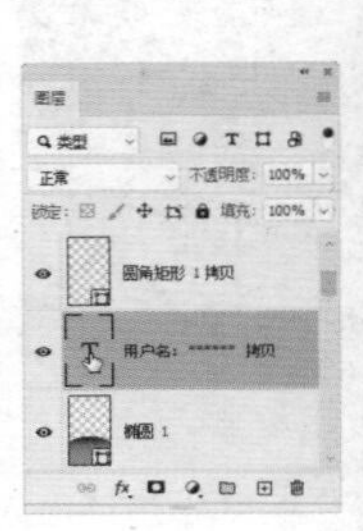

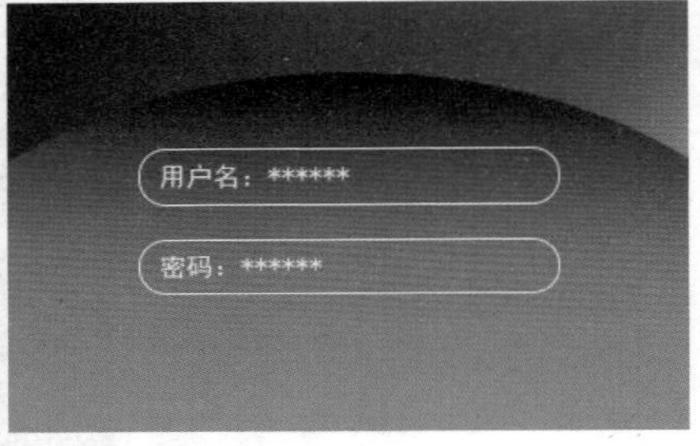

图 5-256 图 5-257

16 选择文字和形状图层，使用移动工具继续向下复制，如图5-258所示。执行“选择”|“取消选择图层”命令，然后使用路径选择工具选择最下方的圆角矩形，如图5-259所示。如果不取消选择图层，则无法通过单击选择圆角矩形。

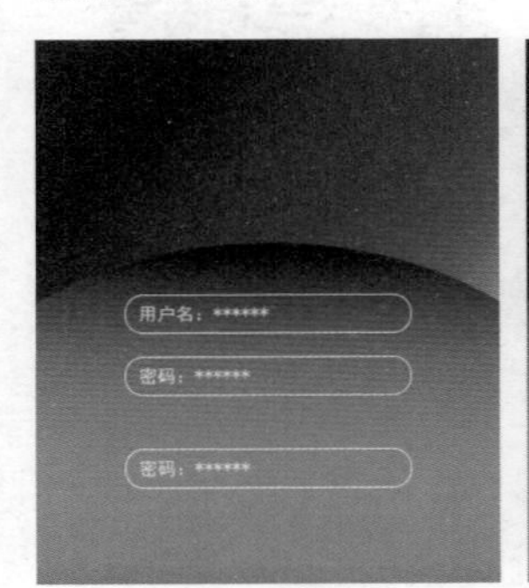

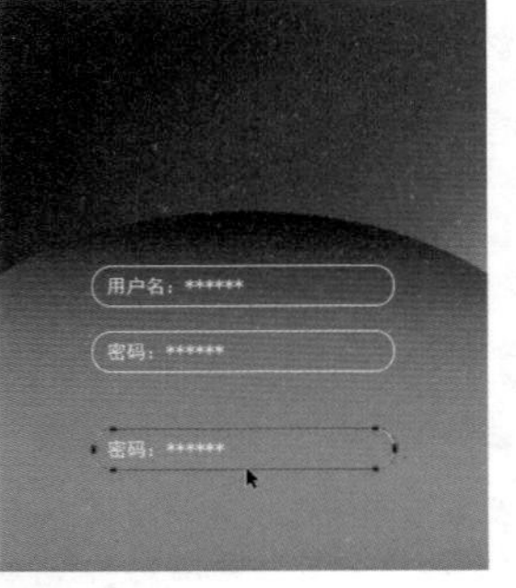

图 5-258 图 5-259

17 在工具选项栏中取消圆角矩形的描边，设置“填充颜色”为渐变，如图5-260所示，将图层的混合模式修改为“柔光”，如图5-261和图5-262所示。

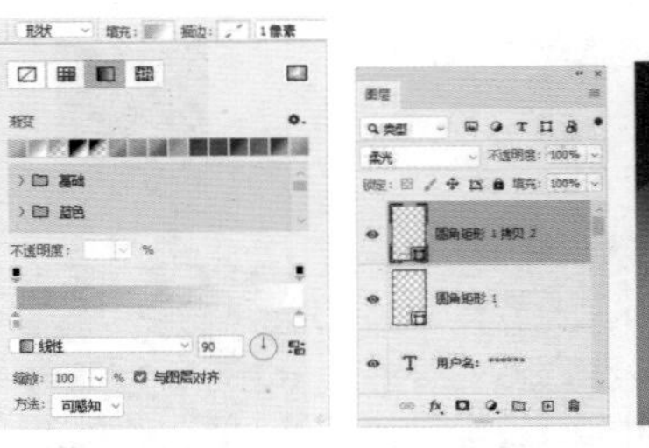

图 5-260 图 5-261 图 5-262

18 双击该图形所对应的文字图层，修改文字内容为“登录”，并将文字移动到圆角矩形的中央。使用横排文字工具 T 输入文字“忘记密码？”和“注册”，如图5-263所示。

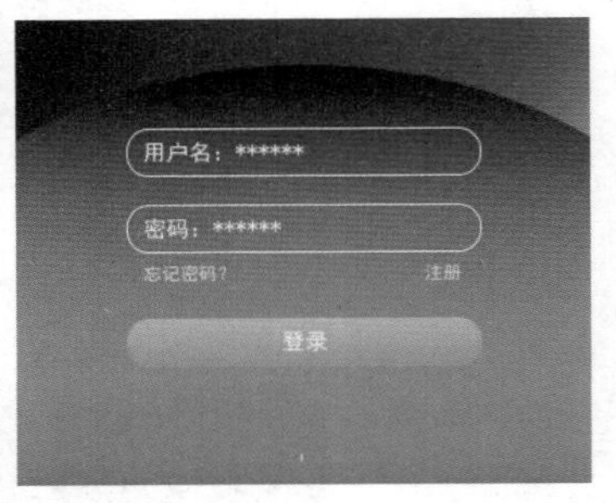

图 5-263

19 使用自定形状工具创建“世界”图形。在工具选项栏中设置“填充”为白色，如图5-264所示，在“图层”面板中设置图层的“不透明度”为3%。将这个图层移动到“背景”图层的上方，效果如图5-265所示。

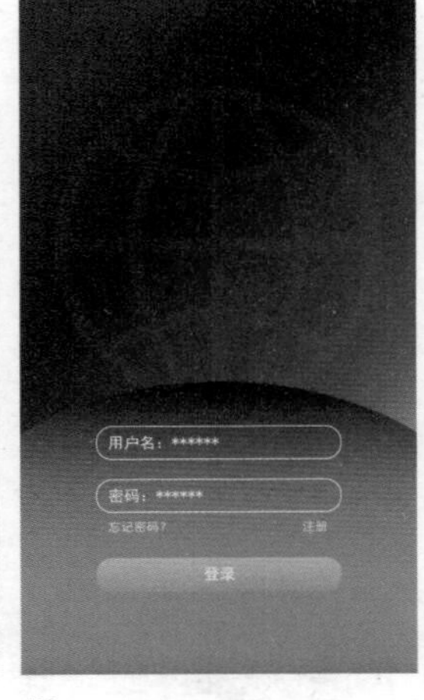

图 5-264 图 5-265

20 使用移动工具将小超人（图层组）拖入登录页文件中，放在“世界”图形上方，如图5-266和图5-267所示。最后要制作一个状态栏，操作方法比较简单，不再赘述。状态栏（Status Bar）位于界面最上方，显示信息、时间、信号和电量等，规范高度为40像素，如图5-268所示。

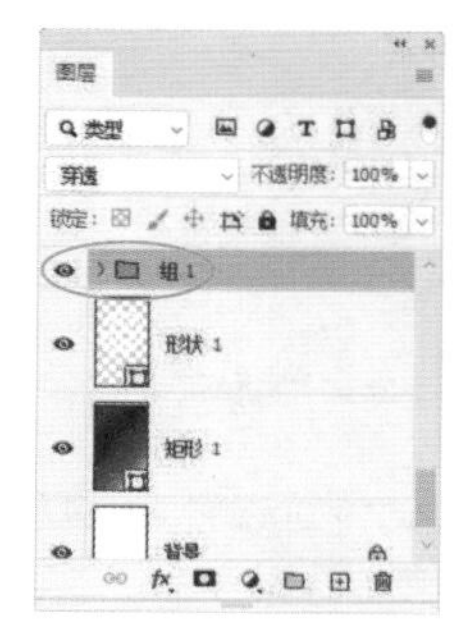
图5-266

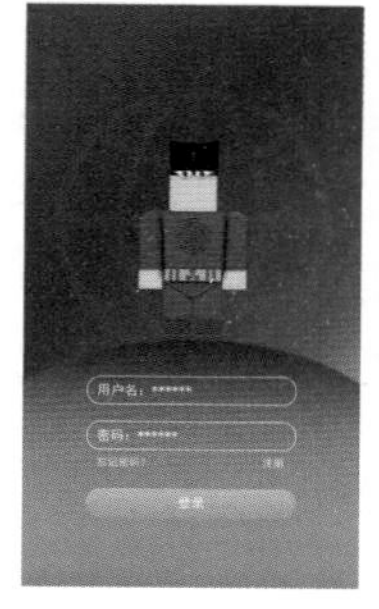
图5-267

图5-268

5.10　课后作业：制作咖啡拉花效果

本作业使用“样式”面板中的预设样式，将小猫图案制作成咖啡拉花的效果，如图5-269和图5-270所示。首先对小猫图案进行透视变形，以符合咖啡杯的角度，然后添加样式，如图5-271所示，之后将“填充”设置为0%，使图案融入咖啡背景中，如图5-272所示。

素材
图5-269

实例效果
图5-270

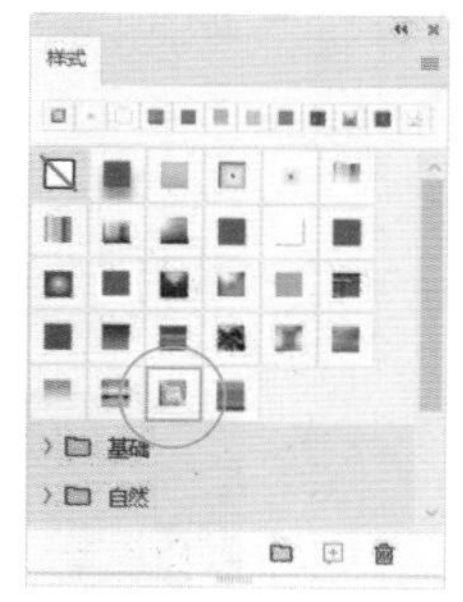
使用预设样式
图5-271

调整“填充”不透明度
图5-272

5.11　课后作业：制作带锈迹的金属徽标

本作业是使用本书提供的金属样式将文字和小熊制作为金属徽标，如图5-273和图5-274所示。该样式需要执行“样式”面板菜单中的“导入样式”命令加载到Photoshop中，如图5-275所示。

图5-273

图5-274

图5-275

5.12　复习题

1. 位图和矢量图是完全不同的两种对象，请说出二者的主要区别。
2. Photoshop中的矢量工具不仅可以绘制矢量图形，也能绘制出位图（图像），这取决于什么？
3. 请简要说明锚点、方向点和方向线的用途。
4. “图层样式”对话框中的“全局光”选项有什么作用？
5. 怎样在不影响图层中的对象的情况下单独调整图层样式的比例？

第6章

文字编辑 字体与版面设计：

Photoshop中的文字是由以数学方式定义的形状组成的，属于矢量对象，只要不栅格化（即转换为图像），就可任意缩放文字，文字也会保持清晰，不会出现锯齿和模糊；也可以在任何时候修改文字的内容、字体、段落等属性。

学习重点 

制作图形化文字版面............93
调整行距、字距、比例间距...94
设置段落属性......................95
文字转换为形状制作卡通字...96
制作美食海报......................99
制作饮品促销单..................101

6.1 关于字体设计

字体设计具有独特的艺术感染力，广泛应用于视觉传达设计中，好的字体设计是增强视觉传达效果、提高审美价值的重要因素之一。

字体设计首先应具备易读性，即在遵循形体结构的基础上进行变化，不能随意改变字体结构、增减笔画，切忌为了设计而设计，文字设计的根本目的是为了更好地表达设计的主题和构想理念，不能为变而变；第二要体现艺术性，文字应做到风格统一、美观实用、创意新颖，有一定的艺术性；第三是要具备思想性，字体设计应从文字内容出发，能够准确地诠释文字的含义。

如图6–1和图6–2所示是将文字与图画有机结合的字体设计，这两个作品充分挖掘了文字的含义，并采用图画的形式使字体形象化。如图6–3所示为装饰字体设计，以基本字体为原型，采用内线、勾边、立体、平行透视等变化方法，让字体变得活泼、浪漫，富于诗情画意。如图6–4所示为书法字体设计，整体效果美观流畅、欢快轻盈，具有很强的节奏感和韵律感。

图6-1

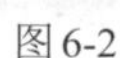

图6-2

图6-3

图6-4

6.2 创建文字

在Photoshop中可以创建点文字、段落文字和路径文字。其中，路径文字还需要路径或矢量形状配合完成。

6.2.1　点文字

点文字是一个水平或垂直的文本行，即沿水平或垂直方向排列，如果一直输入文字，则文字会扩展到画布外面而看不到。需要换行，得按Enter键才行。以这种方式生成的段落容易参差不齐，因此，点文字只适合字量较少的项目，如标题、标签和网页上的菜单选项等。

选择横排文字工具 **T**（也可以使用直排文字工具 **↓T** 创建直排文字），在工具选项栏中设置字体、大小和颜色，如图6-5所示。在需要输入文字的位置单击，画面中会出现闪烁的I形光标，此时便可输入文字，如图6-6所示。单击工具选项栏中的 ✓ 按钮，结束输入操作，"图层"面板中会生成文字图层，如图6-7所示。如果要放弃输入，可以单击工具选项栏中的 ⊘ 按钮，或者按Esc键。

图6-5

图6-6

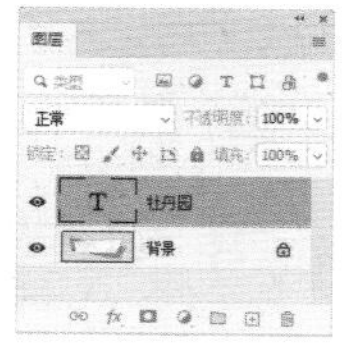

图6-7

创建文字后，使用横排文字工具 **T** 在文字上拖曳鼠标，可以选择文字，如图6-8所示，在工具选项栏中可修改所选文字的颜色（也可修改字体和大小等），如图6-9所示。如果重新输入文字，则可修改所选文字，如图6-10所示。按Delete键可删除所选文字，如图6-11所示。

图6-8

图6-9

图6-10

图6-11

如果要添加文字内容，可以将光标放在文字行上，当光标变为I状时，单击，设置文字插入点，如图6-12所示，此时输入文字便可添加文字内容，如图6-13所示。

图6-12

图6-13

> tip 用Photoshop制作海报、平面广告等文字量较少的作品没有问题。但如果制作以文字为主的印刷品，如宣传册、宣传单等，最好用排版软件（InDesign）完成，因为Photoshop的文字编排功能还不够强大。此外，过于细小的文字在打印时容易模糊。

6.2.2　段落文字

段落文字是一种在矩形定界框内排布的文字，能自动换行，文字区域的大小也可调整，非常适合宣传单等文字量较大的作品。

要创建段落文字，可以选择横排文字工具 **T**，在画布上拖曳鼠标，创建一个定界框，如图6-14所示。释放鼠标左键时，会出现闪烁的I形光标，此时便可输入文字，当文字到达文本框边界时会自动换行，如图6-15所示。单击工具选项栏中的 ✓ 按钮，可以完成段落文本的创建。

图6-14

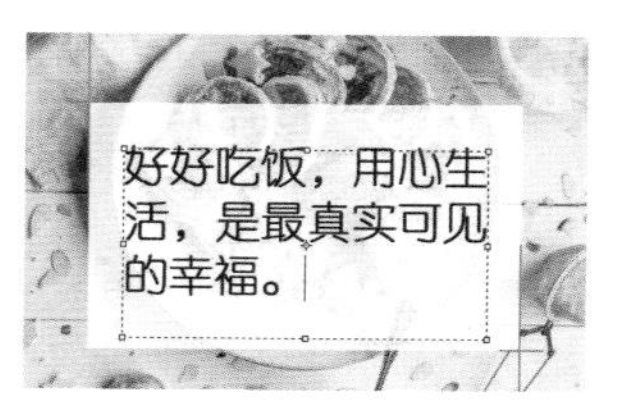

图6-15

> tip 拖曳鼠标定义文字区域时，如果同时按住Alt键，会弹出"段落文字大小"对话框，设置"宽度"和"高度"，可以精确定义文字区域的大小。

创建段落文字后，使用横排文字工具 **T** 在文字中单击，设置插入点，此时会显示文字的定界框，如图6-16所示。拖曳控制点调整定界框大小，文字会在调整后的定界框内重新排列，如图6-17所示。按住Ctrl键拖曳控制点可缩放文字，如图6-18所示。将光标移至定界框外，当光标变为弯曲的双向箭头时拖曳鼠标，可以旋转文字，如图6-19所示。如果同时按住Shift键，则能够以15°角为增量进行旋转。

图6-16

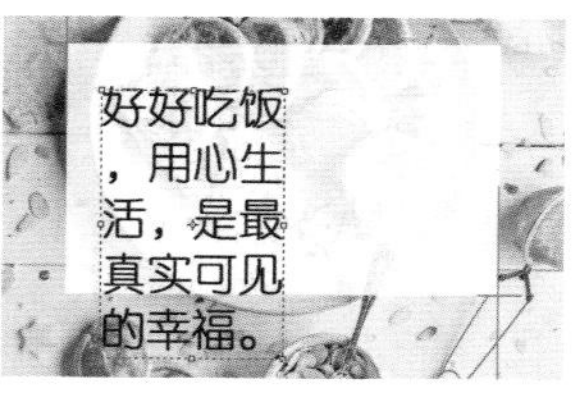

图6-17

图 6-18

图 6-19

tip 当定界框调小导致不能显示全部文字时，其右下角的控制点会变为 ⊞ 状。此时应拖曳控制点将定界框范围调大，让隐藏的文字显示出来，或者将文字的字号调小，使定界框能够容纳所有文字。

6.2.3　实例：用路径文字装饰手提袋

路径文字是指沿路径排列的文字，当修改路径的形状时，文字也会随之改变位置。

01 打开素材，如图6-20所示。

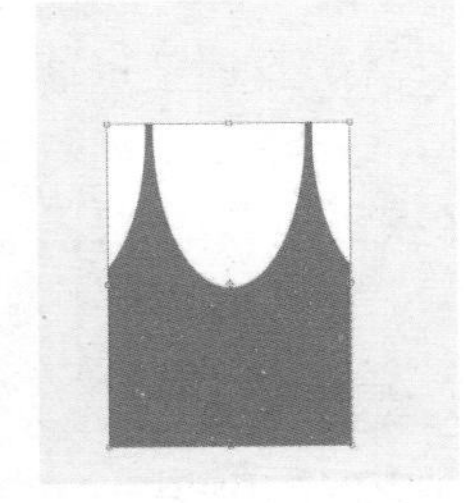

图 6-20

02 选择自定形状工具，单击工具选项栏中的按钮，打开“形状”下拉面板，使用“圆形画框”“窄边圆框”和“心形”图形绘制手提袋，并在心形上加入企业标志，如图6-21和图6-22所示。

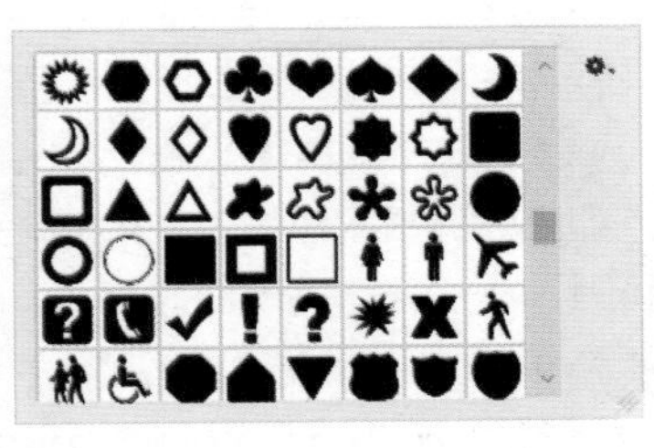

图 6-21

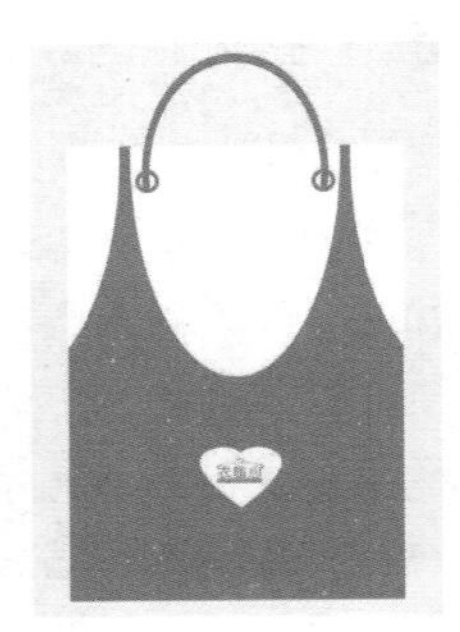

图 6-22

03 下面围绕图像创建路径文本。单击“路径”面板底部的“创建新路径”按钮 ⊞，新建“路径1”，如图6-23所示。选择钢笔工具，在工具选项栏中选择“路径”选项，绘制如图6-24所示的路径。

04 选择横排文字工具 T，将光标移至路径上，当光标变为状时单击并输入文字，如图6-25所示。选择路径选择工具或直接选择工具，将光标放在路径上，光标会变为状，单击并沿路径拖曳文字，使文字全部显示，如图6-26所示。

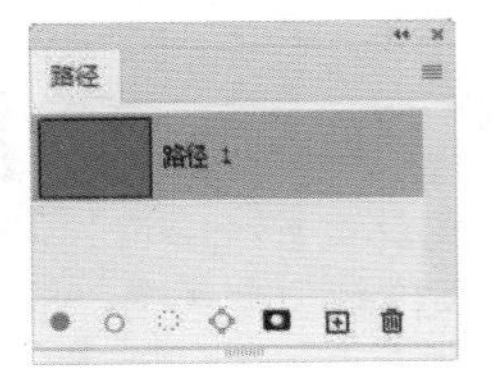

图 6-23

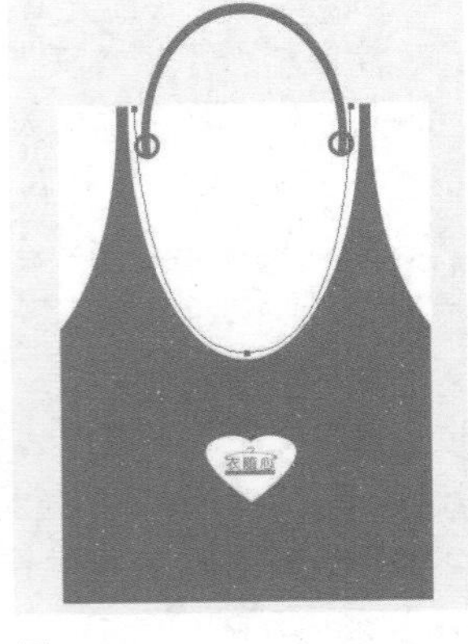

图 6-24

图 6-25

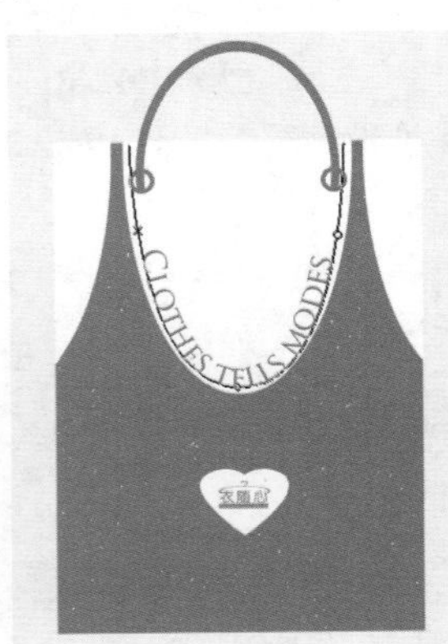

图 6-26

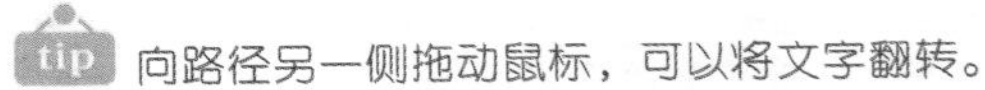
tip 向路径另一侧拖动鼠标，可以将文字翻转。

05 将组成手提袋的图层全部选择，按Ctrl+E快捷键合并。按Ctrl+T快捷键显示定界框，按住Alt+Shift+Ctrl快捷键并拖曳定界框一边的控制点，使图像呈梯形变化，如图6-27所示，按Enter键确认操作。按Ctrl+J快捷键复制当前图层，将位于下方的图层填充为灰色，如图6-28所示（可单击“锁定透明像素”按钮，再填色，这样不会影响透明区域）。制作浅灰色的矩形，按Ctrl+T快捷键，显示定界框，拖曳控制点进行调整，表现手提袋的另外两个面，如图6-29所示。

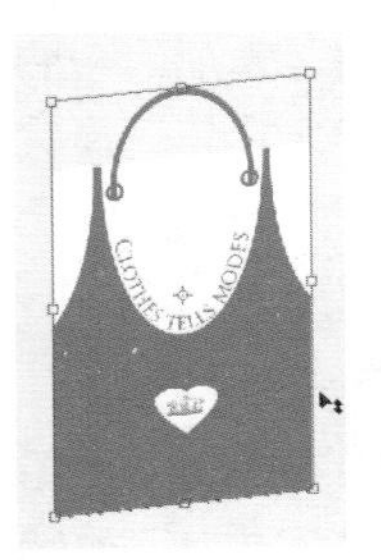

图 6-27

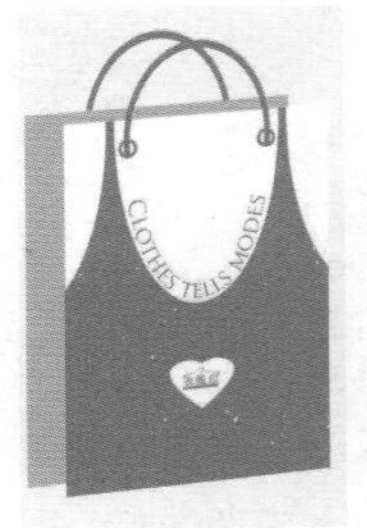

图 6-28

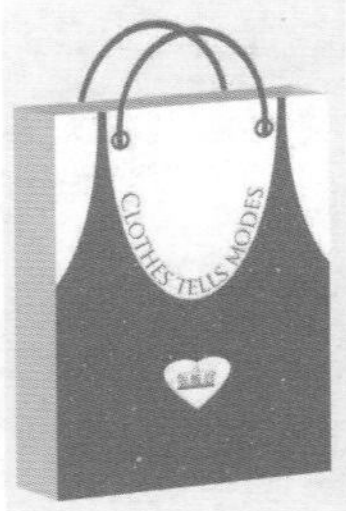

图 6-29

06 将组成手提袋的图层全部选中，按Alt+Ctrl+E快捷键，将它们盖印到一个新的图层中，再按Shift+Ctrl+[快捷键，将该图层移至底层。按Ctrl+T快捷键，显示定界框，右击，在弹出的快捷菜单中执行“垂直翻转”命令，然后将图像向下移动。按住Alt+Shift+Ctrl快捷键并拖曳控制点，对图像的外形进行调整，如图6-30所示。设置该图层的“不透明度”为30%，效果如图6-31所示。

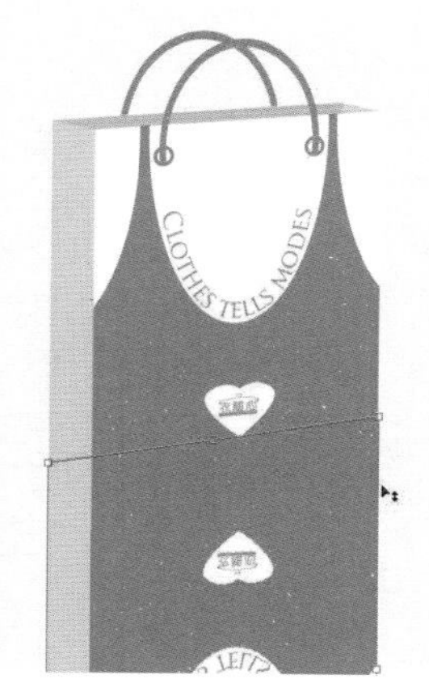

图6-30

图6-31

07 复制几个手提袋，执行“图像”|“调整”|“色相/饱和度”命令调整颜色，制作出不同颜色的手提袋，如图6-32所示。

图6-32

6.2.4　实例：制作图形化文字版面

路径文字包含两种变化形式，前一个实例是在路径上方排布文字，让文字随着路径的弯曲而起伏、转折。本实例介绍第2种形式——文字在封闭的路径内排布，文字的整体形状与路径的外形一致。这种方法特别适合制作文本绕图效果。

01 打开素材。选择路径，画布上会显示路径，如图6-33和图6-34所示。这是一个时尚女郎的轮廓。

02 选择横排文字工具 T，设置字体、大小和颜色，如图6-35所示。将光标移动到图形内部，光标会变为 状，如图6-36所示。需要注意，光标不要放在路径上方，如图6-37所示，否则文字会沿路径排列。

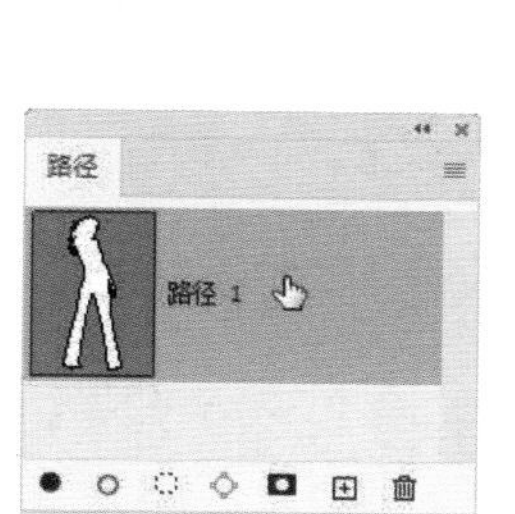

图6-33

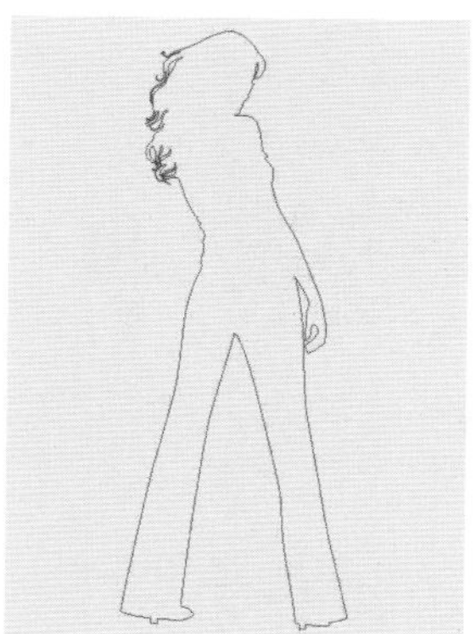

图6-34

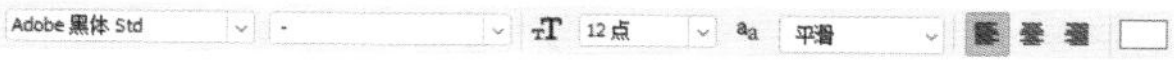

Adobe 黑体 Std　-　12点　平滑

图6-35

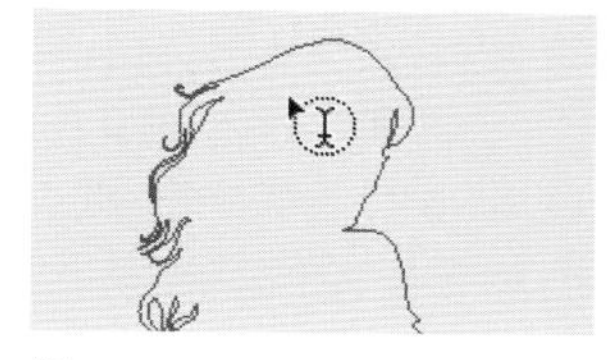

图6-36

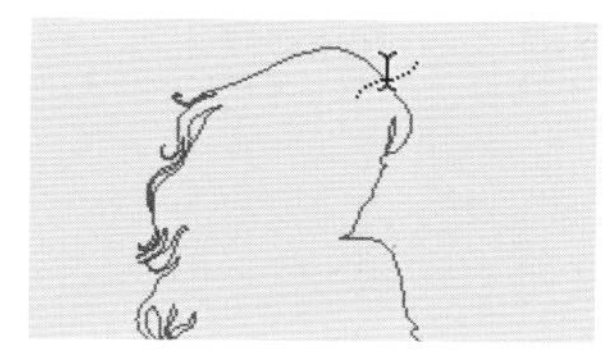

图6-37

03 在画布上单击，此时会显示定界框，输入文字（文字内容可自定），如图6-38所示。将光标移动到定界框外，单击结束操作。选择“路径1”，重新显示路径，按Ctrl+Enter快捷键，将当前的文字路径转换为选区，如图6-39所示。

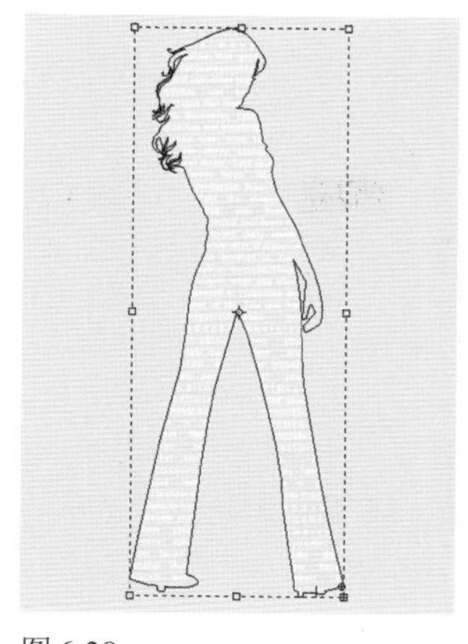

图6-38

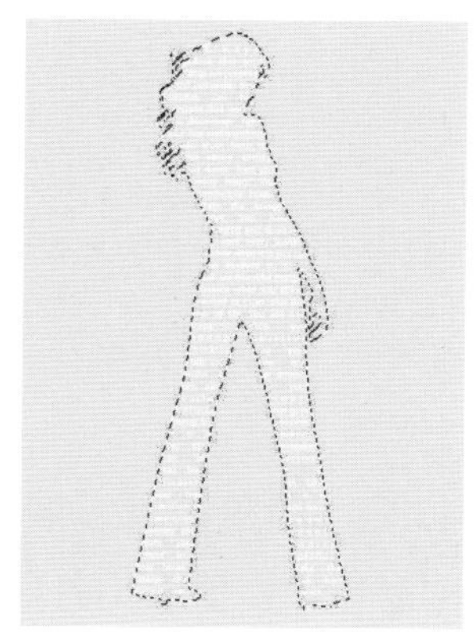

图6-39

04 按住Ctrl键并单击“图层”面板底部的 按钮，在文字图层下方新建图层，如图6-40所示。调整前景色，然后按Alt+Delete快捷键，在选区内填充前景色。按Ctrl+D快捷键取消选择，效果如图6-41所示。

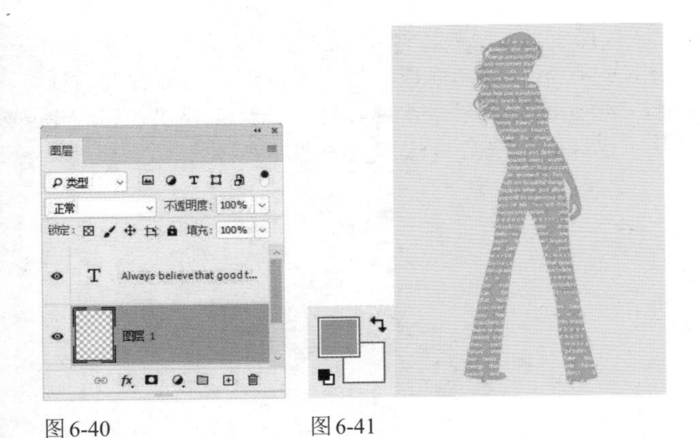

图 6-40　　图 6-41

6.3　编辑文字

在文字工具选项栏以及“字符”面板中都可以设置文字的字体、大小、颜色、行距、字距，以及段落的对齐和缩进等。这些属性既可以先设置好，再创建文字；也可以创建文字之后再进行修改。

6.3.1　调整字体、大小、样式和颜色

如图 6-42 所示为横排文字工具 **T** 的选项栏，如图 6-43 所示为“字符”面板，通过这些都可以选择字体，设置文字大小和颜色，以及进行简单的文本对齐。默认情况下，设置字符属性时，会影响所选文字图层中的所有文字，如果要修改部分文字，可以先用文字工具将它们选中，再进行编辑。

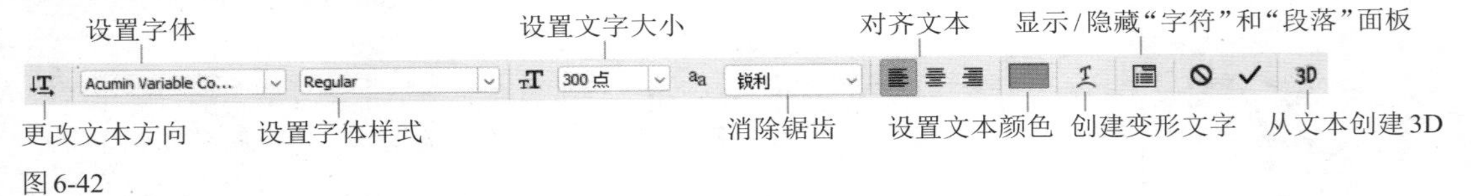

图 6-42

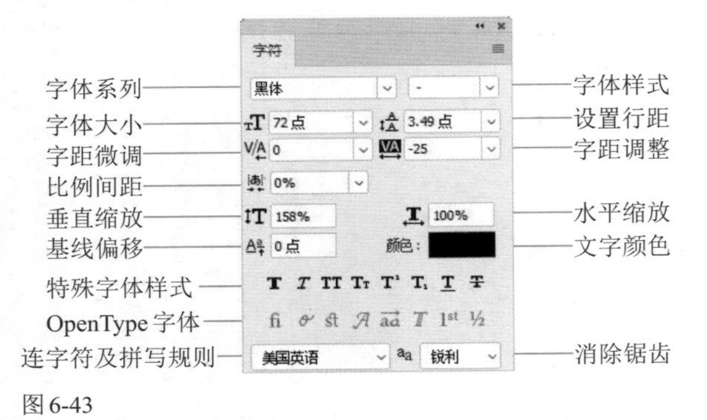

图 6-43

tip 选择文字后，按住Shift+Ctrl快捷键并连续按>键，能够以2点为增量将文字调大；按Shift+Ctrl+<快捷键，则以2点为增量将文字调小。按住Alt键并连续按→键，可以增加字间距；按Alt+←键，则减小字间距。选择多行文字以后，按住Alt键，并连续按↑键，可以增加行间距；按Alt+↓键，则减小行间距。

6.3.2　调整行距、字距、比例间距

在“字符”面板中可以调整所选文字的行距、字距，对文字进行缩放，以及为文字添加特殊样式等。

- 设置行距：可以设置各行文字之间的垂直间距，如图 6-44 和图 6-45 所示。默认选项为“自动”，表示让 Photoshop 自动分配行距，即随着字体大小的改变而自动改变行距。一般情况下，同一个段落中可以应用一个以上的行距量，但文字行中的最大行距值决定该行的行距值。
- 字距微调：用来调整两个字符之间的间距。操作方法是，

行距 75 点（文字大小为 60 点）

图 6-44

星漢燦爛
若出其裏

行距 60 点

图 6-45

使用横排文字工具 T 在两个字符之间单击，出现闪烁的 I 形光标后，如图6-46所示，在该选项中输入数值并按Enter键，以增加（正数）字距，如图6-47所示，或者减少（负数）这两个字符之间的间距量，如图6-48所示。

在字符间单击

图6-46

字距微调为200

图6-47

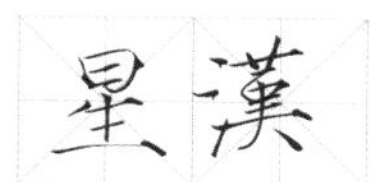

字距微调为-200

图6-48

● 字距调整 VA：字距微调 VA 只能调整两个字符之间的间距，而字距调整 VA 则可以调整多个字符或整个文本中所有字符的间距。如果要调整多个字符的间距，可以使用横排文字工具 T 将它们选取，如图6-49所示；如果未进行选取，则会调整所有字符的间距，如图6-50所示。

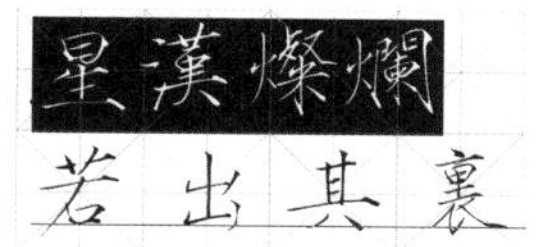

图6-49

图6-50

● 比例间距：可以按照一定的比例来调整字符的间距。在未进行调整时，比例间距值为0%，此时字符的间距最大；设置为50%时，字符的间距会变为原来的一半；当设置为100%时，字符的间距变为0。由此可知，比例间距只能收缩字符之间的间距，而字距微调 VA 和字距调整 VA 既可以缩小间距，也可以扩大间距。

● 垂直缩放 IT / 水平缩放 T：垂直缩放 IT 可以垂直拉伸文字；水平缩放 T 可以在水平方向上拉伸文字。当这两个百分比相同时，可进行等比缩放。

● 基线偏移 A：使用文字工具在图像中单击设置文字插入点时，会出现闪烁的 I 形光标，光标中的小线条标记的便是文字的基线（文字所依托的假想线条），如图6-51所示。在默认状态下，绝大部分文字位于基线之上，小写的g、p、q位于基线之下。调整字符的基线可以使字符上升或下降，如图6-52所示。

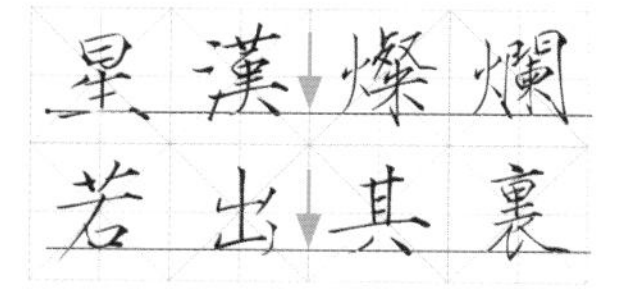

文字基线

图6-51

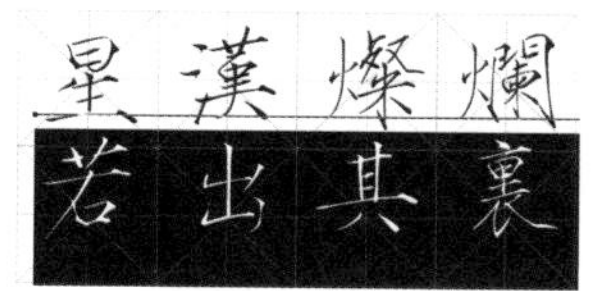

选取文字并设置基线偏移15点

图6-52

● OpenType 字体：包含当前 PostScript 和 TrueType 字体不具备的功能，如花饰字和自由连字。

● 连字符及拼写规则：可对所选字符进行有关连字符和拼写规则的语言设置。Photoshop 使用语言词典检查连字符连接。

6.3.3　设置段落属性

输入文字时，每按一次Enter键，便会切换一个段落。“段落”面板可以调整段落的对齐、缩进和文字行的间距等，让文字在版面中显得更加规整，如图6-53所示。

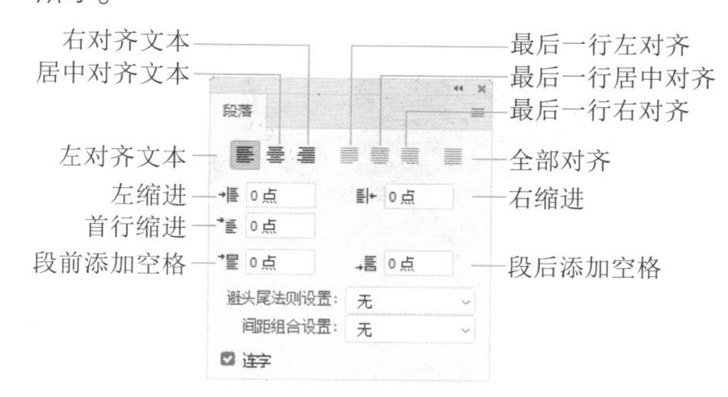

图6-53

如果要设置单个段落的格式，可以选择横排文字工具 T，在该段落中单击，设置文字插入点，并显示定界框，如图6-54所示，之后进行调整；如果要设置多个段落的格式，先要选择相应的段落，如图6-55所示。如果要设置全部段落的格式，则先在“图层”面板中单击段落所在的图层，再进行调整。

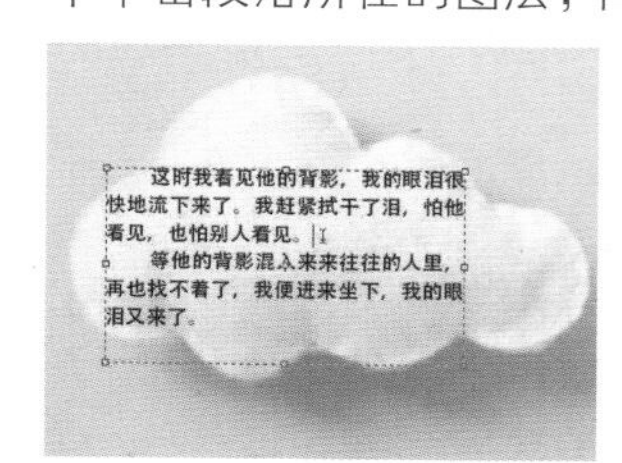

图6-54

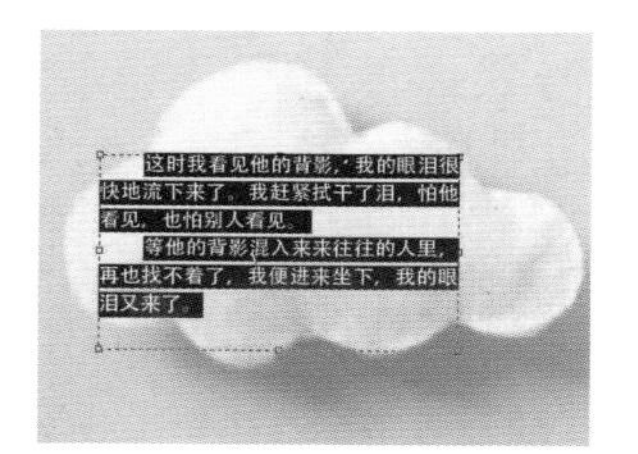

图6-55

6.3.4　栅格化文字

栅格化是指将文字转换为图像，这意味着可以用绘画工具、调色工具和滤镜等编辑文字，但文字的属性（如字体、文字内容等）不能再修改，而且旋转和缩放时也容易造成清晰度下降，使文字模糊。所以在栅格化之前，最好复制一个文字图层作为备份。如果要栅格化文字，可以在文字图层上右击，在弹出的快捷菜单中执行其中的“栅格化文字”命令，如图6-56所示。

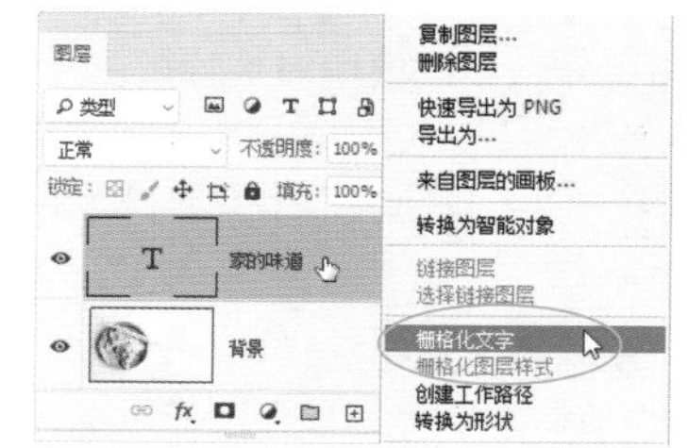

图6-56

6.3.5 实例：文字转换为形状制作卡通字

01 打开素材。使用横排文字工具 T 输入文字，如图6-57所示（如果没有相应的字体，可以使用素材文件中的形状图层，从第2步开始操作）。执行“文字”|“转换为形状”命令，将文字转为为形状图层。

图 6-57

02 按Ctrl+T快捷键显示定界框，按住Ctrl键拖曳控制点，对文字进行扭曲，如图6-58所示。

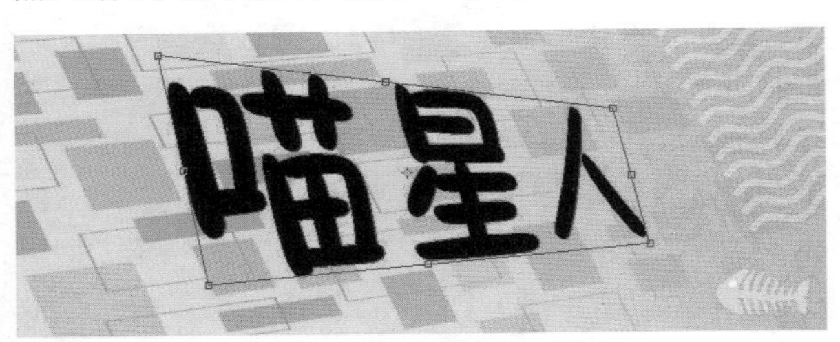

图 6-58

03 使用直接选择工具 和转换点工具 拖曳方向点，改变路径的形状。使用直接选择工具 移动锚点，将文字处理为卡通体，“人”字的一捺要向右甩出去并翘起来，看上去像猫咪的尾巴一样俏皮，如图6-59所示。多余的锚点用删除锚点工具 删除，需要添加锚点时，则用添加锚点工具 来添加。

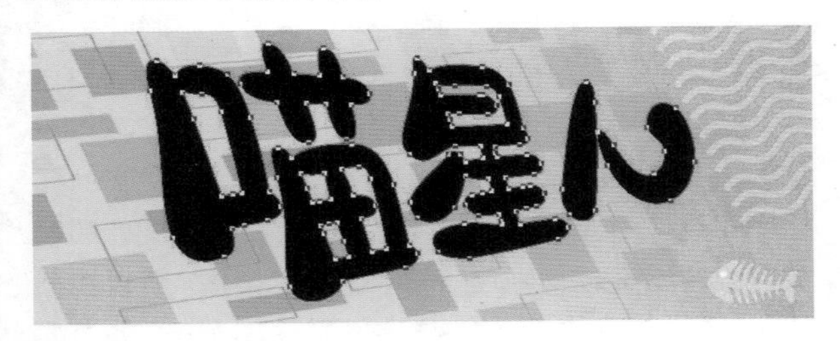

图 6-59

04 确认当前使用的是直接选择工具 （路径选择工具 也可以），这样就可以修改填充内容。打开工具选项栏中的下拉面板，为文字填充渐变颜色，如图6-60和图6-61所示。

05 双击当前图层，打开“图层样式”对话框，添加“描边”效果，如图6-62所示。单击“描边”右侧的⊞按钮，再添加一个描边属性，设置描边颜色为渐变颜色，如图6-63和图6-64所示。

图 6-60

图 6-61

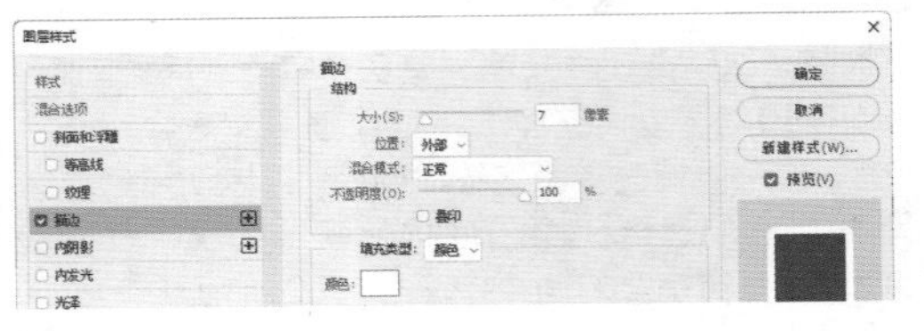

图 6-62

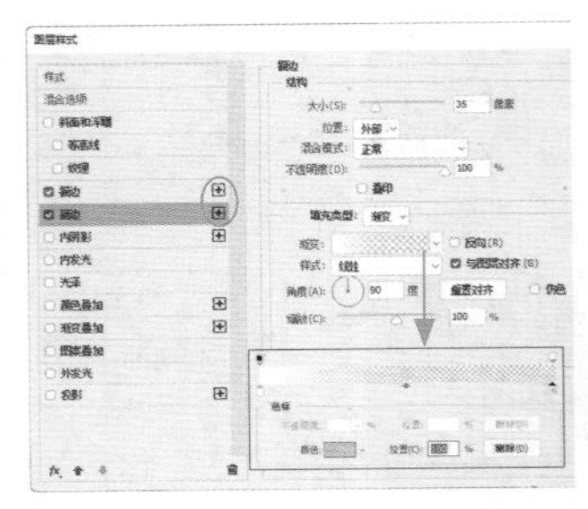

图 6-63

图 6-64

06 新建一个图层，按Alt+Ctrl+G快捷键，将其与形状图层创建为剪贴蒙版组，如图6-65所示。将前景色设置为白色。选择画笔工具 及硬边圆笔尖，在文字上方单击，创建高光。处理“喵”字时，笔尖为700像素，另外两个字则要将笔尖调小（可按 [键）。最后可以选择自定形状工具 ，使用预设的心形和猫爪图形绘制图形并添加与文字相同的效果，如图6-66所示。

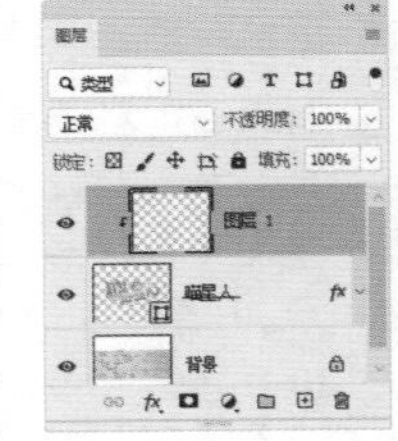

图 6-65

图 6-66

6.4　应用案例：制作反转城市

当寻常的景象以不寻常的方式出现时，会呈现更强的视觉冲击力，进而引发人们的兴趣并留下深刻印象。例如克里斯托弗·诺兰执导的电影《盗梦空间》里反转的巴黎街景就极具震撼力。本实例借鉴此手法，制作类似的反转城市。

01 打开素材，如图6-67所示。执行“图像”|“图像旋转”|“顺时针90度”命令，旋转画面，如图6-68所示。

图6-67

图6-68

02 选择横排文字工具 T ，在“字符”面板中选择字体，设置大小、颜色和间距，如图6-69所示。输入文字P，单击工具选项栏中的 ✓ 按钮，结束文字输入，如图6-70所示。由于使用的是一种OpenType可变字体，所以可以在“属性”面板中为其选取一种字体样式，之后调整文字的直线宽度、文字宽度和倾斜角度等，如图6-71和图6-72所示。

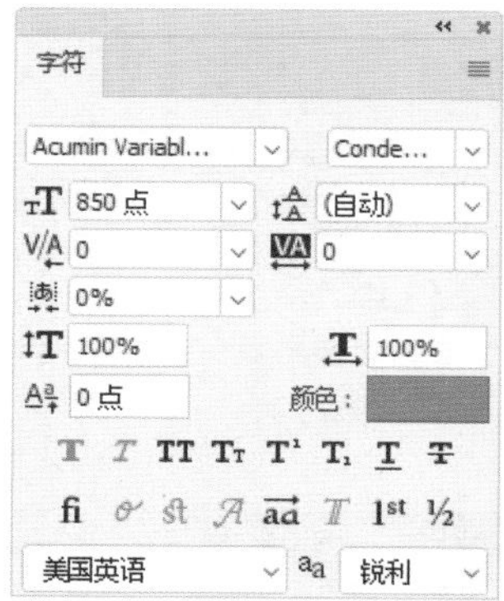

图6-69

图6-70

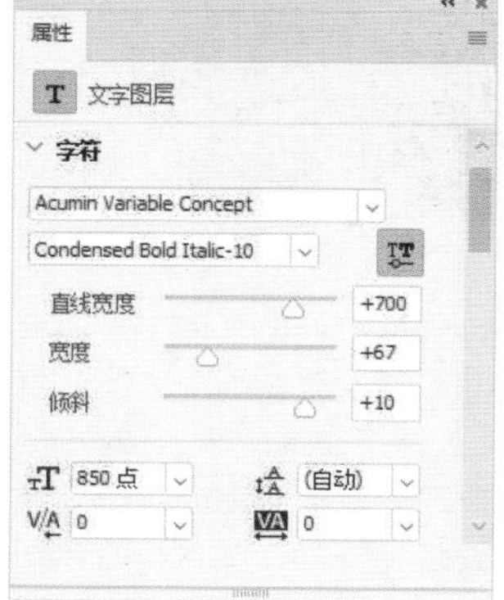

图6-71

图6-72

tip 在字体列表中，OpenType可变字体的右侧有一个 VAR 状图标。

03 单击“图层”面板底部的 ◘ 按钮，为文字图层添加蒙版，如图6-73所示。选择画笔工具 及硬边圆笔尖，将主要建筑物前方的文字涂黑，使文字看上去是被建筑遮挡住了，如图6-74和图6-75所示。

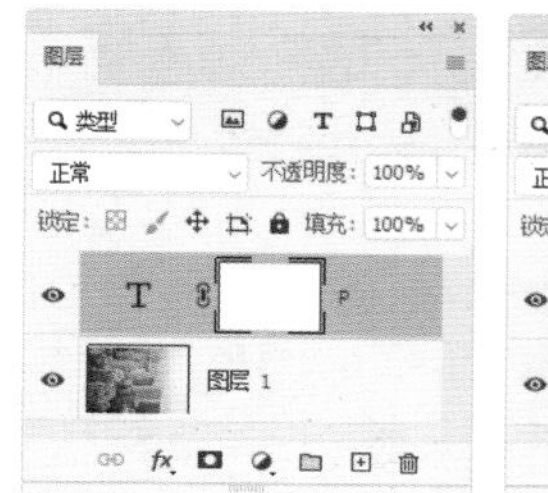

图6-73

图6-74

图6-75

04 在“图层”面板中双击文字图层的空白处，打开“图层样式”对话框，添加“渐变叠加”效果，文字颜色呈现明暗变化，如图6-76和图6-77所示。

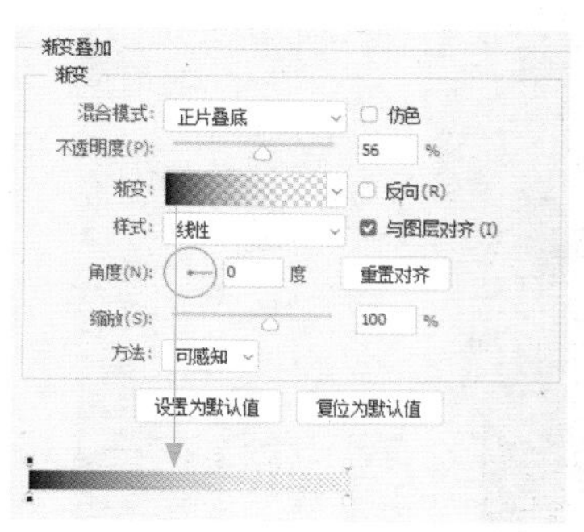

图6-76

图6-77

05 新建一个图层，设置混合模式为“正片叠底”，按Alt+Ctrl+G快捷键，将其与下方的文字图层创建为剪贴蒙版组，如图6-78所示。在工具选项栏中将画笔工具的“不透明度”值调整为10%，选择柔边圆笔尖，在建筑后方文字上涂抹浅灰色阴影，如图6-79所示。

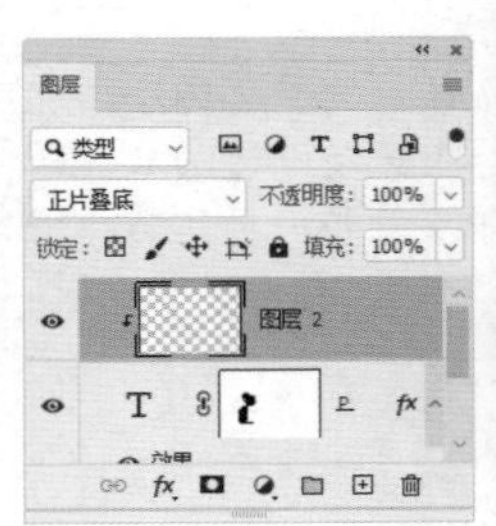

图 6-78

图 6-79

06 将光标放在文字图层上，如图6-80所示，按住Alt键，并向上拖曳至图层列表顶部，如图6-81所示，释放鼠标左键及Alt键后，可以在列表顶部复制出一个文字图层，如图6-82所示。

图 6-80　图 6-81　图 6-82

07 双击文字的缩览图，如图6-83所示，可将文字选取，如图6-84所示，输入S。将光标放在文字左下角，如图6-85所示，向右拖曳文字，进行移动，如图6-86所示。单击工具选项栏中的✓按钮，结束文字的编辑。

图 6-83

图 6-84

图 6-85

图 6-86

08 将文字大小设置为750点，如图6-87所示。单击蒙版缩览图，如图6-88所示，使用画笔工具修改蒙版范围，如图6-89和图6-90所示。

图 6-87　图 6-88

图 6-89

图 6-90

09 单击“图层1”，如图6-91所示，单击“图层”面板底部的按钮，打开下拉列表，执行“渐变”命令，弹出“渐变填充”对话框，设置渐变颜色，如图6-92所示，单击“确定”按钮，在所选图层上方创建一个填充图层，将混合模式设置为“线性加深”，如图6-93和图6-94所示。

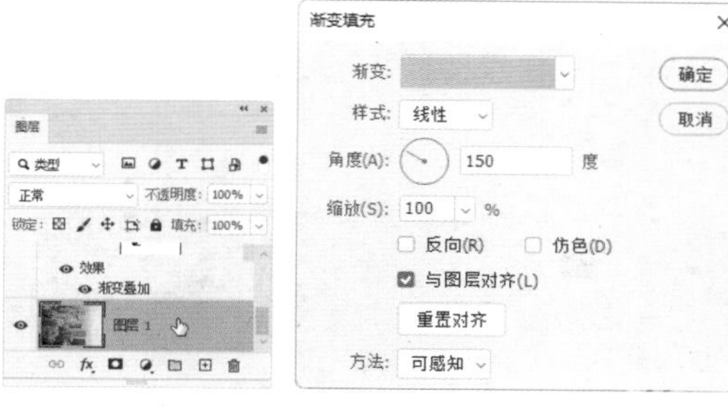

图6-91　图6-92

图6-93

图6-94

6.5　应用案例：制作美食海报

使用“文字变形”命令处理点文字、段落文字和路径文字，可以让文字外观发生扭曲，变为扇形、弧形等形状。本实例利用该功能及图层样式制作一幅海报。

01 打开素材，如图6-95所示。这是抠好的图片（抠图方法见158页）。单击“图层”面板底部的 按钮，打开下拉列表，执行“渐变”命令，弹出“渐变填充”对话框，设置渐变颜色，如图6-96所示，单击“确定”按钮，创建渐变填充图层。按Ctrl+[快捷键，将其移至底层，如图6-97和图6-98所示。

图6-95

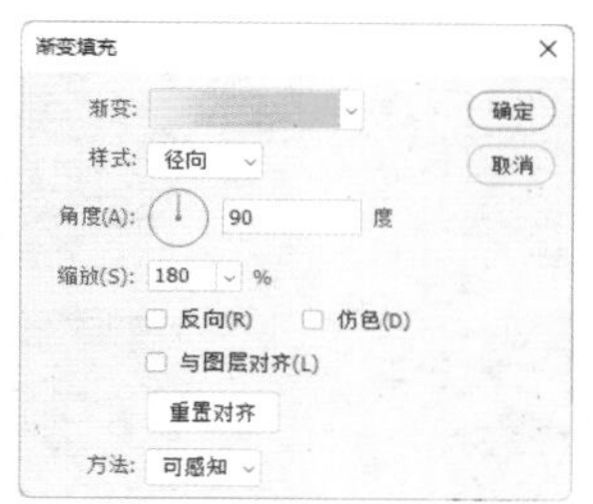

图6-96

图6-97

图6-98

图6-99

图6-100

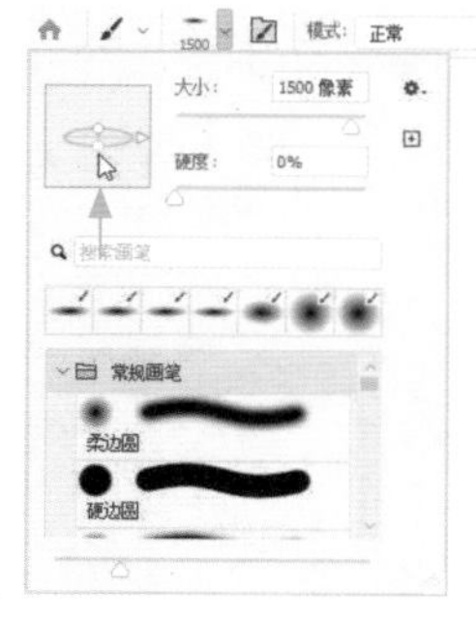

图6-101

02 执行“图层”|“智能对象”|“转换为智能对象”命令，将填充图层转换为智能对象。执行“滤镜”|“杂色”|“添加杂色”命令，在图像中添加杂点，如图6-99和图6-100所示。

03 单击“图层”面板底部的 按钮，新建一个图层。选择画笔工具 及柔边圆笔尖，拖曳控制点将笔尖压扁，如图6-101所示。将前景色设置为深棕色，如图6-102所示，在汉堡下方绘制阴影，如图6-103所示。

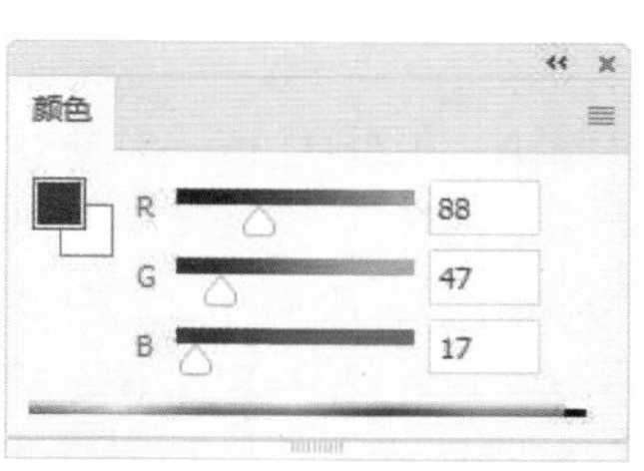

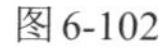

图6-102

图6-103

04 选择横排文字工具 **T**，在“字符”面板中设置参数，如图6-104所示。输入文字后，按Ctrl+] 快捷键将其移至顶层，效果如图6-105所示。

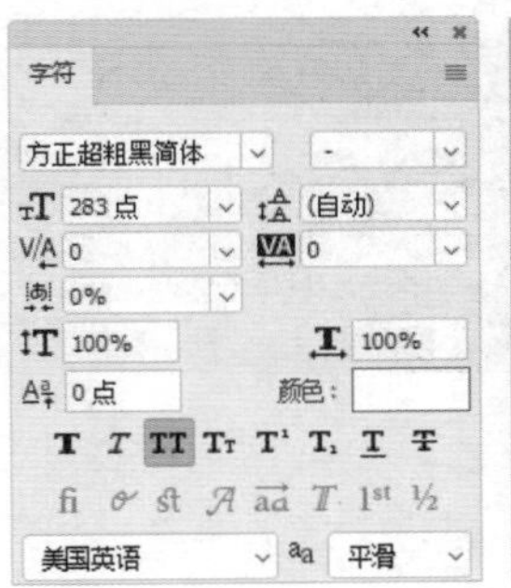

图 6-104

图 6-105

05 执行“文字”|“文字变形”命令，打开“变形文字”对话框，使用“增加”样式处理文字，如图6-106和图6-107所示。

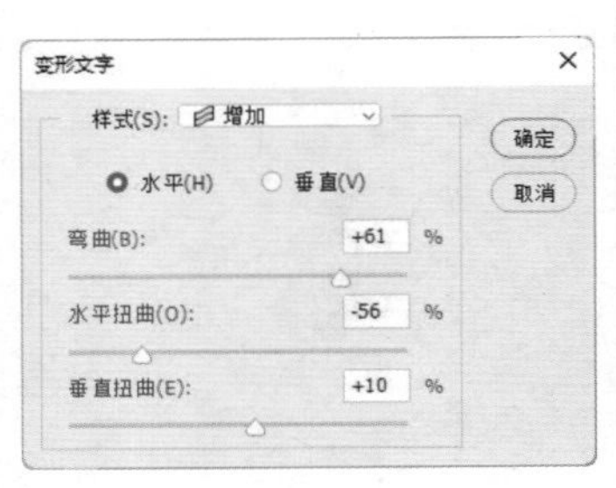

图 6-106

图 6-107

06 执行“图层”|“图层样式”|“图案叠加”命令，打开“图层样式”对话框，添加图案，如图6-108所示。

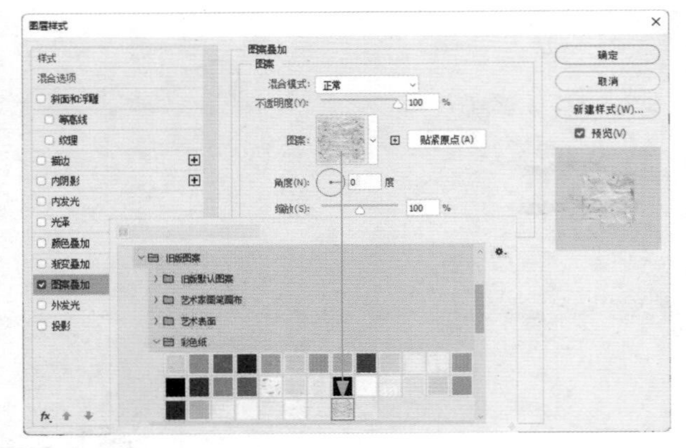

图 6-108

07 添加“阴影”效果，如图6-109和图6-110所示。执行“图层”|“图层样式”|“拷贝图层样式”命令，复制效果，后面会用到。

08 选择自定形状工具 ，在工具选项栏中选择“形状”选项，打开“形状”下拉面板，选择如图6-111所示的图形，按住Shift键（可锁定图形比例）拖曳鼠标，绘制该图形。将光标放在定界框外，拖曳鼠标旋转图形，如图6-112所示。按Enter键确认。执行“图层”|“图层样式”|“粘贴图层样式”命令，为它粘贴效果，如图6-113所示。

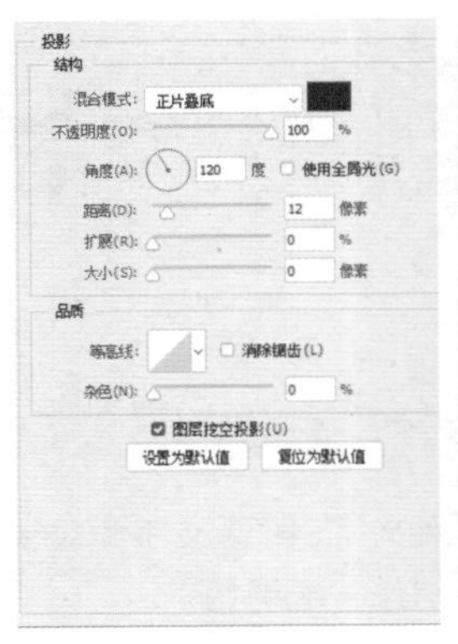

图 6-109

图 6-110

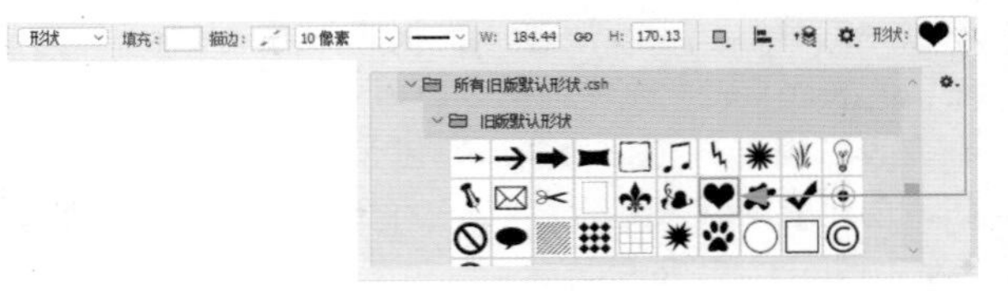

图 6-111

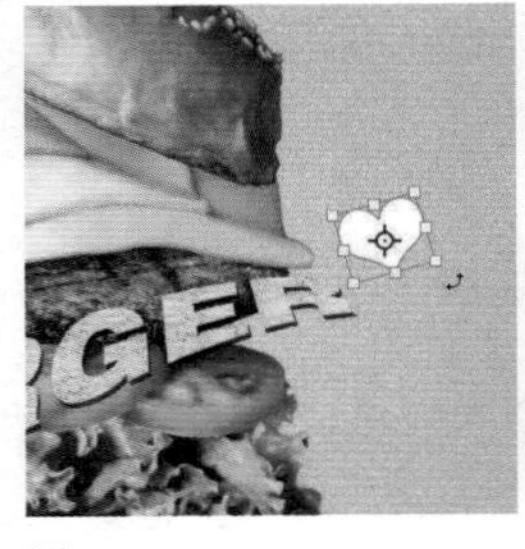

图 6-112

图 6-113

09 选择钢笔工具 ，在工具选项栏中选择“形状”选项，绘制如图6-114所示的图形。将该形状图层拖曳到文字所在图层的下方，如图6-115所示。

图 6-114

图 6-115

10 执行“图层”|“图层样式”|“粘贴图层样式”命令，为它粘贴效果，如图6-116和图6-117所示。使用横排文字工具 **T** 输入几组文字，使用“文字”|“文字变

形”命令进行扭曲，并粘贴效果，如图6-118所示。

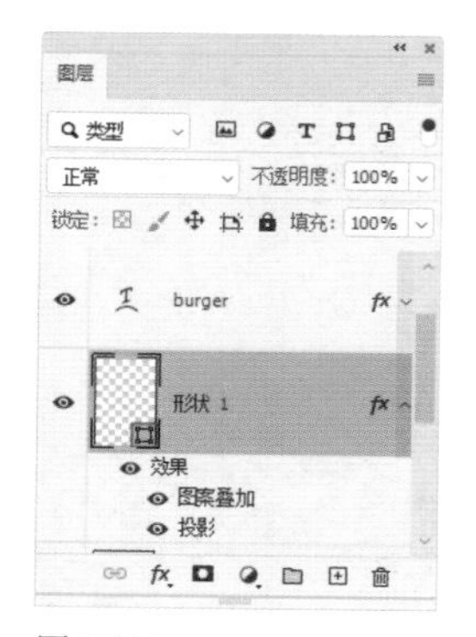

图6-116

图6-117

图6-118

6.6 应用案例：制作饮品促销单

本实例采用标准型版面设计制作一张促销单。标准型版面是一种简单而规则化的编排形式，图形在版面中上方，占据大部分位置，其次是标题和说明文字等。这种编排具有良好的安定感，观众的视线以自上而下的顺序移动，符合人们认识思维的逻辑顺序。

01 打开素材，如图6-119所示。选择矩形工具，在工具选项栏中选择“形状”选项，设置填充颜色为白色，创建一个矩形，如图6-120所示。

图6-119

图6-120

02 使用横排文字工具 T 输入文字，单击工具选项栏中的✓按钮确认，如图6-121和图6-122所示。

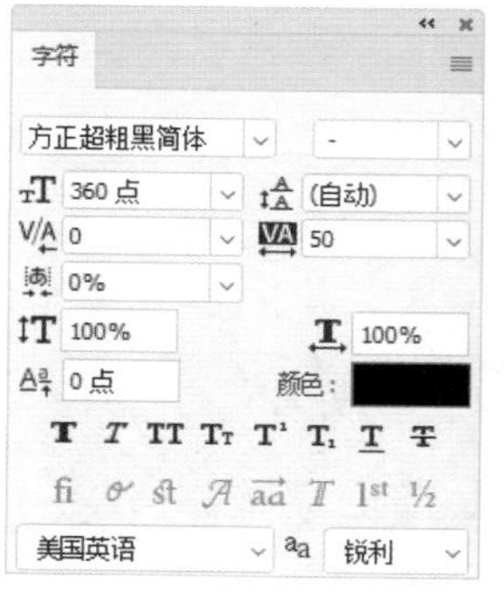

图6-121

图6-122

03 双击文字所在的图层，如图6-123所示，打开“图层样式”对话框。将“填充不透明度”设置为0%，隐藏文字，在“挖空”下拉列表中选择“浅”选项，挖空到“背景”图层，即在文字区域内显示“背景”图层中的图像，如图6-124所示。挖空功能可以让位于下方图层中的对象穿透上方图层显示出来，类似于使用图层蒙版将上方图层的某些区域遮盖住一样，只是其没有图层蒙版的可编辑性好，但能更快地创建合成效果。

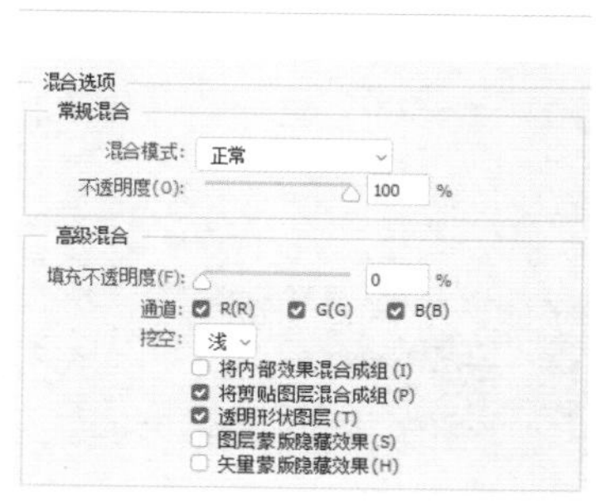

图6-123

图6-124

04 使用横排文字工具 T 输入文字，单击工具选项栏中的✓按钮确认之后，在“字符”面板中修改字体和文字大小，如图6-125和图6-126所示。

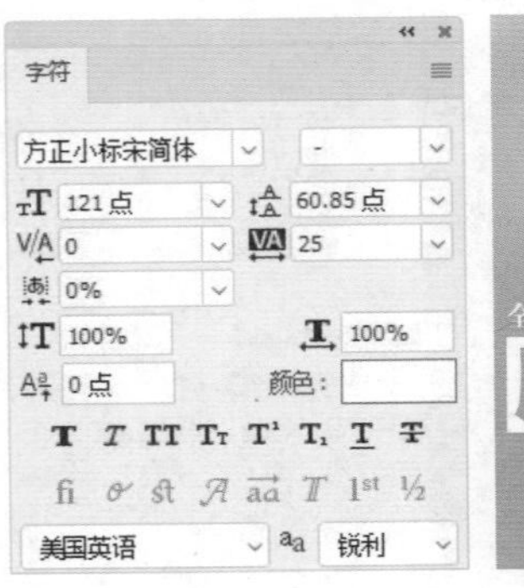

图6-125

图6-126

05 拖曳鼠标创建一个定界框，如图6-127所示，之后输入文字（创建段落文字）。修改文字的字体和大小，如图6-128和图6-129所示。

图6-127

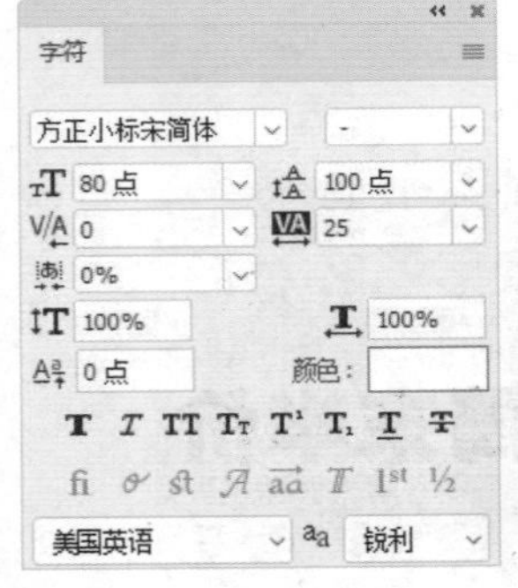

图6-128

图6-129

06 在末行文字上拖曳鼠标，将其选取，如图6-130所示，将文字大小设置为“130点”并调整行距为“160点”，如图6-131所示。

图6-130

图6-131

tip 如果计算机中未安装本实例所使用的字体，可使用类似字体操作。此外，文字大小、行距可根据实际情况调整，只要让文字左右两端对齐即可。

07 使用横排文字工具 T 输入其他文字（全部为点文字），如图6-132所示。

图6-132

08 选择直线工具 ／ 及“形状”选项，设置“描边”颜色为白色，宽度为“5像素”，如图6-133所示，按住Shift键拖曳鼠标，绘制一条直线，如图6-134所示。

图6-133

图6-134

09 选择自定形状工具，在工具选项栏中选择“形状”选项，单击“填充”选项右侧的颜色块，打开下拉面板，单击图标，打开“拾色器”对话框，将光标移动到橙色背景上，如图6-135所示，单击拾取颜色，如图6-136所示，按Enter键关闭“拾色器”对话框。

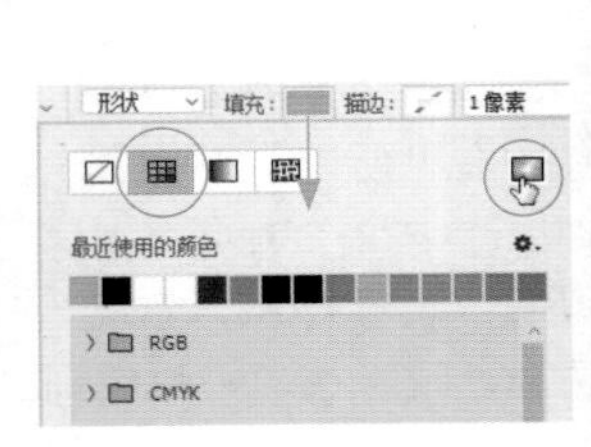

图6-135

图6-136

10 打开“形状”下拉面板，单击如图6-137所示的形状，在画面右上角按住Shift键拖曳鼠标，绘制该图形，如图6-138所示。

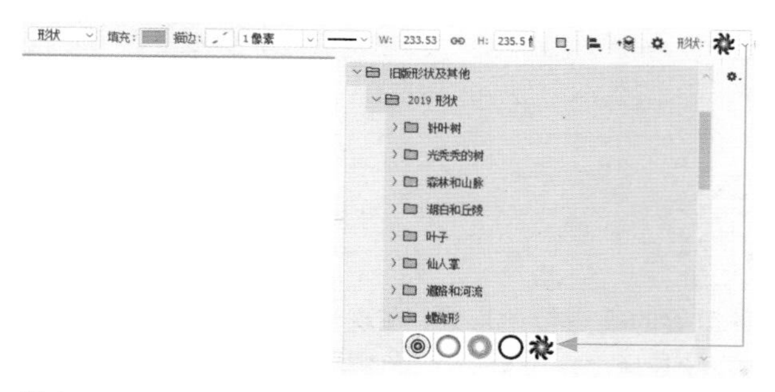

图6-137

图6-138

⑪ 使用横排文字工具 **T** 输入店家名称“冰雪屋”，字体设置如图6-139所示。使用移动工具 ✥ 将其拖曳到所绘图形上方，如图6-140所示。

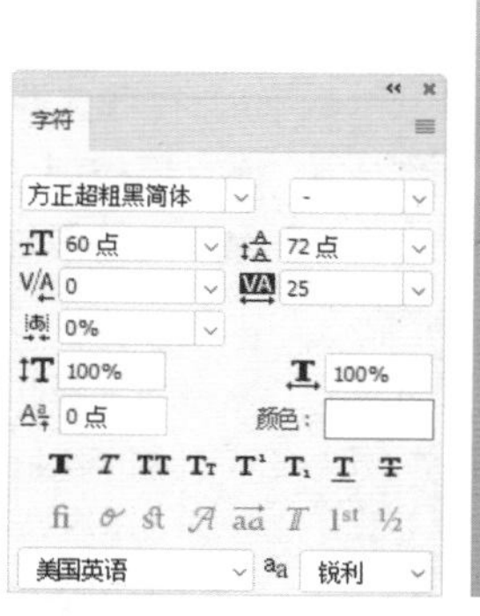

图6-139

图6-140

6.7　课后作业：制作变形字

本章的课后作业是用变形文字功能制作一幅平面设计作品，如图6-141所示，可用于网页主页，或者作为手机屏幕贴纸。操作时先输入正常的文字，然后选择文字图层，执行“文字”|“文字变形”命令，打开“变形文字”对话框进行设置，如图6-142所示，之后添加“投影”效果即可，如图6-143所示。

变形字效果

图6-141

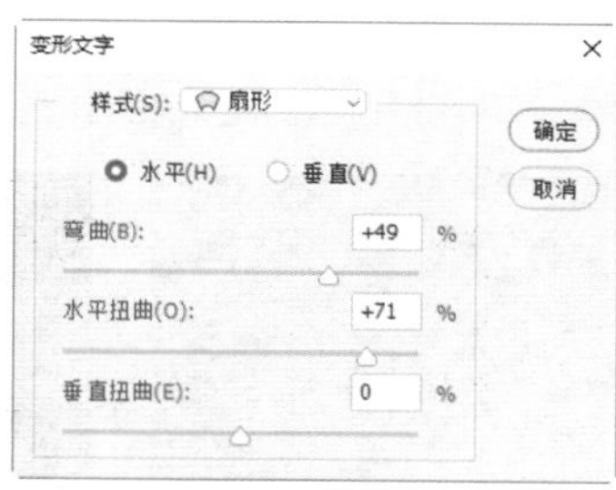

变形参数

图6-142

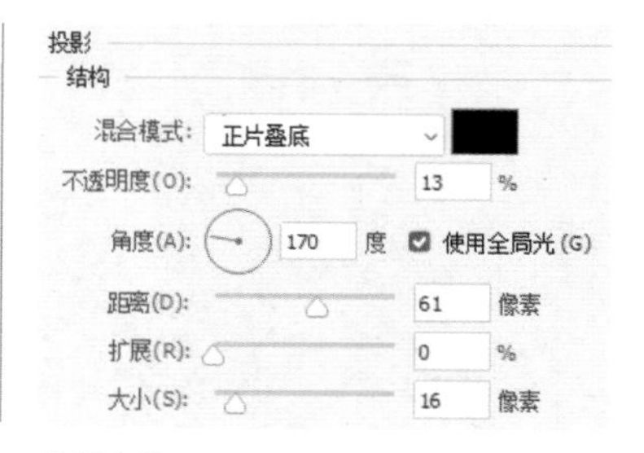

投影参数

图6-143

6.8　复习题

1. 在什么情况下可以随时修改文字内容、字体和段落等属性？
2. 在“字符”面板中，字距微调 V/A 和字距调整 VA 选项有什么不同？
3. 怎样通过快捷方法修改文字颜色？
4. 除用于承载文字外，文字图层还具备哪些属性？
5. 当以某种文字为基础进行标准字、Logo等设计时，需要对此字体创建的文字做出修改和再加工，Photoshop中的哪种功能适合此任务？

第7章

插画设计：滤镜与特效

滤镜原本是一种摄影器材，摄影师将其安装在照相机的镜头前面，以影响色彩或产生特殊的拍摄效果。Photoshop 中的滤镜可用于制作特效、校正相机的镜头缺陷、模拟绘画效果，也常用来编辑图层蒙版、快速蒙版和通道。滤镜分为内置滤镜和外挂滤镜两大类。内置滤镜是Photoshop提供的各种滤镜，外挂滤镜则是由其他软件公司或个人开发的滤镜插件，需要安装在Photoshop中才能使用。

学习重点

滤镜的使用规则和技巧 105
制作银质纪念币 109
制作墙面喷画 111
制作丝网印刷效果......112
流光溢彩火凤凰......113
商业插画......115

7.1 插画设计

插画作为一种重要的视觉传达形式，在现代设计中占有特殊的地位。在欧美等国家，插画被广泛应用于广告、传媒、出版、影视等领域，而且还被细分为儿童类、体育类、科幻类、食品类、数码类、纯艺术类、幽默类等多种专业类型，插画的风格也丰富多彩。

- 装饰风格插画：注重形式美感的设计，设计者要传达的含义都是较为隐性的，这类插画多采用装饰性的纹样，其构图精致，色彩协调，如图7-1所示。
- 动漫风格插画：在插画中使用动画、漫画和卡通形象，以此增加插画的趣味性。采用流行的表现手法使插画的形式新颖、时尚，如图7-2所示。

图7-1

图7-2

- 矢量风格插画：能够充分体现图形的艺术美感，如图7-3和图7-4所示。

图7-3

图7-4

- Mix & match风格插画：能够融合许多独立的，甚至互相冲突的艺术表现形式，使之呈现协调的整体风格，如图7-5所示。
- 儿童风格插画：多用于儿童杂志或书籍，颜色较为鲜艳，画面生动有趣，造型简约、可爱或怪异，场景也会比较Q，如图7-6所示。
- 涂鸦风格插画：具有粗犷的美感，自由、随意，充满个性，如图7-7所示。
- 线描风格插画：利用线条和平涂的色彩作为表现形式，具有单纯和简洁的特点，如图7-8所示。

图 7-5

图 7-6

图 7-7

图 7-8

7.2　滤镜

滤镜是Photoshop最具吸引力的功能之一，其就像神奇的魔术师，随手一变，就能让普通的图像呈现令人惊奇的视觉效果。滤镜不仅可以校正照片、制作特效，还能模拟各种绘画效果，也常用来编辑图层蒙版、快速蒙版和通道。

7.2.1　滤镜是怎样生成特效的

位图（如照片、图像素材等）是由像素构成的，滤镜能够改变像素的位置和颜色，从而生成特效。例如，如图7-9所示为原图像，如图7-10所示是用“染色玻璃”滤镜处理后的图像，从放大镜中可以看到像素的变化情况。

图 7-9

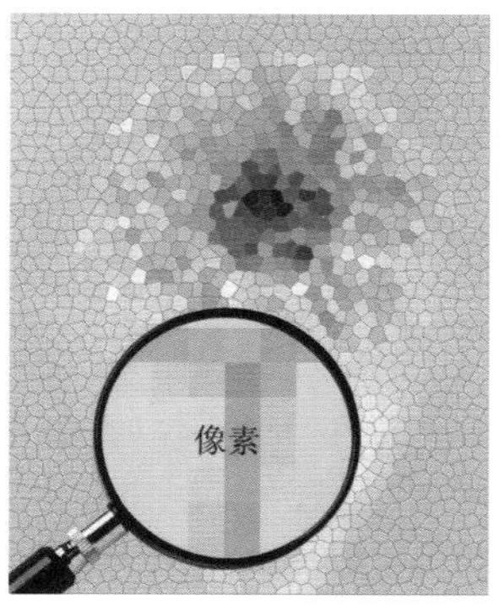

图 7-10

Photoshop的所有滤镜都在“滤镜”菜单中。如果安装了外挂滤镜，则会出现在该菜单的底部。由于数量较多，Adobe对滤镜组进行了优化，即将“画笔描边”“素描”“纹理”“艺术效果”滤镜组整合到了“滤镜库”中。因此，在默认状态下，“滤镜”菜单中没有这些滤镜，这样菜单更简洁、更清晰。如果想让所有滤镜出现在“滤镜”菜单中，可以执行“编辑”|“首选项”|“增效工具”命令，打开“首选项”对话框，勾选“显示滤镜库的所有组和名称”复选框即可。

tip　Photoshop允许安装第三方厂商开发的滤镜插件。本书附赠的“Photoshop外挂滤镜使用手册”中详细介绍了外挂滤镜的安装方法，以及KPT7、Eye Candy 4000和Xenofex滤镜的具体使用方法。

7.2.2　滤镜的使用规则和技巧

- 使用滤镜处理某一图层中的对象时，需要选择该图层，并且图层必须是可见的（缩览图左侧的眼睛图标 可见）。需要注意，滤镜不能同时处理多个图层。
- 如果创建了选区，滤镜只能处理选中的图像，如图7-11所示；未创建选区，则处理当前图层中的全部图像，如图7-12所示。

图 7-11

图 7-12

- “滤镜”菜单中显示为灰色的命令是不可使用的命令，通常情况下，这与图像模式有关。例如RGB模式的图像可以使用所有滤镜，其他模式则会受到限制。在处理非RGB模式的图像时，可以先执行“图像”|“模式”|“RGB颜色”命令，将图像转换为RGB模式，再应用滤镜。
- 在任意设置滤镜参数的对话框中按住Alt键，“取消”按钮就会变成“复位”按钮，如图7-13所示。单击该按钮，可以将参数恢复到初始状态。

- 使用滤镜后，“滤镜”菜单的第一行便会出现相应滤镜的名称，如图 7-14 所示，单击或按 Alt+Ctrl+F 快捷键，可以快速应用该滤镜。

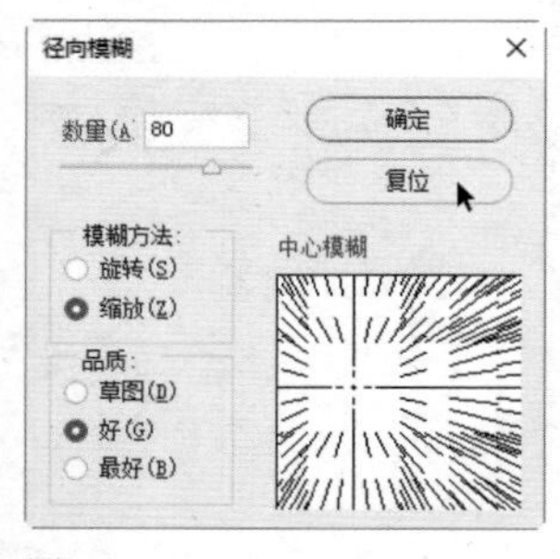

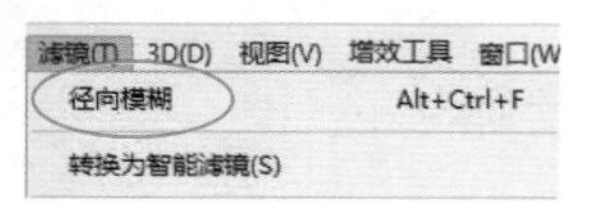

图 7-13　　图 7-14

- 滤镜的处理效果是以像素为单位进行计算的，因此相同的参数处理不同分辨率的图像，其效果也会有所不同，如图 7-15 所示。

将同样参数的滤镜应用于分辨率为 72 像素/英寸和 300 像素/英寸的图像

图 7-15

- 使用“光照效果”“木刻”和“染色玻璃”等滤镜，以及编辑高分辨率的大图时，Photoshop 的运行速度会变慢。如果出现这种情况，可以在使用滤镜之前，执行“编辑”|“清理”命令释放内存，也可退出其他应用程序，为 Photoshop 提供更多的可用内存。此外，当内存不够用时，Photoshop 会自动将计算机中的空闲硬盘空间作为虚拟内存来使用（也称暂存盘）。因此，如果计算机中的某个硬盘空间较大，可将其指定给 Photoshop 使用。执行“编辑”|“首选项”|“性能”命令，打开“首选项”对话框，“暂存盘”选项中显示了计算机的硬盘驱动器盘符，只要将空闲空间较多的驱动器设置为暂存盘，如图 7-16 所示，然后重新启动 Photoshop 即可。

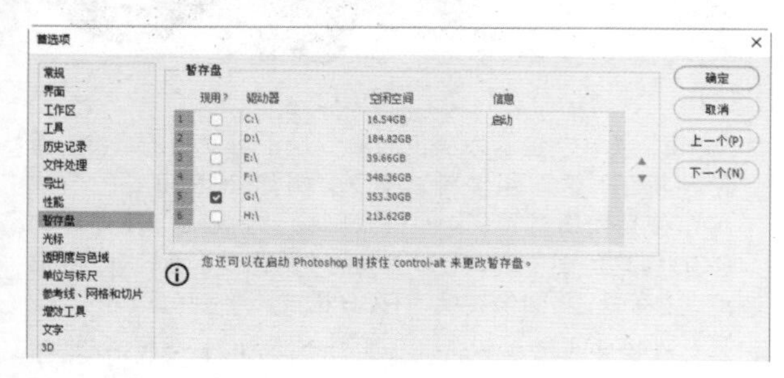

图 7-16

- 只有“云彩”和“纤维”滤镜可以应用在没有像素的区域，其他滤镜都必须应用在包含像素的区域，否则不能使用这些滤镜。外挂滤镜除外。
- 在应用滤镜的过程中，如果要终止处理，可以按 Esc 键。

7.2.3　滤镜库

执行“滤镜”|“滤镜库”命令，或使用“风格化”“画笔描边”“扭曲”“素描”“纹理”“艺术效果”滤镜组中的滤镜时，都可以打开“滤镜库”，如图 7-17 所示。在“滤镜库”对话框中，左侧可预览滤镜效果，中间是 6 个滤镜组，右侧可设置参数。

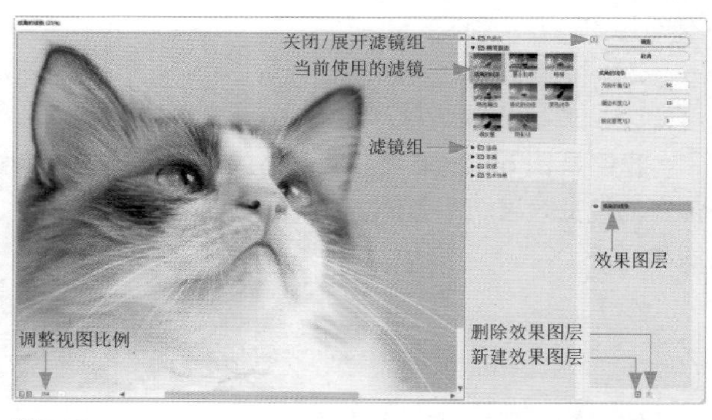

图 7-17

单击“新建效果图层”按钮 ⊞，可以添加效果图层。添加效果图层后，可以选取要应用的另一个滤镜，图像效果会变得更加丰富。滤镜效果图层与图层的编辑方法基本相同，上下拖曳效果图层可以调整它们的堆叠顺序，滤镜效果也会发生改变。单击 🗑 按钮，可以删除效果图层。单击眼睛图标 👁，可以隐藏或显示滤镜。

7.2.4　Neural Filters 滤镜

Neural Filters（神经网络）是 AI 智能滤镜，需要下载才能使用。操作时先打开 Adobe 官网，创建 Adobe ID 并登录，之后在 Photoshop 中执行“滤镜”|“Neural Filters”命令，打开“Neural Filters”对话框，单击 ☁ 按钮，即可下载滤镜插件。

“Neural Filters”像“滤镜库”一样，也包含了多个滤镜，如图 7-18 所示。除专题滤镜外，测试版滤镜和即将推出的滤镜等还在测试中或者不太成熟。

- “皮肤平滑度”滤镜：可用于磨皮。
- “超级缩放”滤镜：可以放大和裁剪图像，再通过 Photoshop 添加细节。
- “移除 JPEG 伪影”滤镜：使用 JPEG 格式保存图像时，会进行压缩处理，导致图像品质下降，有时还会出现伪影，影响图像的美观。使用“移除 JPEG 伪影”滤镜可以移除压缩时产生的伪影。

图7-18

● “着色”滤镜：可以为黑白照片快速上色，如图7-19所示。

黑白照片　　上色效果

图7-19

● “样式转换”滤镜：可以将预设的艺术风格应用于图像，如图7-20所示（预设原作分别为梵高的《自画像》和葛饰北斋的《神奈川冲浪里》）。

预设样式及转换效果

预设样式及转换效果

图7-20

● “智能肖像”滤镜：可以修改人像的年龄、表情、眼神、面部朝向，以及光照方向等，如图7-21所示。

原片　　修改面部年龄　　修改眼睛方向

修改表情　　修改面部朝向　　修改光照方向

图7-21

● “协调”滤镜：可以处理抠好的图像，使其与另一个图像的颜色和色调相匹配，创造完美的合成效果。

● “风景混合器”滤镜：可以增强风光照片的视觉效果，让四季更加分明，甚至能让季节发生转换，如图7-22所示。

原片　　夏季转换为冬季

图7-22

● “深度模糊”滤镜：可以在主体对象周围添加环境薄雾，并调整环境色温，使其更暖或更冷。

● “色彩转移”滤镜：可以转换图像的整体色彩。

● “妆容迁移”滤镜：可以将眼部和嘴部的妆容从一幅图像应用到另一幅图像，如图7-23所示。

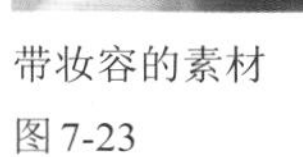

带妆容的素材　　需要处理的图像　　妆容迁移效果

图7-23

7.2.5 实例：在气泡中奔跑

01 按Ctrl+N快捷键，打开“新建文档”对话框，新建大小为400×400像素、分辨率72像素/英寸、黑色背景的RGB模式文件。

02 执行“滤镜”|“渲染”|“镜头光晕”命令，参数设置如图7-24所示，效果如图7-25所示。

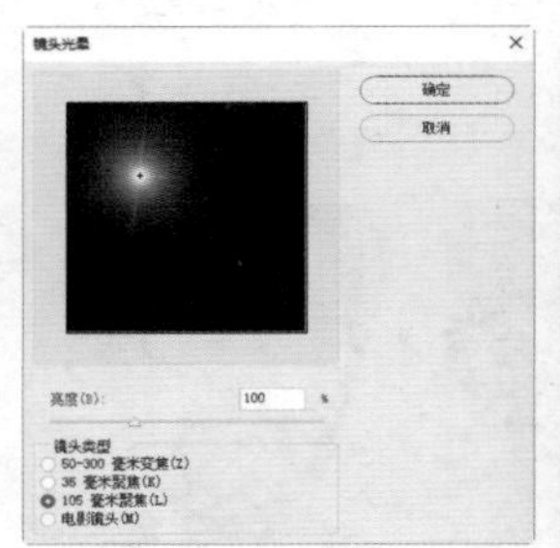
图7-24

图7-25

03 执行“滤镜”|“扭曲”|“极坐标”命令，打开“极坐标”对话框，选择“极坐标到平面坐标”选项，如图7-26所示，效果如图7-27所示。

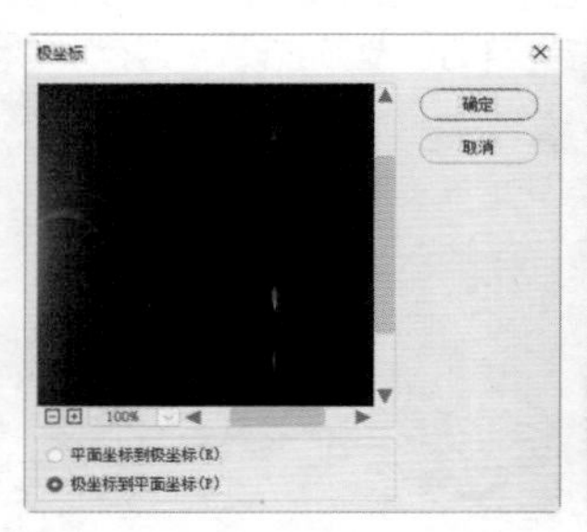
图7-26

图7-27

04 执行“图像”|“图像旋转”|“180度”命令，旋转图像。再次应用“极坐标”滤镜，这次选择“平面坐标到极坐标”选项，即可生成气泡，如图7-28和图7-29所示。

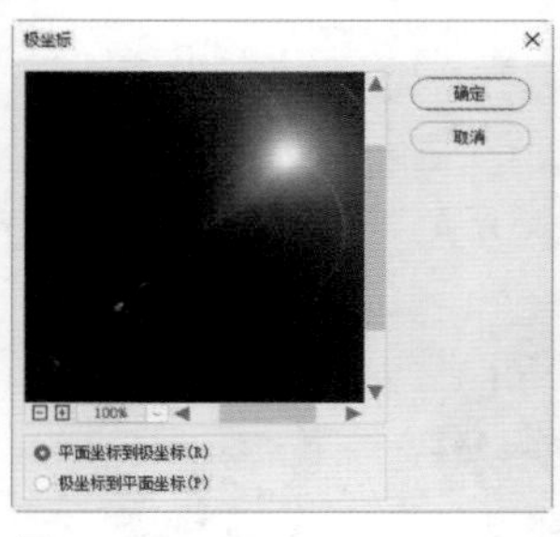
图7-28

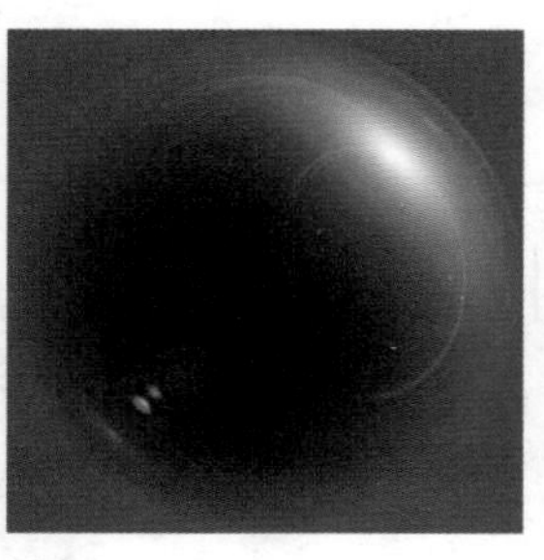
图7-29

05 选择椭圆选框工具，按住Shift键拖曳鼠标，创建圆形选区，将气泡选取，如图7-30所示。在创建选区时，可以同时按住空格键移动选区位置，使选区与气泡中心对齐。打开素材，如图7-31所示，使用移动工具将气泡拖入该文件中。

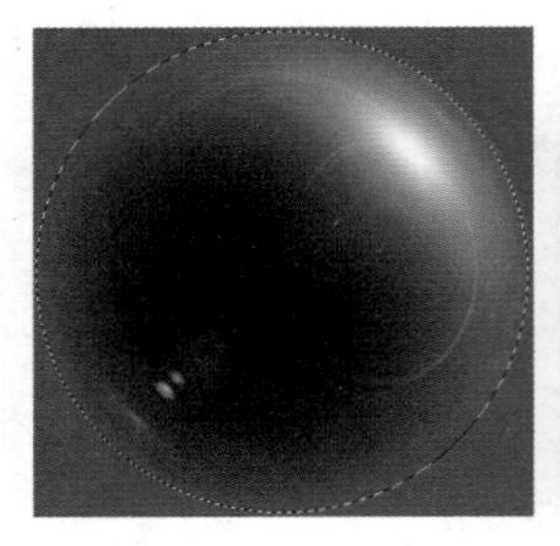
图7-30

图7-31

06 按Ctrl+T快捷键显示定界框，拖曳控制点，调整大小。设置气泡所在图层的混合模式为“滤色”，如图7-32和图7-33所示。

图7-32

图7-33

07 按Ctrl+J快捷键复制气泡图层，让气泡更加清晰，如图7-34所示。按住Ctrl键单击气泡所在图层的缩览图，将气泡选区加载到画布上，如图7-35和图7-36所示。按Shift+Ctrl+C快捷键复制，按Ctrl+V快捷键将图像粘贴到新的图层中，如图7-37所示。

图7-34

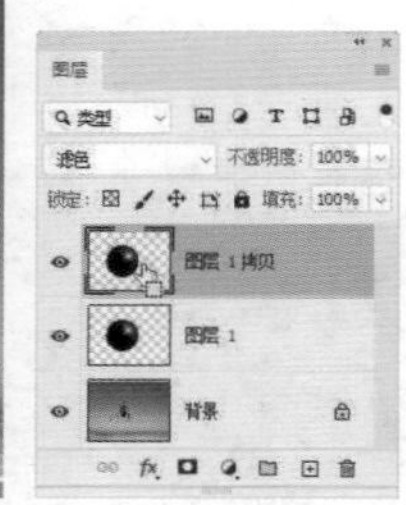
图7-35

图7-36

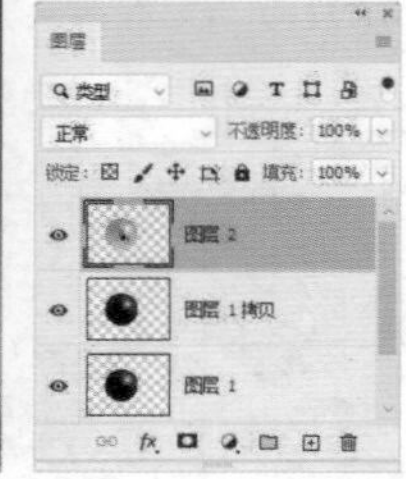
图7-37

08 按Ctrl+T快捷键显示定界框，移动图像位置并适当缩小。再复制一个气泡并缩小，放在画面的右下角，如图7-38所示。

图 7-38

7.2.6　实例：制作银质纪念币

01 打开素材，如图7-39所示。这是一个PSD格式的分层文件，人像在一个单独的图层中，如图7-40所示。

图 7-39

图 7-40

02 执行“滤镜”|“风格化”|“浮雕效果”命令，打开“浮雕效果”对话框，参数设置如图7-41所示，创建浮雕效果，如图7-42所示。

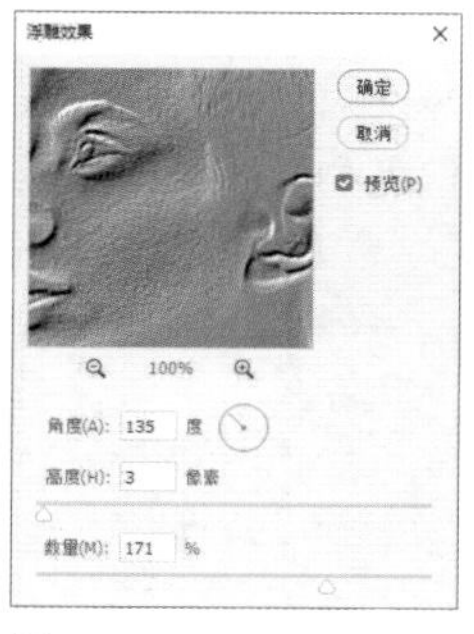

图 7-41

图 7-42

03 在“图层”面板中双击“图层 1”的空白处，打开“图层样式”对话框，分别添加“斜面和浮雕”“投影”效果，如图7-43~图7-45所示。

04 单击“调整”面板中的 按钮，创建“曲线”调整图层，在曲线上单击，添加两个控制点，之后拖曳控制点调整曲线，如图7-46所示，增强色调的对比度。

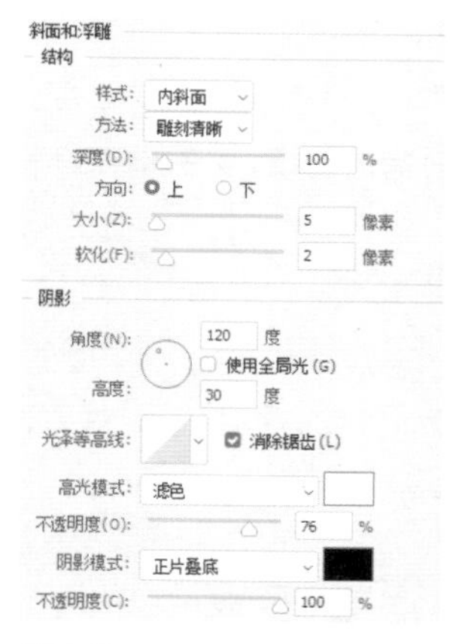

图 7-43

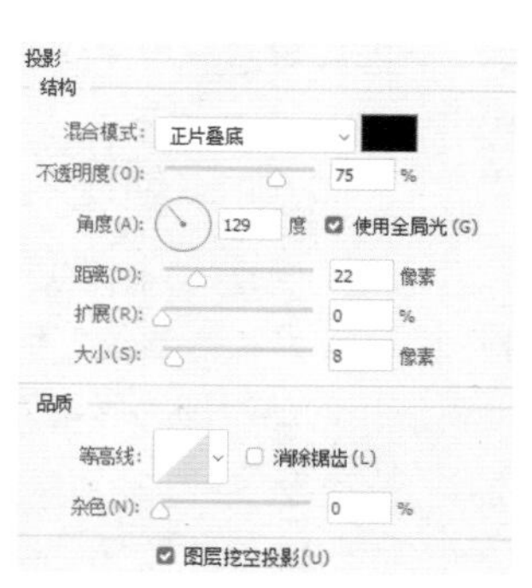

图 7-44

图 7-45

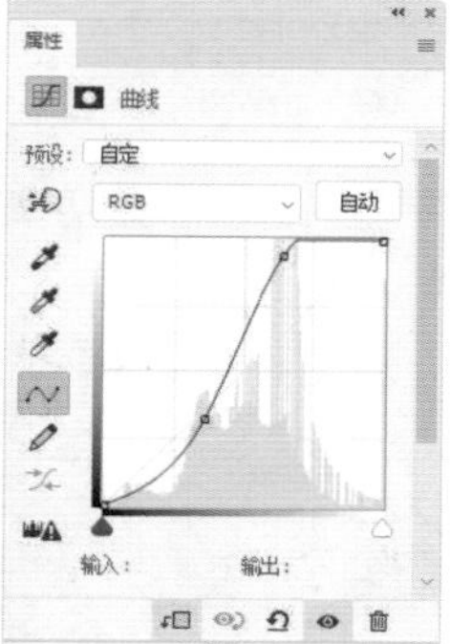

图 7-46

05 单击“调整”面板底部的 按钮，创建剪贴蒙版，使“曲线”调整图层只影响纪念币，不会影响背后的桌面，如图7-47和图7-48所示。

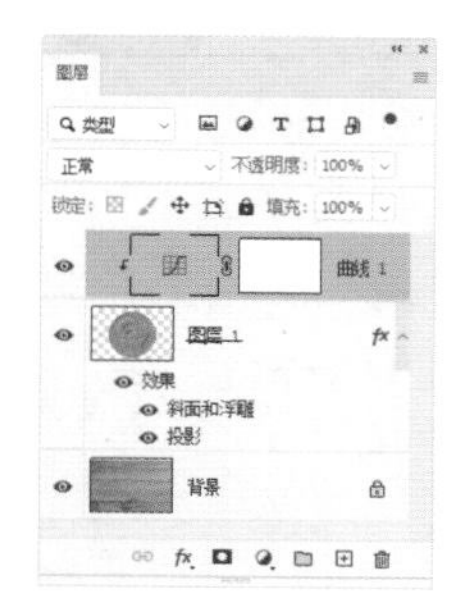

图 7-47

图 7-48

7.3 智能滤镜

智能滤镜是应用于智能对象的滤镜，具有非破坏性的特点，可以修改和删除。

7.3.1 创建和编辑智能滤镜

单击“图层 1”图层，如图 7–49 所示，执行“滤镜”|“转换为智能滤镜”命令，将其转换为智能对象，此后应用的滤镜即为智能滤镜，如图 7–50 所示。

图 7-49

图 7-50

智能滤镜会像图层样式一样附加在智能对象所在的图层上，因而不会像普通滤镜那样真正地改变对象。双击智能滤镜，如图 7–51 所示，可以打开相应的对话框修改滤镜参数，如图 7–52 和图 7–53 所示。

图 7-51

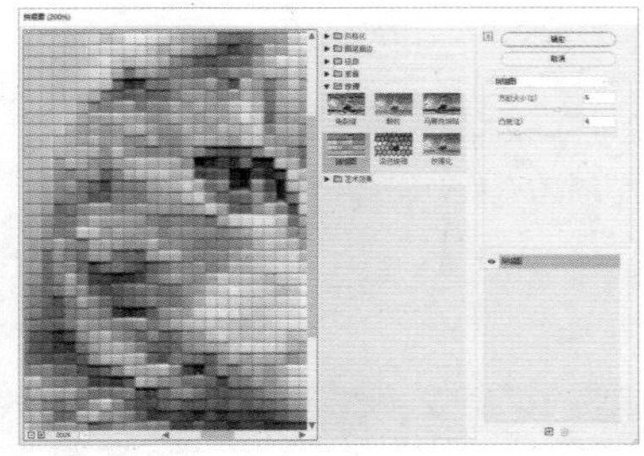

图 7-52

图 7-53

智能滤镜包含图层蒙版，单击蒙版缩览图，可以进入蒙版编辑状态。如果要遮盖部分滤镜效果，可以用黑色涂抹蒙版；如果要显示滤镜效果，则用白色涂抹蒙版，如图 7–54 所示。

图 7-54

如果要减弱滤镜效果，可以用灰色涂抹，滤镜将呈现不同级别的透明度，如图 7–55 所示。

图 7-55

智能滤镜效果还可以调整混合模式，也可调整堆叠顺序、添加图层样式，如图 7–56 所示。按住 Alt 键，将一个智能滤镜拖曳到其他智能对象上（或拖曳到智能滤镜列表中的新位置），释放鼠标左键，即可复制智能滤镜。将智能滤镜拖曳到“图层”面板底部的“删除图层”按钮 🗑 上，则可将其删除。

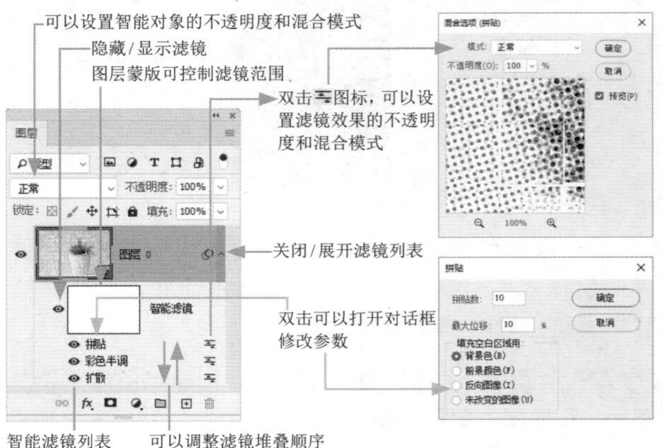

图 7-56

7.3.2　实例：制作墙面喷画

01 打开素材，如图7-57所示。这个文件包含两个图层，单击女孩所在的图层，如图7-58所示，执行“选择”|“主体”命令，将女孩选中，如图7-59所示。

图7-57

图7-58

图7-59

02 单击“图层”面板底部的 ◘ 按钮，添加蒙版，效果如图7-60所示。设置该图层的混合模式为“明度”，并在图7-61所示的位置双击，打开“图层样式”对话框，添加“描边”效果，如图7-62和图7-63所示。执行“滤镜”|“转换为智能滤镜”命令，将图层转换为智能对象，如图7-64所示。

图7-60

图7-61

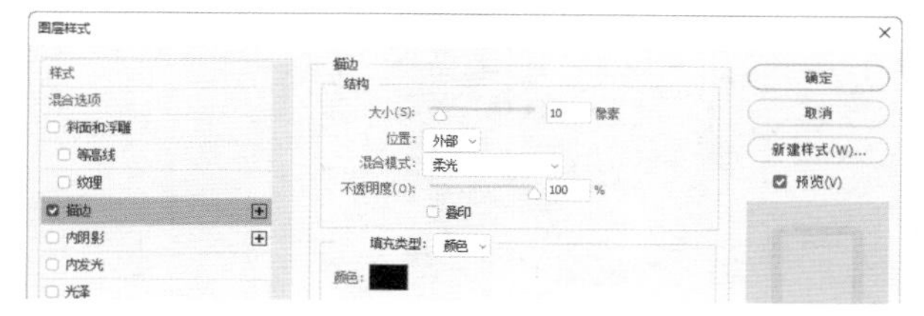

图7-62

图7-63

图7-64

03 执行“滤镜”|“滤镜库”命令，打开“滤镜库”对话框，单击“艺术效果”滤镜组左侧的 ▶ 按钮，展开该滤镜组，添加“壁画”滤镜，参数设置如图7-65所示，效果如图7-66所示。

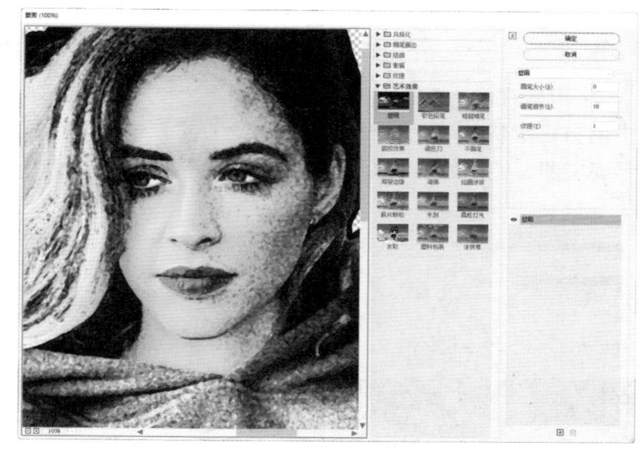
图7-65

图7-66

04 双击“图层1”，打开“图层样式”对话框。将光标移动到如图7-67所示的白色滑块上，按住Alt键单击，将滑块分开并进行拖曳，让底层砖墙穿透人物的深色区域显示出来，如图7-68和图7-69所示。

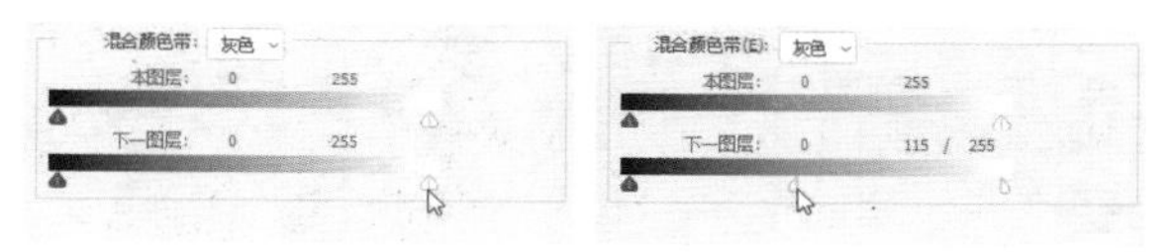

图7-67　图7-68

图 7-69

tip 拖曳“本图层”滑块，可以隐藏当前图层中的像素；“下一图层”是指当前图层下方的第一个图层，拖曳“下一图层”滑块，可以让该图层中的像素穿透当前图层显示出来。按住Alt键并单击一个滑块，可将其拆分为两个滑块，让这两个滑块拉开一定距离，则中间的像素会呈现半透明效果。

05 采用同样的方法，按住Alt键单击“本图层”选项组中的白色滑块并分开调整，让人物身上的亮色调区域显示底层的砖墙，如图7-70和图7-71所示。

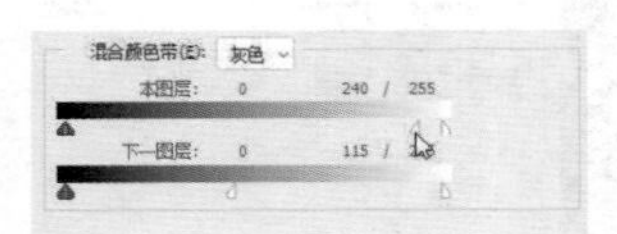
图 7-70

图 7-71

06 按Ctrl+J快捷键复制图层，修改混合模式为“颜色”，如图7-72和图7-73所示。

图 7-72

图 7-73

7.3.3 实例：制作丝网印刷效果

01 打开素材，如图7-74所示。执行“滤镜”|“转换为智能滤镜”命令，将原“背景”图层转换为智能对象，如图7-75所示。

图 7-74

图 7-75

02 按Ctrl+J快捷键复制图层。将前景色调整为浅青色（R0，G138，B238）。执行“滤镜”|“滤镜库”命令，打开“滤镜库”，单击“素材”滤镜组左侧的▶按钮，展开滤镜组，选择“半调图案”滤镜，参数设置如图7-76所示，效果如图7-77所示。

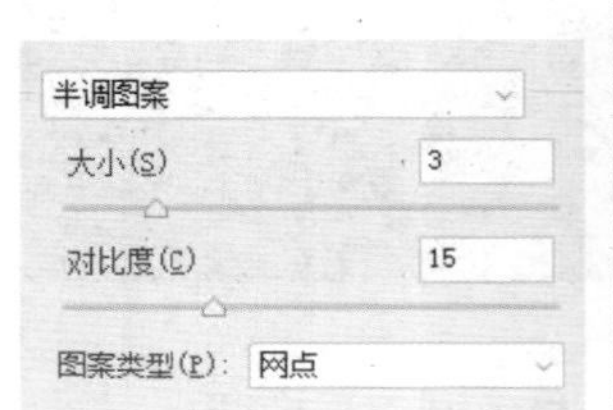

图 7-76

图 7-77

03 执行“滤镜”|“锐化”|“USM锐化”命令，对图像进行锐化，使网点变得清晰，如图7-78和图7-79所示。

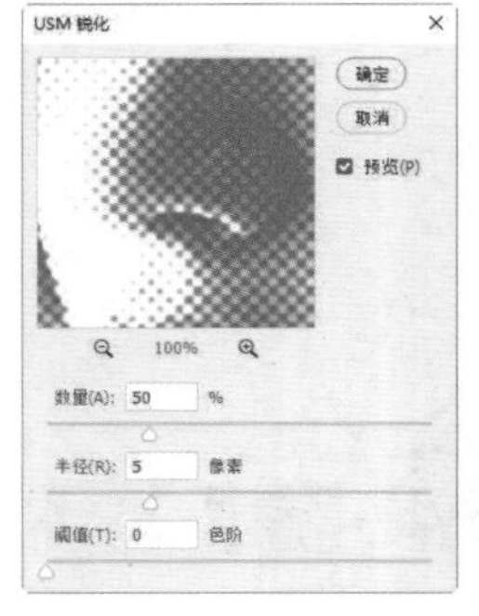
图 7-78

图 7-79

04 设置该图层的混合模式为“正片叠底”，如图7-80所示。选择“图层0”，如图7-81所示。

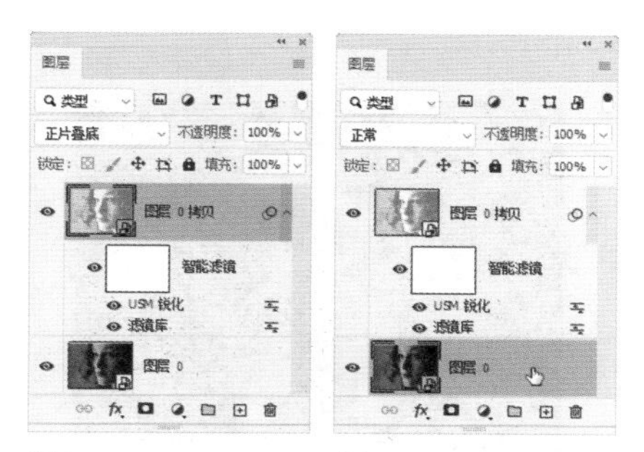

图 7-80　　图 7-81

05 将前景色调整为洋红色（R228，G0，B127）。再次应用“半调图案”滤镜，使用默认的参数，将“图层0”中的图像处理为网点效果，如图7-82所示。执行“滤镜”|“锐化”|“USM锐化”命令，锐化网点。选择移动工具✥，按←和↓键轻移图层，使上下两个图层中的网点错开。最后使用裁剪工具 将照片的边缘裁齐，如图7-83所示。

图 7-82

图 7-83

7.4 应用案例：流光溢彩火凤凰

本实例使用“镜头光晕”和“极坐标”滤镜制作发光图形，通过变换的方法摆成凤凰状，之后使用渐变及混合模式上色。

01 按Ctrl+N快捷键，打开“新建文档”对话框，新建大小为800×600像素、分辨率为72像素/英寸、黑色背景的RGB模式文件，如图7-84所示。

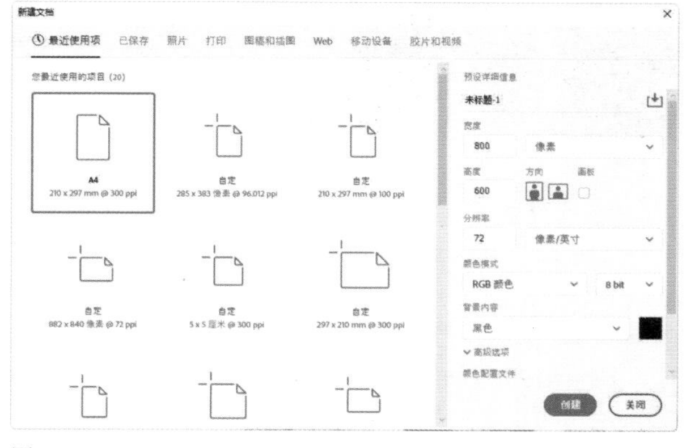

图 7-84

02 按Ctrl+J快捷键复制背景图层，得到“图层1”，如图7-85所示。执行“滤镜”|“渲染”|“镜头光晕”命令，选择“电影镜头”选项，设置“亮度”为100%，在预览框的中心单击，将光晕设置在画面的中心，如图7-86所示，图像效果如图7-87所示。

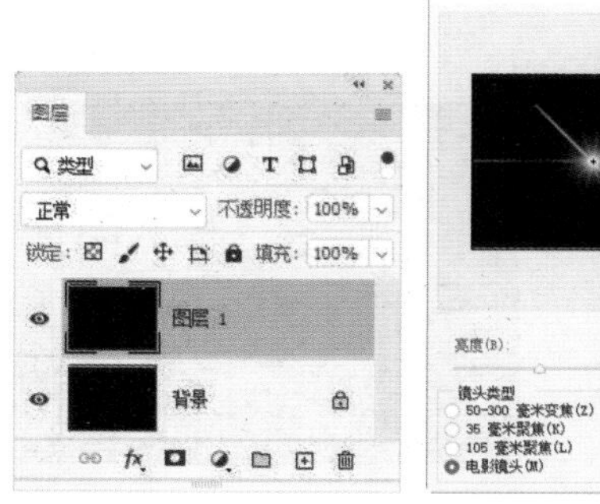

图 7-85　　图 7-86

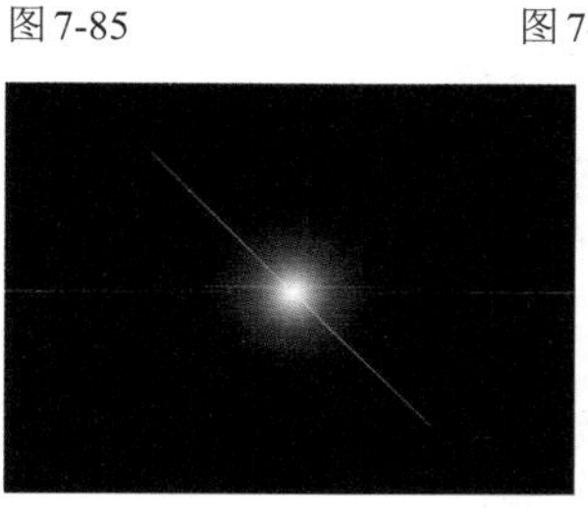

图 7-87

03 再次执行该命令，打开“镜头光晕”对话框，在预览框的左上角单击，定位光晕中心，如图7-88所示，单击“确定”按钮关闭对话框。再次执行该命令，这一次将光晕定位在画面的右下角，使这3个光晕处于一条斜线上，如图7-89所示，效果如图7-90所示。

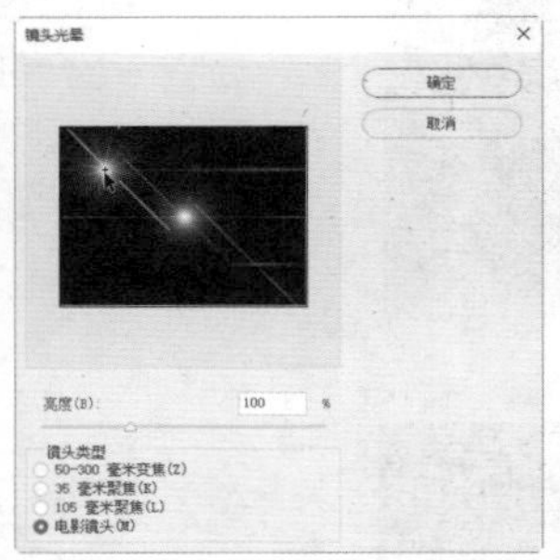

图 7-88

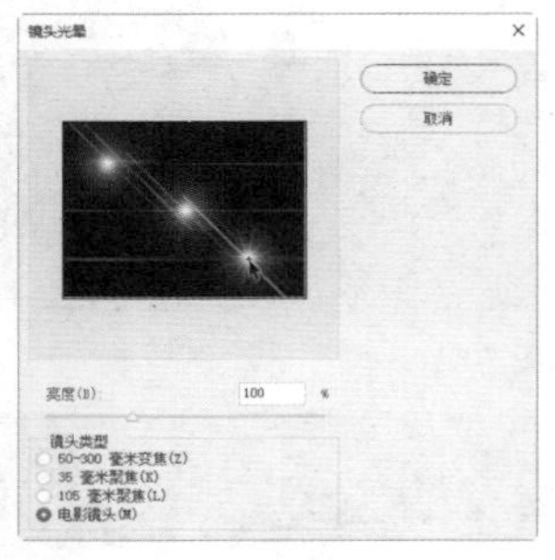

图 7-89

图 7-90

04 执行“滤镜”|“扭曲”|“极坐标”命令，在打开的对话框中选择“平面坐标到极坐标”选项，如图7-91和图7-92所示。按Ctrl+T快捷键显示定界框，右击，在弹出的快捷菜单中执行“垂直翻转”命令，再执行“逆时针旋转90度”命令，然后将图像放大并调整位置，如图7-93所示。

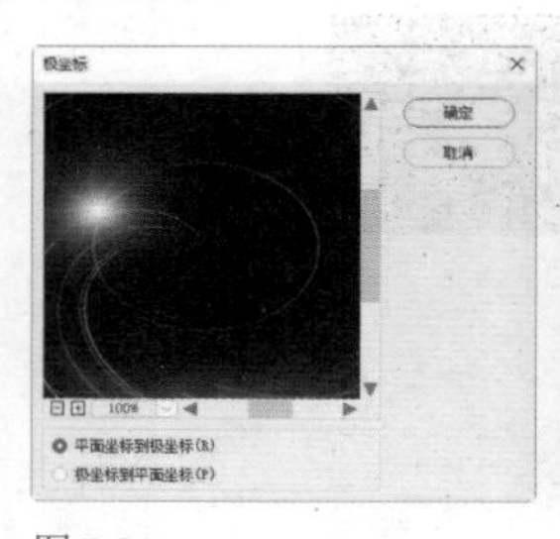

图 7-91

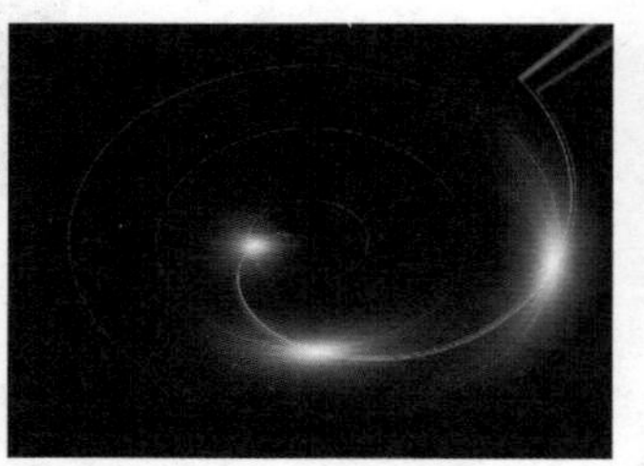

图 7-92

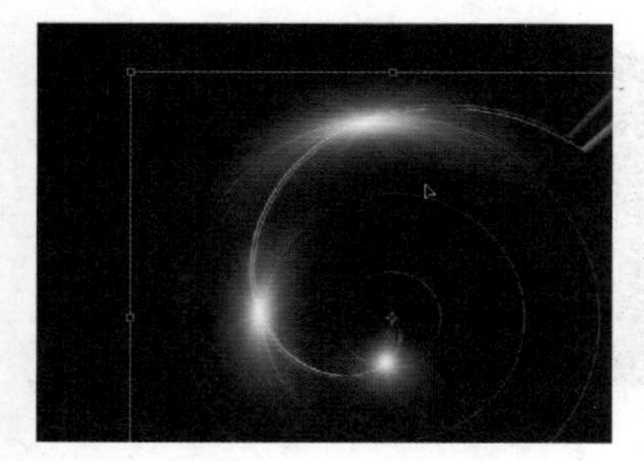

图 7-93

05 按Ctrl+J快捷键复制“图层1”，得到“图层1 拷贝”，设置混合模式为“变亮”，如图7-94所示。按Ctrl+T快捷键显示定界框，将图像沿逆时针方向旋转，并适当放大，如图7-95所示。

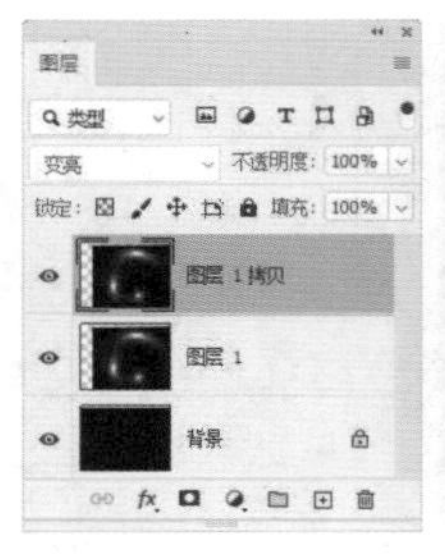

图 7-94

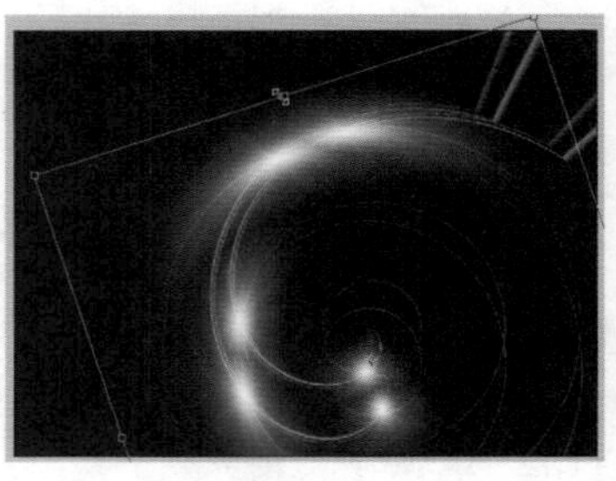

图 7-95

06 再次按Ctrl+J快捷键，复制“图层1 拷贝”图层，再将图像沿顺时针方向旋转，如图7-96所示。使用橡皮擦工具擦除该图层中的小光晕，只保留如图7-97所示的大光晕。

图 7-96

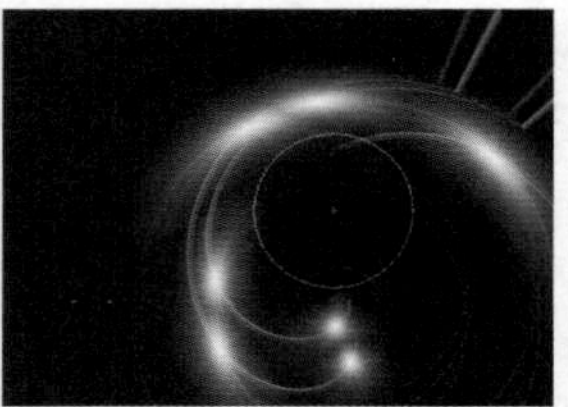

图 7-97

07 按Ctrl+J快捷键复制当前图层，将复制后的图像缩小，沿逆时针方向旋转，将光晕定位在如图7-98所示的位置，形成凤凰的头部。

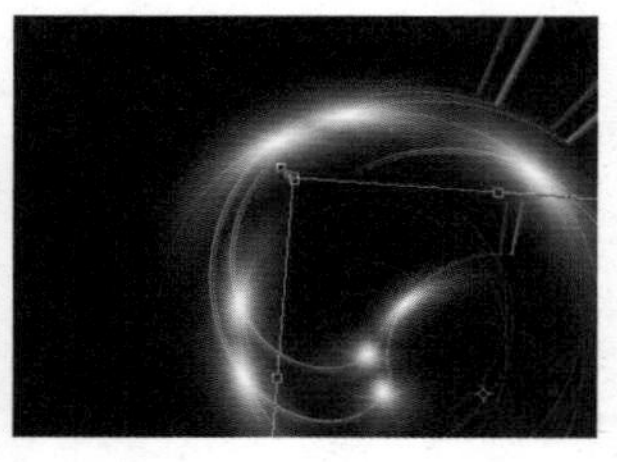

图 7-98

08 选择渐变工具，在工具选项栏中单击“径向渐变”按钮，再单击渐变颜色条，打开“渐变编辑器”对话框，调整渐变颜色，如图7-99所示。新建图层，填充径向渐变，如图7-100所示。设置该图层的混合模式为“叠加”，效果如图7-101所示。

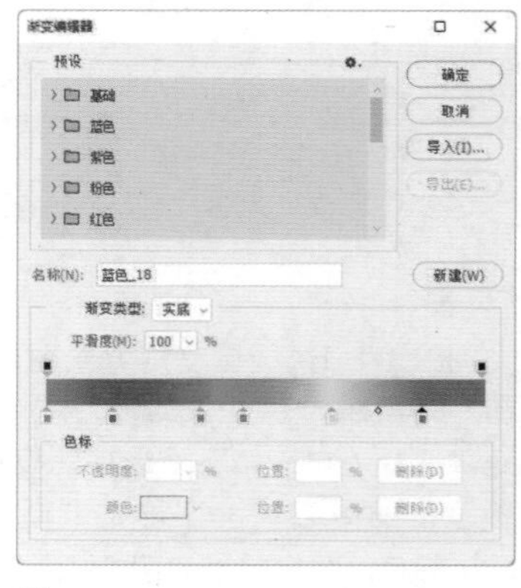

图 7-99

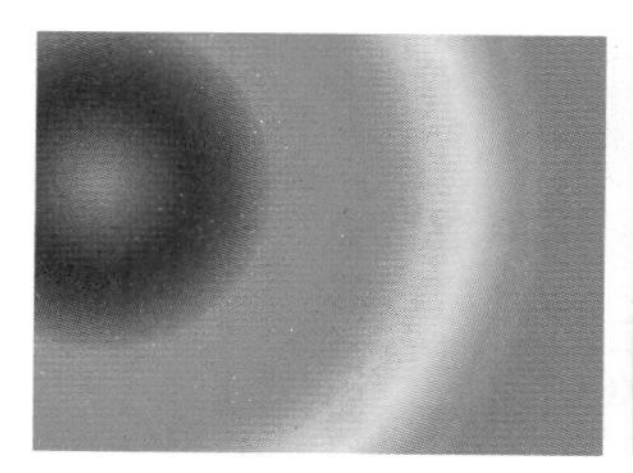

图 7-100

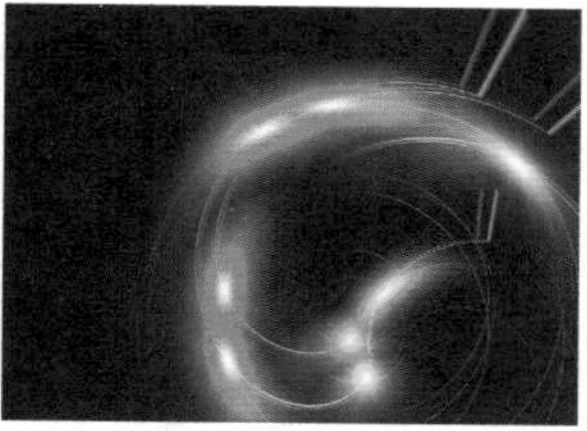

图 7-101

09 按Alt+Shift+Ctrl+E快捷键，将图像盖印到新的图层（图层3）中，保留“图层1”和“背景”图层，将其他图层删除，如图7-102所示。调整图像的高度，并将其移动到画面中心，如图7-103所示。使用橡皮擦工具擦除整齐的边缘，在处理靠近凤凰边缘的位置时，将橡皮擦的“不透明度”设置为50%，这样的修边方法可以使边缘变浅，颜色不再强烈，如图7-104所示。

图 7-102

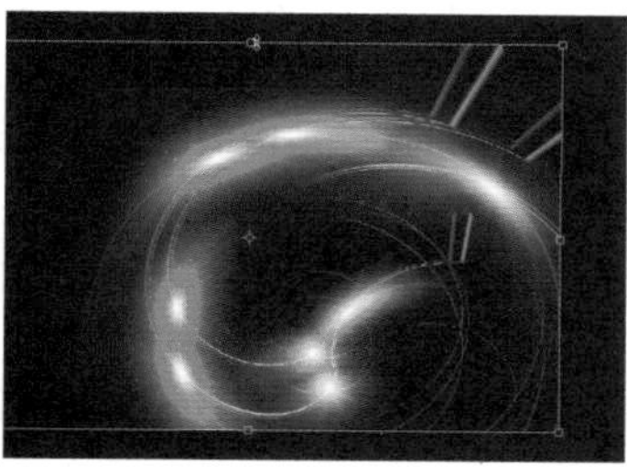

图 7-103

图 7-104

10 按Ctrl+J快捷键复制当前图层，设置复制得到的图层的混合模式为“变亮”，再将其沿逆时针方向旋转，如图7-105所示。使用橡皮擦工具擦除多余的区域，如图7-106所示。

图 7-105

图 7-106

11 按Ctrl+U快捷键打开“色相/饱和度”对话框，调整“色相”为-180，如图7-107和图7-108所示。

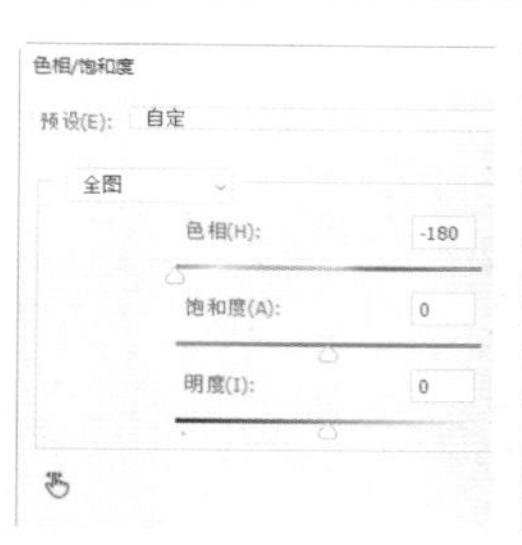

图 7-107

图 7-108

12 继续用上面的方法制作其余的图像，可以先复制凤尾图像，再调整颜色和大小，组合排列成为凤凰的形状，完成后的效果如图7-109所示。

图 7-109

7.5　应用案例：商业插画

商业插画为企业或产品绘制插图，常用于书籍装帧、商品包装、广告、网络媒介等。

01 打开素材文件，如图7-110所示。选择快速选择工具，在工具选项栏中设置工具参数，如图7-111所示，将手选中，如图7-112所示。

图 7-110

图 7-111

图 7-112

tip 创建选区时，一次不能完全选中两只手，按住Alt键在多选的部分拖曳鼠标，可将其排除到选区之外；按住Shift键在漏选的区域拖曳鼠标，可将其添加到选区中。

02 连续按4次Ctrl+J快捷键，将选中的手复制到4个图层中，如图7-113所示。分别在图层的名称上双击，为图层输入新的名称。选择“质感”图层，在其他3个图层的眼睛图标 上单击，将它们隐藏，如图7-114所示。

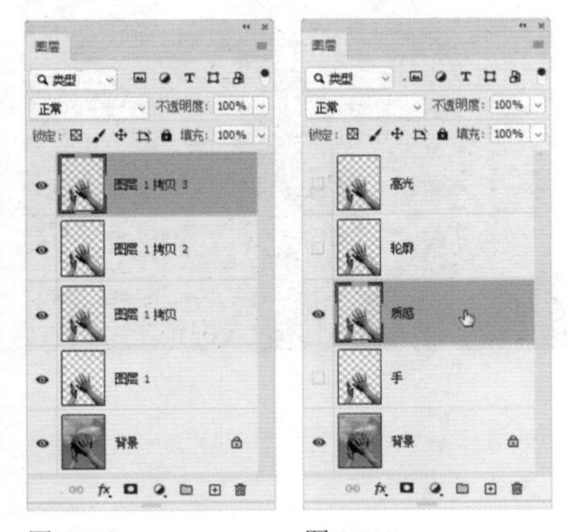

图 7-113　　图 7-114

03 执行“滤镜”|“滤镜库”命令，打开“滤镜库”，在“艺术效果”滤镜组中选择“水彩”滤镜，设置相关参数，如图7-115所示。

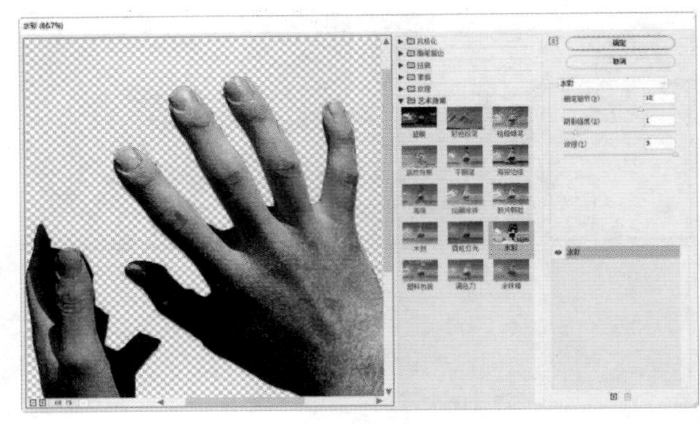

图 7-115

04 在“图层”面板中双击“质感”图层的空白处，打开“图层样式”对话框，按住Alt键向右侧拖动“本图层”选项组中的黑色滑块，将其分为两个部分，然后将右半部滑块定位在色阶237处，如图7-116所示。这样可以将该图层中色阶值低于237的暗色调像素隐藏，只保留由滤镜生成的淡淡的纹理，而将黑色边线隐藏，如图7-117所示。

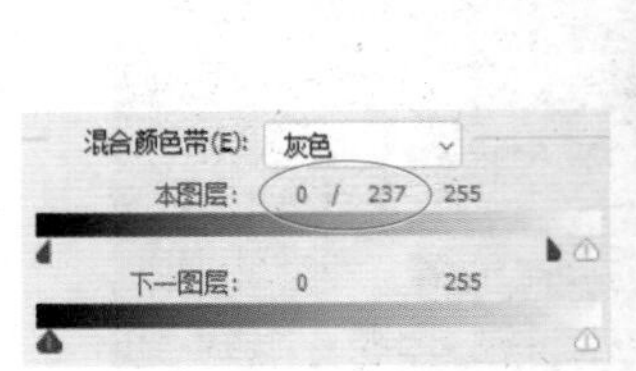

图 7-116　　图 7-117

05 选择并显示“轮廓”图层，如图7-118所示。执行“滤镜”|“滤镜库”命令，打开“滤镜库”，在“风格化”滤镜组中选择“照亮边缘”滤镜，参数设置如图7-119所示。将该图层的混合模式设置为“滤色”，生成类似于冰雪般的透明轮廓，如图7-120所示。

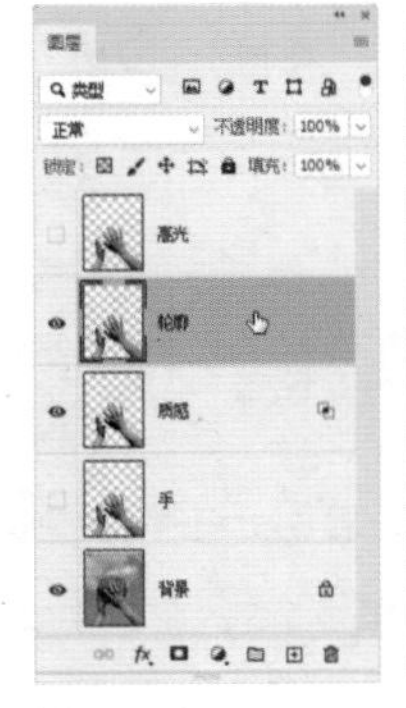

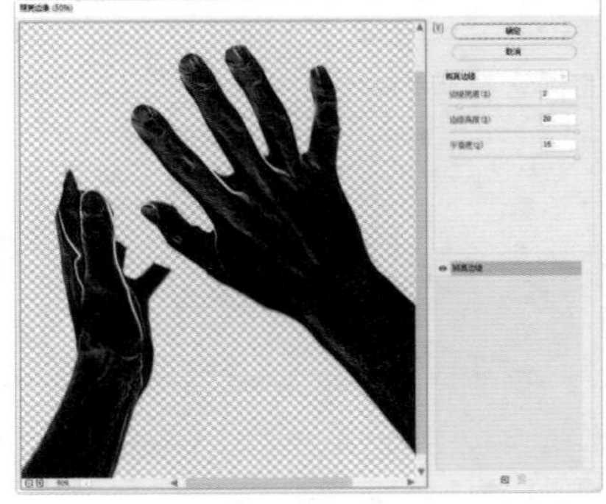

图 7-118　　图 7-119

图7-120

06 按Ctrl+T快捷键显示定界框，拖曳两侧的控制点将图像拉宽，使轮廓线略超出手的范围。按住Ctrl键，将右上角的控制点向左移动一点，如图7-121和图7-122所示，按Enter键确认操作。

图7-121

图7-122

07 选择并显示“高光”图层，执行“滤镜”|“素描”|“铬黄”命令，为该图层应用滤镜，如图7-123所示。将图层的混合模式设置为“滤色”，如图7-124和图7-125所示。

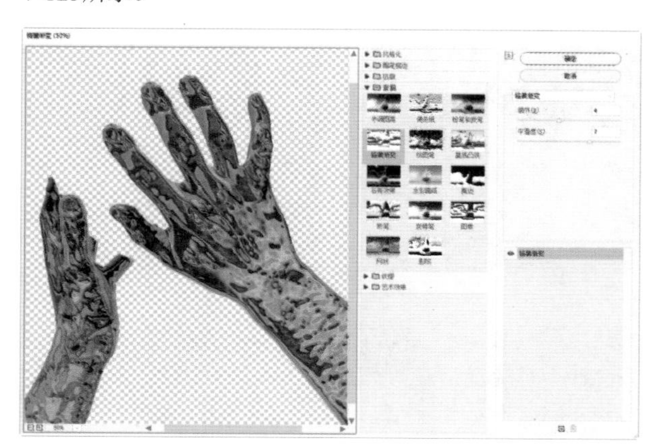

图7-123

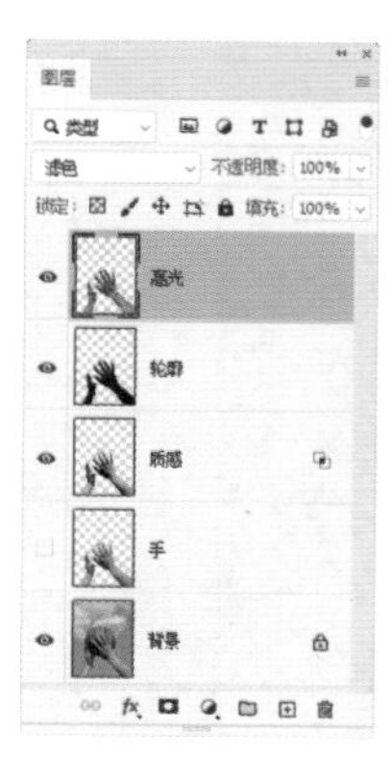

图7-124　图7-125

08 选择并显示“手”图层，单击“图层”面板顶部的 按钮，如图7-126所示，将该图层的透明区域锁定。按D键恢复默认的前景色和背景色，按Ctrl+Delete快捷键填充背景色（白色），使手图像成为白色，如图7-127所示。由于锁定了图层的透明区域，颜色不会填充到手外边。

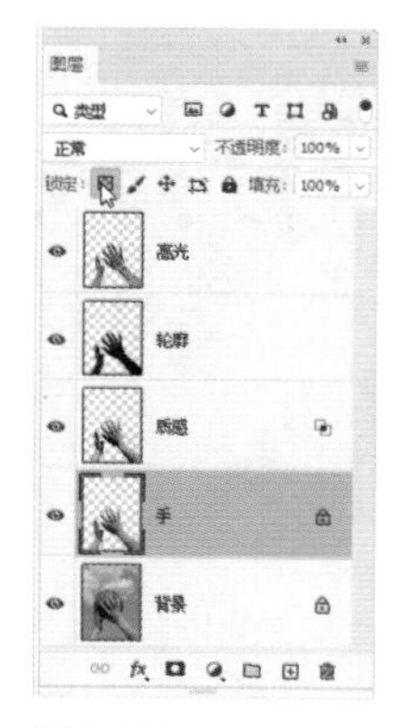

图7-126　图7-127

09 单击“图层”面板底部的 按钮，添加蒙版。选择画笔工具及柔边圆笔尖，在两只手内部涂抹灰色，颜色深浅应有一些变化，如图7-128和图7-129所示。

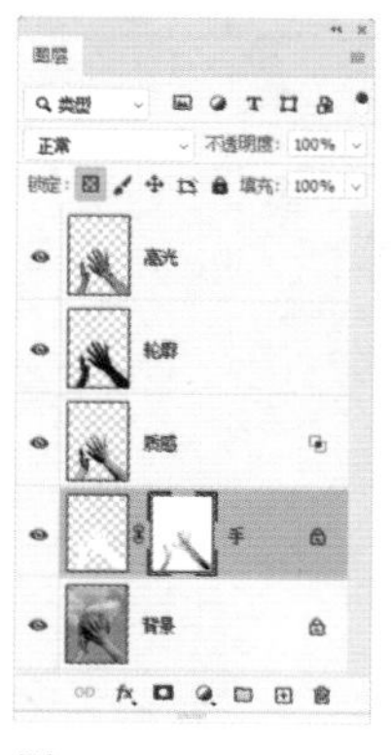

图7-128　图7-129

10 单击“高光”图层，按住Ctrl键，单击该图层的缩览图，将手载入选区，如图7-130和图7-131所示。

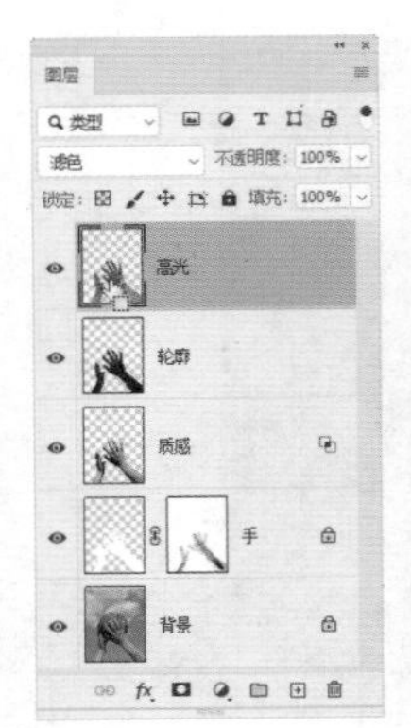
图 7-130

图 7-131

⑪ 创建“色相/饱和度”调整图层，参数设置如图7-132所示，将手调整为冷色，如图7-133所示。选区会转化到调整图层的蒙版中，以限定调整范围。

图 7-132

图 7-133

⑫ 单击“图层”面板底部的 ⊞ 按钮，在调整图层上面新建图层，如图7-134所示。选择画笔工具 及柔边圆笔尖，按住Alt键（可临时切换为吸管工具 ）在蓝天上单击，拾取蓝色作为前景色，然后释放Alt键，在手臂内部涂抹蓝色，让手臂看上去更加透明，如图7-135所示。

图 7-134

图 7-135

⑬ 使用椭圆选框工具 选中篮球。选择“背景”图层，按Ctrl+J快捷键将篮球复制到新的图层中，如图7-136所示。按Shift+Ctrl+] 快捷键，将该图层调整到最顶层，如图7-137所示。

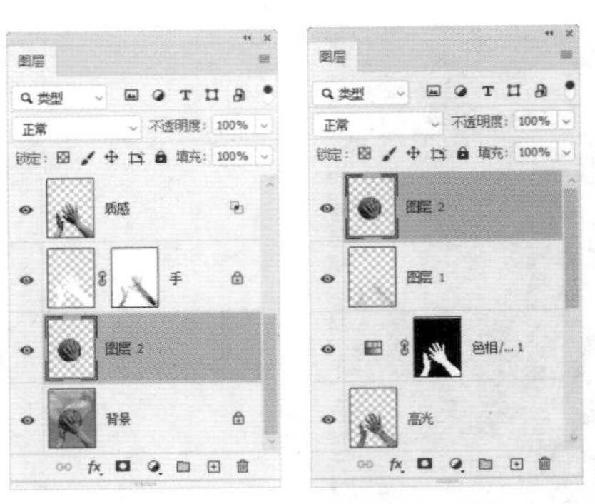
图 7-136　　图 7-137

⑭ 按Ctrl+T快捷键显示定界框。右击，在弹出的快捷菜单中执行“水平翻转”命令，翻转图像；将光标放在控制点外侧，拖动鼠标旋转图像，如图7-138所示，按Enter键确认操作。单击“图层”面板底部的 按钮，为图层添加蒙版。使用画笔工具 在左上角的篮球上涂抹黑色，将其隐藏。按数字键3，将画笔的“不透明度”设置为30%，在篮球右下角涂抹浅灰色，使手掌内的篮球呈现若隐若现的效果，如图7-139和图7-140所示。

图 7-138

图 7-139

图 7-140

⑮ 按住Ctrl键单击“手”图层的缩览图，将手载入选区，如图7-141所示。选择椭圆选框工具 ，按住Shift键拖曳鼠标，将篮球选中，可将其添加到现有选区中，如图7-142所示。

图 7-141

图 7-142

⑯ 执行“编辑”|“合并拷贝”命令，复制选中的图像，按Ctrl+V快捷键粘贴到新的图层中（“图层3”），如图7-143所示。按住Ctrl键，单击“轮廓”图层，将其与“图层3”同时选择，如图7-144所示。打开素材文件，

如图7-145所示，使用移动工具✥将选中的两个图层拖入该文件，效果如图7-146所示。

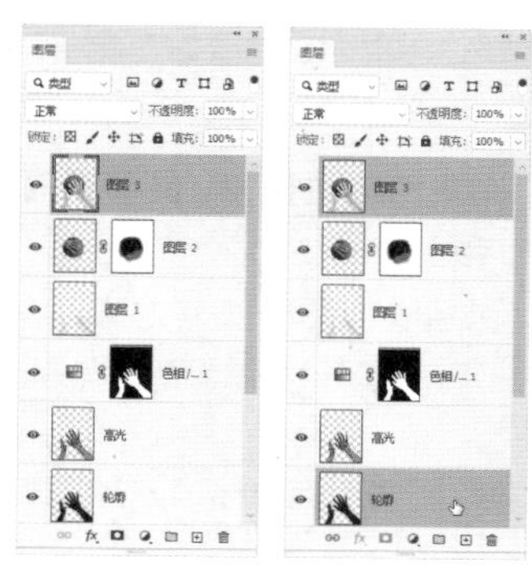

图 7-143　　图 7-144

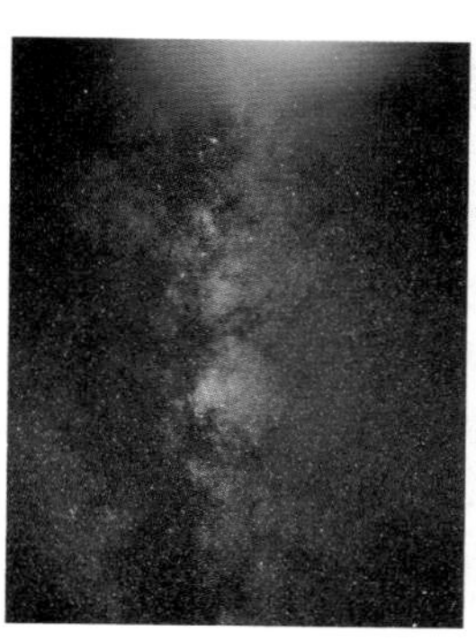

图 7-145

图 7-146

7.6　课后作业：制作两种球面全景图

本作业使用“扭曲”滤镜组中的“极坐标”命令制作两种球面全景图效果，如图7–147~图7–150所示。

制作效果1时，在“极坐标”对话框中选择“平面坐标到极坐标”选项，对图像进行扭曲，然后按Ctrl+T快捷键显示定界框，拖曳控制点，将天空调整为球状。此外，可以使用仿制图章工具对草地进行修复。

制作效果2时，先执行“图像”|“图像大小”命令，打开“图像大小”对话框后，单击按钮，取消宽度与高度比例的锁定，之后修改参数，将画布改为正方形；再执行“图像”|“图像旋转”|“180度”命令，将图像翻转过去，然后使用“极坐标”滤镜进行处理即可。

效果1素材

图 7-147

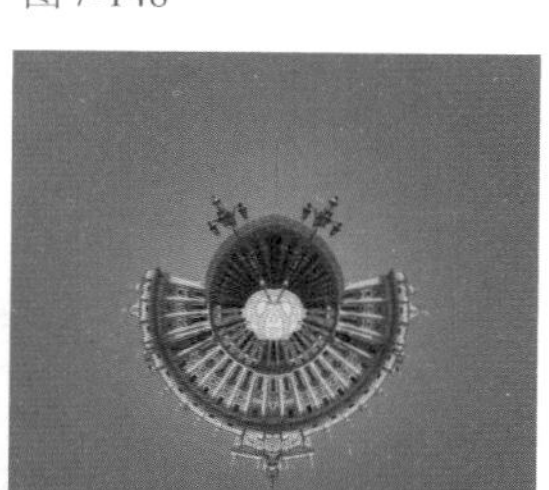

球面全景图效果1

图 7-148

效果2素材

图 7-149

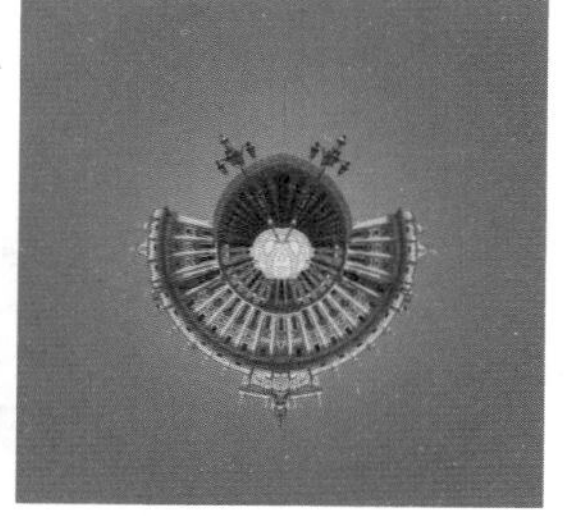

球面全景图效果2

图 7-150

7.7　复习题

1. 滤镜是基于什么原理生成特效的？
2. 编辑CMYK模式的图像时，有些滤镜无法使用该怎么办？
3. 图像较大，分辨率也较高，使用滤镜时内存不够用，导致Photoshop闪退，遇到这种情况该怎样处理？
4. 外挂滤镜有何用处，怎样安装？
5. 智能滤镜有哪些优点？

第8章

摄影后期必修课：PS+ACR调色

摄影是充满创造和灵感的艺术。但数码相机由于本身原理和构造的特殊性，以及拍摄者不精通摄影技术，拍摄的照片往往存在曝光不准、画面黯淡、偏色等问题。这些问题都可以在Photoshop中通过后期处理解决。本章介绍怎样使用Photoshop和Camera Raw调整照片的色调和色彩，以及图像自动编辑功能——动作和批处理。

学习重点 

调整图层......121
直方图......122
调整色阶......124
调整曲线......125
制作宝丽莱照片效果......126
风光照片精修......134

8.1 关于广告摄影

摄影能够真实、生动地再现宣传对象，完美地传达信息，具有很高的适应性和灵活性，是广告行业最好的技术手段之一。

广告摄影主要的服务对象是商品广告，包括以下几种创意方法。

- 主体表现法：着重刻画商品的主体形象，一般不附带陪衬物和复杂的背景，如图8-1所示为CK手表广告。
- 环境陪衬式表现法：把商品放置在一定的环境中，或采用适当的陪衬物来烘托主体对象，如图8-2所示为鲜花丛中的苏格兰威士忌酒。
- 情节式表现法：通过故事情节突出商品的主体。如图8-3所示为Sauber丝袜广告："我们的产品超薄透明，而且有超强的弹性。这些都是一款优质丝袜必备的，但是如果被绑匪们用就是另外一个场景了。"

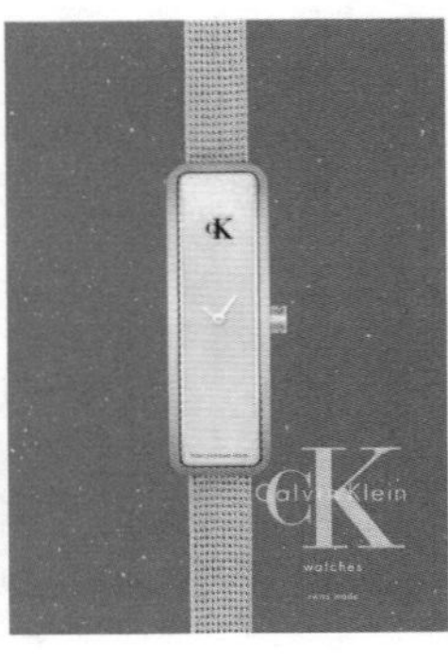

图8-1

图8-2

图8-3

- 组合式表现法：将同一商品或一组商品在画面上按照一定的组合形式展现出来，如图8–4所示为Uncle Ben食品广告。
- 反常态表现法：通过令人震惊的奇妙形象，使人们产生对广告的关注，如图8-5所示为鞋类广告。
- 间接表现法：间接、含蓄地表现商品的功能和优点，如图8–6所示为烹饪艺术学院广告。

图8-4

图8-5

图8-6

8.2　调整色调和亮度

色调范围关系着图像中的信息是否充足，也影响着图像的亮度和对比度，而亮度和对比度又决定了图像的清晰度。由此可见，色调和亮度调整在图像编辑中非常重要。

8.2.1　调整图层

Photoshop的"图像"菜单中包含调整色调和颜色的各种命令，如图8-7所示。绝大多数命令可以通过两种方式来使用，第一种是直接用"图像"菜单中的命令调整对象；第二种是单击"调整"面板中的按钮，创建调整图层并调色。这两种方式可以达到相同的调整结果。

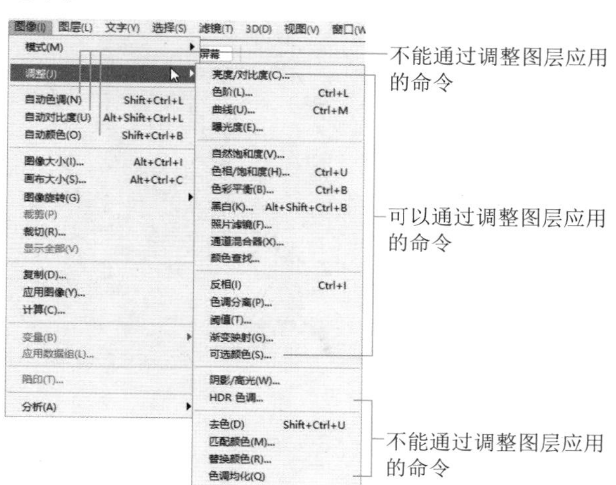

图8-7

两种方式的不同之处在于，"图像"菜单中的命令会修改像素，如图8-8和图8-9所示。

原图

图8-8

使用"黑白"命令调整图像，"背景"图层的颜色变为黑白效果

图8-9

使用调整图层时，则会在对象上方创建调整图层并影响其下方的对象，但不会真正修改像素，如图8-10所示。而且只要单击调整图层左侧的👁图标，将调整图层隐藏，或者删除调整图层，对象就会恢复为原来的效果，如图8-11所示。

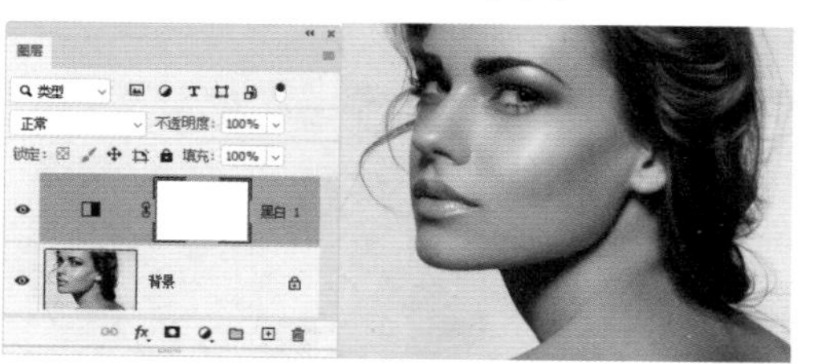

使用黑白调整图层调整时，"背景"图层的颜色并未改变

图8-10

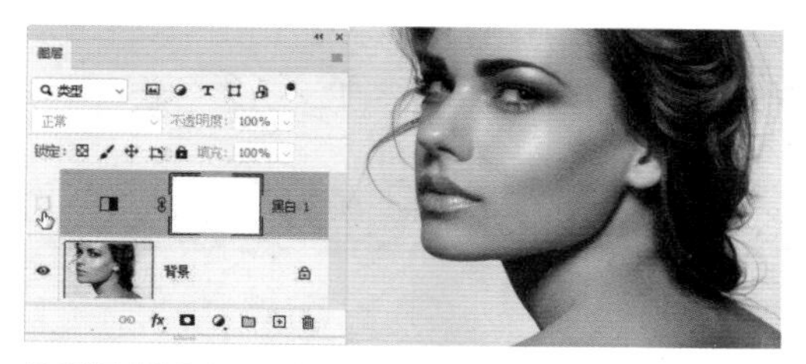

隐藏调整图层，图像恢复为原状

图8-11

此外，使用画笔工具、渐变工具等修改调整图层的蒙版，如将不想被影响的区域涂黑，还可以控制调整范围；涂抹灰色，则可以减弱调整强度，如图8-12所示。由此可见，调整图层是一种非破坏性的编辑功能。

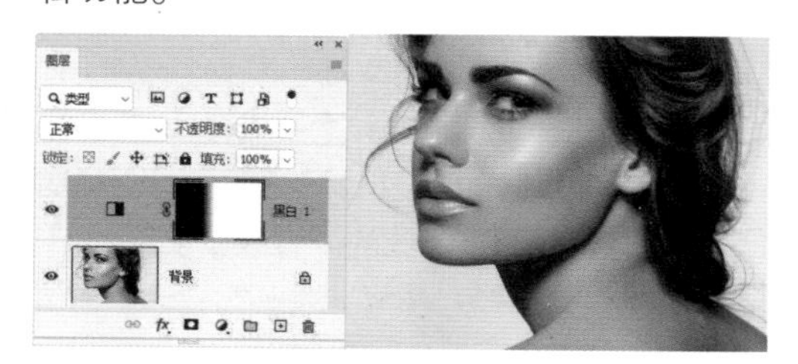

蒙版中黑色对应的调整效果被完全隐藏，灰色使效果变弱

图8-12

8.2.2　色调范围

在Photoshop中，色调范围被定义为0（黑）~255（白）共256级色阶。在此范围内，又可划分出阴影、中间调和高光3个色调区域，如图8-13所示。

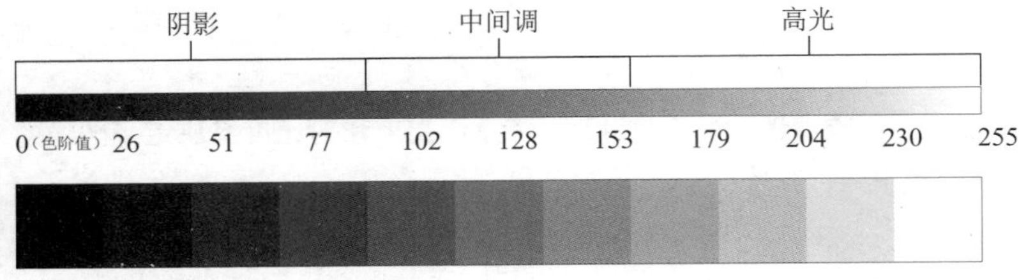

摄影师常用的11级灰度色阶

图8-13

图像的色调范围完整，则画质细腻、层次丰富，色调过渡也非常自然，如图8–14所示。色调范围不完整，即小于0~255级色阶，就会缺少黑和白或接近于黑和白的色调，会出现对比度偏低、细节减少、色彩平淡、色调不通透等问题，如图8–15所示。

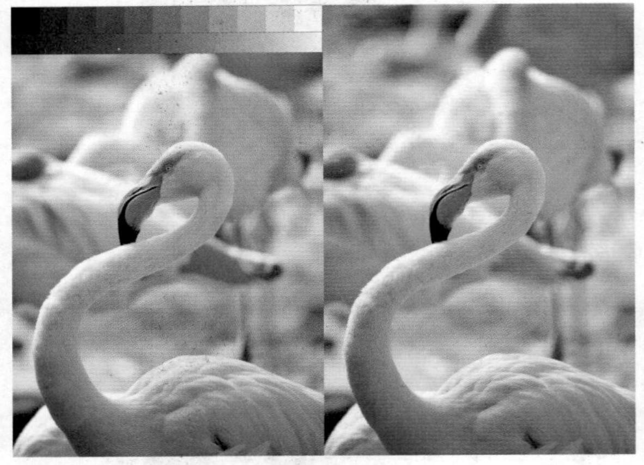

色调范围完整的黑白/彩色照片

图8-14

色调范围小于0~255级色阶的黑白/彩色照片

图8-15

8.2.3　直方图

直方图是一种统计图形，描述了图像的亮度信息如何分布，以及每个亮度级别中的像素数量。在调整照片前，可以先打开“直方图”面板，通过分析直方图了解照片的状况，如图8–16所示。在直方图中，从左（色阶为0，黑）至右（色阶为255，白）共256级色阶。直方图上的“山峰”和“峡谷”反映了像素数量的多少。例如，如果照片中某一个色阶的像素较多，该色阶所在处的直方图就会较高，形成“山峰”；如果“山峰”坡度平缓，或者出现凹陷的“峡谷”，则表示该区域的像素较少。

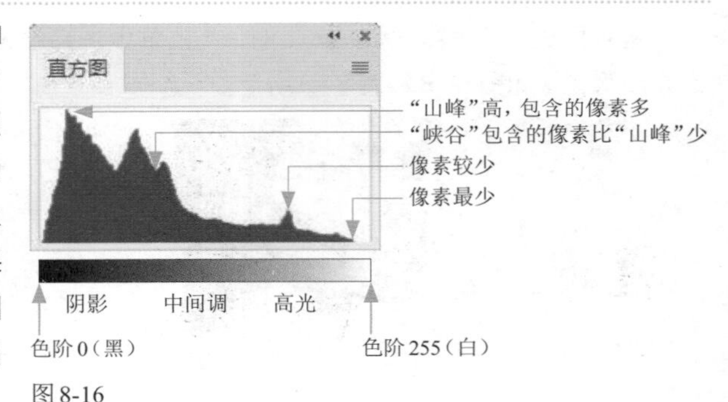

图8-16

- 曝光准确的照片：色调均匀，明暗层次丰富，亮部不会丢失细节，暗部也不会漆黑一片，如图8-17所示。从直方图中可看到，山峰基本在中心，并且从左（色阶0）到右（色阶255）每个色阶都有像素分布。
- 曝光不足的照片：如图8-18所示为曝光不足的照片，画面色调非常暗。从直方图中可以看到，山峰分布在直方图左侧，中间调和高光区域都缺少像素。
- 曝光过度的照片：如图8-19所示为曝光过度的照片，画面色调较亮，高光区域失去了层次。从直方图中可以看到，山峰整体都向右偏移，阴影区域缺少像素。
- 反差过小的照片：如图8-20所示为反差过小的照片，照片是灰蒙蒙的。从直方图中可以看到，两个端点出现空缺，说明阴影和高光区域缺少必要的像素，图像中最暗的色调不是黑色，最亮的色调不是白色，该暗的地方没有暗下去，该亮的地方也没有亮起来，所以照片是灰蒙蒙的。

图 8-17

图 8-18

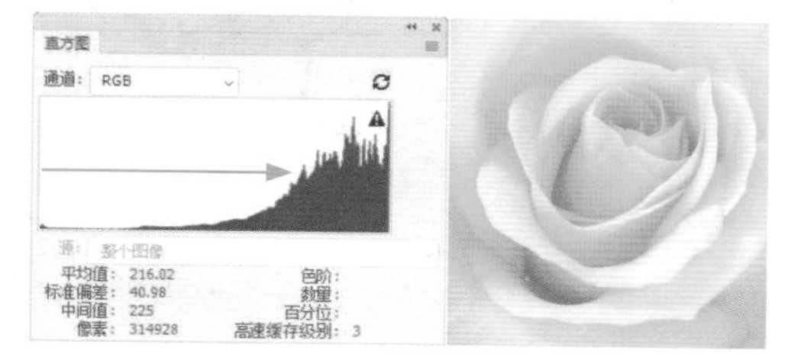

图 8-19

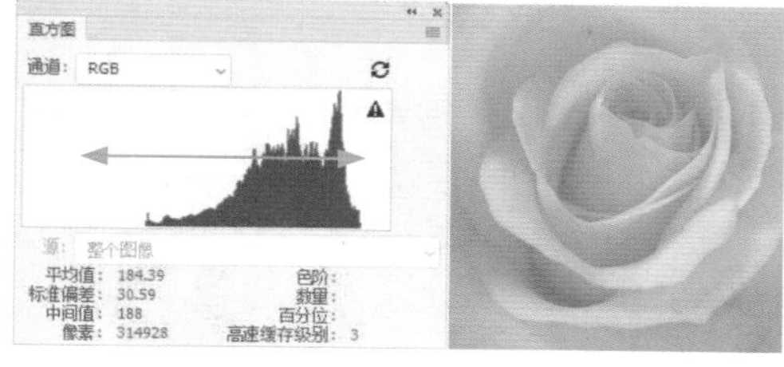

图 8-20

- 暗部缺失的照片：如图 8-21 所示为暗部缺失的照片，头发的暗部漆黑一片，没有层次，也看不到细节。从直方图中可以看到，一部分山峰紧贴直方图左端，这就是全黑的部分（色阶为 0）。

图 8-21

- 高光溢出的照片：如图 8-22 所示为高光溢出的照片，高光区域完全变成了白色，没有任何层次。从直方图中可以看到，一部分山峰紧贴直方图右端，这就是全白的部分（色阶为 255）。

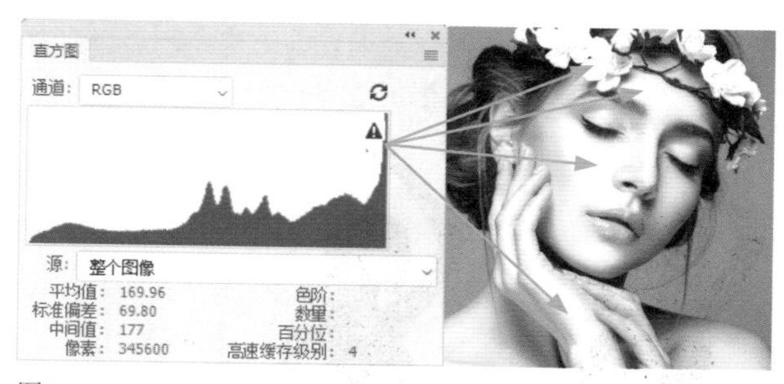

图 8-22

8.2.4　调整亮度、对比度和清晰度

对于曝光不足或者不够清晰的照片，如图 8–23 所示，可以使用“图像”菜单中的“自动色调”命令进行处理。执行该命令时，Photoshop 会将每个颜色通道中最暗的像素映射为黑色（色阶 0），最亮的像素映射为白色（色阶 255），中间像素按照比例重新分布，这样色调范围就完整了，对比度也得到了增强，如图 8–24 所示。

图 8-23

图 8-24

如果想手动调整，可以执行“图像”|“调整”|“亮度/对比度”命令，打开“亮度/对比度”对话框，如图 8–25 所示，向右拖曳滑块，可以提高亮度和对比度；向左拖曳滑块，则可降低亮度和对比度。

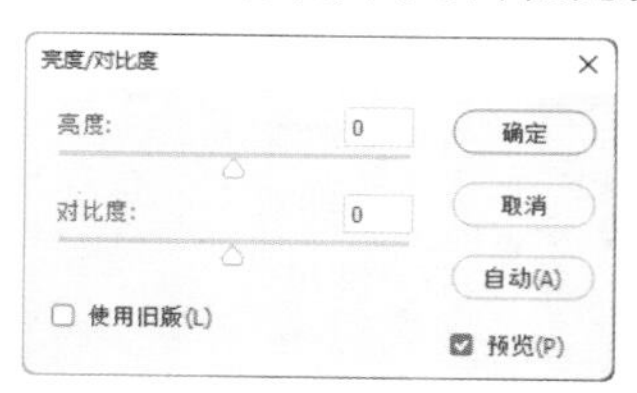

图 8-25

8.2.5　分别调整阴影和高光区域

逆光拍摄时，场景中亮的区域特别亮，暗的区域又特别暗，如图 8–26 所示。调整时，如果将阴影区域调亮，以显示更多的细节，则高光区域会过曝，如图 8–27 所示。“阴影/高光”命令适合处理此类照片，其能基于阴影或高光中的局部相邻像素来校正每个像素，作用范围非常明确，调整阴影区域时，对高光区域

的影响很小；调整高光区域时，也不会让阴影区域出现过多的改变，如图8–28和图8–29所示。

图8-26　　图8-27

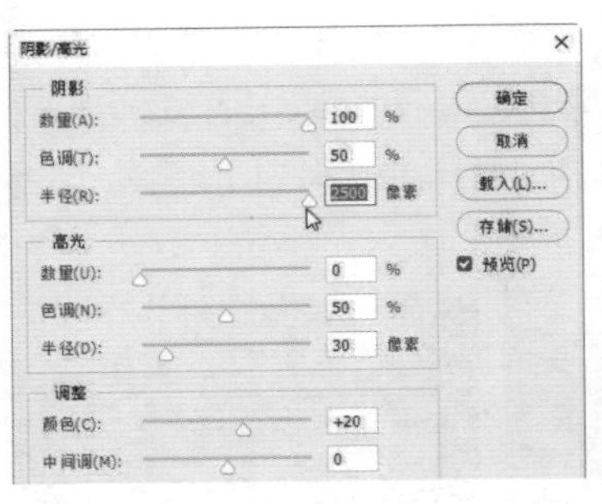

图8-28

图8-29

8.2.6　调整色阶

执行“图像”|“调整”|“色阶”命令（快捷键为Ctrl+L），打开“色阶”对话框，如图8–30所示。在该对话框中可以调整图像的阴影、中间调和高光的强度级别，校正色调范围和色彩平衡。

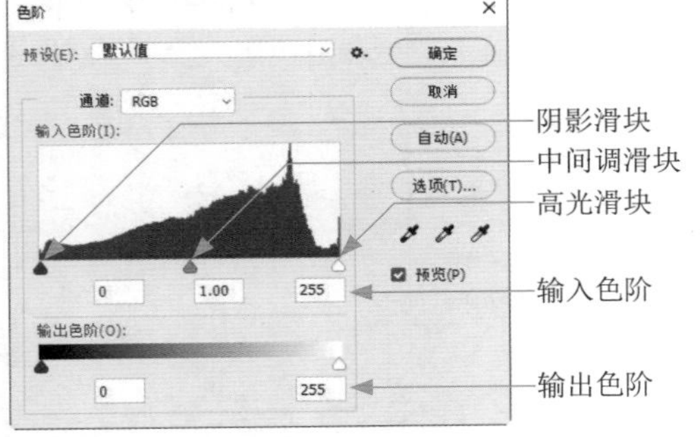

图8-30

操作时可拖曳滑块或在文本框中输入数值。默认状态下，阴影滑块在色阶0处，对应的是图像中最暗的色调，即黑色像素，将其向右拖曳时，会将滑块当前位置的像素映射为色阶0，这样滑块所在位置及其左侧的所有像素都会调为黑色，如图8–31所示。高光滑块的位置在色阶255处，对应的是图像中最亮的色调，即白色像素，将其向左拖曳，可将滑块所在处及其右侧的所有像素映射为白色，如图8–32所示。

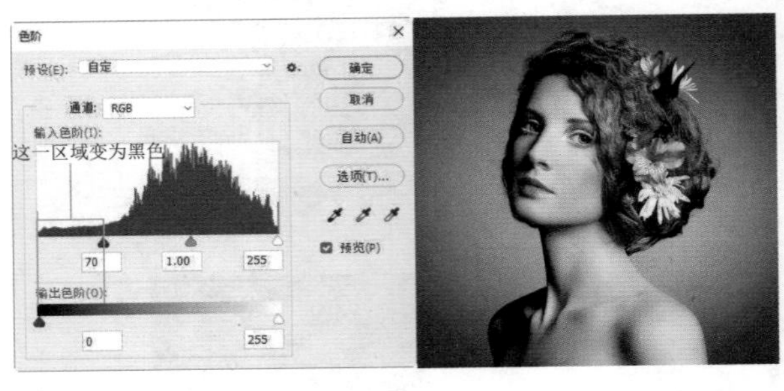

图8-31

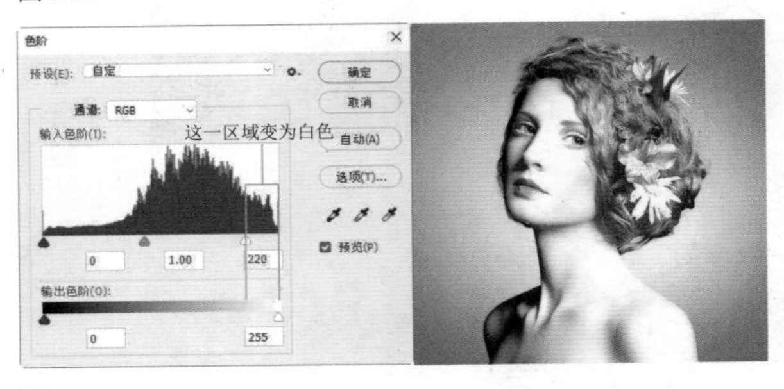

图8-32

中间调滑块位于色阶128处，用于调整图像中的灰度系数。将该滑块向左侧拖曳，可以将中间调调亮，如图8–33所示；向右侧拖曳，则可将中间调调暗，如图8–34所示。

图8-33

图8-34

“输出色阶”选项组中的两个滑块用来限定图像的亮度范围，可以将图像中最暗色的调调整为深灰色，将最亮的色调调整为浅灰色。一般情况下很少调整“输出色阶”，因为会使色调变灰。

8.2.7　调整曲线

打开图像，如图 8–35 所示。执行“图像”|“调整”|“曲线”命令（快捷键为 Ctrl+M），打开“曲线”对话框，如图 8–36 所示。

图 8-35

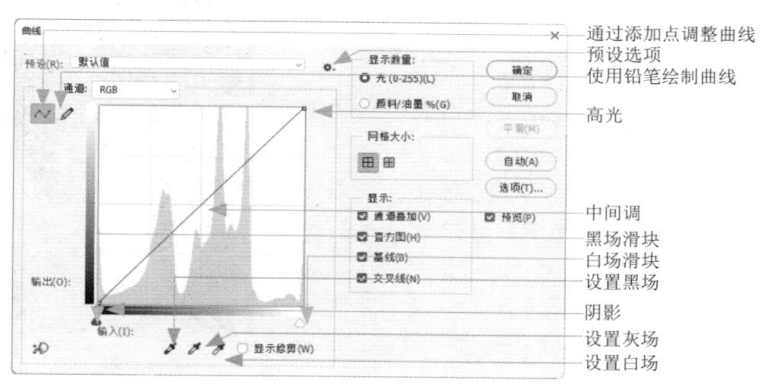

图 8-36

在“曲线”对话框中，水平的渐变颜色条为输入色阶，代表的是像素的原始强度值；垂直的渐变颜色条为输出色阶，代表了调整曲线后像素的强度值。默认情况下，这两个数值相同，因此，曲线呈现为 45° 斜线状。

在曲线上单击，添加控制点，之后拖曳控制点改变曲线形状，即可进行调整。如果向上拖曳控制点，如图 8–37 所示，在输入色阶中可以看到，图像中正在被调整的色调是色阶 100，在输出色阶中可以看到其被映射为更浅的色调，即色阶 150，图像因此而变亮。如果向下拖曳控制点，则会将所调整的色调映射为更深的色调（色阶 100 被映射为色阶 50），图像也会变暗，如图 8–38 所示。

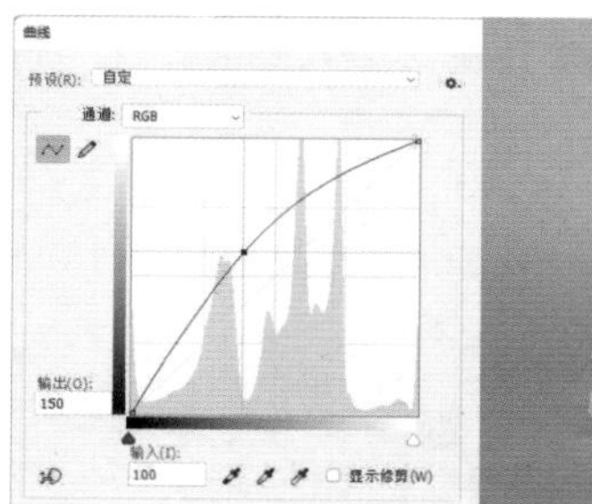

图 8-37

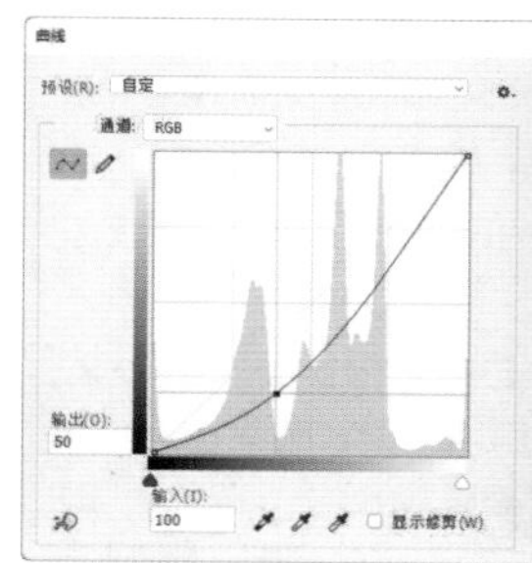

图 8-38

tip 单击控制点可将其选择，按住Shift键单击可以选择多个控制点。选择控制点后，按方向键（→、←、↑、↓）可以轻移控制点。按Delete键可删除所选控制点。

色阶有 3 个滑块，能将色调分为 3 段（阴影、中间调、高光）调整。而曲线上最多可以有 16 个控制点，即能够把整个色调范围（0 ~ 255）分成 15 段，因此，曲线对色调的控制更加精确。不仅如此，“曲线”还能替代“阈值”和“亮度 / 对比度”等命令。

8.3　调整颜色

Photoshop 提供了大量色彩和色调调整工具，不仅可以对色彩的组成要素（色相、饱和度、明度和色调）等进行精确调整，还能让色彩发生创造性的改变。

8.3.1　调整色相和饱和度

- “色相 / 饱和度”命令：色彩的三要素是色相、饱和度和明度，“色相 / 饱和度”命令可以针对其中任何一个要素进行调整。这种调整，既可应用于整幅图像，也可以只针对单一颜色。例如，可提高图像中所有颜色的饱和度，也可以只提高红色的饱和度，其他颜色不变。
- “自然饱和度”命令：用“自然饱和度”命令提高饱和度时，不会出现溢色，因此，该命令非常适合处理人像照片和印刷用的图像。

- “色彩平衡”命令：可以改变颜色的平衡关系。
- “黑白”命令：将彩色图像转换成黑白效果。黑白图像虽然没有色彩，但高雅而朴素，纯粹而简约，具有独特的艺术魅力。
- “照片滤镜”命令：使用类似相机滤镜的技术改变色彩，可用于校正照片的颜色。
- “通道混合器”命令：通过混合通道的方法改变颜色通道的亮度，进行修改色彩。
- “颜色查找”命令：电影在拍摄完成之后，调色师会利用LUT查找颜色数据，确定特定图像所要显示的颜色和强度，将索引号与输出值建立对应关系，以避免影片在不同显示设备上表现出来的颜色出现偏差。“颜色查找”便是基于此技术的调色命令，可以营造不同的色彩风格，如浪漫、清新、怀旧、冷峻等。

8.3.2　颜色反相、分离与映射

- “反相”命令：可以将图像中的每一种颜色都转换为其互补色（黑色、白色比较特殊，二者相互转换）。再次执行该命令，能将原有的颜色转换回来。
- “色调分离”命令：默认状态下，图像的色调范围是256级色阶（0~255），“色调分离”命令可以减少色阶数目，使颜色数量变少，图像细节得到简化。
- “阈值”命令：可定义阈值，将所有比阈值亮的像素转换为白色，比阈值暗的像素转换为黑色。
- “渐变映射”命令：可以将相等的图像灰度范围映射到指定的渐变颜色上。
- “可选颜色”命令：高端扫描仪和分色程序使用的技术，可以修改某一主要颜色中的印刷色数量，而不会影响其他主要颜色。例如，可以增加或减少绿色中的青色，同时保留蓝色中的青色。

8.3.3　匹配和替换颜色

- “替换颜色”命令：可以用一种颜色替换所选颜色。该命令其实是“色彩范围”命令与“色相/饱和度”命令的结合体。在使用时，其采用与“色彩范围”命令相同的方法选取颜色，之后又用与“色相/饱和度”命令相同的方法修改所选颜色。
- “匹配颜色”命令：摄影师在拍摄时，由于云层遮挡太阳、拍摄角度不同或客观环境变化等因素的影响，会导致不同照片的影调、色彩和曝光出现不一致。“匹配颜色”命令可以用效果好的照片去校正较差的照片，改善其影调、色彩和曝光。

8.3.4　实例：制作宝丽莱照片效果

01 打开素材，如图8-39所示。宝丽莱照片中的冷调微微发蓝，暖调有点泛红，色彩整体感觉柔和温暖。先来处理冷调。打开“通道”面板，单击“蓝”通道，如图8-40所示。将前景色设置为灰色（R123、G123、B123），按Alt+Delete快捷键，在蓝通道内填充灰色，如图8-41所示，按Ctrl+2快捷键重新显示彩色图像，如图8-42所示。

图 8-39

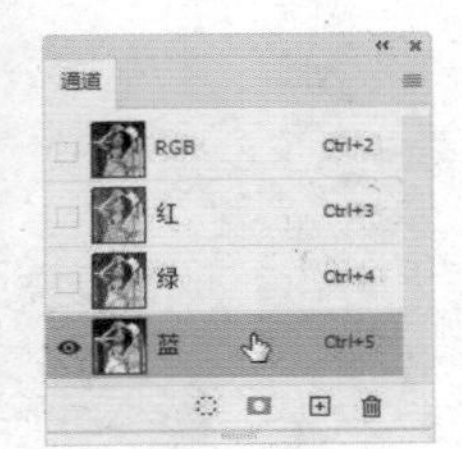

图 8-40

图 8-41

图 8-42

02 执行“滤镜”|“镜头校正”命令，打开“镜头校正”对话框，拖曳“晕影”选项组中的“数量”滑块，为照片添加暗角，如图8-43所示。

图 8-43

03 单击“调整”面板中的按钮，创建“色相/饱和度”调整图层。拖曳滑块调整颜色，增加饱和度，如图8-44所示。分别选择黄色和蓝色进行单独调整，如图8-45~图8-47所示。

04 单击“调整”面板中的按钮，创建“色阶”调整图层，向右拖曳阴影滑块，将色调调暗一些，使照片更加清晰；向左侧拖曳高光滑块，将高光区域的色调提亮，如图8-48和图8-49所示。按Alt+Shift+Ctrl+E快捷键，将当前效果盖印到一个新的图层中。

图 8-44　　图 8-45

图 8-46

图 8-47

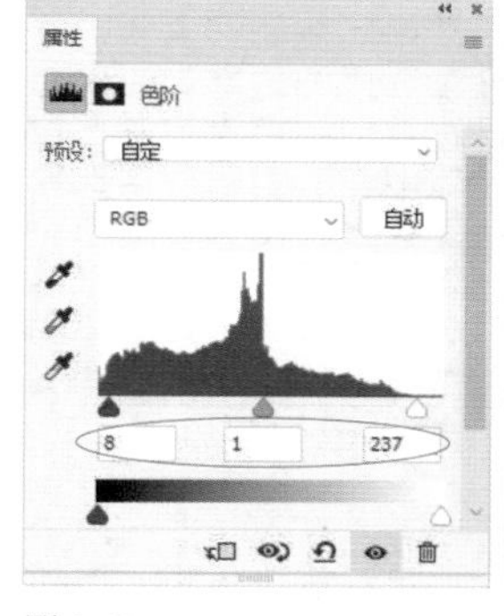

图 8-48

图 8-49

05 打开相纸素材，如图8-50所示。使用移动工具 将盖印后的图层拖入该文件，如图8-51所示。

图 8-50

图 8-51

tip 宝丽莱（Polaroid）是著名的即时成像相机，宝丽莱照片效果独特，黑白胶片经典的灰度、彩色胶片温暖的黄调，均透出浓浓的怀旧情调。

8.3.5　实例：用可选颜色命令调樱花

01 打开素材，如图8-52所示。单击“调整”面板中的 按钮，创建“色阶”调整图层。向左拖曳中间调滑块，扩展中间调范围；向右拖曳阴影滑块，将照片中缺少的暗调补上，如图8-53和图8-54所示。

图 8-52

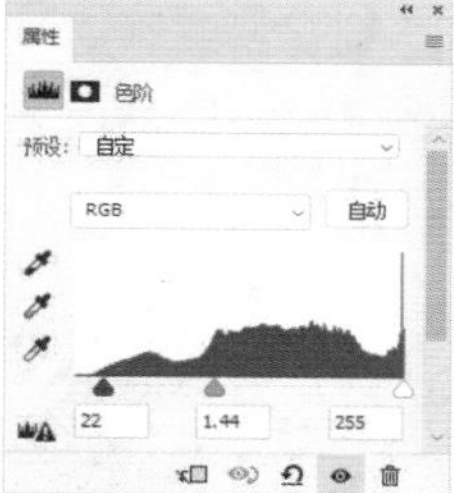

图 8-53

图 8-54

02 调整天空的颜色。单击“调整”面板中的 按钮，创建“可选颜色”调整图层，在“颜色”下拉列表中选择“青色”选项并拖曳滑块，在青色中增加青色，减少洋红含量，使天空更加干净透亮，如图8-55所示。

03 在“颜色”下拉列表中选择“中性色”选项，分别减少青色、洋红和黄色的含量，使樱花变为浪漫的浅粉色，如图8-56和图8-57所示。

图 8-55

图 8-56

图 8-57

04 使用快速选择工具在树干及木牌上拖曳鼠标，将其选取，如图8-58所示。单击“调整”面板中的按钮，基于选区创建“曲线”调整图层，这样选区会转换到图层蒙版中，将调整限定在所选对象上。向上拖曳曲线，如图8-59所示，将选中的图像调亮，如图8-60和图8-61所示。

图 8-58

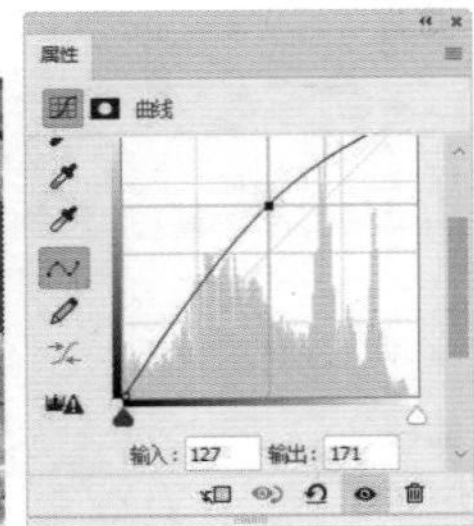

图 8-59

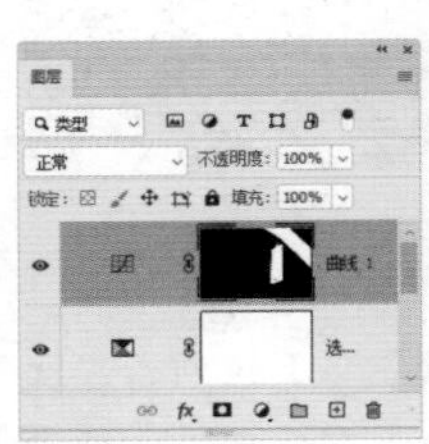

图 8-60

图 8-61

05 单击“背景”图层，单击“图层”面板底部的按钮，在其上方新建一个图层。将前景色设置为白色。选择渐变工具，在工具选项栏的“渐变”下拉面板中选择“前景色到透明渐变”选项，如图8-62所示，在画面左侧拖曳鼠标，填充线性渐变，制作出环境光，也使画面呈现远近虚实的空间感，如图8-63所示。

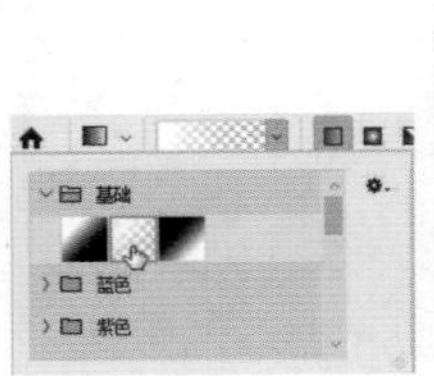

图 8-62

图 8-63

8.3.6 实例：春变秋

01 打开素材，如图8-64所示。按Ctrl+J快捷键复制“背景”图层。执行“图像”|“调整”|“替换颜色”命令，打开“替换颜色”对话框。选择其中的吸管工具，将光标移动到树叶上，单击，拾取光标下方的颜色，如图8-65所示。

图 8-64

图 8-65

02 拖曳“颜色容差”滑块，控制颜色的选取范围，将树叶全部选取，如图8-66所示。该值越高，包含的色彩范围越广。

图 8-66

tip “颜色容差”选项下方的缩览图中，白色是选中的区域，灰色是被部分选择的区域（即羽化区域），黑色则是未选择的区域。如果想将其他颜色添加到选取范围中，可以使用取样工具在图像中单击；如果颜色选取范围过大，可以使用从取样中减去工具在图像中单击，减少颜色。

03 拖曳“替换”选项中的各个滑块，修改色相、饱和度和明度，如图8-67和图8-68所示。

图 8-67

图 8-68

8.3.7　实例：通过匹配颜色方法调肤色

01 打开两个素材，如图8-69和图8-70所示。将第一幅图像设置为当前操作的文件。下面通过“匹配颜色”命令用第二幅图像中的女孩改善第一幅图像中女孩的肤色。

图 8-69　　图 8-70

02 执行“图像”|“调整”|“匹配颜色”命令，打开“匹配颜色”对话框。在“源”选项下拉列表中选择另一个素材，调整“渐隐”值，如图8-71和图8-72所示。

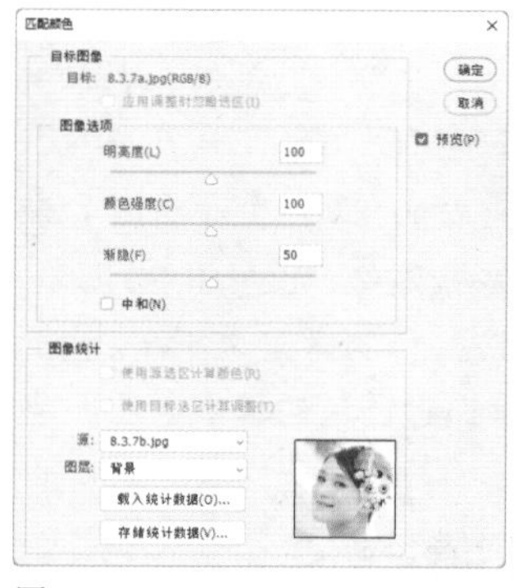

图 8-71

图 8-72

8.3.8　实例：黑白照片上色

01 打开素材，如图8-73所示。执行“滤镜”| Neural Filters命令，打开“Neural Filters”对话框。在“着色”滤镜上单击，启用该滤镜。勾选“自动调整图像颜色”选项，即可自动上色，如图8-74和图8-75所示。

图 8-73

图 8-74

图 8-75

02 将光标移动到水面，如图8-76所示，单击，添加一个焦点并弹出“拾色器”对话框，设置颜色为蓝色，如图8-77所示，单击“确定”按钮，关闭“拾色器”对话框，通过这种方法将水面调整为蓝色，如图8-78和图8-79所示。

图 8-76

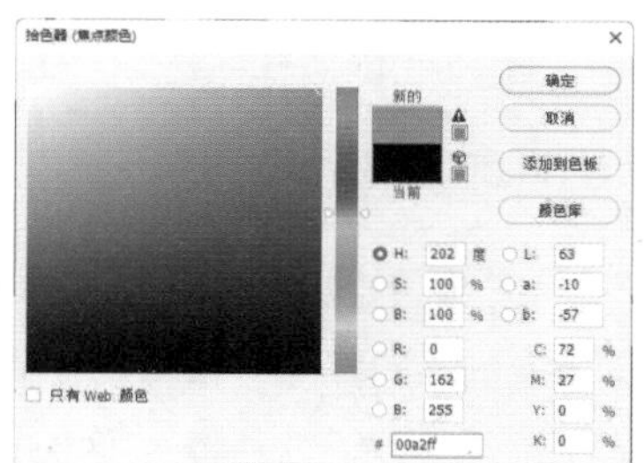

图 8-77

图 8-78

图 8-79

03 在如图8-80所示的位置单击，添加一个同样颜色的焦点，效果如图8-81所示。

图 8-80

图 8-81

04 在如图8-82所示的位置单击，添加一个焦点。单击“颜色”选项右侧的按钮，如图8-83所示，弹出“拾色器”对话框，将颜色修改为绿色，效果如图8-84和图8-85所示。

图 8-82

图 8-83

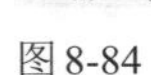

图 8-84

图 8-85

05 采用同样的方法将草地全部改为绿色，将裙子设置为深紫色，如图8-86和图8-87所示。

图 8-86

图 8-87

8.4 通道调色

颜色通道保存了图像的颜色信息，因此，调整颜色通道，就可以改变图像的颜色。

8.4.1 通道调色原理

RGB 模式通过色光三原色相互混合生成颜色，如图 8–88 所示，其颜色通道中保存的是红光（红通道）、绿光（绿通道）和蓝光（蓝通道）。这 3 个通道组合在一起成为 RGB 主通道，即看到的彩色图像，如图 8–89 所示。光线充足时，通道明亮，其中所含的颜色也就越多；光线不足时，通道会变暗，相应颜色的含量也不高。由此可知，只要将颜色通道调亮，便可增加相应的颜色；调暗则减少相应的颜色，这就是通道调色的基本方法。“色阶”和“曲线”对话框中都提供了通道选项，可选取并调整颜色通道的亮度。

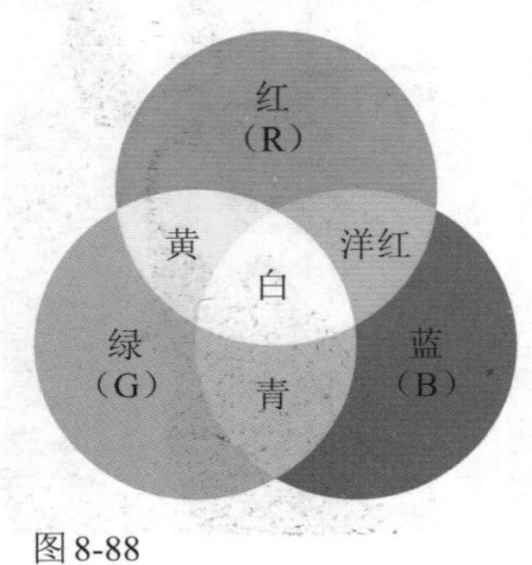

青：由绿、蓝混合而成

洋红：由红、蓝混合而成

黄：由红、绿混合而成

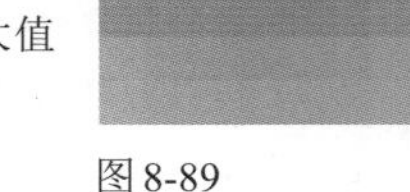

R、G、B 3种色光的取值范围都是 0~255。R、G、B 均为 0 时生成黑色；R、G、B 都达到最大值（255）时生成白色

图 8-88

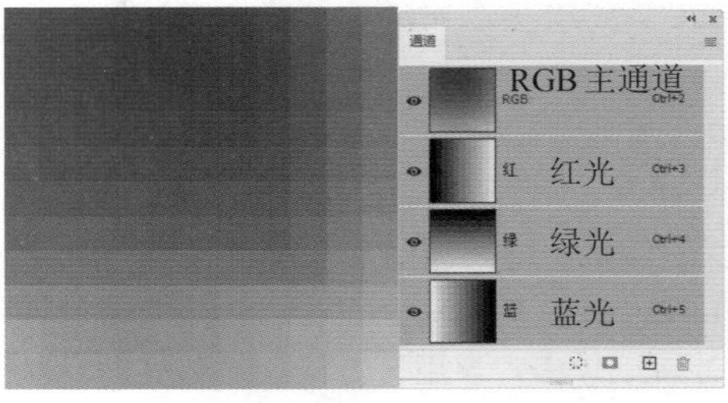

图 8-89

通道调色还有一个规律，即增加一种颜色，会同时减少其补色；反之，减少一种颜色，则会自动增加其补色，如图8–90所示。

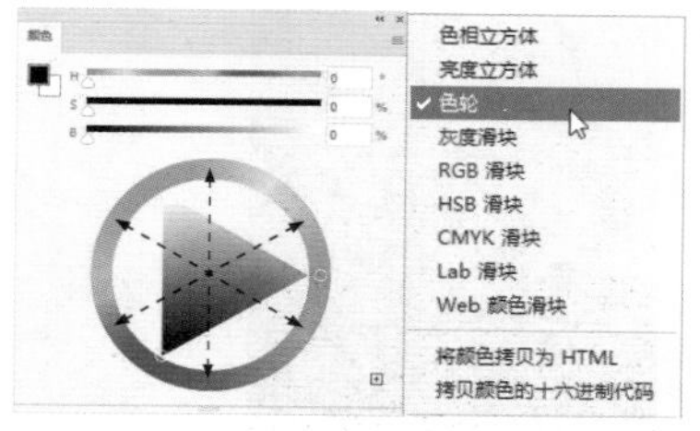

在色轮中处于相对位置的颜色为互补色

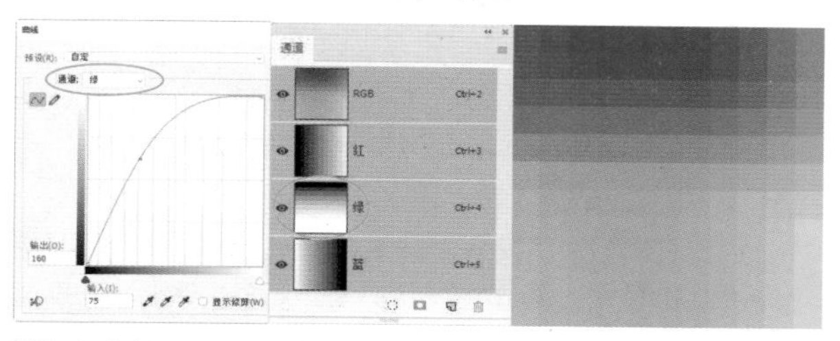

增加绿色的同时，其补色洋红色会减少

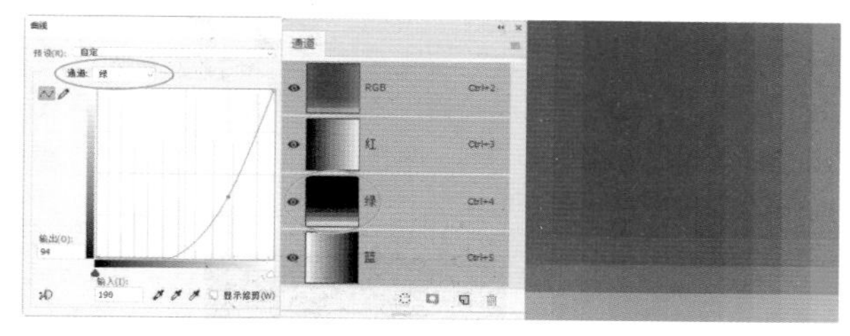

减少绿色的同时，其补色洋红色会增加

图8-90

8.4.2　实例：用Lab模式调出唯美蓝橙调

01 打开照片，如图8-91所示。执行“图像”|“模式”|“Lab颜色”命令，将图像转换为Lab模式。执行“图像”|“复制”命令，复制图像以备用。

图8-91

02 单击a通道，如图8-92所示，按Ctrl+A快捷键全选，如图8-93所示，按Ctrl+C快捷键复制。

03 单击b通道，如图8-94所示，文档窗口中会显示b通道中的图像，如图8-95所示。按Ctrl+V快捷键，将复制的图像粘贴到该通道中，按Ctrl+D快捷键取消选择，按Ctrl+2快捷键显示彩色图像，如图8-96所示。

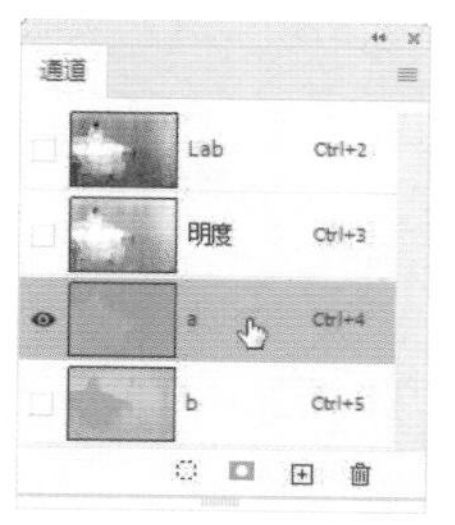

图8-92

图8-93

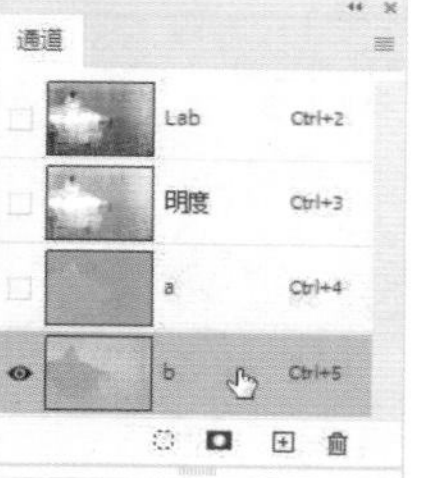

图8-94

图8-95

图8-96

tip Lab模式的通道很特别，其明度通道（L）没有色彩，保存的是图像的明度信息。a通道包含的颜色介于绿色与洋红色之间（互补色）。b通道包含的颜色介于蓝色与黄色之间（互补色）。由此可见，其亮度信息与颜色信息是分开的，因而可以在不改变颜色亮度的情况下调整色相。而RGB模式及CMYK模式图像的通道，不仅会影响色彩，还会改变颜色的明度。

04 按Ctrl+U快捷键，打开“色相/饱和度”对话框，提高青色的饱和度，蓝调效果就制作好了，如图8-97和图8-98所示。

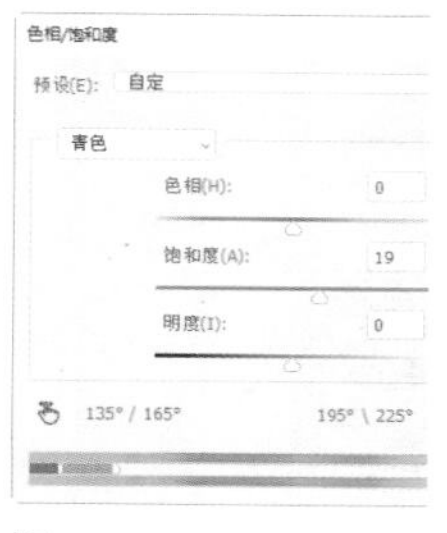

图8-97

图8-98

05 橙调与蓝调的制作方法相反。按Ctrl+Tab快捷键切换到另一个文件。单击b通道，如图8-99所示，全选并复制后，单击a通道，如图8-100所示，进行粘贴即可，效果如图8-101所示。

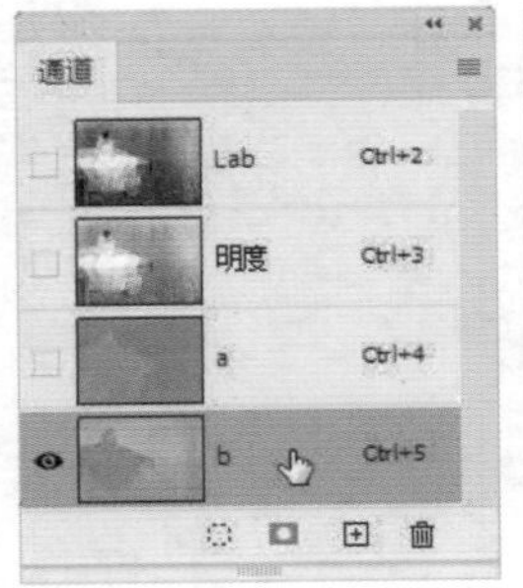

图 8-99

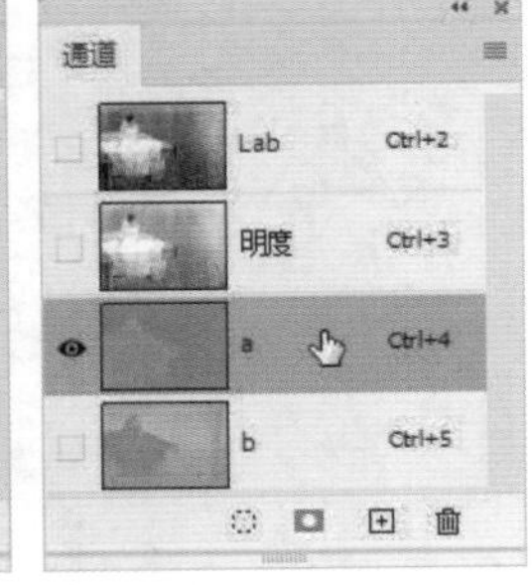

图 8-100

图 8-101

8.4.3 实例：云中倩影

下面介绍怎样在Lab模式下通过"色调均化"命令提高饱和度。虽然在RGB模式下使用"色相/饱和度"命令也可以操作，但是由于素材本身画质不好，有噪点，调整幅度稍微大一些，噪点就会被放大和增强。而在Lab模式下调整不会增强噪点。

01 打开素材，如图8-102所示。执行"图像"|"模式"|"Lab颜色"命令，将图像转换为Lab模式。单击b通道，如图8-103所示。

图 8-102

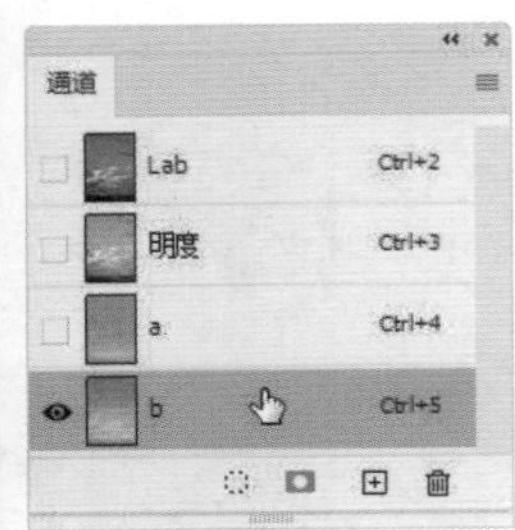

图 8-103

02 执行"图像"|"调整"|"色调均化"命令，使图像中由蓝色到黄色的色彩范围呈现出鲜艳饱和的效果，如图8-104所示。按Ctrl+2快捷键返回Lab复合通道，显示彩色图像，如图8-105所示。

图 8-104

图 8-105

tip "色调均化"命令可以改变像素的亮度值，使最暗的像素变为黑色，最亮的像素变为白色，其他像素在整个亮度色阶内均匀地分布。

03 执行"图像"|"模式"|"RGB颜色"命令，将图像转换回RGB模式。选择渐变工具，在"渐变"下拉面板中选择"前景色到透明"渐变，如图8-106所示。新建一个图层，设置混合模式为"正片叠底"，"不透明度"为80%，在画面上方填充线性渐变，如图8-107和图8-108所示。

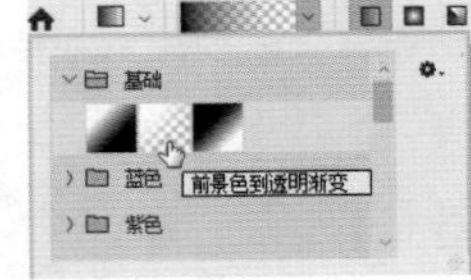

图 8-106

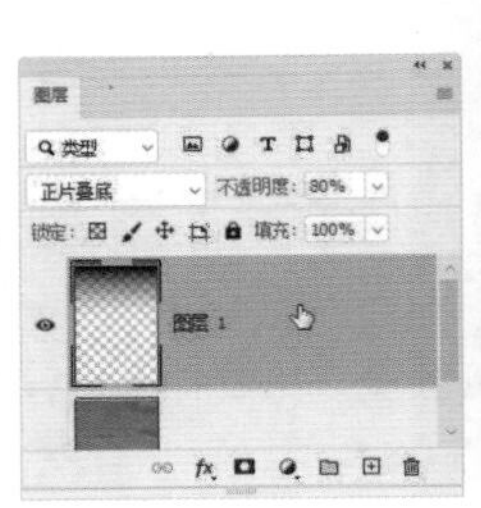

图 8-107

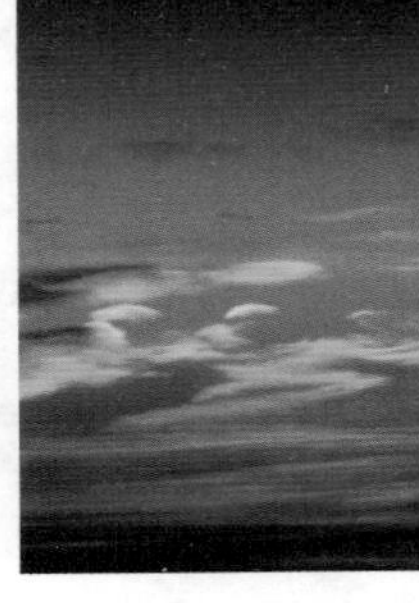
图 8-108

04 按Alt+Shift+Ctrl+E快捷键，将当前的图像效果盖印到一个新的图层中，如图8-109所示。打开人物剪影素材，如图8-110所示，使用移动工具将其拖曳到云彩文件中，如图8-111所示。

图 8-109

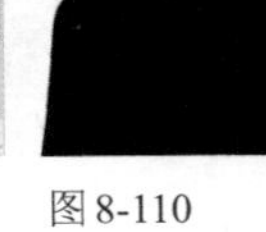
图 8-110

图 8-111

05 将“图层2”拖曳到“人物剪影”图层上方，并设置“不透明度”为75%。按Alt+Ctrl+G快捷键创建剪贴蒙版，如图8-112和图8-113所示。

图8-112　　图8-113

06 单击“调整”面板中的按钮，创建“曲线”调整图层，向下拖曳曲线，将图像调暗，如图8-114所示。单击“属性”面板底部的按钮，将“曲线”调整图层加入到剪贴蒙版组中，如图8-115和图8-116所示。

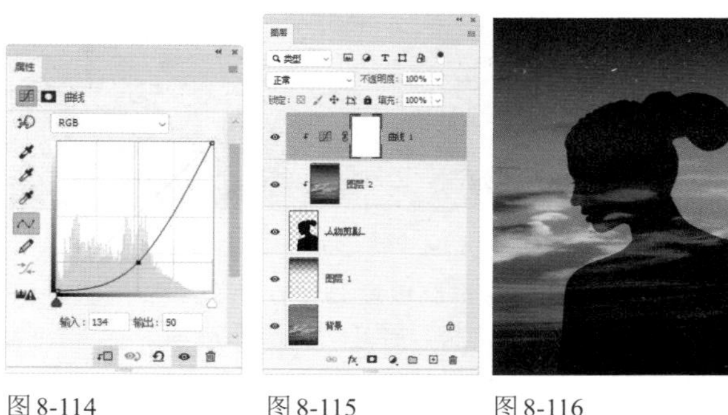

图8-114　　图8-115　　图8-116

8.5　用Camera Raw调色

RAW格式（即相机原始数据）文件会直接记录感光元件上获取的所有信息，包括ISO、快门、光圈值、曝光度、白平衡等，而且不进行调整和压缩。Adobe Camera Raw（简称ACR）能解释相机原始数据文件，并使用相机的信息及元数据来构建和处理图像。在调整影调和色彩方面，其专业程度远超Photoshop。

8.5.1　在Camera Raw中打开文件

如果要编辑RAW格式文件，可以在Photoshop中执行“文件”|“打开”命令，弹出“打开”对话框，选择文件并单击“确定”按钮，即可运行Camera Raw并将文件打开。

如果要编辑JPEG、TIFF、PSD等格式的文件，可以在Photoshop中先将文件打开，然后执行“滤镜”|“Camera Raw滤镜”命令，以滤镜的形式使用Camera Raw编辑文件。

8.5.2　保存编辑好的文件

在Camera Raw中编辑完相机原始文件（RAW格式照片）后，单击“Camera Raw”对话框中的按钮，打开“存储选项”对话框，可以将文件另存为JPEG、TIFF、PNG、DNG等格式。

其中DNG格式（也称“数字负片”）类似于PSD格式，可以存储所有编辑项目，以后无论何时在Camera Raw中打开此文件，其参数都可以重新设置，用工具所做的修改也可以继续编辑。

8.5.3　实例：消除雾霾

01 在Photoshop中打开照片，如图8-117所示。执行“滤镜”|“Camera Raw滤镜”命令，打开“Camera Raw”对话框。在“基本”选项卡中设置“去除薄雾”值为+88，提升画面的清晰度，色彩和图像细节也得到了初步改善，如图8-118所示。

图8-117

图8-118

02 展开“曲线”选项卡。单击按钮，曲线两端会显示控制点，拖曳控制点，将其对齐到直方图的边缘，如图8-119所示。

图 8-119

03 调整曲线以后，对比度增强了，色调更加清晰，但同时也出现了大量噪点。展开“细节”选项卡，进行降噪处理，如图8-120所示。

图 8-120

04 选择污点去除工具，在黑点上单击，将污点清除，如图8-121所示。

图 8-121

05 单击蒙版按钮打开菜单，选择线性渐变工具，按住Shift键并拖曳鼠标，创建蒙版，之后调整“高光”“阴影”“黑色”参数，将中景的云和山调亮，如图8-122所示。

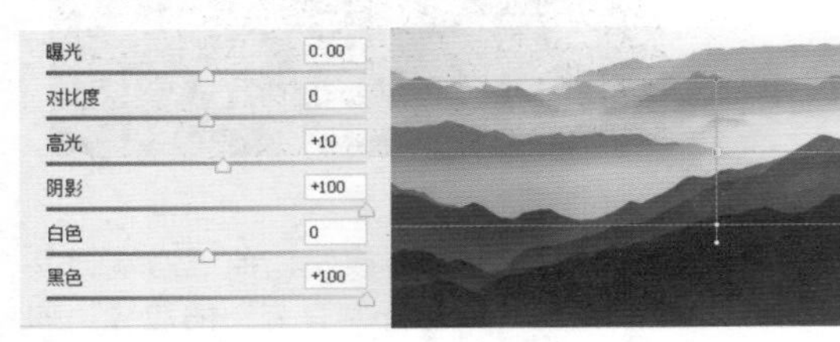

图 8-122

06 在左上角创建蒙版，使用相同的参数，将此处调亮，如图8-123所示。最终效果如图8-124所示。

图 8-123

图 8-124

8.5.4 实例：风光照片精修

Camera Raw 中也有与Photoshop类似的蒙版，但这种蒙版不需要图层来承载，可以使用画笔工具绘制出来，也可以用亮度范围工具和颜色范围工具创建。亮度范围工具可基于图像的亮度变化，在特定的亮度区域创建蒙版。颜色范围工具则能轻松地将一种颜色用蒙版覆盖住。当需要针对某个亮度或某种颜色进行局部调整时，这两个工具比画笔工具更有针对性，使用也更方便。

01 打开素材。执行“图层”|“智能对象”|“转换为智能对象”命令，将图像转换为智能对象。执行“滤镜”|“Camera Raw”命令，打开“Camera Raw”对话框，这样便可以智能滤镜的形式使用Camera Raw，其好处是调整后可以修改参数。在“基本”选项卡中调整“色温”（+17）“色调”（+37）和“自然饱和度”（+18），如图8-125和图8-126所示。

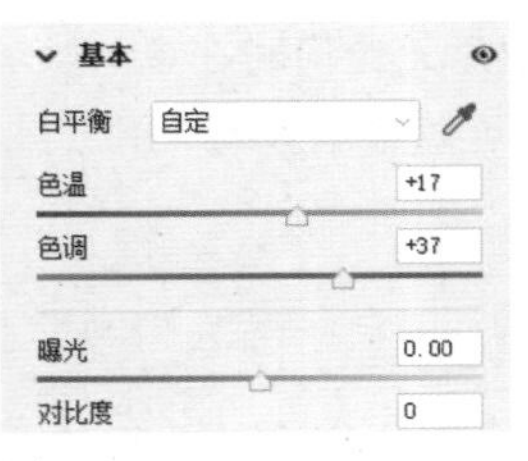

图 8-125

图 8-126

02 单击蒙版按钮 ，打开菜单，选择色彩范围工具 ，在图8-127所示的位置单击，建立颜色取样点（所选区域会覆盖一层淡淡的红色），调整参数，如图8-128所示。

图 8-127

图 8-128

03 单击蒙版按钮 ，打开菜单，选择色彩范围工具 。在左侧云朵上单击，建立颜色取样点并调整参数，如图8-129所示。

图 8-129

04 单击蒙版按钮，打开菜单，选择亮度范围工具。在天空最亮处单击，建立亮度取样点。拖曳“曝光”滑块（+0.9），如图8-130所示，将天空调亮；“色温”值设置为-64，让天空色彩转蓝，如图8-131所示。

曝光	+0.90
对比度	0
高光	0
阴影	0
白色	0
黑色	0

图 8-130

图 8-131

05 按Ctrl+-快捷键，将视图比例调小。单击蒙版按钮，打开菜单，选择径向渐变工具，拖曳鼠标创建蒙版，单击反相按钮，反转蒙版区域，如图8-132所示。调整“曝光”值（-1.55），如图8-133所示，使画面周边变暗；调整“色温”（-46）“色调”（+7）参数，如图8-134所示。

图 8-132

曝光	-1.55
对比度	0
高光	0
阴影	0
白色	0
黑色	0

图 8-133

图 8-134

06 单击蒙版按钮，打开菜单，选择画笔工具，在画面前景处（白线区域）绘制蒙版，如图8-135所示。提高“曝光”值（+1.4），提高“色温”值（+100），如图8-136和图8-137所示。如图8-138和图8-139所示分别为原图及调整后的效果。

图 8-135

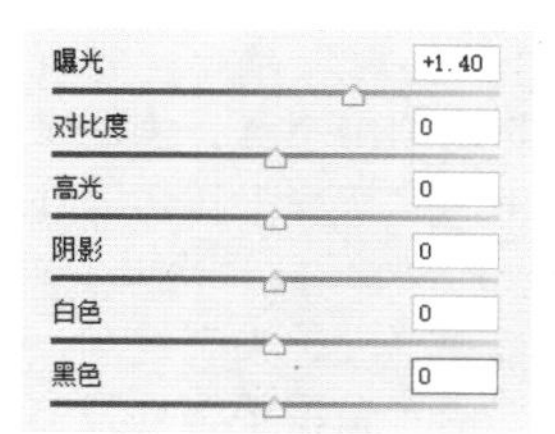

图 8-136

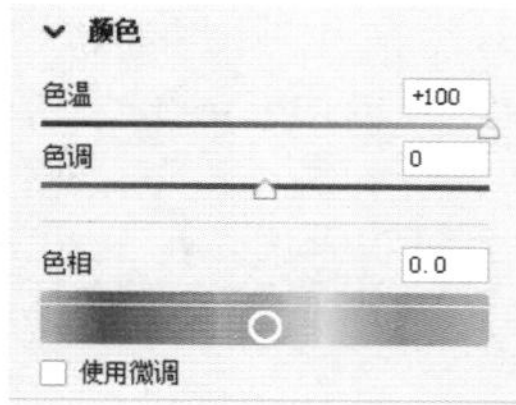

图 8-137

图 8-138

图 8-139

8.6　照片处理自动化

动作就像录屏软件，可以将图像的处理过程录制下来，并应用于其他文件。批处理可以将动作应用于多幅图像。二者配合能帮助用户完成重复性操作，让图像编辑变得简单、高效。

8.6.1　实例：用动作调色

01 打开素材，如图8-140所示。单击“动作”面板右上角的 ≡ 按钮，打开面板菜单，执行“载入动作”命令，如图8-141所示。

图 8-140

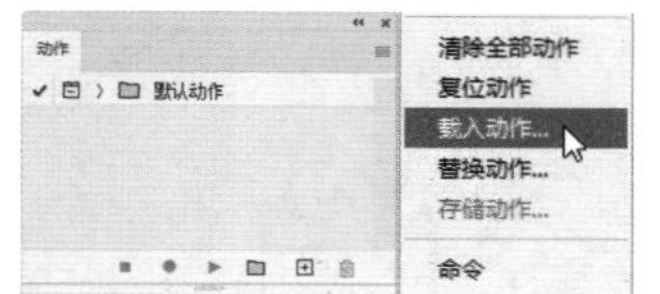

图 8-141

02 在弹出的对话框中选择“资源库”|“照片处理动作库”中的“Lomo风格1”动作，如图8-142所示，单击“载入”按钮，将其加载到“动作”面板中，如图8-143所示。

03 单击动作组左侧的 › 按钮，展开列表，然后单击其中的动作，如图8-144所示。单击面板底部的“播放选定的动作”按钮 ▶，播放该动作，即可自动将照片处理为Lomo效果，如图8-145所示。动作库中包含很多流行的调色效果，用这些效果处理照片，既省时又省力。

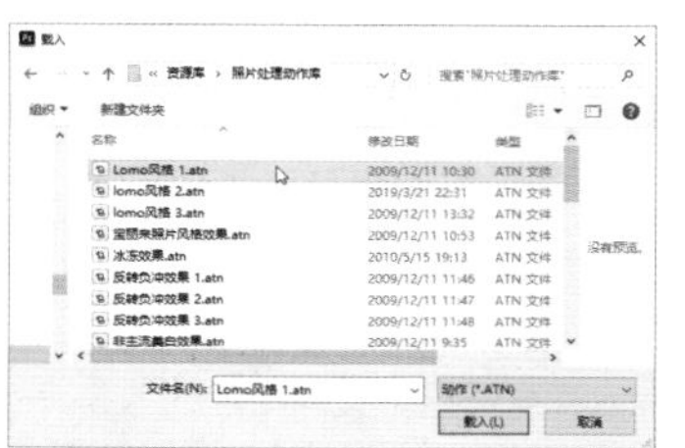

图 8-142

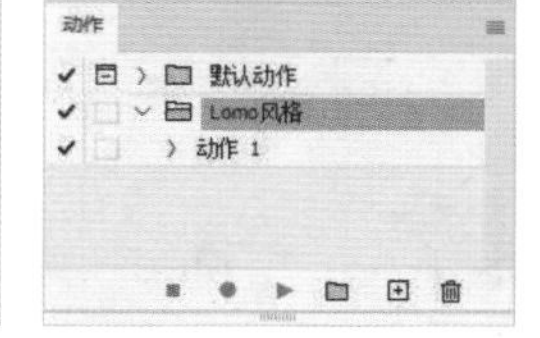

图 8-143

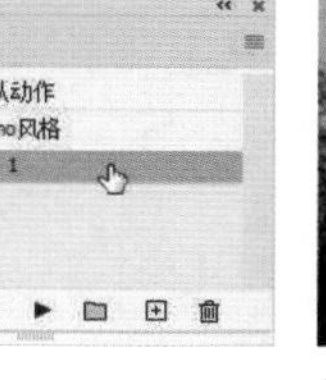

图 8-144

图 8-145

tip 选择一个动作，单击播放选定的动作按钮 ▶，可按照顺序播放该动作中的所有命令。在动作中选择一个命令，单击播放选定的动作按钮 ▶，可以播放该命令及后面的命令，之前的命令不会播放。按住Ctrl键并双击面板中的一个命令，可单独播放该命令。

8.6.2 实例：通过批处理为照片加Logo

网店店主为了体现特色或扩大宣传，通常都会为商品图片加上个性化Logo。如果需要处理的图片数量较多，可以用Photoshop的动作功能将Logo贴在照片上的操作过程录制下来，再通过批处理对其他照片播放这个动作，Photoshop就会为每一张照片都添加相同的Logo。

01 打开素材，如图8-146所示。选择“背景”图层，如图8-147所示，按Delete键将其删除，让Logo位于透明背景上，如图8-148所示。

图8-146

图8-147

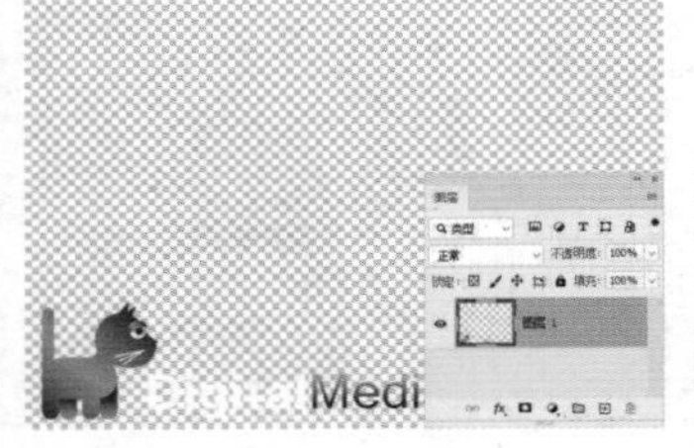

图8-148

tip 制作Logo后，将其放在要添加水印的图像中，并调整位置，然后删除图像，只保留Logo，再将这个文件保存。

02 执行“文件”|“存储为”命令，将文件保存为PSD格式，然后关闭。

03 打开照片，下面来录制动作。在“动作”面板中单击面板底部的 □ 按钮和 ⊞ 按钮，创建动作组和动作。执行“文件”|“置入嵌入对象”命令，选择刚刚保存的Logo文件，将其置入当前文档，按Enter键确认操作，如图8-149所示。执行“图层”|“拼合图像”命令，将图层合并。单击“动作”面板底部的 ■ 按钮，完成动作的录制，如图8-150所示。

图8-149

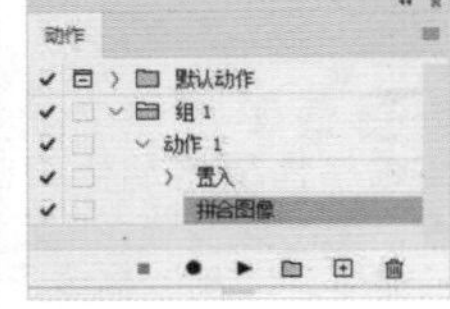

图8-150

04 执行“文件”|“自动”|“批处理”命令，打开“批处理”对话框，在“播放”选项组中选择刚刚录制的动作，单击“源”选项组中的“选择”按钮，在打开的对话框中选择要添加Logo的文件夹，如图8-151所示。在“目标”下拉列表中选择“文件夹”选项，然后单击“选择”按钮，在打开的对话框中为处理后的照片指定保存位置，这样就不会破坏原始照片了，如图8-152所示。

图8-151

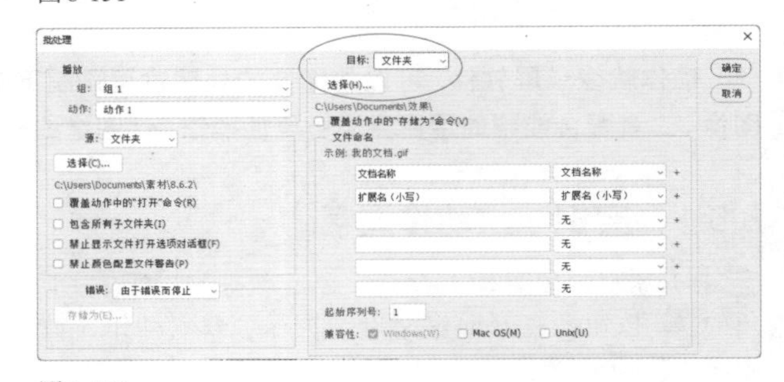

图8-152

05 设置完成后，单击“确定”按钮，开始批处理，Photoshop会为目标文件夹中的每一张照片都添加一个Logo，并将处理后的照片保存到指定的文件夹中，如图8-153所示。

图8-153

8.7　应用案例：制作星空人像

本实例用人像照片作为素材，通过“阈值”调整图层，将其处理为黑白效果并简化图像细节，之后利用混合模式，让星空贴图图像穿透黑色显现出来。

01 打开素材，执行“选择”|“主体”命令，将照片中的人物选取，如图8-154所示。选择矩形选框工具，在工具选项栏中单击“从选区减去”按钮，选择衣领上的圆形部分，如图8-155所示，释放鼠标左键后，这个选区就会消失，如图8-156所示。

图8-154

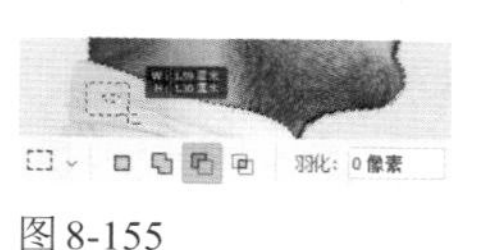

图8-155

图8-156

02 单击“图层”面板底部的按钮，新建图层。执行“编辑”|“描边”命令，设置描边“宽度”为“1像素”，“颜色”为黑色，“位置”在“内部”，如图8-157和图8-158所示。

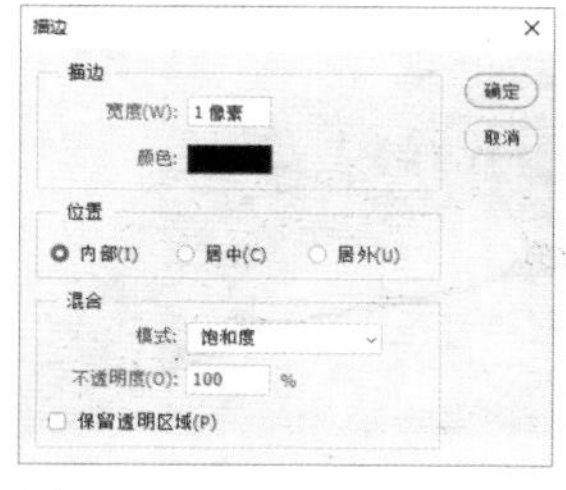

图8-157

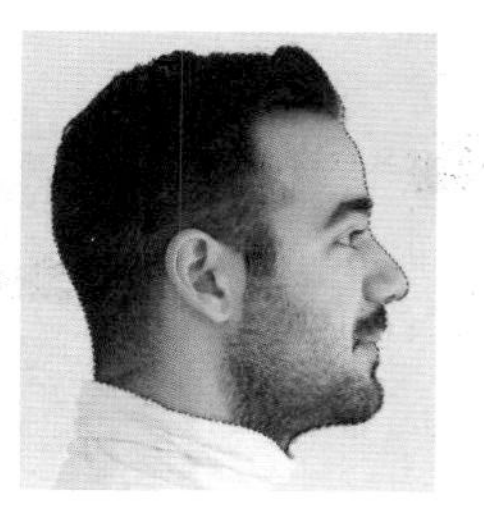

图8-158

03 选择“图层1”，如图8-159所示，单击面板底部的按钮，基于选区创建蒙版，将背景区域隐藏，如图8-160和图8-161所示。

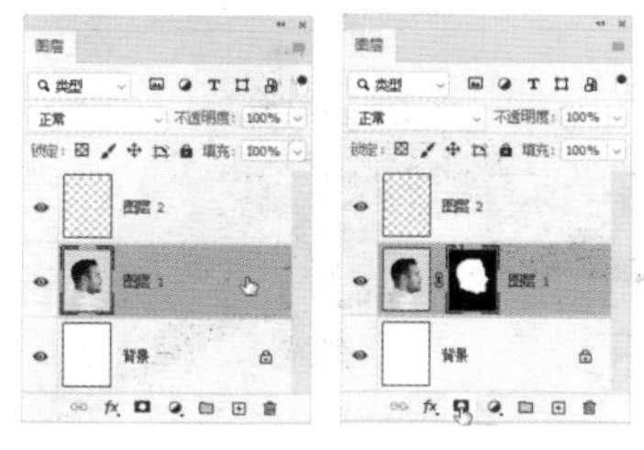

图8-159　图8-160

图8-161

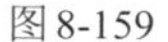 选择“图层2”，单击面板底部的按钮，在“图层2”上方创建“阈值”调整图层，如图8-162所示，设置“阈值色阶”为146，如图8-163所示，将图像制作为黑白手绘线稿效果，如图8-164所示。

图8-162

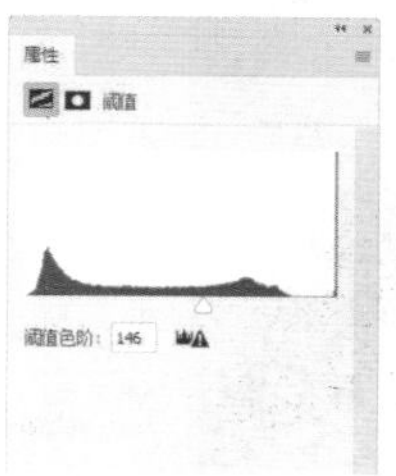

图8-163

图8-164

05 打开星空素材，如图8-165所示，使用移动工具将其拖入人像文件中，设置混合模式为“浅色”，如图8-166所示，使星空映衬在头像内。还可以制作星空文字作为装饰，只要文字颜色为黑色，并且位于星空图层下方就可以了，如图8-167所示。

图8-165

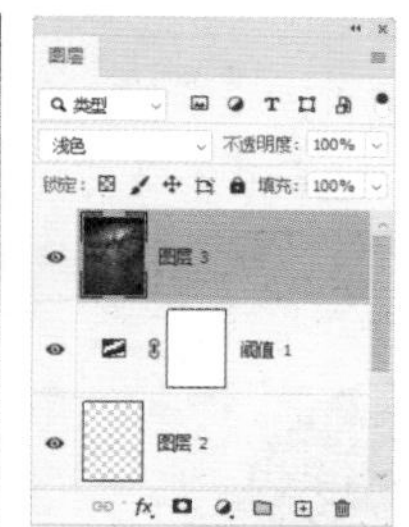

图8-166

图8-167

8.8 应用案例：照片变平面广告

本实例使用“色彩平衡”和“色相/饱和度”调整图层调色，之后使用画笔工具和图层蒙版做图像合成效果。

01 打开照片素材，如图8-168所示。单击“调整”面板中的按钮，创建“色彩平衡”调整图层，分别调整中间调、阴影和高光的参数，使图像色调更加鲜亮，如图8-169~图8-172所示。

图 8-168

图 8-169

图 8-170　图 8-171

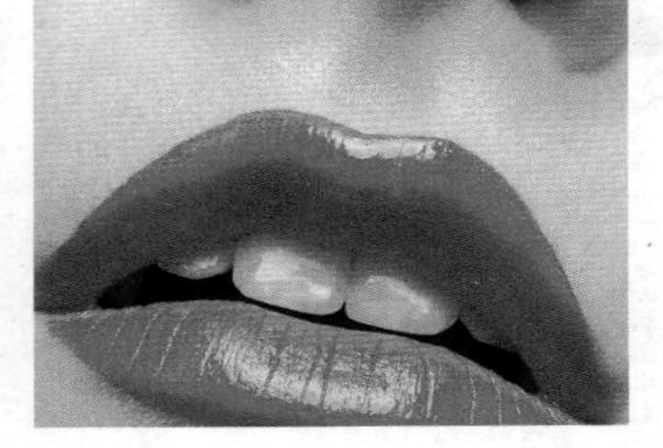

图 8-172

02 选择“背景”图层，再单击“调整”面板中的按钮，在该图层上方创建“色相/饱和度”调整图层，改变图像颜色，如图8-173和图8-174所示。

图 8-173

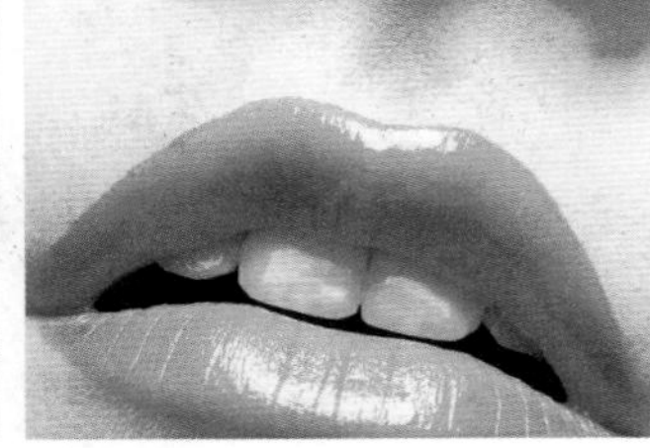

图 8-174

03 选择“色彩平衡”调整图层，单击“调整”面板中的按钮，在其上方创建一个“色相/饱和度”调整图层，勾选“着色”复选框，并将图像调整为紫色，如图8-175和图8-176所示。

图 8-175

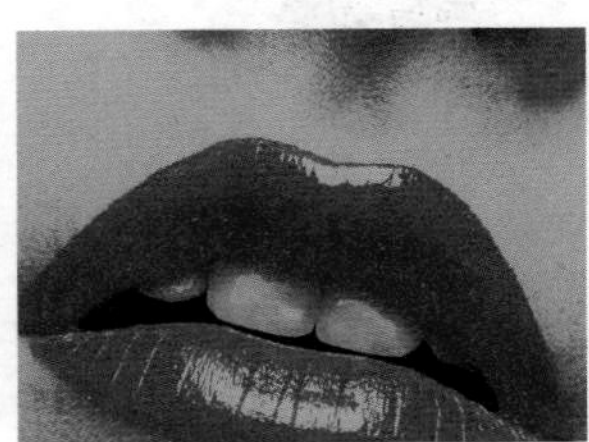

图 8-176

04 在“图层”面板中单击蒙版缩览图，按Ctrl+I快捷键反相，使蒙版成为黑色。使用画笔工具（柔边圆笔尖）在画面右上方涂抹白色，将这部分图像显示出来，如图8-177和图8-178所示。

图 8-177

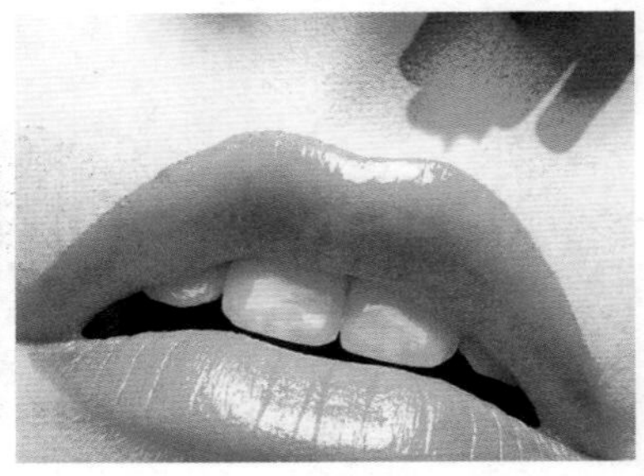

图 8-178

05 单击“组1”左侧的眼睛图标，显示组中的人物及文字，如图8-179和图8-180所示。

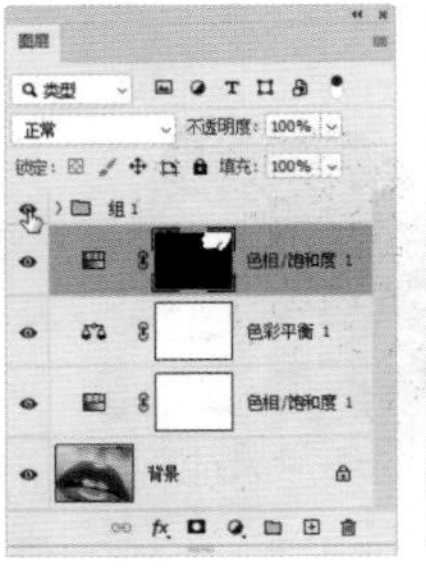
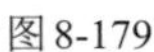

图 8-179

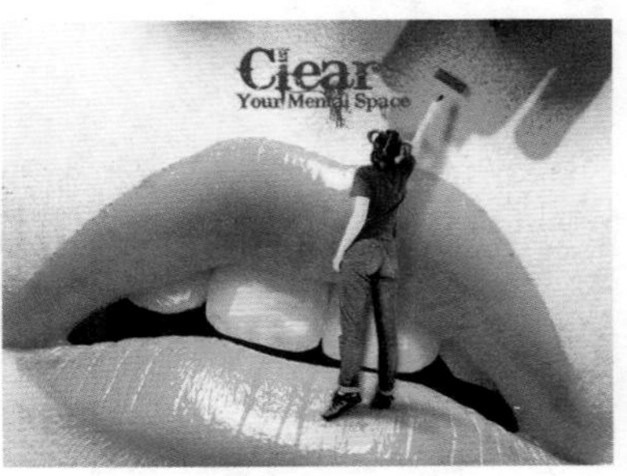

图 8-180

8.9　课后作业：通过灰点校正色偏

使用数码相机拍摄时，需要设置正确的白平衡，才能使照片准确地还原色彩，否则会导致颜色出现偏差，如图8-181所示。此外，室内人工照明会对拍摄对象产生影响，照片由于年代久远会褪色，扫描或冲印过程中也会产生色偏。需要校正色偏时，可以使用“色阶”或“曲线”对话框中的设置灰点工具，如图8-182所示，在照片中原本应该是灰色或白色区域（如灰色的墙壁、道路和白衬衫等）上单击，如图8-183所示，Photoshop会根据单击处像素的亮度，调整其他中间色调的平均亮度，从而校正色偏，如图8-184所示。

照片颜色偏蓝
图8-181

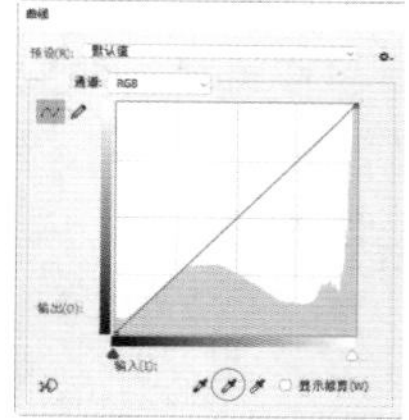
选择设置灰点工具
图8-182

在灰色墙壁上单击
图8-183

校正后的照片
图8-184

8.10　课后作业：制作波普风格艺术肖像

波普艺术是流行艺术（popular art）的简称，又称新写实主义，代表着一种流行文化。

安迪·沃霍尔是波普艺术的倡导者和领袖，《玛丽莲·梦露》是他的代表作。本作业使用调色工具制作这种波普风格的图像。

打开素材。创建“色调分离”调整图层，设置色阶参数为2，对图像进行简化处理；新建一个图层，使用画笔工具在背景区域涂抹黄色，即可得到第一种效果；创建“色相/饱和度”调整图层，分别选择红色（-79、52、0）和黄色（+129、0、0）进行调整，可以得到第二种效果。采用同样的方法还可以调出第3、第4种色彩效果，如图8-185所示。

素材

色调分离效果

用画笔工具涂抹黄色

第2种效果

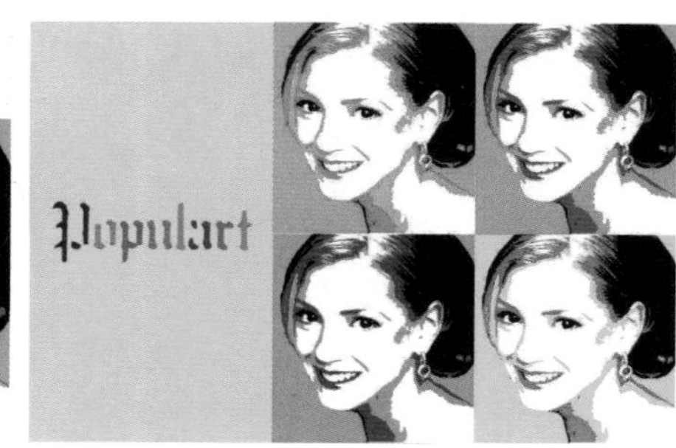
其他效果

图8-185

8.11　复习题

1. 调色时为什么要用调整图层，而不是直接使用调整命令？

2. 在直方图中，山峰整体向右偏移时，照片的曝光是什么情况？如果有山峰紧贴直方图右端，照片的曝光又是什么情况？

3. 使用“色阶”命令调整照片时，怎样操作能增加对比度？怎样操作能降低对比度？

4. 曲线上的3个预设控制点分别对应“色阶”对话框中色阶的哪几个滑块？

5. 使用通道调整RGB模式的图像时，颜色会基于怎样的规律发生改变？

第9章

影楼美工必修课：修图和抠图

学习重点

修改尺寸和分辨率..............144
牙齿美白与整形..................148
用通道磨皮..........................153
用钢笔工具抠马克杯..........161
用选择并遮住命令抠人像...162
面部美容..............................166

数码照片的处理流程大致分为6个环节，首先使用Photoshop或Camera Raw调整曝光和色彩，之后校正镜头缺陷（如镜头畸变和晕影），进行修图（如去除多余的内容和人像磨皮），裁剪照片调整构图，轻微的锐化（夜景照片需降噪），存储修改结果。

有些操作需要先抠图，或者使用抠图技术将要编辑的内容选取。抠图是Photoshop中最难的技术之一，因为毛发、透明或模糊的物体等极富挑战性，需要动用通道、混合模式、蒙版、钢笔等工具；另外，图像的唯一性，也使得抠某一个图像的技巧并不能处理其他的同类图像。

9.1 修图与艺术创作

使用数码相机完成拍摄以后，总会有一些遗憾，如照片曝光不准，色调缺少层次，画面出现杂色，美丽的风景中有多余的人物，照片颜色灰暗，人物脸上有痘痘和雀斑等；专业的摄影师或影楼工作人员对照片的影调、人物的皮肤、色彩的风格、氛围的营造等有更高的要求，这一切都可以通过后期处理来解决。

后期处理不仅可以解决数码照片中出现的各种问题，也为摄影师和摄影爱好者提供了二次创作的机会和发挥创造力的舞台。传统的暗房会受许多摄影技术条件的限制和影响，无法制作出完美的影像。计算机的出现给摄影技术带来了革命性的突破，通过计算机可以完成过去无法用摄影技法实现的创意。如图9-1和图9-2所示为巴西艺术家Marcela Rezo的摄影后期作品。

图9-1

图9-2

如图9-3所示为瑞典视觉艺术家Erik Johansson的摄影后期作品。如图9-4所示为法国天才摄影师Romain Laurent的作品，他的广告创意摄影与时装编辑工作非常出色，润饰技巧让人叹为观止。

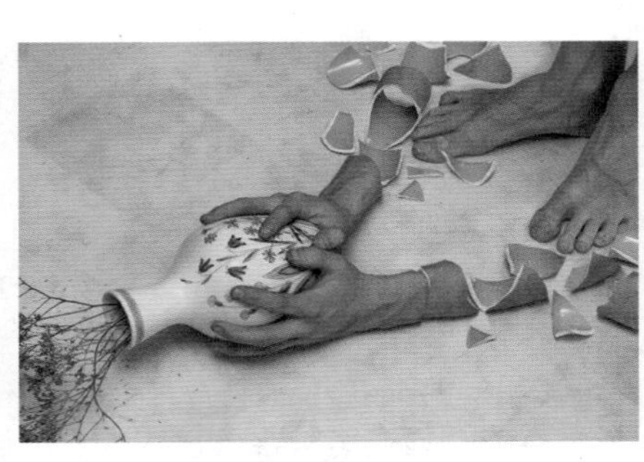

图9-3

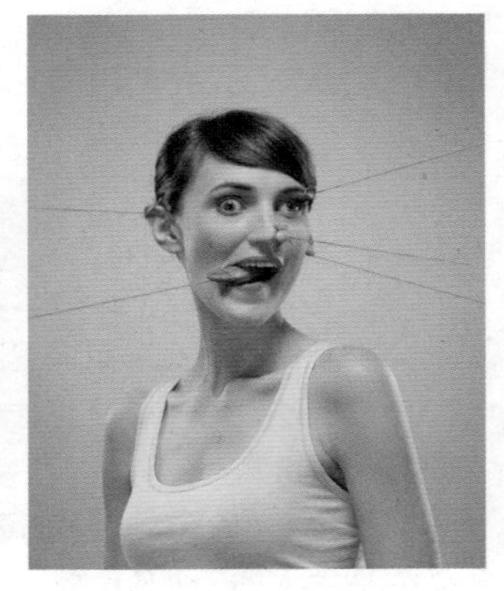

图9-4

9.2　调整照片的尺寸和分辨率

下面介绍图像的基本组成元素——像素，及像素与分辨率的关系，并讲解怎样修改照片尺寸、调整图像的分辨率以及各种图像放大技术。

9.2.1　像素

数码相机或手机拍摄的照片，以及计算机显示器、电视机、平板电脑等电子设备上的数字图像在技术上称为“栅格图像”，是由像素（Pixel）构成的。一般情况下，像素的“个头”非常小。以A4大小（21厘米×29.7厘米）的纸张为例，可包含多达8 699 840个像素。在Photoshop中处理图像时，编辑的就是这些数以百万计的、呈方块状的像素，如图9-5和图9-6所示。

视图比例为100%（左图）及3200%（右图，可看清单个像素）

图9-5

调色后（左图），像素的颜色发生变化（右图）

图9-6

在Photoshop中，像素还可作为计量单位使用。例如，绘画和图像修饰类工具的笔尖大小、选区的羽化范围、矢量图形的描边宽度等，都以像素为单位。

9.2.2　分辨率

分辨率是指单位长度内包含的像素点的数量，通常用像素/英寸（ppi）来表示。例如，72ppi表示每英寸的距离内包含72个像素点，300ppi则表示每英寸的距离内包含300个像素点。由于像素记录了图像的内容和颜色信息，因此，分辨率越高，包含的像素就越多，图像的信息越丰富，效果也越清晰，但文件会随之变大。如图9-7~图9-9所示为相同打印尺寸、不同分辨率的3幅图像，可以看到，分辨率越高，图像越清晰。

分辨率为20像素/英寸（细节模糊）

图9-7

分辨率为72像素/英寸（效果一般）

图9-8

分辨率为300像素/英寸（画质清晰）

图9-9

9.2.3 实例：修改尺寸和分辨率

拍摄照片或在网络上下载图像后，可将其作为计算机桌面、QQ头像、手机壁纸或进行打印等。然而，每种用途对图像的尺寸和分辨率的要求也不相同，这就需要对图像的大小和分辨率做出调整。本实例介绍怎样将大幅图像调整为6英寸×4英寸照片大小。

01 打开照片素材，如图9-10所示。执行"图像"|"图像大小"命令，打开"图像大小"对话框，如图9-11所示。当前图像的尺寸是以厘米为单位的，首先将单位设置为英寸，然后修改照片尺寸。另外，照片当前的分辨率太低（72像素/英寸），打印时会出现锯齿，画质很差，也需要调整。

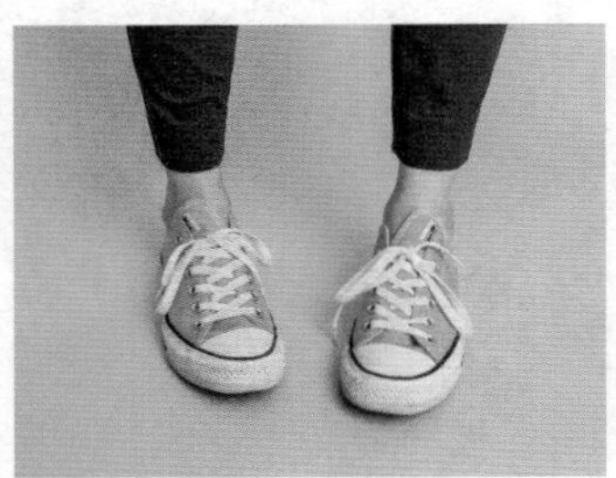

图9-10

图9-11

02 取消勾选"重新采样"复选框。将"宽度"和"高度"的单位设置为"英寸"，如图9-12所示。可以看到，照片的尺寸是39.375英寸×26.25英寸。将"宽度"改为6英寸，Photoshop会自动将"高度"匹配为4英寸，分辨率也会自动更改，如图9-13所示。由于没有重新采样，将照片尺寸调小后，分辨率会自动增加。现在的分辨率是472.5像素/英寸，已经远远超出最佳打印分辨率（300像素/英寸），高出最佳分辨率其实对打印出的照片没有任何用处，虽然画质更细腻，但人的眼睛分辨不出来。下面降低分辨率，这样能减少图像的大小，加快打印速度。

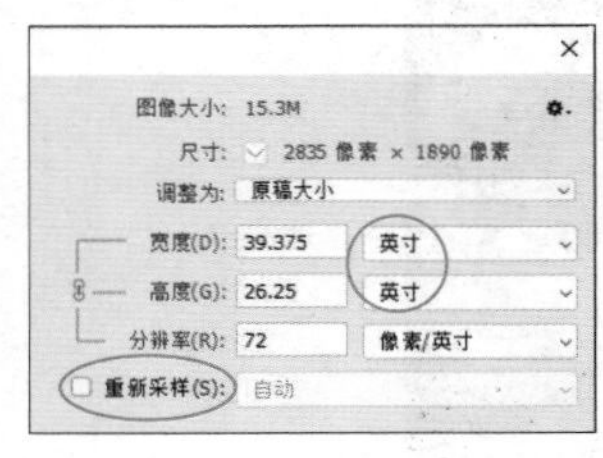

图9-12

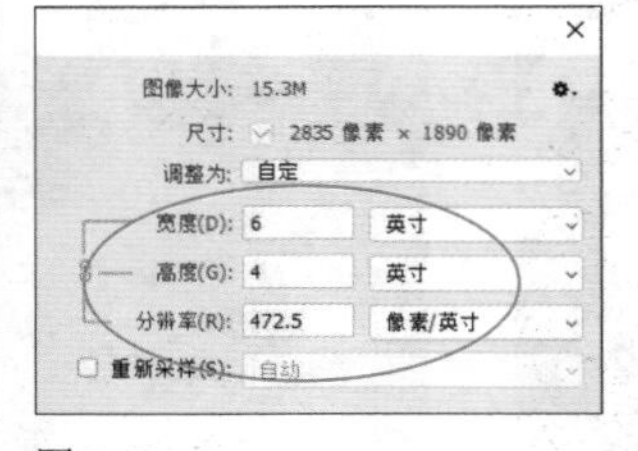

图9-13

tip "宽度"和"高度"选项左侧的按钮处于激活状态，表示会保持宽、高比例。如果要分别修改"宽度"和"高度"，可以先单击该按钮，再进行操作。

03 勾选"重新采样"复选框，如图9-14所示，否则修改分辨率时，照片的尺寸会自动增加。将分辨率设置为300像素/英寸，然后选择"两次立方（较锐利）（缩减）"选项。观察对话框顶部"像素大小"右侧的数值，如图9-15所示。文件从调整前的15.3MB降低为6.18MB，成功"瘦身"。单击"确定"按钮，关闭对话框。执行"文件"|"存储为"命令，将调整后的照片另存。

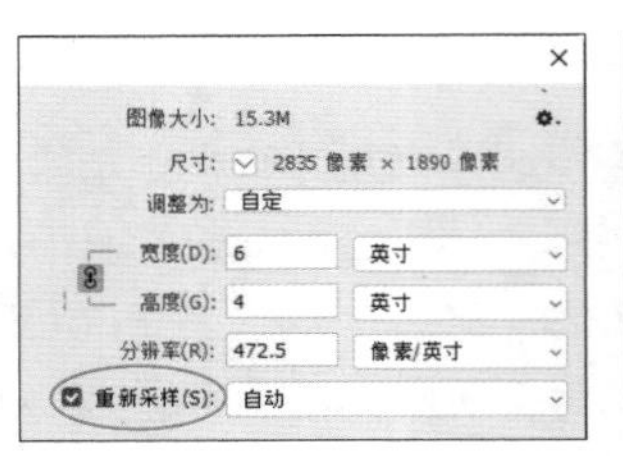

图9-14

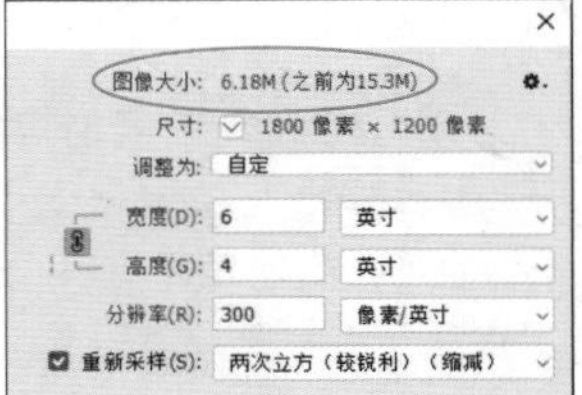

图9-15

9.2.4 实例：保留细节并放大图像

放大图像时，多出的空间需要新的像素来填充。Photoshop会基于不同的插值方法生成新像素。哪种插值方法增加的像素更接近原始像素，图像的效果就更好。在所有插值方法中，"保留细节2.0"基于人工智能辅助技术，最适合放大图像时使用。

01 执行"编辑"|"首选项"|"技术预览"命令，打开"首选项"对话框，勾选"启用保留细节2.0放大"复选框，如图9-16所示。关闭对话框并重启Photoshop。

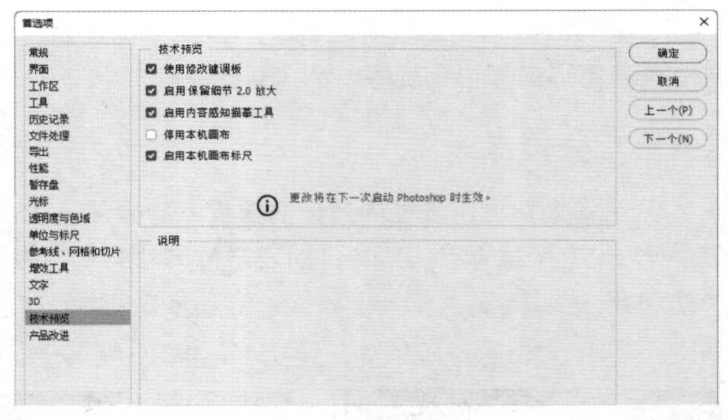

图9-16

02 打开素材。执行"图像"|"图像大小"命令，打开"图像大小"对话框，如图9-17所示。

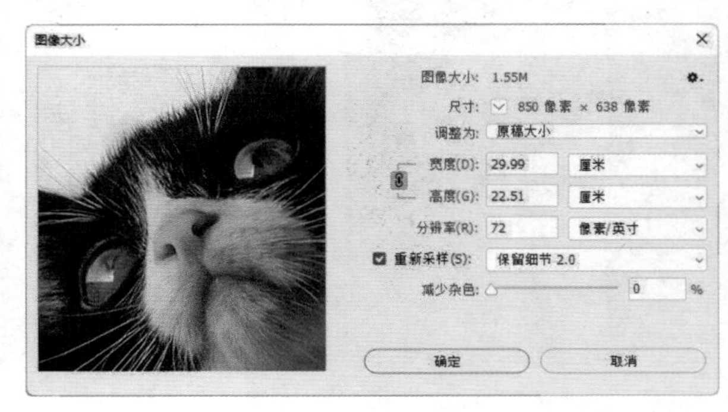

图9-17

03 下面以接近10倍的倍率放大图像。将“宽度”设置为300厘米，“高度”参数会自动调整。在“重新采样”下拉列表中选择“保留细节2.0”选项，如图9-18所示。观察图像缩览图，如果杂色变得明显，可以调整“减少杂色”参数。单击“确定”按钮关闭对话框。如果使用其他方法，图像的效果就没有那么好了，如图9-19和图9-20所示。

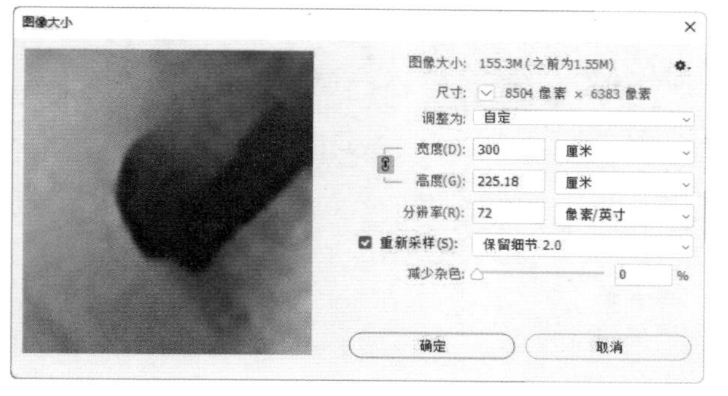

图9-18

用“保留细节2.0”方法放大

图9-19

用“自动”方法放大

图9-20

9.2.5　实例：超级图像放大技术

Neural Filters是AI智能滤镜，使用其放大图像时可自动添加细节，以补偿分辨率的损失。

01 打开素材。执行“滤镜”|“Neural Filters”命令，切换到该滤镜工作区。开启“超级缩放”功能，如图9-21所示。将“锐化”值调到最高，在🔍按钮上连续单击（每单击一次，可将图像放大一倍），将图像放大10倍，如图9-22所示。

图9-21　　图9-22

02 单击“确定”按钮关闭滤镜。与前一个实例中使用的方法相比，用Neural Filters滤镜放大的效果更好，但缺点是处理过程较为耗时，如果计算机硬件配置不高，则很容易崩溃。

9.3　裁剪和校正照片

编辑数码照片或图像素材时，会用裁剪的方法将多余内容删除，进而改善画面的构图。

9.3.1　裁剪照片

选择裁剪工具 ，画面边缘会显示裁剪框，如图9-23所示，拖曳裁剪框可以对其进行缩放，也可以在画面中拖曳鼠标创建裁剪框，以定义要保留的区域，如图9-24所示。

将光标放在裁剪框上并进行拖曳，可以调整裁剪框，按住Shift键拖曳，可进行等比缩放；在裁剪框外拖曳鼠标，可以旋转裁剪框；按Enter键，可以将裁剪框之外的图像裁掉，如图9-25所示。按Esc键则取消操作。

图9-23

图9-24

图9-25

9.3.2　实例：裁剪并校正透视

01 拍摄高大的建筑时，由于视角较低，竖直的线条会向消失点集中，产生透视畸变，如图9-26所示。要处理这种照片，可以选择透视裁剪工具 ，拖曳鼠标创建矩形裁剪框；之后拖曳裁剪框四个角的控制点并观察参考线，使其与建筑侧立面平行，如图9-27所示。

图 9-26

图 9-27

02 按Enter键，将裁剪框外的图像裁掉，与此同时，Photoshop会拉正画面，如图9-28所示。

图 9-28

9.3.3 实例：将倾斜的照片调正

01 打开照片素材，如图9-29所示。选择标尺工具，沿着女孩的胳膊拖曳鼠标，拉出一条直线，如图9-30所示。单击工具选项栏中的“拉直图层”按钮，对照片的角度进行校正，如图9-31所示。

图 9-29

图 9-30

图 9-31

02 选择魔棒工具，取消“连续”复选框的勾选状态，在照片的空白处单击，将其全部选取，如图9-32所示。执行“选择”|“修改”|“扩展”命令，设置“扩展量”为2像素，如图9-33所示。单击“确定”按钮，关闭对话框。

图 9-32

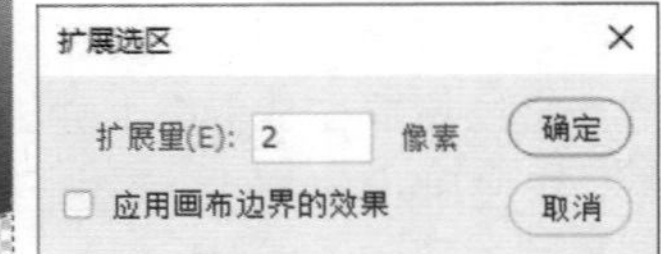

图 9-33

03 执行“编辑”|“内容识别填充”命令，切换到内容识别填充工作区，如图9-34所示。Photoshop会从选区周围复制图像，再对选区进行自动填充，在“预览”面板中可以看到填充效果，如图9-35所示。按Enter键确认，按Ctrl+D快捷键取消选择，如图9-36所示。

图9-34

图9-35

图9-36

tip 执行“内容识别填充”命令时，文档窗口中选区之外的图像上会覆盖一层绿色的半透明蒙版，类似快速蒙版，只是颜色不同。“工具”面板中的取样画笔工具与“选择并遮住”命令中的画笔工具用法相同。套索工具和多边形套索工具可用于修改选区。

9.4　照片修图

Photoshop中有各种修图工具，如仿制图章、修复画笔、污点修复画笔、修补和加深等，可以完成复制图像、消除瑕疵、调整曝光，以及进行局部的锐化和模糊等操作。

9.4.1　图像修复工具

- 仿制图章工具：常用于复制图像，或去除照片中的缺陷。选择该工具后，在要拷贝的区域按住Alt键单击进行取样，释放Alt键，在需要修复的区域涂抹即可。如图9-37和图9-38所示为使用该工具去除女孩身后多余的人物。

图9-37

图9-38

- 修复画笔工具：可以从被修饰区域的周围取样，并将样本的纹理、光照、透明度和阴影等与所修复的像素匹配，因此，去除照片中的污点和划痕时，不会留下明显的痕迹。如图9-39所示为一张人像照片的局部，将光标放在眼角附近没有皱纹的皮肤上，按住Alt 键单击进行取样，释放Alt 键后，在眼角的皱纹处单击并拖曳鼠标，即可将皱纹抹除，如图9-40所示。

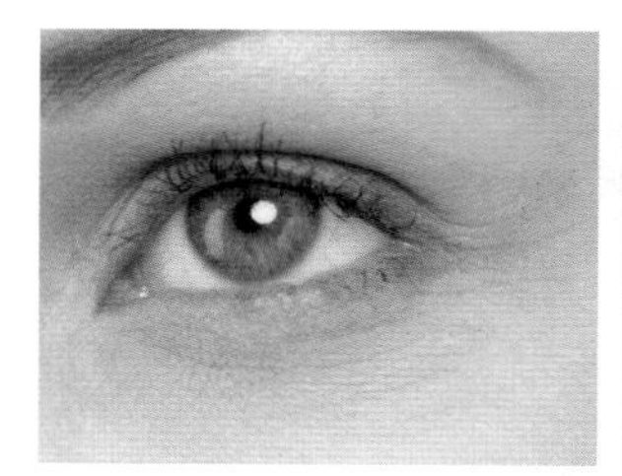

图9-39

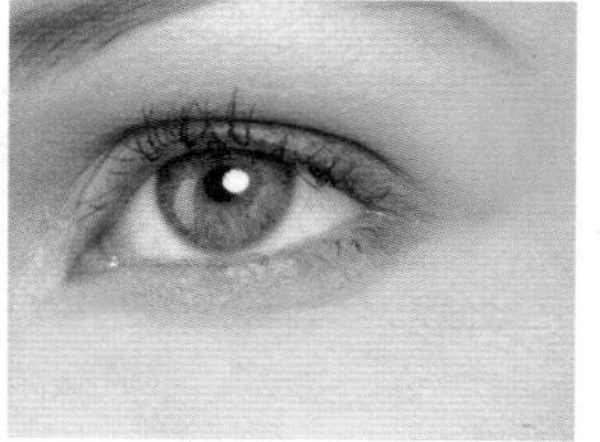

图9-40

- 污点修复画笔工具：与修复画笔工具的原理类似，但操作更方便，只要在照片中的污点、划痕等处单击，便可快速去除不理想的部分，如图9-41和图9-42所示。

图9-41

图9-42

- 修补工具：与修复画笔工具的原理类似，但需要用选区来定义修补范围。在工具选项栏中将“修补”设置为“正常”后，选择“目标”选项，在图像上建立选区，如图9-43所示，在选区内单击并拖曳鼠标，可复制新的人物，如图9-44所示。选择“源”选项，移动选区到指定位置后，会对原图像进行覆盖，如图9-45所示。

图9-43

图9-44

图9-45

- 内容感知移动工具 ：用该工具将选中的对象移动或扩展到其他区域后，可以重组和混合对象。如图 9-46 所示为使用该工具选取的图像，在工具选项栏中将“模式”设置为“移动”后，在选区内单击，并将人物拖曳到新位置，Photoshop 会自动填充空缺的部分，如图 9-47 所示；如果将“模式”设置为“扩展”，则可复制得到新的人物，如图 9-48 所示。

图 9-46

图 9-47

图 9-48

- 红眼工具 ：在红眼区域单击，可去除用闪光灯拍摄的人像照片中的红眼，以及动物眼睛上的白色或绿色反光。

9.4.2 实例：去除眼角和嘴角皱纹

01 打开素材。选择修复画笔工具，在工具选项栏中选择柔边圆笔尖，在“模式”下拉列表中选择“替换”选项，将“源”设置为“取样”，如图9-49所示。

图 9-49

02 将光标放在眼角附近没有皱纹的皮肤上，按住Alt键并单击进行取样，如图9-50所示；释放Alt 键，在皱纹处拖曳鼠标，进行修复，如图9-51所示。

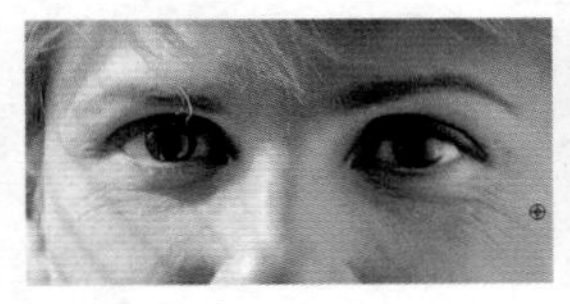

图 9-50

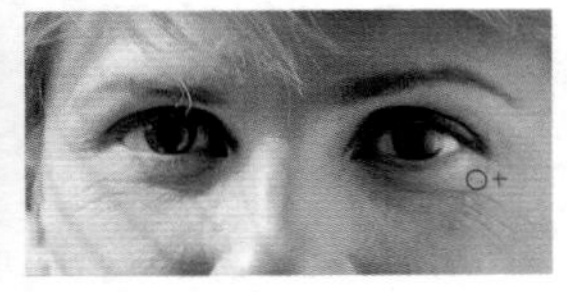

图 9-51

03 继续修复眼角的皱纹（可根据需要按“[”键和“]”键调整笔尖大小），如图9-52和图9-53所示。

04 采用同样的方法修复嘴角的法令纹，之后将百叶窗投射在面部的阴影也去掉，效果如图9-54所示。

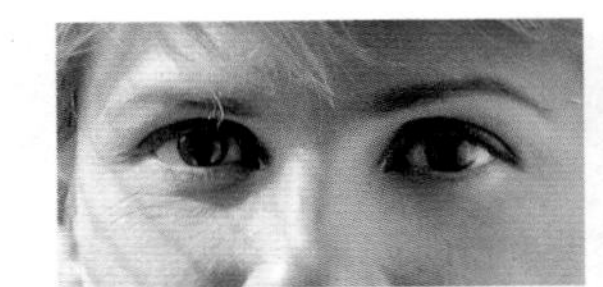

图 9-52

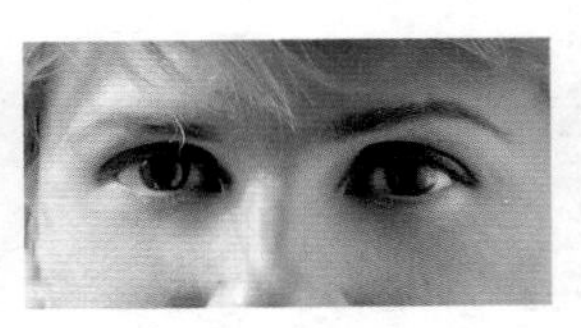

图 9-53

图 9-54

9.4.3 实例：牙齿美白与整形

01 打开素材，单击“调整”面板中的 按钮，创建“色相/饱和度”调整图层。激活“属性”面板中的 按钮，找一处最黄的牙齿（光标会变成吸管工具 ），在其上方单击，进行取样，如图9-55所示，“调整”面板的渐变颜色条上会出现滑块，取样的颜色就在这个区间，如图9-56所示。

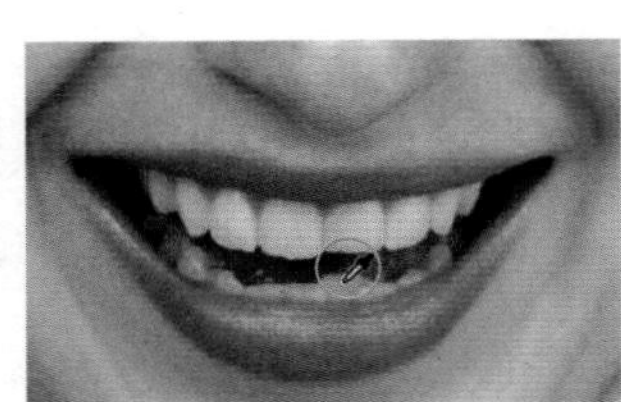

图 9-55

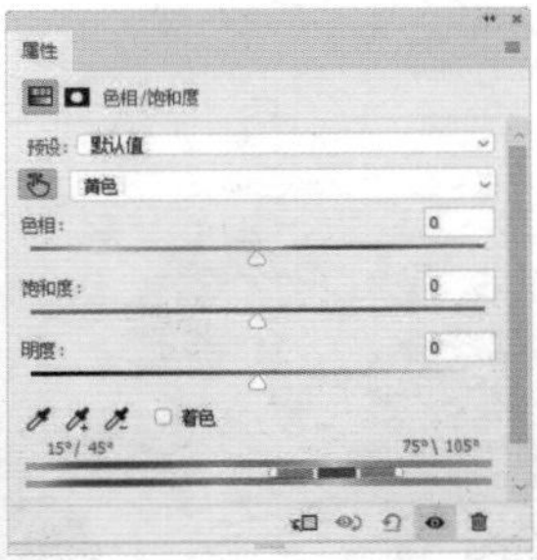

图 9-56

02 将“饱和度”调低，黄色会变白。注意不能调到最低值，否则牙齿会变成黑白效果，像黑白照片一样。将“明度”提高，让牙齿颜色明亮一些，有一点晶莹剔透的感觉才好，如图9-57和图9-58所示。

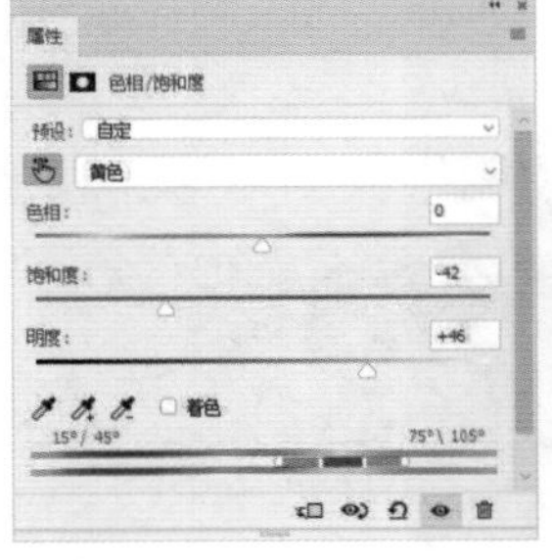

图 9-57

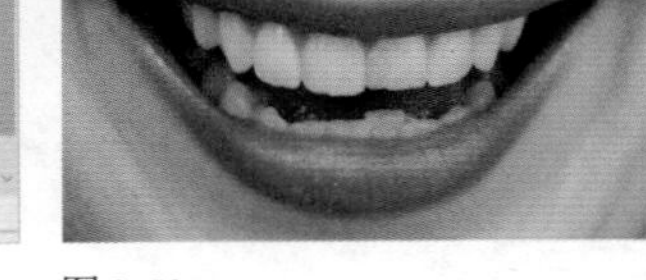

图 9-58

03 按Alt+Shift+Ctrl+E快捷键，将当前效果盖印到新的图层中，用来修复牙齿。执行“滤镜”|“液化”命令，打开“液化”对话框。默认会选取向前变形工具，用 [键和] 键调整工具大小，通过拖曳鼠标的方法将缺口上方的图像向下“推”，把缺口补上，如图9-59~图9-61所示。“推”过头的地方，可以从下往上“推”，把牙齿找平。上面牙齿的缺口比较小，把工具调到比缺口大一点再处理；下面牙齿的问题主要是参差不齐，工具应调大一些。另外不要反复修改一处缺口，否则会使图像变得模糊不清。

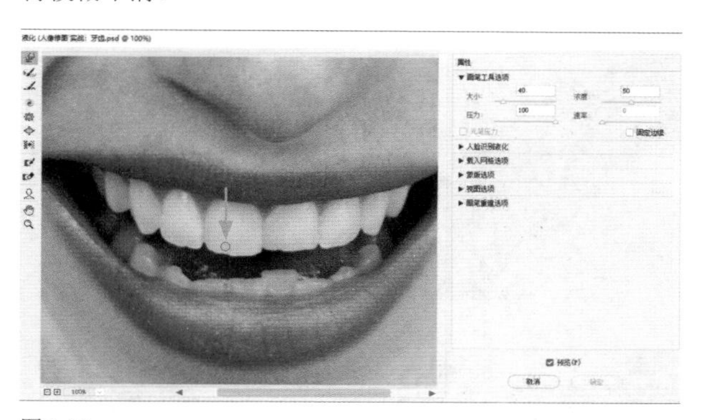

图9-59

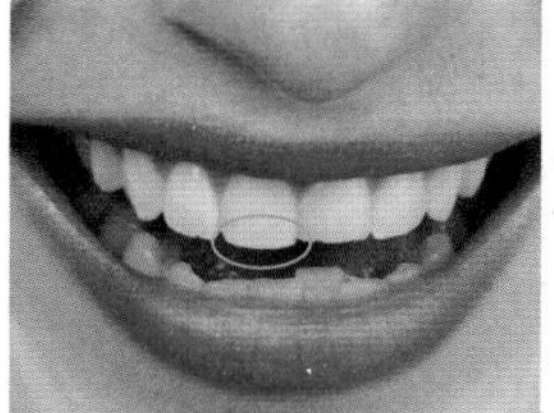

图9-60

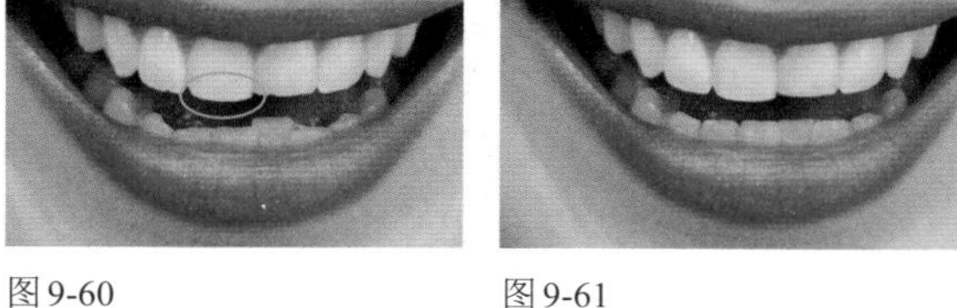

图9-61

9.4.4　实例：瘦身

01 打开素材，使用矩形选框工具选取人物的身体部分，如图9-62所示，按Ctrl+J快捷键，将选中的图像复制到新的图层中，如图9-63所示。

图9-62

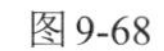

图9-63

02 按Ctrl+T快捷键显示定界框，在选区内右击，在弹出的快捷菜单中执行“变形”命令，如图9-64所示。将光标放在定界框左侧的方向点上，如图9-65所示，向右拖曳鼠标，使衣袖和腰身变细，如图9-66和图9-67所示。将右侧的方向点向左拖曳，使人物看起来更加苗条，如图9-68所示。再来调整定界框下方的控制点，将其向下拖曳，以拉长人物的腿部线条，如图9-69所示。

图9-64

图9-65

图9-66

图9-67

图9-68

图9-69

tip 显示变形网格以后，执行"编辑"|"变换"菜单中的命令，或单击工具选项栏中的"拆分"按钮，之后在图像上单击，可以拆分网格，增加网格线和控制点。在"网格"下拉列表中，有几种预设网格。除此之外，"变形"下拉列表中还提供15种预设，可以直接创建各种扭曲。单击新添加的网格线，按Delete键，或执行"移去变形拆分"命令，可将其删除。

03 单击"图层"面板底部的 按钮，创建蒙版。选择画笔工具，设置"大小"为40像素，在图像的边缘涂抹黑色，使其与底层图像自然融合，如图9-70和图9-71所示。

图 9-70

图 9-71

9.4.5 实例：去除画面中的游客

01 打开素材，如图9-72所示。按Ctrl+J快捷键，复制"背景"图层。

图 9-72

02 选择多边形套索工具，在游客周围单击创建选区，将人物选取，如图9-73所示。

03 选择修补工具，在工具选项栏的"修补"下拉列表中选择"内容识别"选项。将光标放在选区内，向画面左侧拖曳鼠标，到达空白水面的位置释放鼠标左键，用此处图像修复选中的图像。注意，选区下方要将水边的石头涵盖在内，如图9-74所示。

图 9-73

图 9-74

04 按Ctrl+D快捷键取消选择。使用多边形套索工具选取右侧的游客，如图9-75所示，使用修补工具进行修复（做好草地的衔接），如图9-76和图9-77所示。

图 9-75

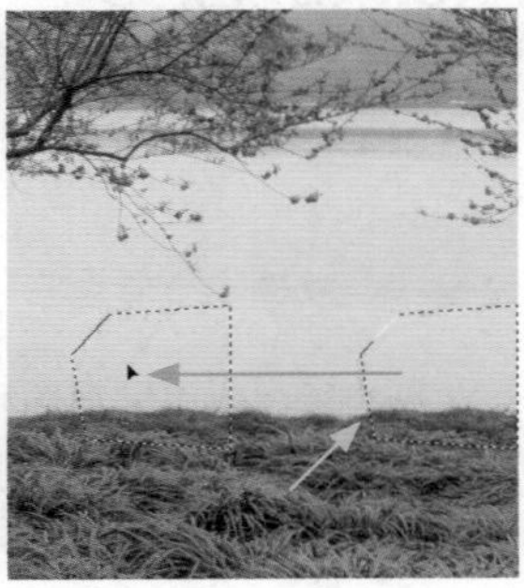

图 9-76

图 9-77

9.4.6　实例：去除照片中的水印

01 打开素材，使用快速选择工具选择文字，如图9-78所示。按住Alt键在字母P中间的空白处涂抹，将其从选区内减去，如图9-79所示。

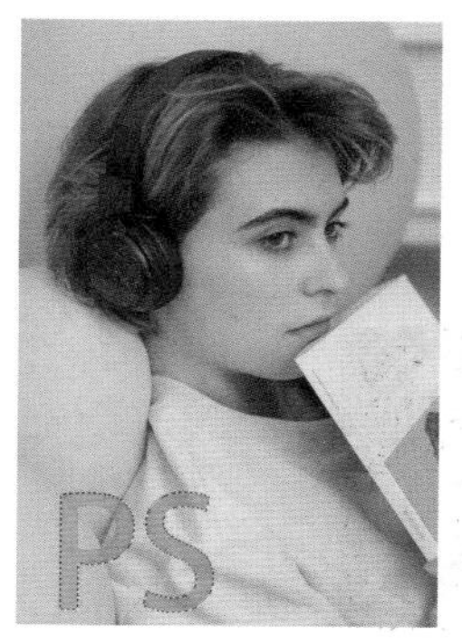

图 9-78

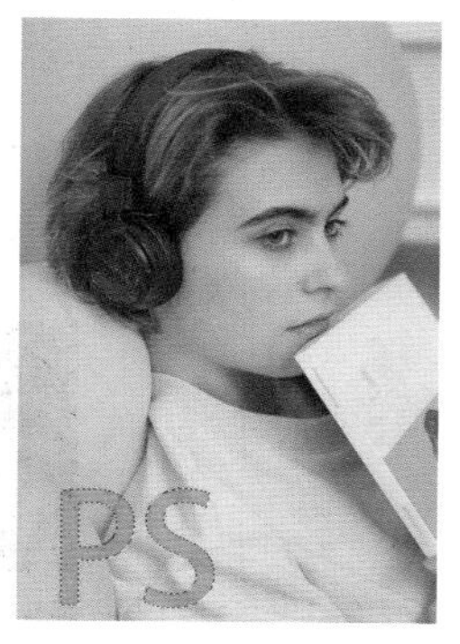

图 9-79

02 执行“编辑”|“内容识别填充”命令，如图9-80所示，根据选区周围的图像，自动对选区进行填充，按Enter键确认，按Ctrl+D快捷键取消选择，效果如图9-81所示。水印基本去除了，只保留了一点边缘痕迹。

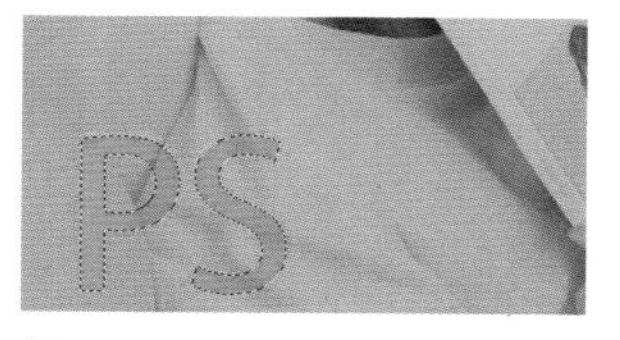

图 9-80

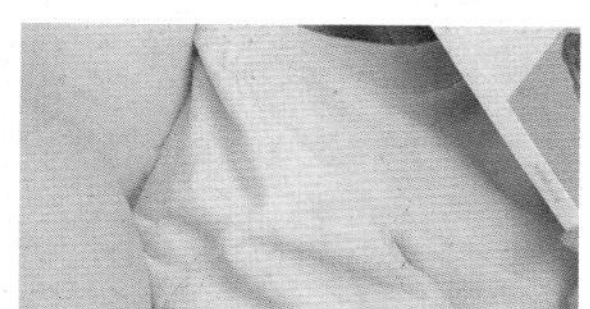

图 9-81

03 选择污点修复画笔工具，勾选“对所有图层取样”复选框，如图9-82所示。通过“内容识别填充”命令修复图像时会生成新的图层，不会对原图层产生破坏。使用污点修复画笔工具在残留的水印上涂抹，将图像修复干净，如图9-83和图9-84所示。

模式：正常　类型：内容识别　创建纹理　近似匹配　对所有图层取样　0°

图 9-82

图 9-83

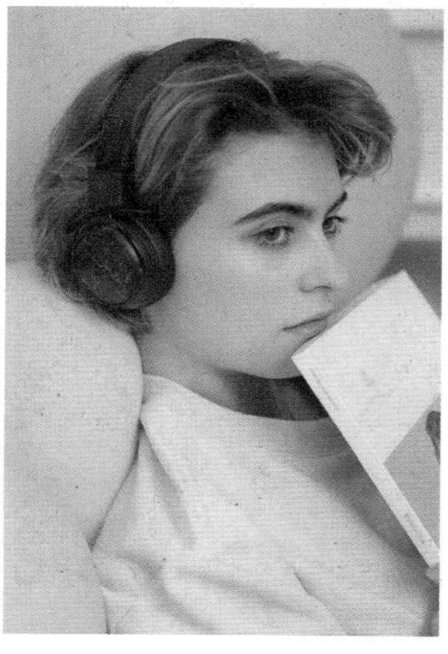

图 9-84

9.4.7　实例：快速替换天空

01 打开素材。执行“编辑”|“天空替换”命令，弹出“天空替换”对话框。

02 在“天空”下拉列表中选取合适的天空图像并调整参数以替换现有天空，调整“亮度”和“光照调整”参数，如图9-85所示。如图9-86和图9-87所示分别为原图及替换天空后的效果。

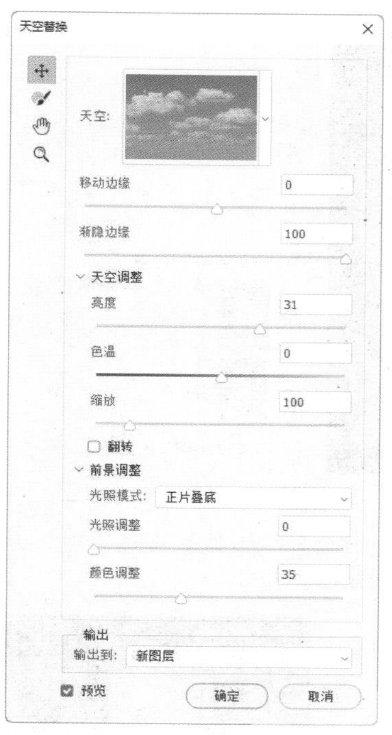

图 9-85

图 9-86

图 9-87

tip 使用天空移动工具可以移动天空图像。使用天空画笔在天空图像上涂抹，可以扩展或缩小天空范围。单击按钮打开下拉菜单，执行“获取更多天空”命令，可以从Adobe Discover网站下载更多天空图像或天空预设。执行“创建新天空组”命令，可以将经常使用的天空图像创建成一组新预设。

9.5 磨皮

磨皮是人像照片处理中非常重要的一个环节，是在消除色斑、皱纹的基础上，进一步美化皮肤的操作，可以使皮肤白皙、光滑、通透。

9.5.1 实例：肌肤美白

01 打开素材，如图9-88所示。按Ctrl+J快捷键复制“背景”图层，得到“图层1”，如图9-89所示。

图 9-88

图 9-89

02 设置混合模式为“滤色”，设置“不透明度”为50%，如图9-90和图9-91所示。

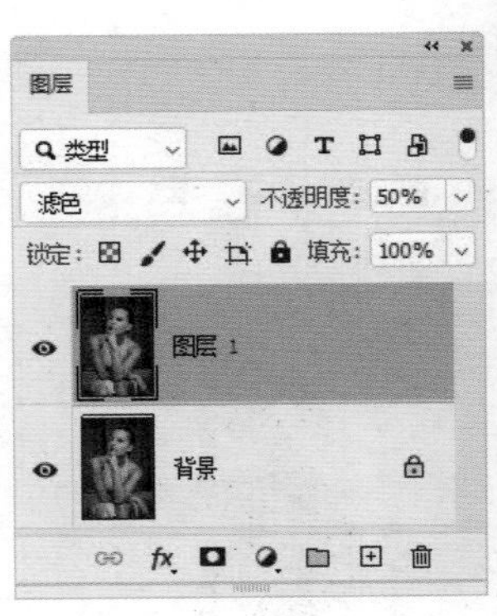

图 9-90

图 9-91

03 按Alt+Shift+Ctrl+E快捷键盖印图层，得到“图层2”，如图9-92所示。

04 执行“图像”|“调整”|“替换颜色”命令，打开“替换颜色”对话框，如图9-93所示。将光标放在人物的皮肤上，单击进行取样，如图9-94所示。设置“颜色容差”为110，设置“明度”为30，如图9-95和图9-96所示，人物皮肤虽然明显变白，但是暗部的肤色依然太深，肤色显得不均匀。选择添加到取样工具，将光标放在深色皮肤上，如图9-97所示，单击，将这部分颜色也添加到取样范围内，皮肤就彻底变白了，如图9-98和图9-99所示。

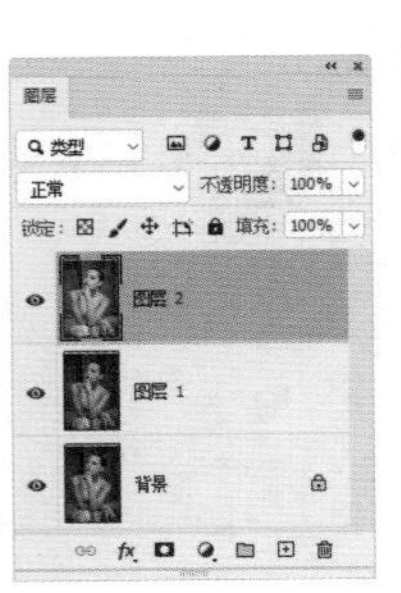

图 9-92

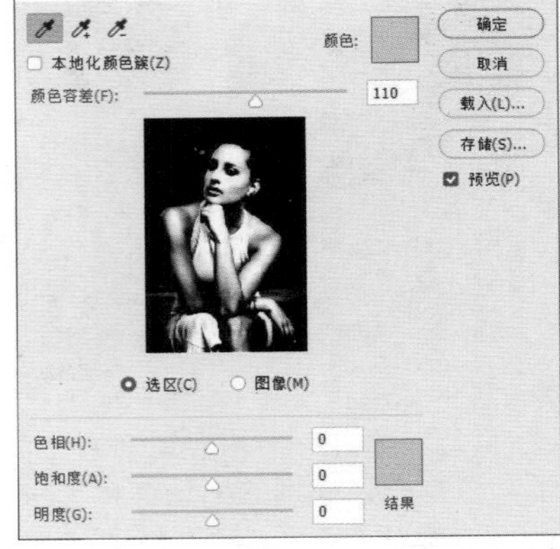

图 9-93

图 9-94

图 9-95

图 9-96

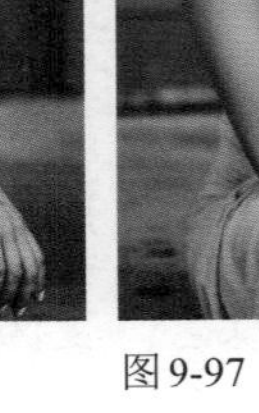

图 9-97

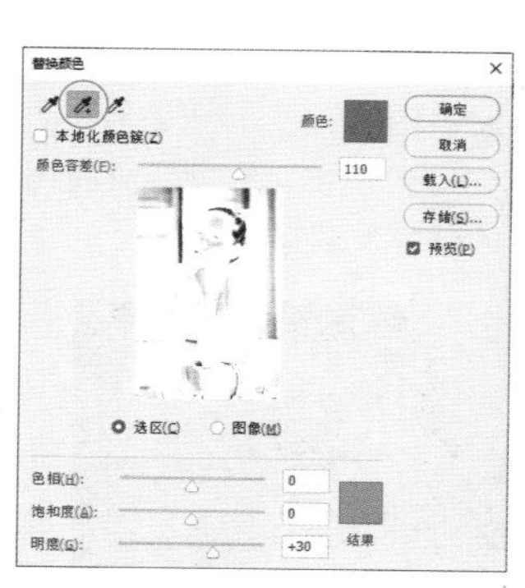

图 9-98

图 9-99

05 选择画笔工具，设置“大小”为40像素，设置“不透明度”为30%，如图9-100所示。单击“图层”面板底部的 按钮，创建蒙版。在人物的眉眼和嘴唇上涂抹黑色，恢复这些区域的色调，使人物看起来更有精神，如图9-101和图9-102所示。

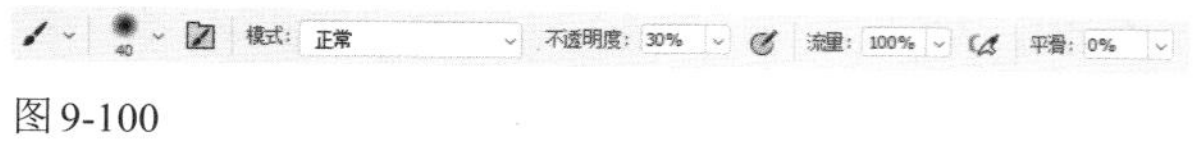

图 9-100

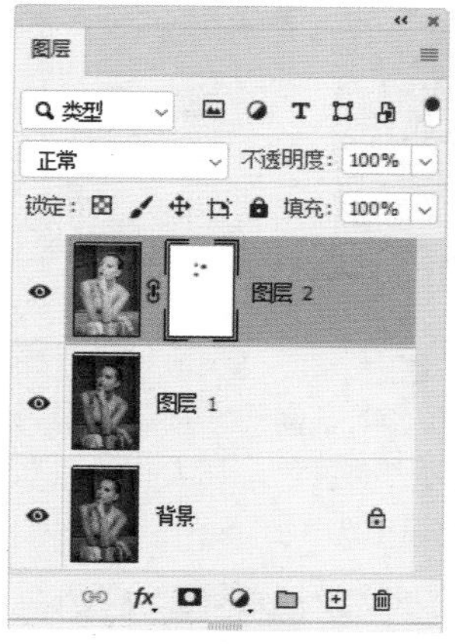

图 9-101

图 9-102

9.5.2　实例：用通道磨皮

01 打开素材，如图9-103所示。打开“通道”面板，将“绿”通道拖曳到面板底部的 按钮上进行复制，得到“绿 拷贝”通道，文档窗口中显示“绿 拷贝”通道中的图像，如图9-104和图9-105所示。

图 9-103

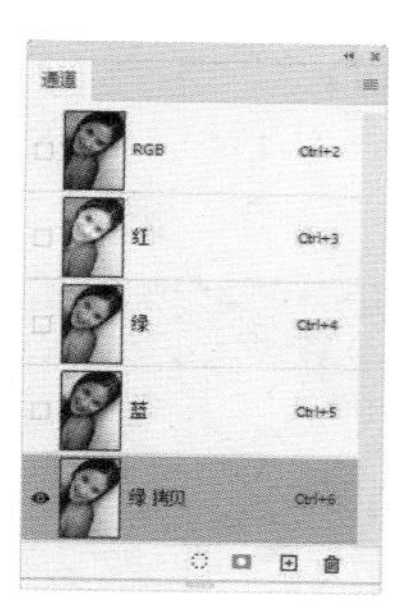

图 9-104

图 9-105

02 执行“滤镜”|“其他”|“高反差保留”命令，设置“半径”为20像素，如图9-106和图9-107所示。

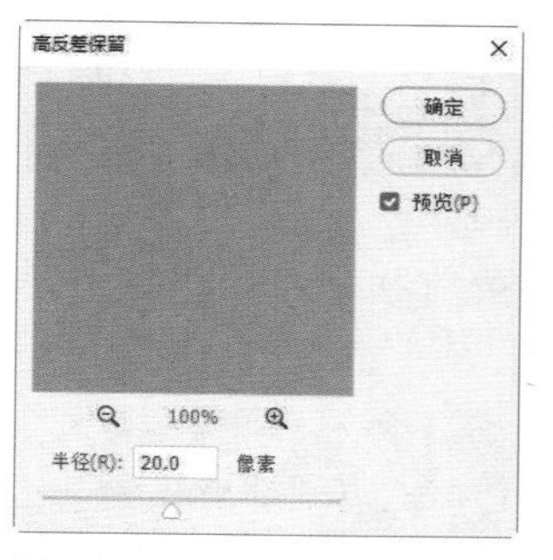

图 9-106

图 9-107

03 执行“图像”|“计算”命令，打开“计算”对话框，设置“混合”为“强光”，设置“结果”为“新建通道”，如图9-108所示，计算以后会生成名称为“Alpha 1”的通道，如图9-109和图9-110所示。

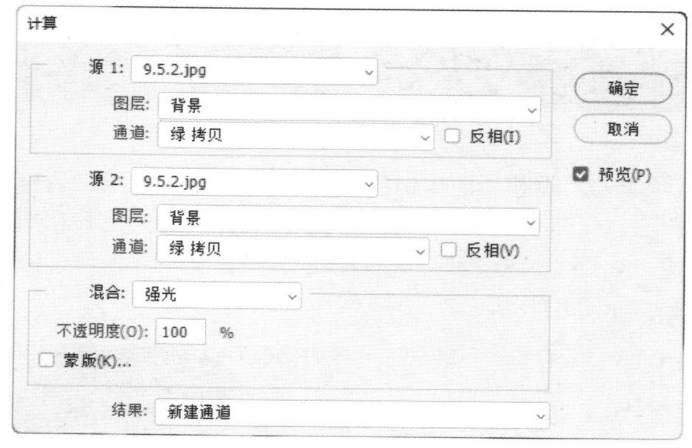

图 9-108

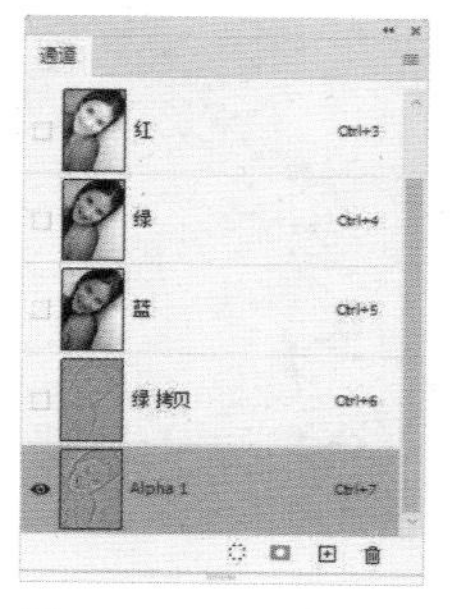

图 9-109

图 9-110

04 再次执行“计算”命令，得到“Alpha 2”通道，如图9-111所示。单击“通道”面板底部的 ⬚ 按钮，载入通道中的选区，如图9-112所示。

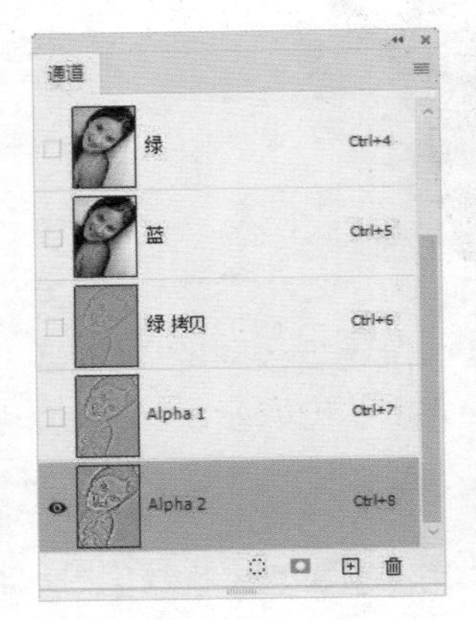

图 9-111

图 9-112

05 按Ctrl+2快捷键返回彩色图像编辑状态，如图9-113所示。按Shift+Ctrl+I快捷键进行反选，如图9-114所示。

图 9-113

图 9-114

06 单击“调整”面板中的 按钮，创建“曲线”调整图层。在曲线上单击，添加两个控制点，并向上移动曲线，如图9-115所示，人物的皮肤会变得非常光滑、细腻，如图9-116所示。

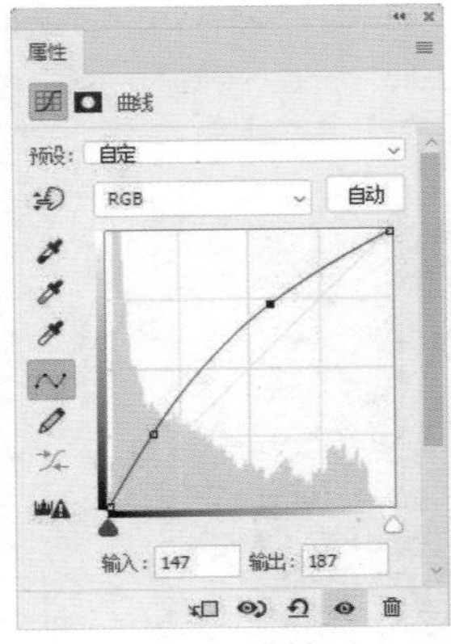

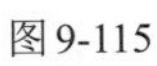

图 9-115

图 9-116

07 人物的眼睛、头发、嘴唇和牙齿等部位有些过于模糊，需要恢复为清晰效果。选择画笔工具 （柔边圆笔尖），将工具的“不透明度”设置为30%，在眼睛、头发等部位涂抹黑色，用蒙版遮盖图像，显示“背景”图层中清晰的图像。如图9-117所示为修改蒙版以前的图像，如图9-118所示为修改后的蒙版及图像效果。

图 9-117

图 9-118

08 下面处理眼睛中的血丝。选择“背景”图层，如图9-119所示。选择修复画笔工具 ，按住Alt键在靠近血丝处单击，拾取颜色（白色），如图9-120所示，然后释放Alt键，在血丝上涂抹，将其覆盖，如图9-121所示。

图 9-119

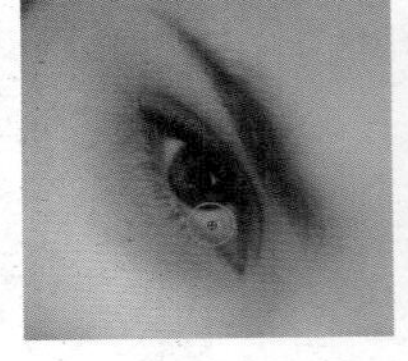

图 9-120

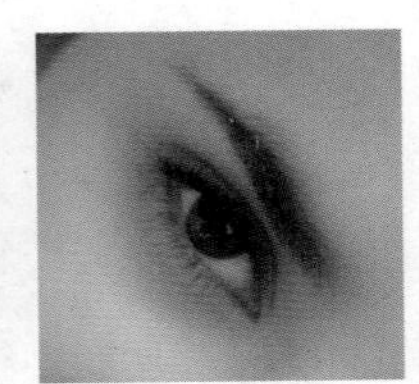

图 9-121

09 单击“调整”面板中的 按钮，创建“可选颜色”调整图层，单击“颜色”选项右侧的 ⌄ 按钮，选择“黄色”选项，通过减少画面中的黄色，使人物的皮肤颜色变得粉嫩，如图9-122和图9-123所示。

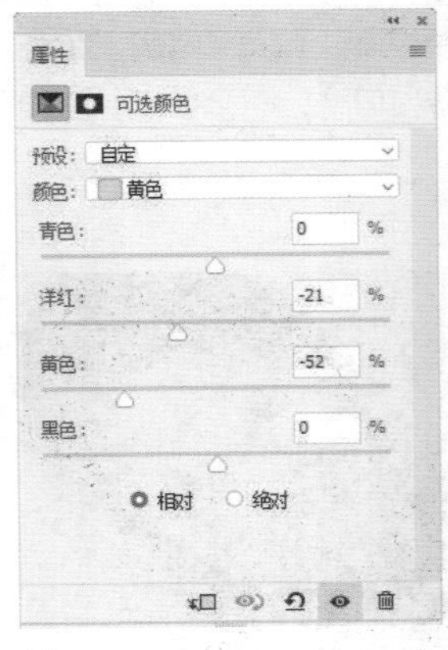

图 9-122

图 9-123

10 按 Alt+Shift+Ctrl+E快捷键，将磨皮后的图像盖印到新的图层中，如图9-124所示，按Ctrl+] 快捷键，将其移动到顶层，如图9-125所示。

⑪ 执行“滤镜”|“锐化”|“USM锐化”命令，对图像进行锐化，使细节更加清晰，如图9-126所示。如图9-127所示为原图像，如图9-128所示为磨皮后的效果。

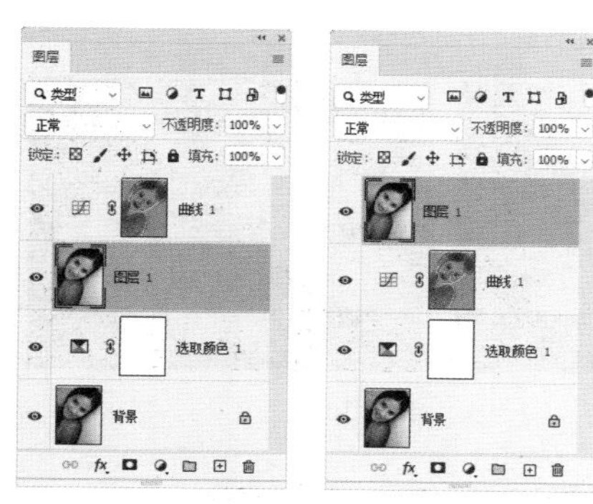

图9-124　　图9-125

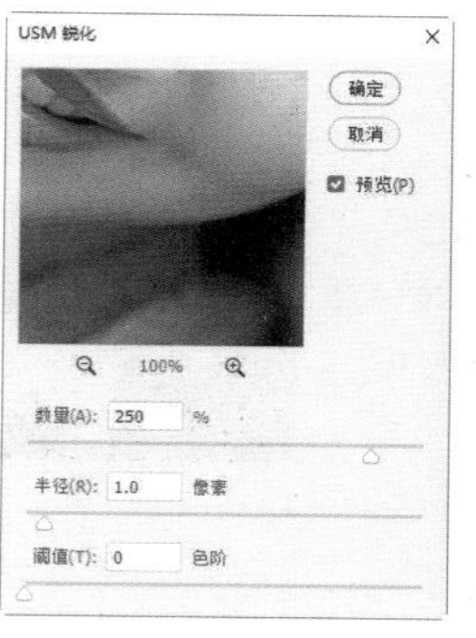

图9-126

图9-127

图9-128

9.6　改善画质

照片中有噪点或锐度不够，都会影响画质。降噪可以消除或减少噪点，锐化则可以让图像看上去更加清晰。

9.6.1　降噪

使用数码相机拍照时，如果ISO设置得过高且曝光不足，或者用较慢的快门速度在暗光环境中拍摄，很容易出现噪点和杂色。使用“滤镜”|“杂色”菜单中的“减少杂色”滤镜处理这种照片非常有效。

噪点在颜色通道中分布并不均衡，有的通道噪点多一些，有的则少一些。勾选“减少杂色”对话框中的“高级”复选框，然后切换至“每通道”选项卡，对噪点多的通道进行较大幅度的模糊，对噪点少的通道进行轻微模糊或者不做处理，就可以在不过多影响图像清晰度的情况下最大程度地减少噪点，如图9–129~图9–131所示。

图9-129

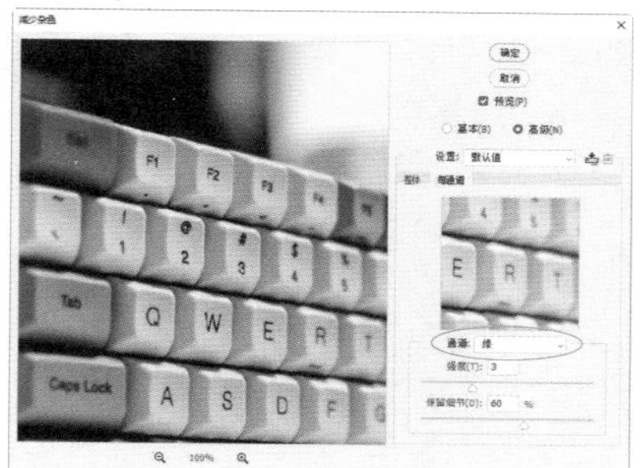

图9-130

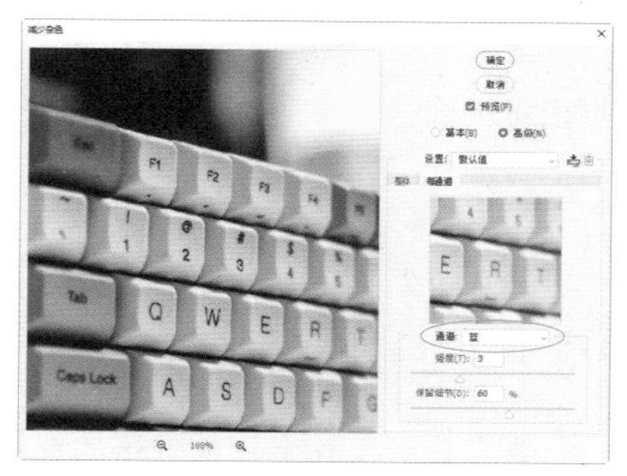

图9-131

tip 在进行降噪操作前，最好双击缩放工具🔍，将图像的显示比例调整为100%，否则不容易看清降噪效果。

9.6.2　锐化

使用Photoshop锐化图像时，可以提高图像中两种相邻颜色（或灰度层次）交界处的对比度，使它们的边缘更加明显和清晰，造成锐化的错觉。如图9–132所示为原图，如图9–133所示为锐化后的效果。

“滤镜”|“锐化”菜单中的“USM锐化”和“智能锐化”滤镜是锐化照片的好帮手。使用“USM锐化”滤镜可以查找图像中颜色发生显著变化的区域，然后将其锐化。“智能锐化”与“USM锐化”滤镜比较相似，但其提供了独特的锐化控制选项，可以设置锐化算法、控制阴影和高光区域的锐化量。

图9-132

图9-133

如果照片中有运动状模糊，如线性、弧形、旋转和Z形模糊等，则使用“防抖”滤镜处理效果更好。该滤镜还可用于锐化模糊的文字。

9.6.3 实例：用防抖滤镜锐化

01 打开素材。执行“滤镜”|“转换为智能滤镜”命令，将图像转换为智能对象。执行“滤镜”|“锐化”|“防抖”命令，打开“防抖”对话框。Photoshop会自动分析图像中最适合使用防抖功能的区域，确定模糊的性质，并推算出整个图像最适合的锐化量，经过修正的图像会在对话框中显示，如图9-134所示。

图9-134

02 画面中的矩形定界框是评估区域，拖曳其中心的图钉，将评估区域移动到蜜蜂上方，如图9-135所示；拖曳控制点，让评估区域覆盖住蜜蜂，如图9-136所示。评估区域每调整一下，“防抖”滤镜就会刷新一次效果。

03 按Ctrl++快捷键，将窗口的缩放比例调整到100%。将“模糊描摹边界”值设置为50像素，如图9-137所示。取消对“预览”选项的选取，窗口中会显示原图像；再选取该选项，观察滤镜效果。通过对比可以看到，经过防抖处理以后，蜜蜂翅膀上的纹路非常清楚，甚至连花蕊下方的花粉颗粒都清晰可见，如图9-138和图9-139所示。单击“确定”按钮，关闭对话框。

图9-135

图9-136

图9-137

原图（局部）

图9-138

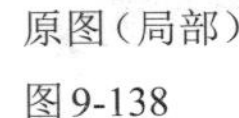

锐化后（局部）

图9-139

9.7 抠图

许多设计工作会用无背景的素材进行创作、合成，如广告页、商品宣传单、Banner、包装等。要得到这样的素材，需要使用抠图技术，将所需图像中的部分内容（如人物）选中，再从原有背景中分离出来。

9.7.1 从分析图像入手确定抠图方法

Photoshop提供了许多抠图工具。在抠图之前，应先分析图像的特点，再根据分析结果确定使用哪种工具和方法。

- 分析对象的形状特征：边界清晰流畅、图像内部没有透明区域的对象是比较容易选择的对象。如果这样的对象其外形为基本的几何形，可以用选框工具（矩形选框工具、椭圆选框工具）和多边形套索工具选择。如图9-140和图9-141所示的魔方是使用多边形套索工具抠出来的。如果对象呈现不规则形状，边缘光滑且不复杂，则更适合使用钢笔工具选取。如图9-142所示是使用钢笔工具描绘的路径轮廓，将路径转换为选区后即可选中对象并进行抠图，如图9-143所示。

图9-140

图9-141

图9-142

图9-143

● 从色彩差异入手：“色彩范围”命令包含“红色”“黄色”“绿色”“青色”“蓝色”等固定的色彩选项，如图9-144所示，通过这些选项可以选择包含以上颜色的图像。

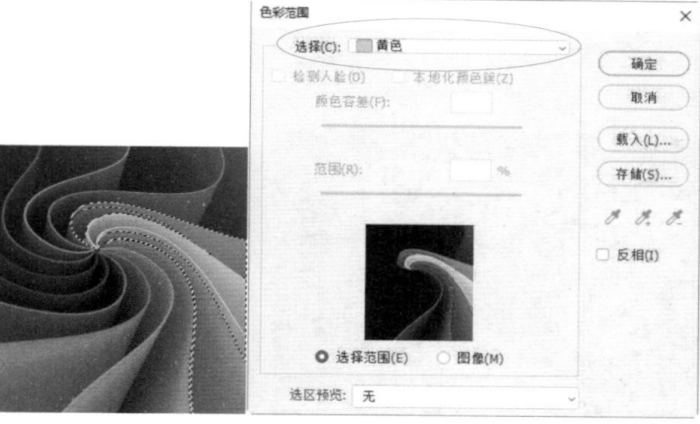

图9-144

● 从色调差异入手：魔棒工具、快速选择工具、磁性套索工具、背景橡皮擦工具、魔术橡皮擦工具、对象选择工具、通道和混合模式，以及“色彩范围”命令中的部分功能可基于色调差异生成选区。如果图像情况复杂，没有特别适合的抠图工具，可以考虑编辑通道，让对象与背景产生足够的色调差异，为抠图创造机会，如图9-145所示。

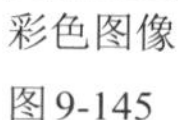
彩色图像　　通道中的黑白图像　　创建选区

图9-145

● 毛发：抠图中最难处理的是毛发，因为其细节多，且细小、琐碎。“调整边缘”命令和通道是抠取此类复杂对象最主要的工具。例如，如图9-146所示的长发女孩，头发与背景的色调有明显的差别，可以利用色调差异在通道中将背景处理为白色，让头发变为黑色，如图9-147所示。模特的服装轮廓则用钢笔工具抠取，如图9-148所示，如图9-149所示为抠出的图像。

图9-146

图9-147

图9-148

图9-149

● 透明对象：对于玻璃杯、冰块、水珠、气泡等，抠图时能够体现它们透明特质的是半透明的像素。抠取此类对象时，最重要的是既要体现对象的透明特质，也要保留其细节特征。“调整边缘”命令和通道，以及设置了羽化值的选框和套索等工具都可以抠透明对象。如图9-150所示为原图，如图9-151所示为在通道中制作的选区，如图9-152所示为抠出的透明烟雾。

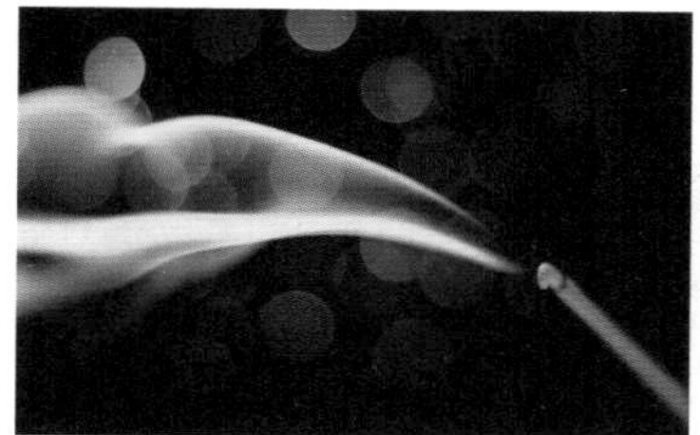
图9-150

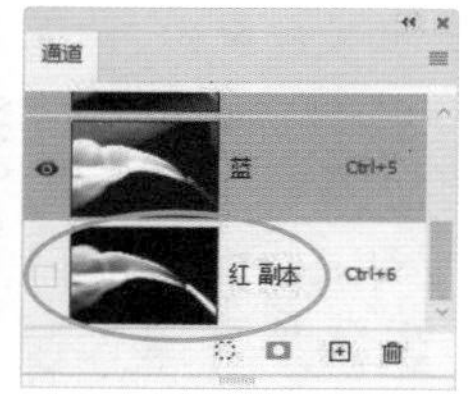

图9-151

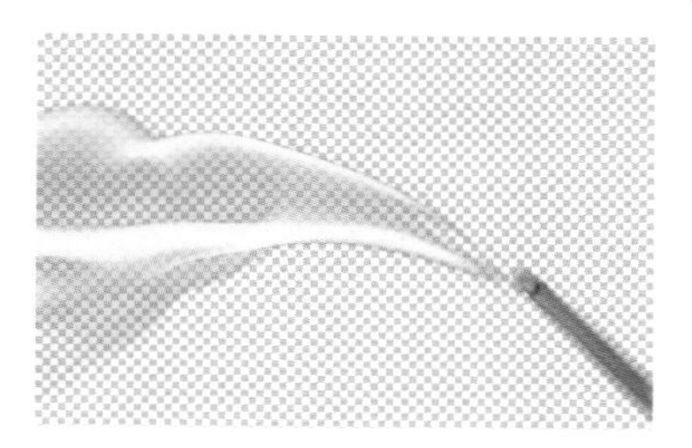
图9-152

9.7.2　解决图像与新背景的融合问题

抠出的图像与新背景能否完美地融合，直接影响图像的合成效果。如图9-153所示，人物头顶的发丝很细，很清晰，环境色对头发的影响也特别明显。如图9-154所示为使用通道抠出的图像，头发的边缘有残留的背景色。将图像放在新背景中，效果并不好，如图9-155所示。

图9-153

图9-154

图9-155

像这种情况可以使用吸管工具在人物头顶的背景处单击，拾取颜色作为前景色，如图9-156所示，再用画笔工具（模式为“颜色”，不透明度为50%）在头发边缘的红色区域涂抹，为这些头发着色，使其呈现与环境色协调的蓝色调，可降低原图像的背景色对头发的影响，如图9-157所示。

图9-156

图9-157

也可按住Alt键并单击“图层”面板中的⊞按钮，打开“新建图层”对话框，勾选“使用前一图层创建剪贴蒙版”复选框，设置“模式”为“滤色”，并勾选“填充屏幕中性色”复选框，如图9-158所示，创建中性色图层，这会与“图层1”创建为一个剪贴蒙版组；将画笔工具的模式设置为“正常”，不透明度设置为15%，在头发的边缘涂抹白色，提高头发边缘处发丝的亮度，使其清晰而明亮，如图9-159和图9-160所示。由于创建了剪贴蒙版，中性色图层将只对人物图像有效，背景图层不会受到影响。

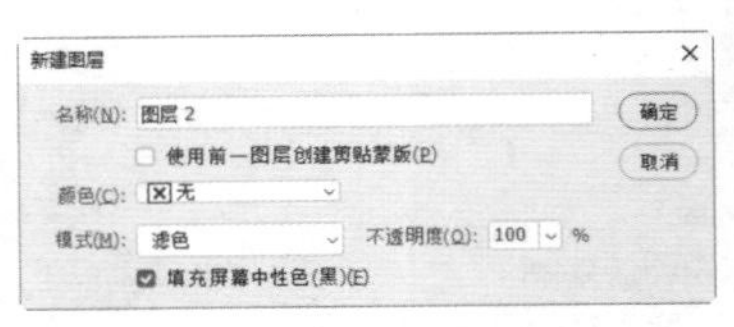

图9-158

图9-159

图9-160

tip 创建中性色图层时，Photoshop会用一种中性色（黑色、50%灰色或白色）填充图层，并为其设置混合模式。在混合模式的作用下，画面中的中性色是不可见的，就像新创建的透明图层一样。中性色图层可用于修改图像的亮度，还可以添加图层样式和滤镜。

9.7.3　实例：抠汉堡包

01 打开素材，如图9-161所示。选择快速选择工具，勾选“增强边缘”复选框，如图9-162所示，创建选区时，可以使其边缘更加平滑。

图9-161

图 9-162

02 在面包及蔬菜上拖曳鼠标绘制选区，选区会向外扩展并自动查找边缘，以将它们选取，如图9-163所示。

图 9-163

03 对于多选的图像，如图9-164所示，可以按住Alt键在其上方拖曳鼠标，将其从选区中排除，如图9-165所示。如果有漏选的区域，则按住Shift键在其上方拖曳鼠标光标，将其添加到选区中。

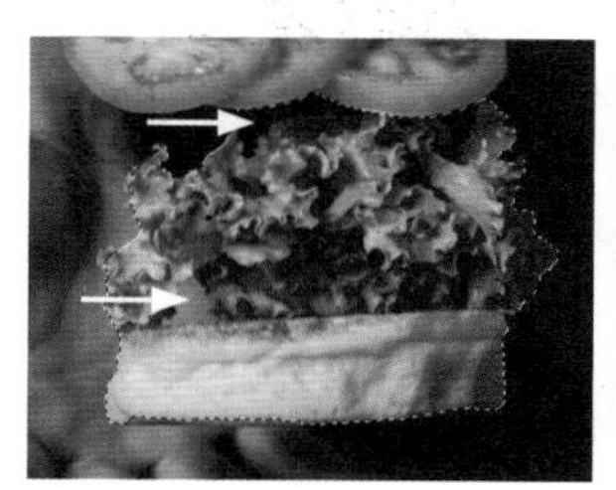

图 9-164　　图 9-165

04 按Ctrl+J快捷键，将选取的图像复制到单独的图层中，如图9-166所示。如图9-167所示为隐藏“背景”图层后的抠图效果。

图 9-166

图 9-167

05 单击“背景”图层，如图9-168所示。使用快速选择工具（按［键和］键可调笔尖大小）选择西红柿，如图9-169所示，按Ctrl+J快捷键抠图，如图9-170所示。单击“背景”图层，采用同样的方法，将其他食材依次抠出来（99页的实例会用到此素材），如图9-171所示。

图 9-168

图 9-169

图 9-170

图 9-171

9.7.4　实例：用混合颜色带抠大树

01 打开素材，如图9-172所示。单击锁状图标，将“背景”图层转换为普通图层，如图9-173所示。

图 9-172

图 9-173

02 执行“图层”|“图层样式”|“混合选项”命令，或在“图层0”右侧的空白处双击，打开“图层样式”对话框。在“混合颜色带”列表中选择“蓝”（即“蓝”通道）选项，向左拖曳本图层下方的白色滑块（其上方数字为209）如图9-174所示，隐藏蓝天。

03 按住Alt键并单击该滑块，将其分开，然后把右半边滑块稍微往右拖曳一点，这样可以建立一个颜色过渡区域，防止枝叶边缘太过琐碎，如图9-175~图9-177所示。单击“确定”按钮关闭对话框。

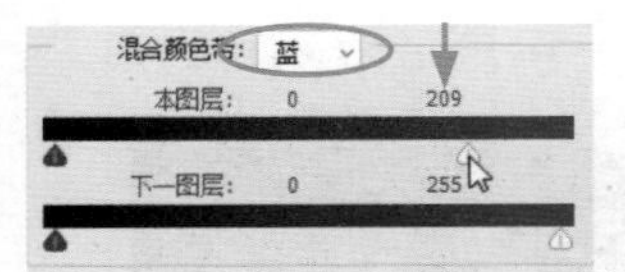

图 9-174

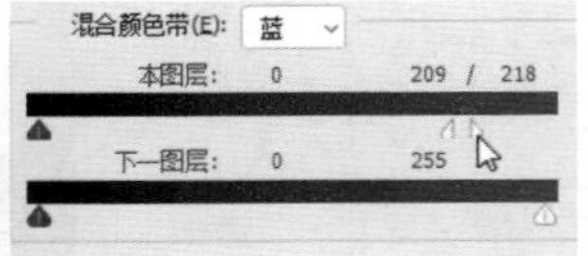

图 9-175

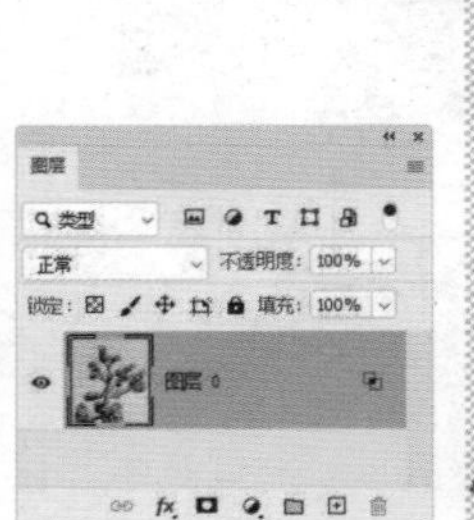

图 9-176

图 9-177

tip 将话框拖曳回原位置，可以让背景重新显现。按Alt+Shift+Ctrl+E快捷键，则可将抠图效果盖印到新建的图层中。

9.7.5 实例：用混合颜色带抠文字

01 打开福字素材，单击锁状图标，如图9-178所示，将“背景”图层转换为普通图层。执行“图层”|“新建填充图层”|“纯色”命令，弹出“拾色器”对话框，设置颜色为红色，创建红色填充图层，并拖曳到文字下方，如图9-179所示。

图 9-178

图 9-179

02 在“图层”面板中双击福字所在的“图层0”的空白处，打开“图层样式”对话框。将本图层下方的白色滑块向左侧拖曳，此时背景颜色会隐藏，下方填充图层的红色逐渐显现，如图9-180所示。注意观察文字边缘，当背景图像（白色）消失时释放滑块，如图9-181所示。

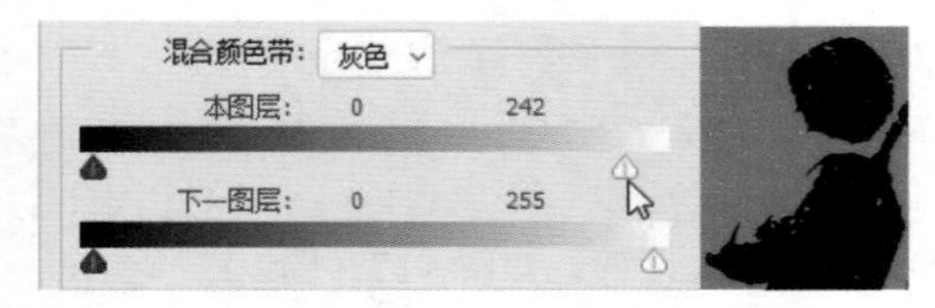

图 9-180

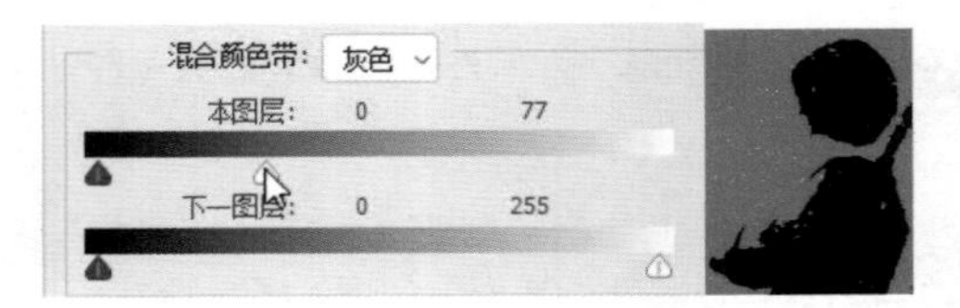

图 9-181

03 现在文字已经抠出。但这是毛笔字，边缘还要柔和一些。按住Alt键单击白色滑块，将其一分为二，然后把分离出来的这两个滑块往左右两侧拖曳，建立过渡的羽化区域，即可在文字边缘生成轻微的模糊效果，如图9-182所示。如图9-183所示为原图，如图9-184所示为抠图后的效果。

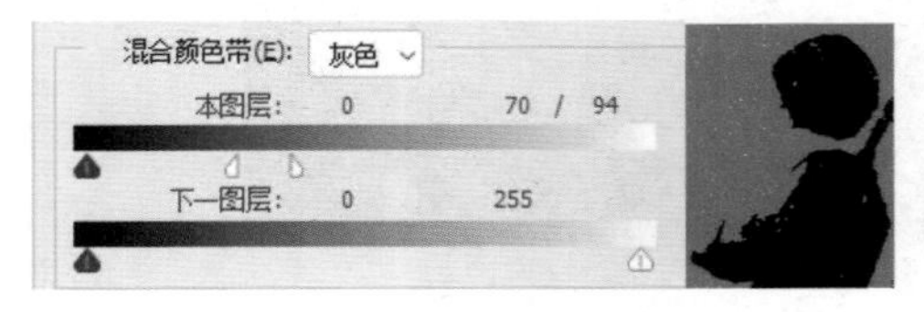

图 9-182

图 9-183

图 9-184

9.7.6 实例：用色彩范围命令抠图标

01 打开图标素材，如图9-185所示。执行“选择”|“色彩范围”命令，打开“色彩范围”对话框。在白色背景上单击，然后向右拖曳“颜色容差”滑块，如图9-186所示（白色代表选中的区域）。单击“确定”按钮关闭对话框，选取背景。

图 9-185

图 9-186

02 按住Alt键并单击 按钮，创建一个反相的蒙版，将选中的背景遮盖，如图9-187和9-188所示。

图9-187

图9-188

03 下面来看一看抠得是否干净。单击 按钮打开菜单，执行“纯色”命令，创建深灰色填充图层，按Ctrl+[快捷键，将其调整到图标下方，如图9-189所示。在深灰色的衬托下，可以看到图形边缘有白边（即背景色），如图9-190所示。对于其他类型的图像，这意味着抠图失败了，但图标这类单色图像不一样，只要一个小技巧，就能扭转败局。

图9-189

图9-190

04 单击图标所在图层的 图标，将该图层隐藏。按住Ctrl键并单击其蒙版缩览图，如图9-191所示，将图标的选区加载到画布上，如图9-192所示。

图9-191

图9-192

05 创建一个黑色填充图层，选区会转换到其蒙版中，如图9-193所示。由于脱离了原图标图层，就不存在背景颜色，图标也就没有白边了，如图9-194所示。如果图标是其他颜色（如黄色），可以双击填充图层，如图9-195所示，打开“拾色器”对话框，修改颜色，效果如图9-196所示。

图9-193

图9-194

图9-195

图9-196

9.7.7　实例：用钢笔工具抠马克杯

01 打开素材。选择钢笔工具 ，在工具选项栏中选择“路径”及“合并形状”选项，如图9-197所示。

图9-197

02 按Ctrl++快捷键，放大窗口的显示比例。在杯子左下角单击，创建一个角点，如图9-198所示；按住Shift键在杯子左上角单击，创建第2个角点，按住Shift键操作可以锁定垂直方向并得到直线路径，如图9-199所示。虽然这个杯子的轮廓线并非是垂直的，但这样做是为了让抠出的图像更加美观。

图9-198

图9-199

03 在杯子顶部拖曳鼠标，创建平滑点，如图9-200所示；在右上角单击，创建平滑点，如图9-201所示。

图 9-200

图 9-201

04 按住Shift键，在前一个锚点下方单击，创建角点并得到垂直的路径，如图9-202所示；在杯子把手上拖曳鼠标，创建平滑点，如图9-203和图9-204所示。要想轮廓准确，方向线拖曳的长度是关键，尤其是把手下方最后一个锚点，方向线一定要非常短才行，如图9-205所示。另外为保证曲线流畅，也要尽量少一些锚点。

图 9-202

图 9-203

图 9-204

图 9-205

05 由于把手最后一个锚点后面要绘制成垂直的直线路径，但最后一个锚点是平滑点，需要进行转换，可按住Alt键在该锚点上单击一下，将其转换为只有一条方向线的角点，如图9-206所示，这样绘制下一段路径时就能发生转折。杯子右侧边界与底部之间有一个小弯，按住Shift键在杯子右下角单击并拖曳鼠标，创建平滑点，如图9-207所示。注意，方向线不要过长。

图 9-206

图 9-207

06 后面两个锚点也是平滑点，如图9-208和图9-209所示。最后一个用于封闭轮廓，需要将光标放在整个路径轮廓的第一个锚点上方进行拖曳，方向线不要过长。

图 9-208

图 9-209

07 下面来进行路径运算，把杯子把手中的空隙排除出去。在工具选项栏中单击“排除重叠形状”按钮，如图9-210所示，在把手空隙中绘制路径，如图9-211所示。

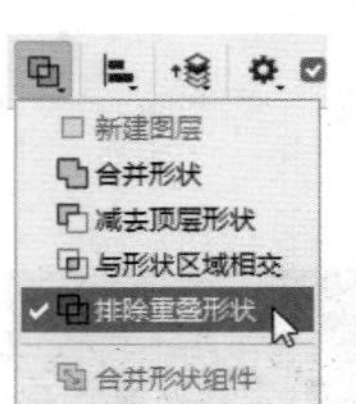

图 9-210

图 9-211

08 按Ctrl+Enter快捷键将路径转换为选区，如图9-212所示。单击“图层”面板底部的按钮，基于选区创建蒙版，将背景隐藏，如图9-213所示。

图 9-212

图 9-213

9.7.8 实例：用选择并遮住命令抠人像

01 打开素材。抠这个图像时，女孩的身体部分用钢笔工具抠，以确保轮廓准确。抠女孩头发则需要使用“选择并遮住”命令，其他工具抠毛发效果不太好。选择钢笔工具，在工具选项栏中选择“路径”选项，沿女孩身体轮廓绘制路径，如图9-214所示。描摹到头发区域时，轮廓内收一些，如图9-215所示。

02 按Ctrl+Enter快捷键，将路径转换为选区，如图9-216所示。单击“通道”面板底部的按钮，将选区保存到通道中，如图9-217所示。按Ctrl+D快捷键取消选择。

图9-214

图9-215

图9-216

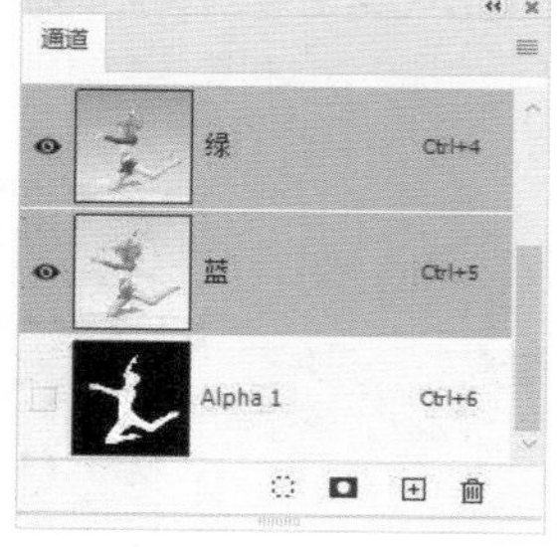

图9-217

03 下面制作头发的选区。使用矩形选框工具将头部选取（包含所以头发），如图9-218所示。按Ctrl+J快捷键复制到一个新的图层中。执行“选择”|“主体”命令，创建选区，如图9-219所示。“主体”命令基于先进的机器学习技术，非常智能，其甚至能够自我学习，即使用次数越多，其识别能力越强。但当前选区还不是特别准确，需要修改一下。

图9-218

图9-219

04 执行“选择”|“选择并遮住”命令。在“属性”面板中将视图模式设置为“叠加”，此时选区之外的图像上会覆盖一层透明的红色，处理选区边界时更便于观察范围，如图9-220和图9-221所示。

图9-220

图9-221

05 单击“颜色识别”按钮，如图9-222所示。选择调整边缘画笔工具，将笔尖设置为15像素（也可以按［键和］键调整其大小），如图9-223所示。将光标放在发丝空隙中的黑色背景上单击，如图9-224所示，然后拖曳鼠标，在发丝上涂抹，如图9-225所示。

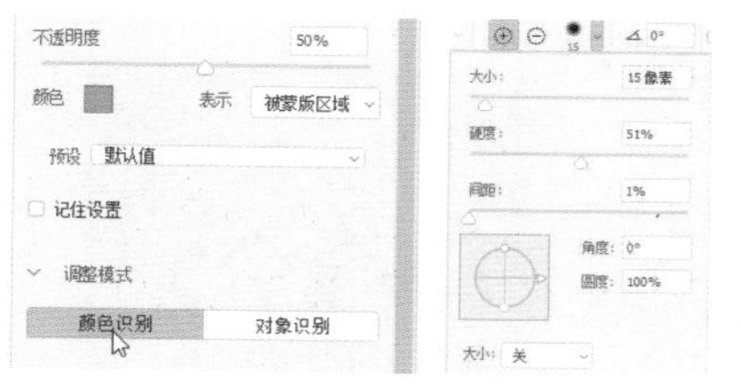

图9-222　　图9-223

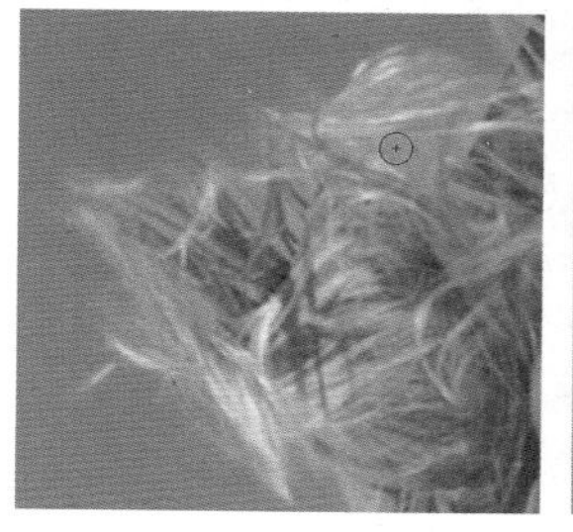

图9-224

图9-225

tip “选择并遮住”命令提供了两种选区边缘调整方法，背景简单或色调对比比较清晰时，在“颜色识别”模式下操作效果更好，“对象识别”模式适合更复杂的背景。

06 勾选“净化颜色”复选框，如图9-226所示，以改善毛发选区，将断掉的选区连接起来。继续在头发边缘涂抹，如图9-227和图9-228所示。选择画笔工具，按住Alt键在头发以外的身体上涂抹，将其排除到选区之外，如图9-229所示。

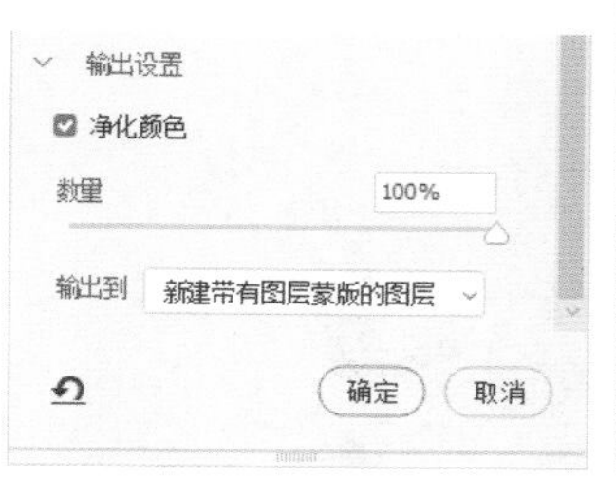

图9-226

图9-227

图9-228

图9-229

07 在“输出到”下拉列表中选择“新建带有图层蒙版的图层”选项，按Enter键完成选区的修改。按住Ctrl键单击蒙版缩览图，如图9-230所示，从中加载选区，如图9-231所示。

图 9-230　　图 9-231

08 按住Ctrl+Shift快捷键并单击“Alpha 1”通道的缩览图，如图9-232所示，将该通道中保存的选区（即女孩轮廓）与现有选区进行相加运算，这样就得到了女孩的完整选区，如图9-233所示。

图 9-232　　图 9-233

09 单击“背景”图层，如图9-234所示，按Ctrl+J快捷键抠图。如图9-235所示为将其他图层隐藏后的效果。

图 9-234　　图 9-235

9.7.9 实例：用通道抠婚纱

01 打开素材，如图9-236所示。单击“路径”面板底部的按钮，新建一个路径层，如图9-237所示。

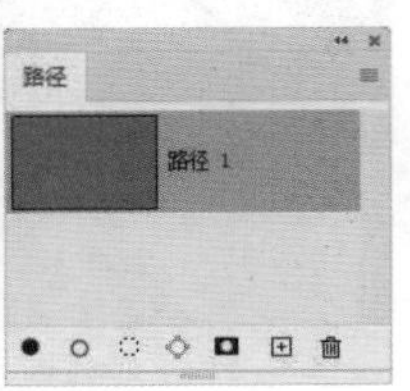

图 9-236　　图 9-237

02 选择钢笔工具，在工具选项栏中选择“路径”选项，沿人物的轮廓绘制路径，描绘时要避开半透明的婚纱，如图9-238和图9-239所示。

图 9-238　　图 9-239

03 按Ctrl+Enter快捷键将路径转换为选区，如图9-240所示。单击“通道”面板底部的按钮，将选区保存到通道中，如图9-241所示。

图 9-240　　图 9-241

04 将蓝通道拖曳到按钮上进行复制。使用快速选择工具选取女孩（包括半透明的头纱），按Shift+Ctrl+I快捷键反选，如图9-242和图9-243所示。

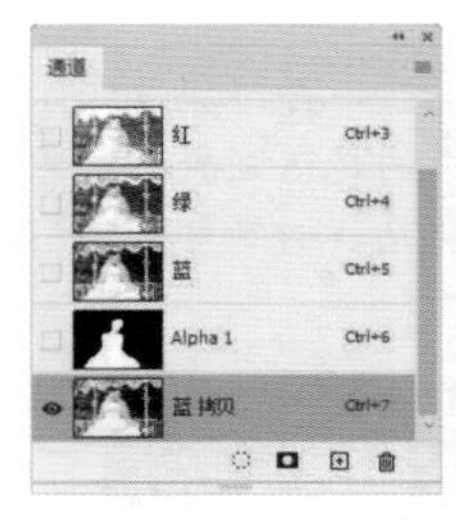

图 9-242　　图 9-243

05 在选区中填充黑色，如图9-244和图9-245所示，按Ctrl+D快捷键取消选择。

图9-244

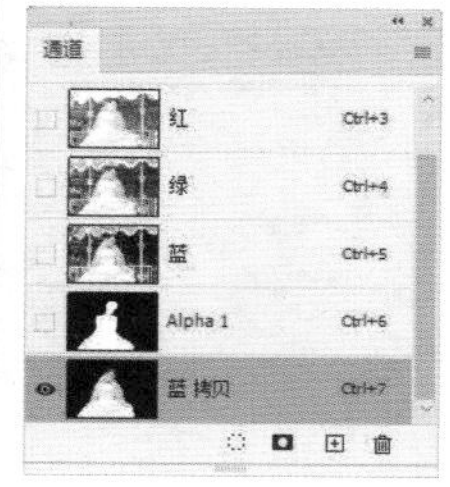
图9-245

06 执行“图像”|“计算”命令，让“蓝副本”通道与Alpha 1通道采用“相加”模式混合，如图9-246所示。单击“确定”按钮，得到新的通道，如图9-247和图9-248所示。

07 由于现在显示的是通道图像，可单击“通道”面板底部的 按钮，直接载入婚纱选区。按Ctrl+2快捷键显示彩色图像，如图9-249所示。

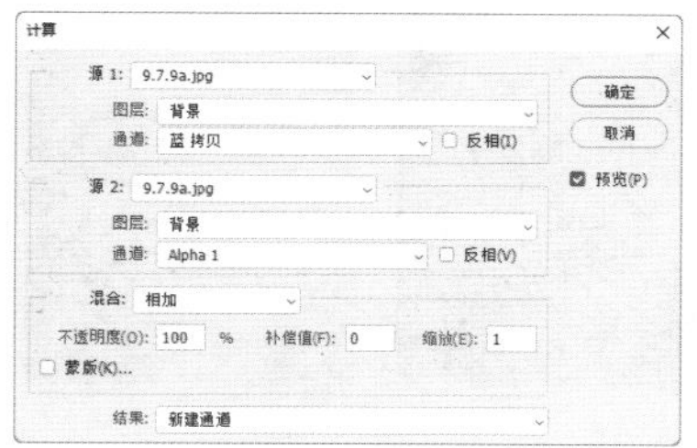
图9-246

图9-247

图9-248

图9-249

08 打开素材，将抠出的婚纱图像拖入该文件中，如图9-250所示。添加“曲线”调整图层，将头纱调亮，如图9-251所示。按Ctrl+I快捷键将蒙版反相，使用画笔工具 在头纱上涂抹白色，使头纱变亮，按Alt+Ctrl+G快捷键创建剪贴蒙版，如图9-252和图9-253所示。

图9-250

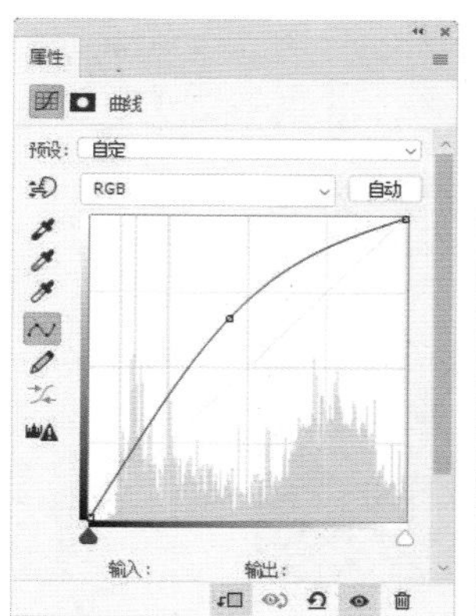
图9-251

图9-252

图9-253

9.8 应用案例：用液化滤镜修出精致美人

本实例使用“液化”滤镜修图。该滤镜能识别人的五官，并可对眼睛、鼻子、嘴唇进行单独调整。例如，可以让脸变窄，让眼睛变大，让嘴角上翘、展现微笑等，非常适合修改表情。

01 打开素材，按Ctrl+J快捷键复制“背景”图层。执行“滤镜”|“液化”命令，打开“液化”对话框，选择膨胀工具 ，设置大小、密度和速率，如图9-254所示。

图 9-254

02 将光标放在左眼上，光标的十字中心对齐眼球的位置，如图9-255所示，双击，将眼睛放大，如图9-256所示。

图 9-255　　图 9-256

03 用同样的方法放大右眼，如图9-247所示。选择褶皱工具，在鼻尖位置单击，如图9-258所示，缩小鼻子，如图9-259所示，在嘴唇上单击，减少嘴唇的厚度，如图9-260所示。

图 9-257

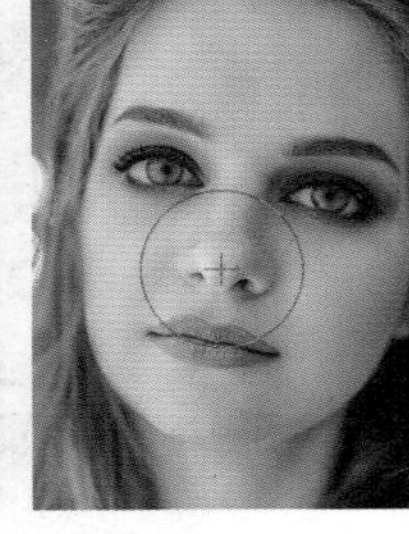

图 9-258

图 9-259

图 9-260

04 选择向前变形工具，将光标放在脸颊上，如图9-261所示，向斜上方拖曳鼠标，提拉面部肌肉，如图9-262所示，使脸型的轮廓更完美，如图9-263所示。

图 9-261

图 9-262

图 9-263

05 按 [键将画笔调小，修饰一下眼角、鼻翼和嘴角的形状，如图9-264和图9-265所示。

原图

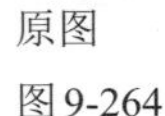

图 9-264

修饰后的效果

图 9-265

9.9 应用案例：面部美容

修饰照片时，如果过度追求完美，往往容易修过头，使得效果非常假，更有甚者看上去都不是本人了。其实好的修图标准是在保留模特个性和面部主要特征的前提下，对人像进行修饰和美化，即一切以真实为基础，促使其向完美靠拢。

01 打开素材，如图9-266所示。执行“滤镜”|“Neural Filters”命令，打开“Neural Filters”对话框。开启“皮肤平滑度”功能，将“模糊”和“平滑度”值调到最大，在“输出”下拉列表中选择“新图层”选项，如图9-267所示。

图9-266

图9-267

02 单击“确定”按钮关闭对话框，将磨皮后的图像应用到一个新的图层上，如图9-268和图9-269所示。

图9-268

图9-269

03 单击“图层”面板底部的 ⊞ 按钮，新建一个图层。选择修复画笔工具，在工具选项栏中选择一个柔边圆笔尖，选择“对所有图层取样”选项，其他选项如图9-270所示。

图9-270

04 先将黑眼圈修掉。按住Alt键在黑眼圈下方单击，进行取样，如图9-271所示，放开Alt键在黑眼圈上拖曳鼠标，进行修复，如图9-272所示。采用同样的方法修复另一只眼睛，如图9-273所示。

05 处理后的下眼睑过于平滑，需要恢复纹理细节。双击“图层2”，如图9-274所示，打开“图层样式”对话框，按住Alt键单击“下一图层”选项组中的黑色滑块，如图9-275所示，将其分成两个滑块，然后分别拖曳，如图9-276所示，让“背景”图层中未处理的深色图像显现一些，这样便可恢复纹理，如图9-277所示。

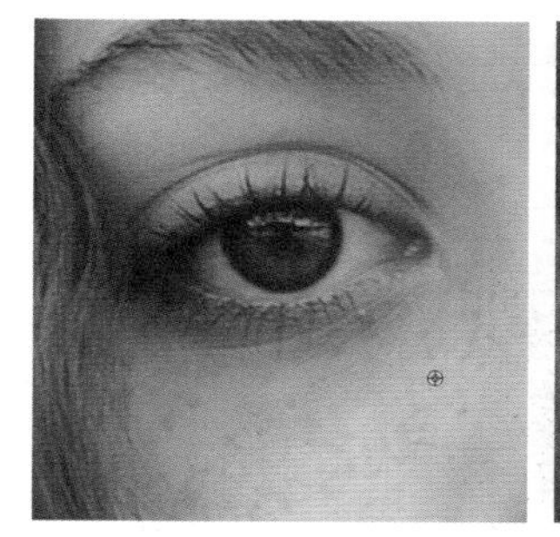
图9-271

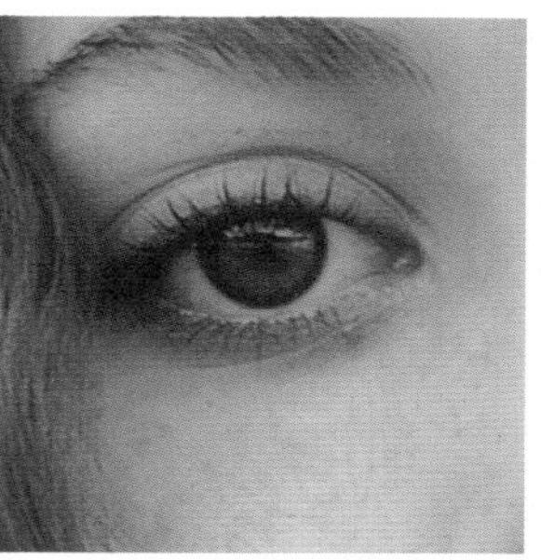
图9-272

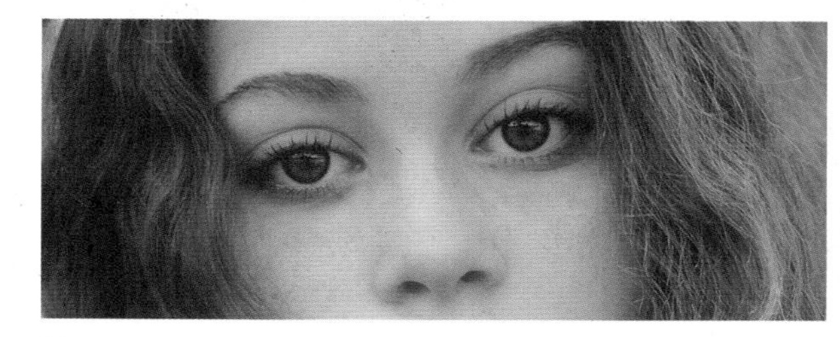
图9-273

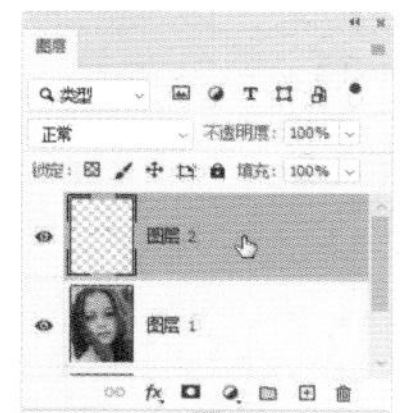

图9-274

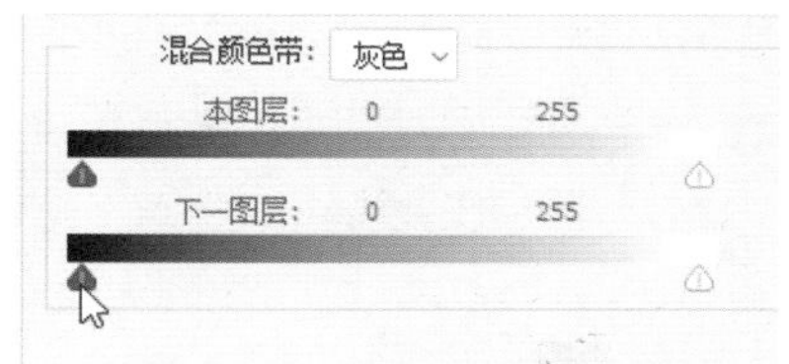

图9-275

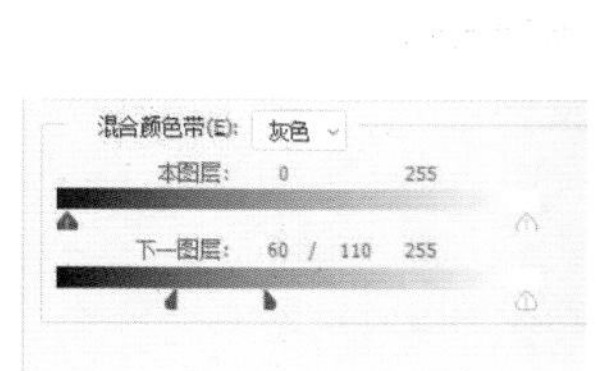

图9-276

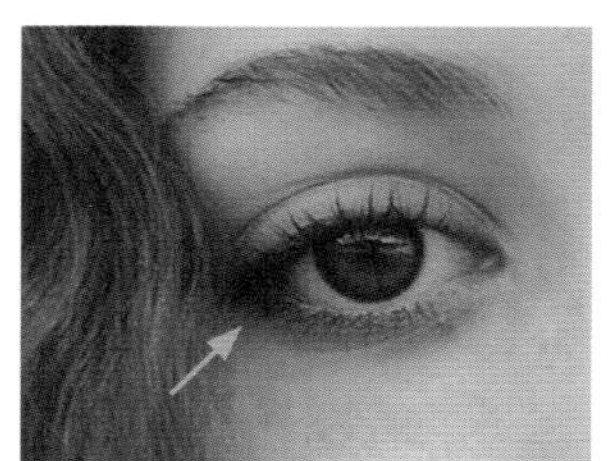
图9-277

06 新建一个图层。选择污点修复画笔工具，通过按 [键和] 键调整笔尖大小，笔尖比色斑大一些即可，在面部的色斑上单击，将色斑清除。如图9-278和图9-279所示为原图及修饰后的效果。

图9-278

图9-279

07 单击“调整”面板中的 按钮，创建“曲线”调整图层，向上拖曳曲线，将图像调亮，如图9-280和图9-281所示。

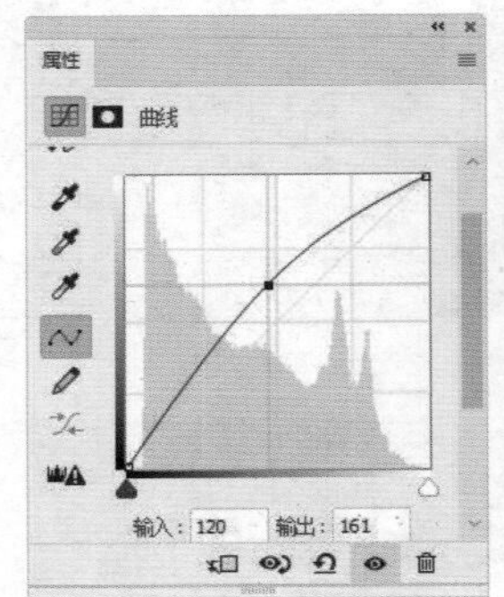

图 9-280

图 9-281

08 按Alt+Delete快捷键将蒙版填充为黑色，如图9-282所示，此时调整效果会被隐藏。按X键，将前景色切换为白色，选择画笔工具 及柔边圆笔尖，如图9-283所示，在眼睛里涂抹白色，只让调整图层对眼睛有效，通过这种方法将眼睛提亮，如图9-284和图9-285所示。

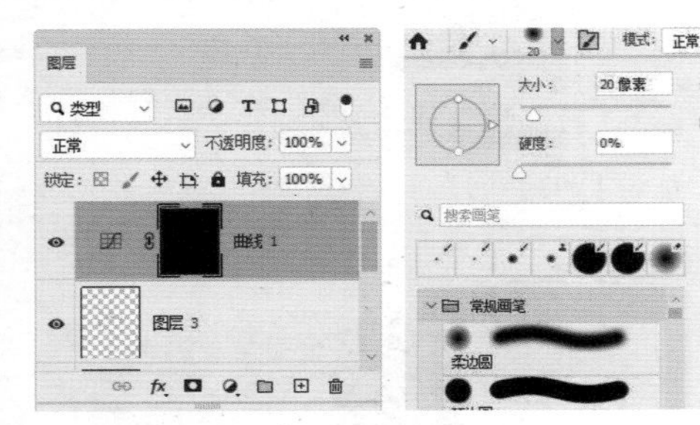

图 9-282

图 9-283

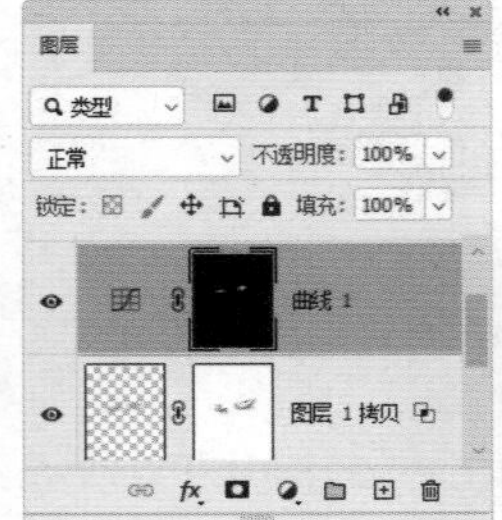

图 9-284

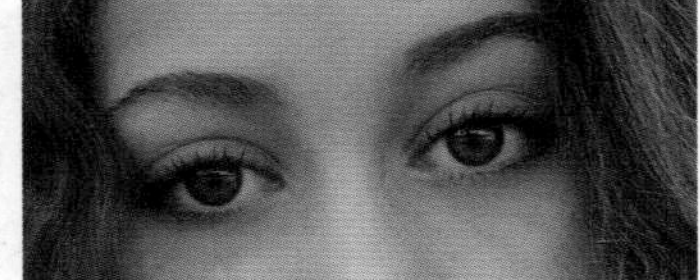

图 9-285

09 按Alt+Shift+Ctrl+E快捷键，将当前效果盖印到一个新的图层中，如图9-286所示。执行“图层”|“智能对象”|“转换为智能对象”命令，将该图层转换为智能对象，如图9-287所示。

10 执行“滤镜”|“液化”命令，打开“液化”对话框，调整“人脸识别液化”选项组中的参数，如图9-288所示，将双眼距离调大，鼻子拉长一些并收窄，让嘴角上扬，将额头调短，下巴则拉长一点。如图9-289所示为原图，如图9-290所示为修饰后的效果。

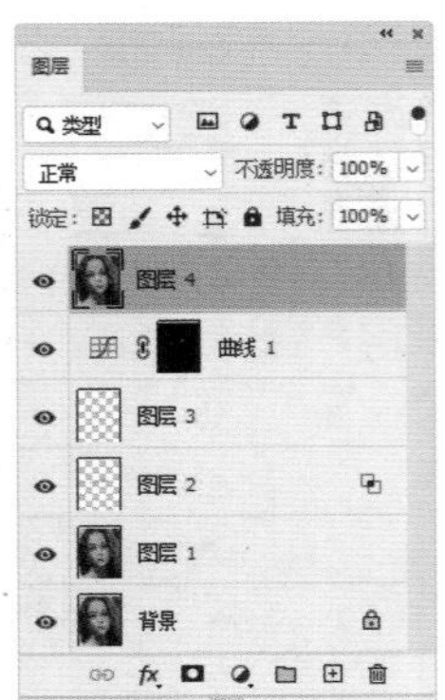

图 9-286

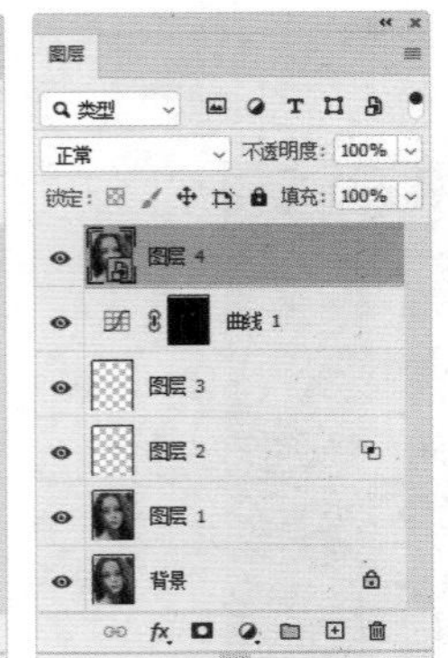

图 9-287

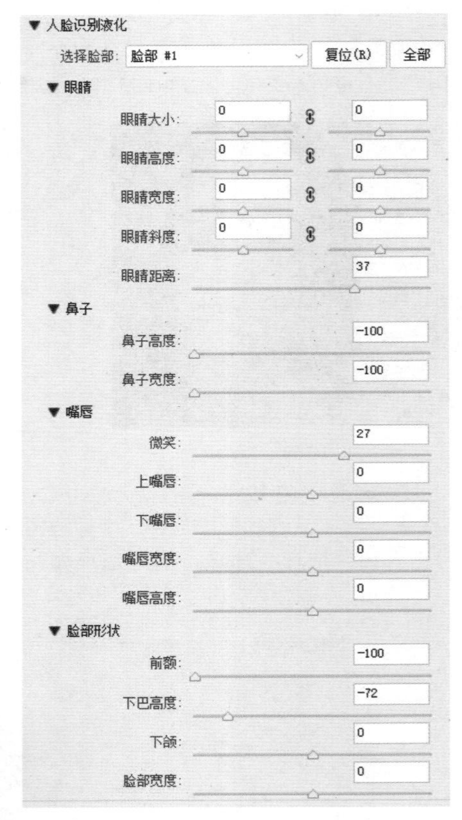

图 9-288

图 9-289

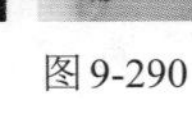

图 9-290

9.10　课后作业：用消失点滤镜修图

“消失点”滤镜可以在包含透视平面（如建筑物侧面或任何矩形对象）的图像中进行透视编辑，包括绘画、复制和粘贴，在变换图像时，Photoshop能将对象调整到透视平面中，使其符合透视要求，因而效果更加真实。

打开素材，执行“滤镜”|“消失点”命令，打开“消失点”对话框。使用创建平面工具定义透视平面4个角的节点；使用仿制图章工具按住Alt键并单击地板，对图像进行取样；取样后，释放Alt键，在地面的杂物上拖曳鼠标，Photoshop会自动匹配图像，使其自然衔接，如图9-291和图9-292所示。

创建透视平面并复制地板

图9-291

修复效果

图9-292

9.11　课后作业：抠图并制作合成效果

本作业是一个图像合成练习，如图9-293和图9-294所示。首先使用多边形套索工具抠方格窗子；之后抠弧形窗子，可以先用椭圆选框工具选中窗子的弧顶，再使用矩形选框工具按住Shift键选中下半部窗子，释放鼠标左键后，矩形选区会与圆形选区相加，得到窗子的完整选区。

实例效果

图9-293

素材

图9-294

9.12　课后作业：抠汽车

汽车最适合用钢笔工具抠取，如图9-295所示。车身是流线型的，但有几处转折，如图9-296所示，需将曲线改为转角曲线（按住Alt键单击锚点即可）。也可按Ctrl++和Ctrl+-快捷键放大和缩小窗口，以便准确放置锚点。

图9-295

图9-296

9.13　复习题

1. 分辨率是以什么为单位的，对图像有何影响？

2. 如果一个图像的分辨率较低，将其放大时，画面变模糊了，提高分辨率能使图像变清晰吗？

3. 修复画笔工具、污点修复画笔工具和修补工具是较为常用的照片修饰工具，这些工具基于怎样的原理工作？

4. 降噪、锐化是分别基于什么原理实现的？

5. 抠汽车、毛发、玻璃杯适合使用哪些工具？

第10章 网店美工必修课：Web图形与网店装修

本章介绍Photoshop中的网页制作功能，包括创建和优化切片等，以及怎样从PSD文件中提取图像资源、导出PNG文件等与网店装修相关的功能。通过本章的学习，可以了解Photoshop在网页设计中发挥怎样的作用，学会使用Web工具、掌握图像资源的导出方法，以及熟练使用画板。

学习重点 

制作和优化切片 171
使用画板 172
导出图像资源 172
制作网店欢迎模块.............. 173
化妆品促销活动设计 175
网店商品修图...................... 177

10.1 网店设计师基本技能

电商的兴起创造了大量新兴岗位，网店设计师便是其中之一。网店设计师负责为客户提供店铺视觉设计，进行网店装修。其主要工作是对店家提供的素材进行修图、抠图、润饰、调色等，之后做合成，就是将不同的素材合成到一处，制作成网店Banner、专题页、详情页等，如图10-1和图10-2所示。

图10-1

图10-2

为表现更加真实的光影和立体效果，有经验的设计师还会使用Cinema 4D、3ds max等3D软件搭建场景、布置灯光，给商品建模并贴图，之后渲染出图作为素材。此外添加动效设计，即使用After Effects等软件为静态元素添加动态效果，也能让画面更加生动、活泼，更有吸引力。由此可见，一个优秀的网店设计师要具备全方面的设计才能，除精通Photoshop、CorelDRAW、Illustrator等平面软件外，最好还会使用3D和视频编辑软件。

10.2 Web图形

使用Photoshop的Web工具，可以轻松构建网页的组件，或者按照预设或自定格式输出完整网页。

10.2.1 Web安全色

计算机显示器、平板电脑、电视机、手机等都采用RGB颜色模式，因此，在做以屏幕为输出终端的设计(如网页、UI)时，文件应该设置为该模式。此外，在网页设计和网店装修时，为确保颜色不因设备或系统的差异而出现偏差，还应该使用Web安全色。

Web安全色是浏览器专用的216种颜色，与平台无关。使用“颜色”面板或“拾色器”对话框设置颜色时，只要选取相应的选项，便可在Web安全色模式下操作，如图10-3和图10-4所示。

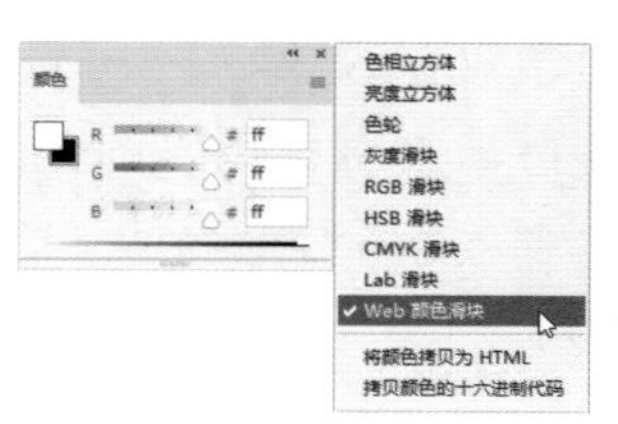

图 10-3

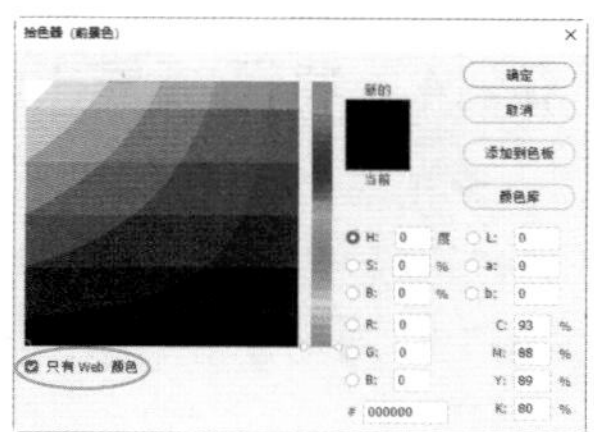

图 10-4

如果没有使用Web安全色，则要注意，当出现状警告图标时，如图10-5所示，应单击该图标，用与之最为接近的Web安全色替换当前颜色，如图10-6所示。此外，也可以使用十六进制代码设置颜色，这样既便捷，又安全。

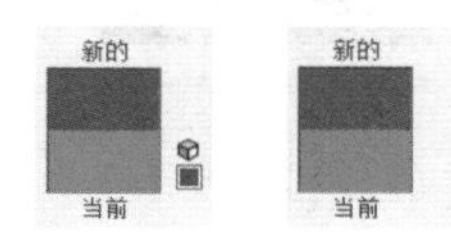

图 10-5　　图 10-6

10.2.2　实例：制作和优化切片

网络上使用的图片，其文件越小，用户浏览时的加载速度越快。对图像切片并进行优化，可以给图像“瘦身”。此外，切片还可以链接到URL地址上，也可用于制作翻转按钮和动画等。

01 打开素材，如图10-7所示。选择切片工具，拖曳出一个矩形框，将花盆包含在内，释放鼠标左键，创建切片，如图10-8所示。拖曳鼠标时，按住空格键拖曳鼠标，可以移动切片位置。

图 10-7

图 10-8

02 执行“文件”|“导出”|“存储为 Web 所用格式（旧版）”命令，打开“存储为 Web 所用格式”对话框。单击“双联”标签，此时会出现两个窗口，分别显示优化前和优化后的图像，以便于观察效果。使用切片选择工具单击包含花盆图像的切片，将其选取，选择GIF格式，颜色数量设置为256，如图10-9所示。

03 单击另一个切片，因其是单色的，颜色数量可以设置为16，以便压缩程度更大一些，如图10-10所示。在减少颜色数量时，观察两个窗口中的图像，尽量不要出现明显的差别，即要兼顾图像品质，不能影响细节。观察对话框中的信息可以看到，优化切片好以后，图像由之前的2.53M减小到74.06k。此时可单击对话框左下角的“预览”按钮，打开浏览器预览切片效果，观察减少颜色数量后，两个切片的颜色会不会有差别，如果有，则应提高颜色数量。

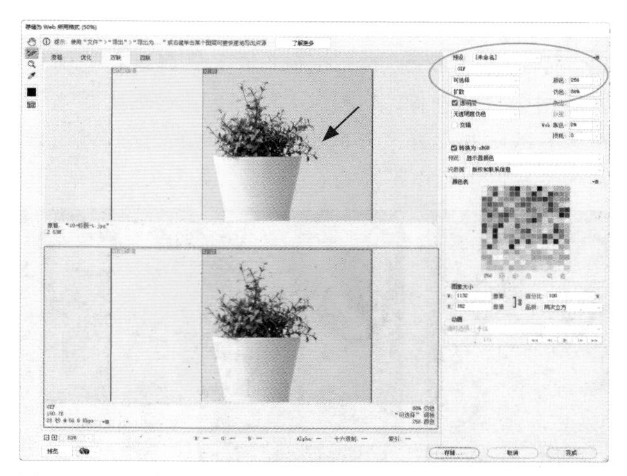

图 10-9

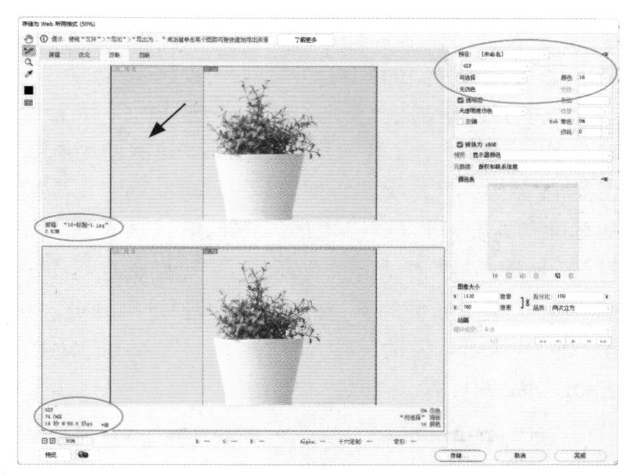

图 10-10

04 单击“存储”按钮，弹出“将优化结果存储为”对话框，设置保存位置，将切片导出。根据之前保存的路径，找到并打开文件夹，可以看到一张张的图片，如图10-11所示，这就是根据刚才切片的规格分开存放的。

图 10-11

tip 切片分为3种，即用户切片（使用切片工具创建的切片）、基于图层的切片，以及创建这两种切片时自动生成的切片（自动切片，负责占据空余空间）。在外观上，自动切片的边界是虚线的，另外两种切片的边界是实线的。

10.2.3 使用画板

做网页设计、UI设计和移动设备界面时，一般需要为不同的显示器或移动设备提供不同尺寸的设计图稿。而在Photoshop的文档窗口中，只有画布这一块区域用于显示图像，如图10–12所示。画板则相当于在原有的画布之外又开辟出了新的画布，这样就可以在一个文件中制作不同的设计方案，如图10–13所示。

灰色是暂存区

图10-12

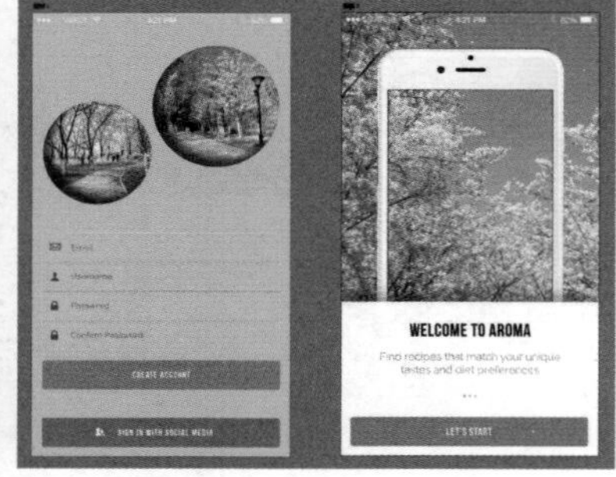

画板1　画板2

图10-13

如果要创建画板，可以按Ctrl+–快捷键，将文档窗口的比例调小，让暂存区显示出来，然后使用画板工具在暂存区拖曳鼠标即可。如果想准确定义画板的宽度和高度，可以执行“图层”|“新建”|“画板”命令，打开“新建画板”对话框进行设置。也可在工具选项栏的“大小”选项右侧的下拉列表中选择预设的画板，如图10–14所示，包括常用的iPhone、Android、Web、iPad、Mac图标等。

大小：网页 - 最常见尺寸　宽度：1366 像素　高度：768 像素

图10-14

由于每一个画板都相当于一个单独的画布，因此，在甲画板上创建的参考线不会在乙画板上显示。使用画板工具拖曳画板进行移动时，专属于当前画板的参考线会随之一同移动。

如果要编辑画板，例如，想调整画板的大小或者移动位置，需要在画板名称的右侧单击，如图10–15所示。要编辑画板中的图层，则直接单击相应的图层便可，如图10–16所示。

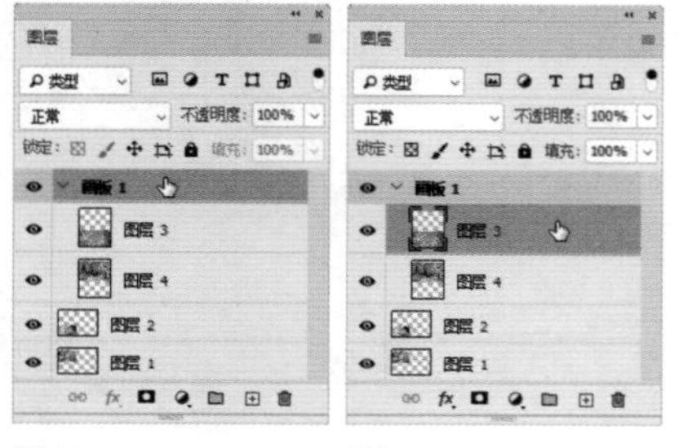

图10-15　图10-16

10.2.4 将画板导出为单独的文件

单击一个画板，如图10–17所示，执行“文件”|“导出”|“画板至文件”命令，可以将其导出为单独的文件，如图10–18所示。

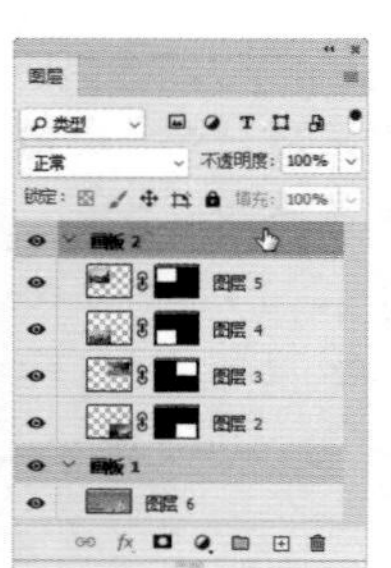

图10-17

图10-18

10.2.5 导出图像资源

如果想将图层、图层组、画板或Photoshop文件导出为图像素材，可以执行“文件”|“导出”|“导出为”命令，打开“导出为”对话框，进行设置，如图10–19所示。

图10-19

该命令充分考虑到了用户使用过程中会遇到的各种情况。例如，进行Web设计时，制作好的图标用在不同的地方时对于尺寸方面也会有所要求，有的可能是原有尺寸的一半，有的可能要放大到两倍才行。

10.2.6 从PSD文件中生成图像资源

Photoshop可以将PSD文件的每一个图层生成一幅图像。有了这项功能，Web设计人员就可以从PSD文件中自动提取图像，免除了手动分离和转存工作的麻烦。操作时先执行“文件”|“生成”|“图像资源”命令，使该命令处于选取状态；之后在图层组的名称上

双击，显示文本框，修改名称并添加文件格式扩展名（如.jpg），如图10-20所示；在图层名称上双击，将该图层重命名（如“太阳.gif”。需要注意的是，图层名称不支持特殊字符 /、: 和 *），如图10-21所示。

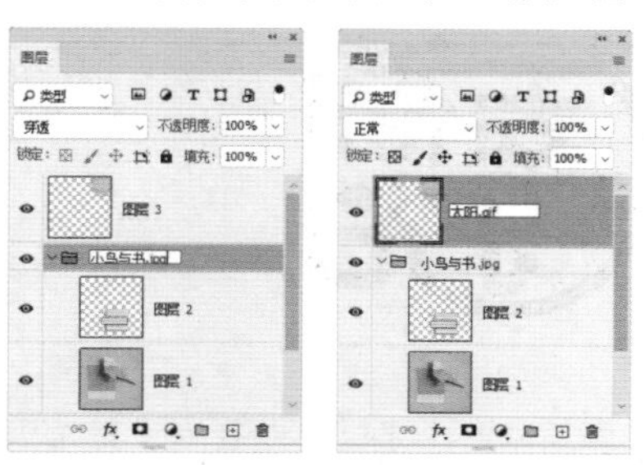

图10-20　　　图10-21

以上操作完成后，即可生成图像资源，Photoshop会将其与源PSD文件一起保存在子文件夹中，如图10-22所示。如果源PSD文件尚未保存，则生成的资源会保存在桌面上的新文件夹中。如果要禁用图像资源生成功能，再次执行该命令，取消勾选“文件”|“生成”|“图像资源”命令即可。

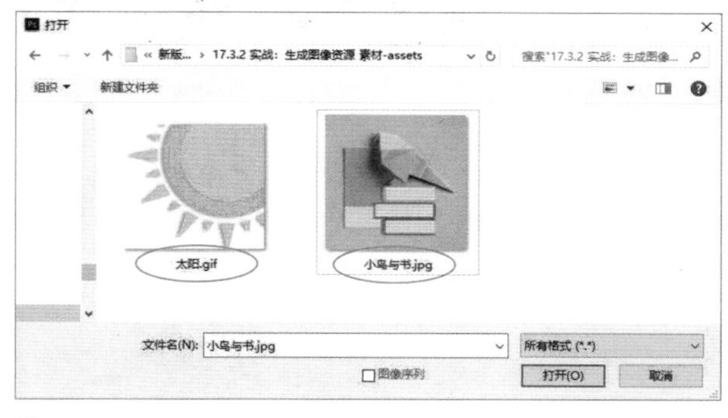

图10-22

tip 如果要从一个图层或图层组中生成多个资源，可以用逗号（，）分隔资源名称。例如，以“图层_4.jpg，图层_4b.png，图层_4c.png”命名图层可以生成3个资源。默认情况下，生成图像资源时，JPEG资源会以90%品质生成；PNG资源会以32位图像生成；GIF资源会保留索引颜色图像中的透明度。当重命名图层或图层组为资源生成做准备时，可以自定品质和大小。例如，如果将图层名称设置为“120%图层.jpg，42%图层.png24，100×100图层_2.jpg90%，250%图层.gif”，则可以从该图层生成以下资源。图层.jpg（缩放120%的8品质JPEG图像）；图层.png（缩放42%的24位PNG图像）；图层_2.jpg（100像素×100像素绝对大小的90%品质JPEG图像）；图层.gif（缩放250%的GIF图像）。

10.2.7　导出PNG资源

PNG是网络上常用的文件格式，其特点是体积小、传输速度快、支持透明背景。该格式采用的是无损压缩方法，可确保导出后图像的质量不会降低。

执行“文件”|“导出”|“快速导出为PNG”命令，可以将文件或其中的所有画板导出为PNG资源。如果想要用该快捷方法将文件导出为其他格式，可以执行“文件”|“导出”|“导出首选项”命令，打开“首选项”对话框修改文件格式。

10.2.8　复制CSS

执行“图层”|“复制CSS”命令，可以从形状或文本图层生成级联样式表（CSS）属性。CSS即级联样式表，是一种用来表现HTML（标准通用标记语言的一个应用）或XML（标准通用标记语言的一个子集）等文件样式的计算机语言。

10.3　应用案例：制作网店欢迎模块

网店首页的欢迎模块是对店铺的最新商品、促销活动等信息进行展示的区域。在设计时，将产品的卖点放大，结合文字做创意，可以将信息高效地传递给用户。

01 按Ctrl+N快捷键，打开“新建文档”对话框，创建一个750像素×300像素、72像素/英寸的RGB模式文件。打开素材，如图10-23所示。使用移动工具将其拖入新建的文件中。使用多边形套索工具创建选区，如图10-24所示。单击“图层”面板底部的按钮，基于选区创建蒙版，将右侧挡住草莓的部分隐藏，如图10-25所示。

图10-23

图10-24　　　图10-25

02 新建一个文件，用来制作文字。使用横排文字工具 T 输入文字，如图10-26所示。执行“文字”|“转换为形状”命令，将文字图层转换为形状图层，如图10-27所示。此时文字不再具备原有的属性，但其路径可编辑。

图 10-26

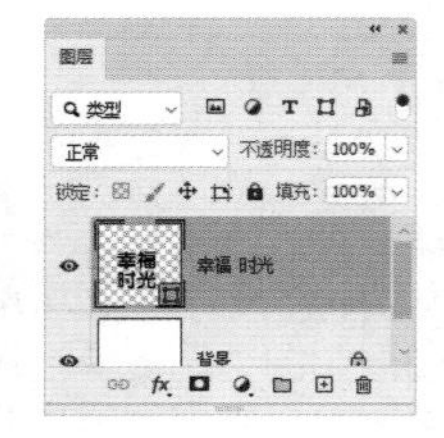

图 10-27

03 使用路径选择工具 调整文字位置，让文字上、下错开。使用直接选择工具 在文字“福”上单击，显示所有锚点，拖曳出一个选框，框选最左侧的两个锚点，如图10-28所示，按住Shift键（可锁定水平或垂直方向）同时将其向左拖曳，如图10-29所示。用同样的方法调整其他文字的笔画，有的延长、有的缩短，如图10-30~图10-33所示。

图 10-28　　图 10-29　　图 10-30

图 10-31　　图 10-32　　图 10-33

04 使用直接选择工具 选取文字的部首，按Delete键删除，如图10-34和图10-35所示。选择椭圆工具 ，在工具选项栏中选择“形状”选项及“ 合并形状”选项，如图10-36所示，按住Shift键绘制大小不同的圆形，填补在原来的位置，如图10-37所示。

图 10-34　　图 10-35

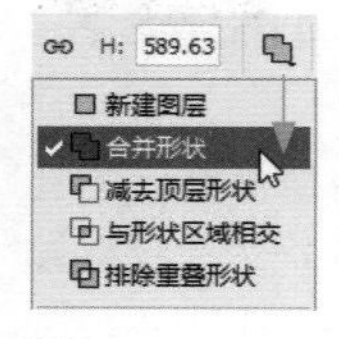

图 10-36

图 10-37

05 使用钢笔工具 绘制一条弧线，作为文字“光”的笔画延长线。文字中都是直线会显得刻板，适当地加入圆形和弧线会在平稳中产生变化感。在工具选项栏中设置填充为“无”，描边为40像素，打开“描边”选项右侧的下拉面板，设置形状的描边类型，描边与路径为居中对齐、圆头端点，如图10-38和图10-39所示。

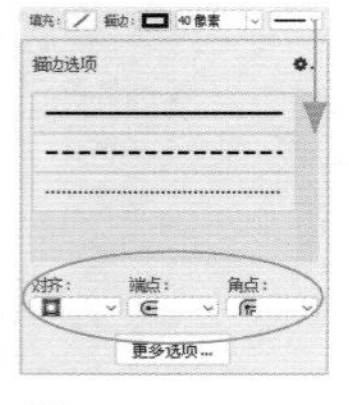

图 10-38

图 10-39

06 在文字“寸”左侧绘制一个半圆形路径（设置角点为“圆角连接”），如图10-40和图10-41所示。选择椭圆工具 ，在路径中绘制一个圆形，如图10-42所示，组成一个完整的文字“时”，完成这款字体的设计。

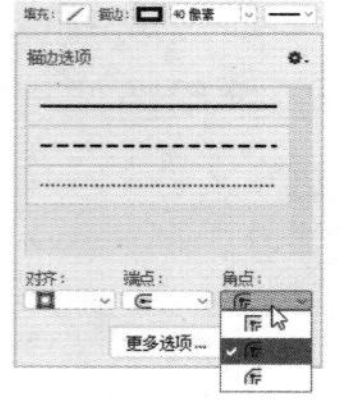

图 10-40

图 10-41

图 10-42

07 按住Shift键单击这3个图层，如图10-43所示，在图层上右击，在弹出的快捷菜单中执行“栅格化图层”命令，将形状图层转换为普通图层，如图10-44所示。按Ctrl+E快捷键将这3个图层合并。单击 按钮，如图10-45所示，锁定（即保护）图层中的透明像素。

图 10-43

图 10-44

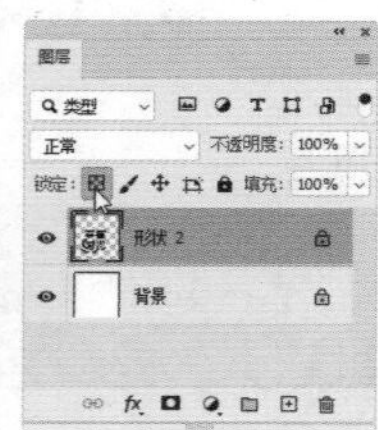

图 10-45

08 将前景色设置为红色，按Alt+Delete快捷键，将文字填充为红色，如图10-46所示。双击该图层，打开“图层样式”对话框，添加“描边”和“投影”效果，如图10-47和图10-48所示。使用移动工具 将文字拖入草莓文件中，如图10-49所示。

图 10-46

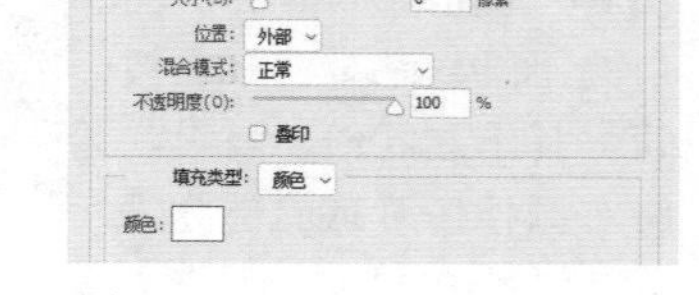

图 10-47

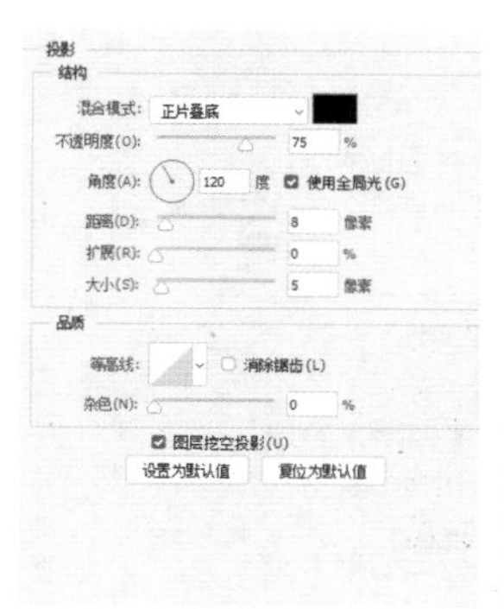

图 10-48

图 10-49

09 打开副标题底图素材，拖入当前文件中。使用横排文字工具 T 输入副标题、广告语，以及产品信息，如图10-50所示。绘制浅粉字图形，装饰在文本块的两个边角处，如图10-51所示。

图 10-50

图 10-51

10.4　应用案例：化妆品促销活动设计

根据产品特点以及对客户群的定位，这个欢迎模块的设计风格以优雅清新为主。色彩使用了冰激凌色系，其特点是甜美浪漫，是很得少女心的色系，适合表现与女性相关的主题。比较有代表性的冰激凌色包括粉蓝色、藕荷色、粉色、柠檬黄、薄荷绿等。颜色的调配就是在纯色或高饱和度颜色中加入适量的白色。

01 创建一个1920像素×720像素、72像素/英寸的RGB模式文件。单击前景色图标，如图10-52所示，弹出“拾色器”对话框，将前景色设置为薄荷绿（#ccffcc），如图10-53所示。按Enter键关闭对话框。按Alt+Delete快捷键填色。

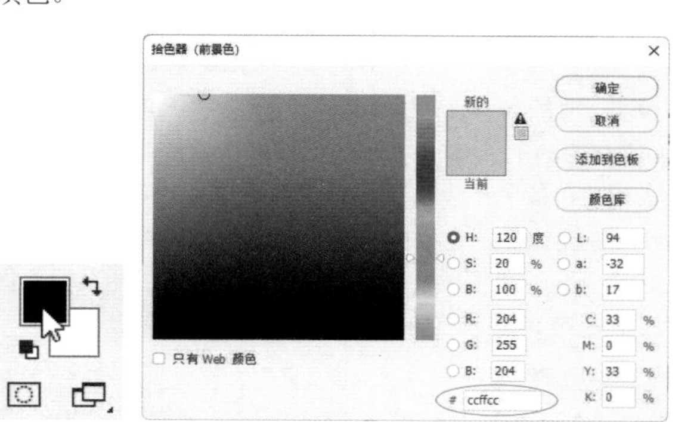

图 10-52　　图 10-53

02 选择椭圆工具，在工具选项栏中选择“形状”选项，按住Shift键拖曳鼠标，创建一个圆形，填充白色，如图10-54所示。

03 按Ctrl+J快捷键复制当前图层，得到“形状1副本”图层。按Ctrl+T快捷键显示定界框，按住Alt+Shift快捷键同时拖动定界框的一角，将图形等比缩小，如图10-55所示。按Enter键确认。

图 10-54

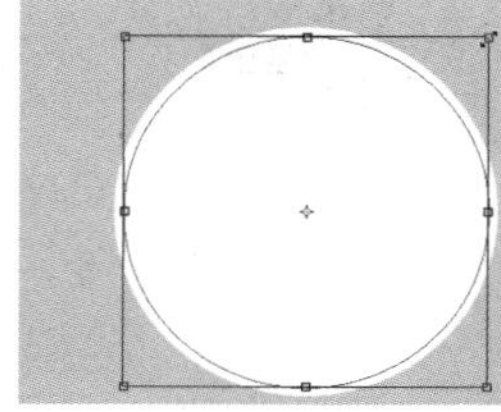

图 10-55

04 在工具选项栏中设置描边颜色为浅粉色（#ffcccc），描边宽度为“2点”，类型为虚线，如图10-56所示。按Ctrl+J快捷键，再次复制当前图层，如图10-57所示。

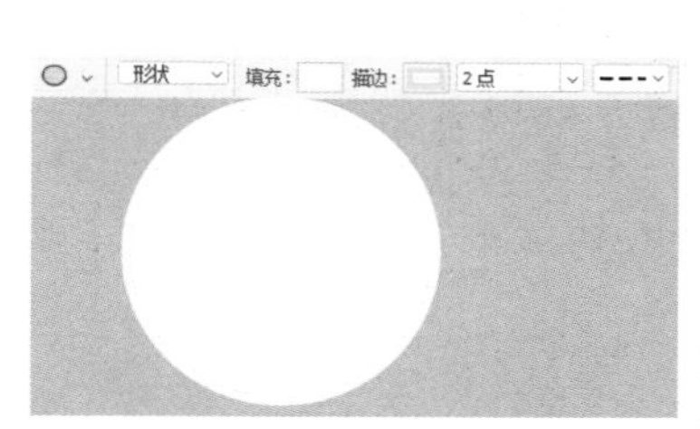

图 10-56

图 10-57

05 使用路径选择工具 单击圆形，在工具选项栏中选择“与形状区域相交”选项，如图10-58所示。按住Alt+Shift快捷键向上拖曳圆形进行复制，如图10-59所示。复制出的圆形会与原来的圆形相减，只保留重叠区域。将其填充颜色设置为浅粉色，无描边，如图10-60所示。

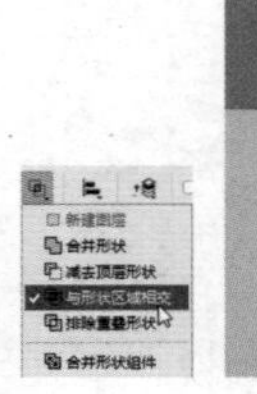

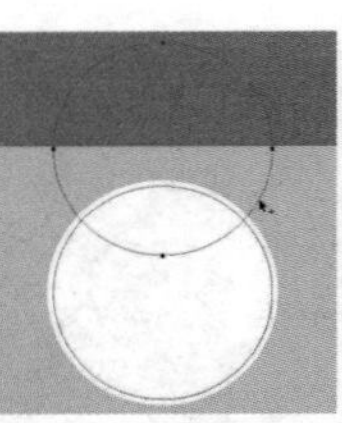

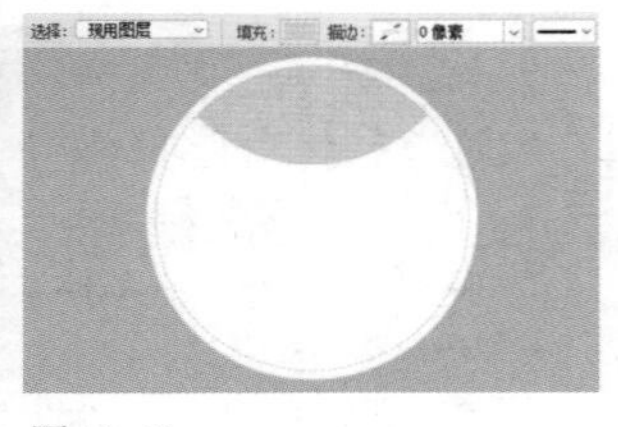

图 10-58　图 10-59　图 10-60

06 打开素材，将蝴蝶结拖入文件中，如图10-61所示。双击其所在的图层，打开“图层样式”对话框，添加“投影”效果，如图10-62和图10-63所示。

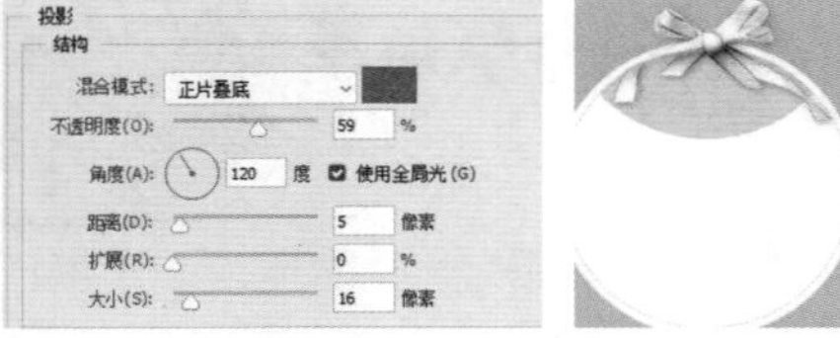

图 10-61　图 10-62　图 10-63

07 选择横排文字工具 T，在“字符”面板中设置字体、大小及字距，输入文字，如图10-64和图10-65所示（英文最好用花饰字体）。

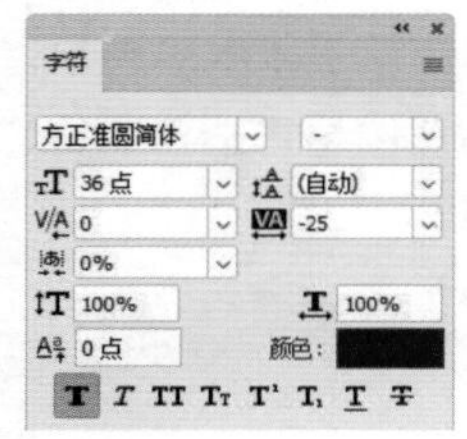

图 10-64　图 10-65

08 使用矩形工具 创建一个矩形，在“属性”面板中设置半径为30像素，将其转换为圆角矩形，效果如图10-66所示。输入其他文字，如图10-67所示。

图 10-66　图 10-67

09 输入优惠信息，如图10-68和图10-69所示。使用横排文字工具 T 在数字“399”上拖曳鼠标，将其选取，如图10-70所示，在“字符”面板中设置大小为“60点”，颜色为桃红色（FF6666），如图10-71所示。数字“99”也进行相同的调整，如图10-72所示。输入活动时间，如图10-73所示。

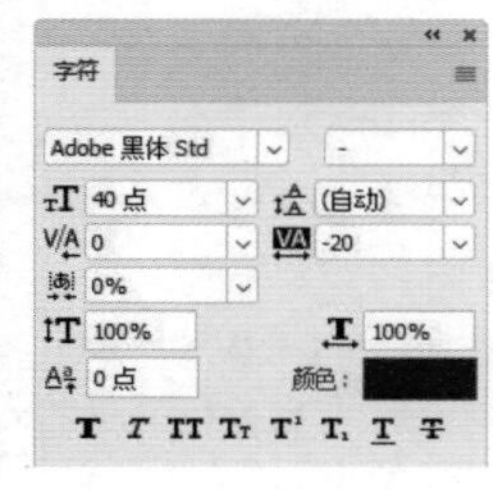

图 10-68　图 10-69

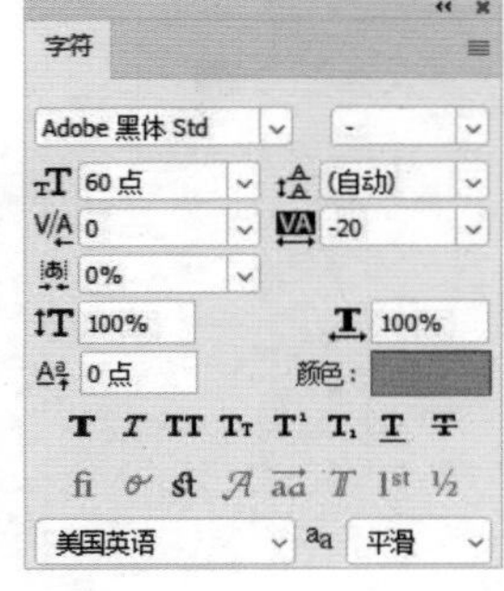

图 10-70　图 10-71

图 10-72　图 10-73

10 执行“选择”|“所有图层”命令，选取除“背景”层以外的所有图层，如图10-74所示，按Ctrl+G快捷键将它们编入图层组中，如图10-75所示。打开化妆品素材，这是一个分层文件，每个化妆品都位于单独的图层中，便于编辑。将“化妆品”图层组拖入文件中，如图10-76所示。

图 10-74　图 10-75　图 10-76

11 选择移动工具 ，在工具选项栏中勾选“自动选择”复选框，在各个化妆品上单击，将其选取后调整位置。按Ctrl+T快捷键显示定界框，在定界框外拖曳鼠标，调整化妆品的角度，使其呈现自然的摆放效果。将“化妆品”图层组拖曳到“组1”下方，如图10-77和图10-78所示。

图 10-77　图 10-78

12 将插画素材拖入当前文件中。该素材是分层文件，可根据化妆品的摆放位置，对花朵或叶子进行调整，如图10-79所示。

图10-79

10.5　应用案例：网店商品修图

网络上销售的商品能否畅销，图片效果起着非常关键的作用，好的图片往往胜于万千文字描述。商品修图一般包含抠图、调色、修饰细节、匹配光影等环节，与人像修图有很多相似之处。但做商品修图，产品的外观越完美越好，稍微过头点也无妨。

01 打开素材，如图10-80和图10-81所示。下面通过拆分口红结构的方法，将每一部分重新绘制并上色，使口红看起来更加高级。

图10-80　图10-81

02 选择矩形工具，在工具选项栏中选择“形状”选项，根据口红的外形绘制矩形，在“属性”面板中设置圆角为“15像素”，如图10-82和图10-83所示。

图10-82　图10-83

03 单击“图层”面板底部的fx按钮，在打开的菜单中执行“渐变叠加”命令，打开“图层样式”对话框，单击渐变按钮，打开“渐变编辑器”对话框，将渐变颜色调整为红色，如图10-84和图10-85所示。

图10-84　图10-85

04 再绘制一个圆角矩形，采用同样的方法，添加灰色的渐变，如图10-86和图10-87所示。

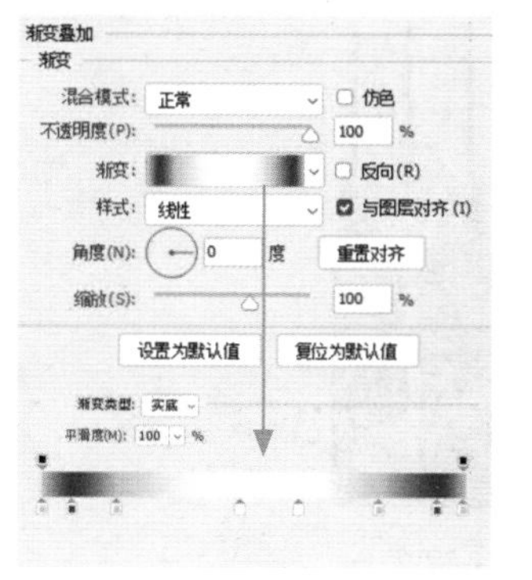

图10-86　图10-87

05 在这两个图形之间绘制一个小的圆角矩形。将光标放在“圆角矩形2”图层右侧的 fx 图标上，按住Alt键拖至“圆角矩形3”图层，将效果复制到该图层，如图10-88所示。在“图层”面板中双击“圆角矩形3”图层的空白处，打开“图层样式”对话框，将“角度”设置为90度，再调整渐变滑块的颜色，如图10-89和图10-90所示。

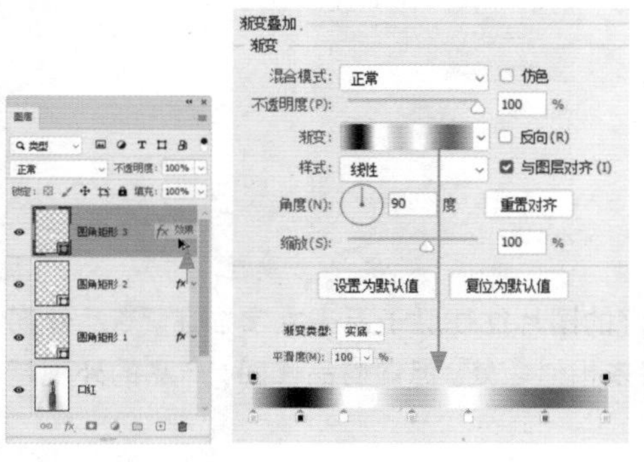

图10-88　图10-89　图10-90

06 再绘制一个圆角矩形，并复制“渐变叠加”效果到该图层。单击“图层”面板底部的 fx 按钮，在打开的菜单中执行“内发光”命令，参数设置如图10-91所示。再调整渐变的颜色，如图10-92和图10-93所示。

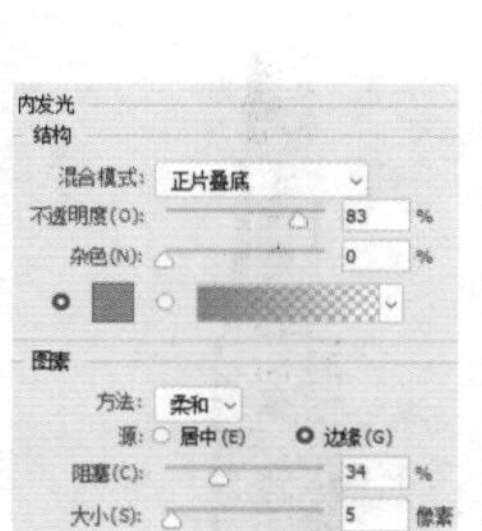

图10-91　图10-92　图10-93

07 选择钢笔工具 ，根据口红的外形绘制图形。将“圆角矩形4”的效果复制给该图层，使其具有相同的渐变填充颜色，如图10-94和图10-95所示。

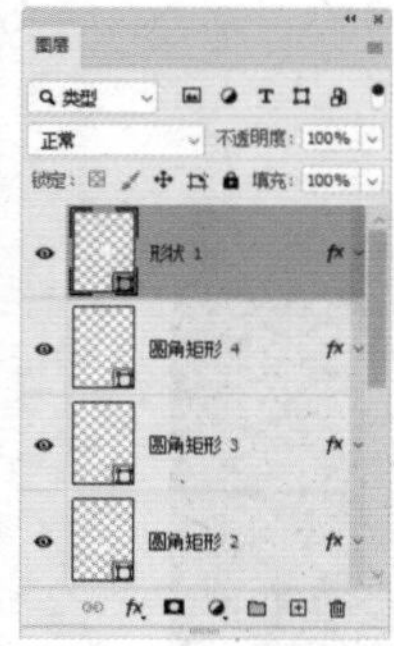

图10-94　图10-95

08 用钢笔工具 绘制口红，如图10-96所示。再绘制口红的斜面，如图10-97所示。

图10-96　图10-97

tip 按住Ctrl键单击各形状图层，将包含口红各部分的图层全部选取，选择移动工具 ，单击工具选项栏中的“水平居中对齐”按钮 ，将图形对齐。

09 为口红斜面添加一个“渐变叠加”效果，设置渐变颜色为粉色到红色，如图10-98和图10-99所示。

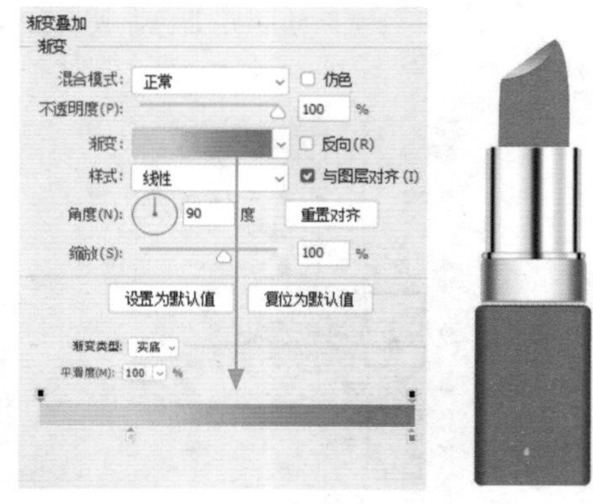

图10-98　图10-99

10 绘制两个白色图形，作为高光，如图10-100所示。添加“渐变叠加”效果，单击渐变条右上方的不透明度色标，设置参数为0%，如图10-101和图10-102所示。

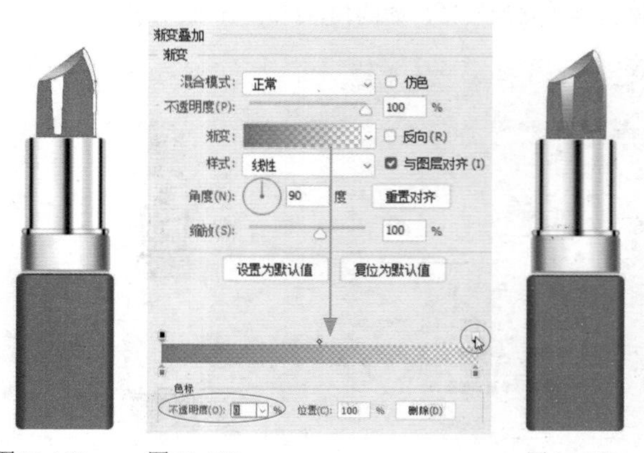

图10-100　图10-101　图10-102

11 选择“口红”图层，如图10-103所示。按Shift+Ctrl+]

快捷键将其移至顶层，如图10-104所示。按住Alt键的同时单击“图层”面板底部的 ◘ 按钮，添加反相的蒙版，如图10-105所示。

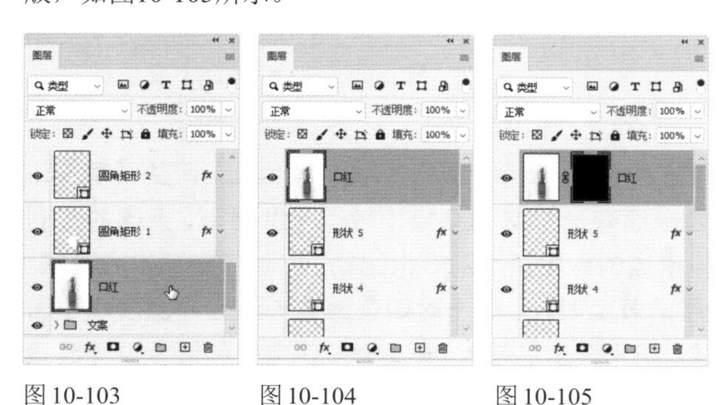

图 10-103　　图 10-104　　图 10-105

⑫ 选择画笔工具，设置笔尖大小为72像素，设置“不透明度”为10%，如图10-106所示。在口红和投影上涂抹白色，适当恢复这部分的原始图像，使绘制的口红有真实的光影质感，注意不要涂抹在背景上，如图10-107和图10-108所示。

图 10-106

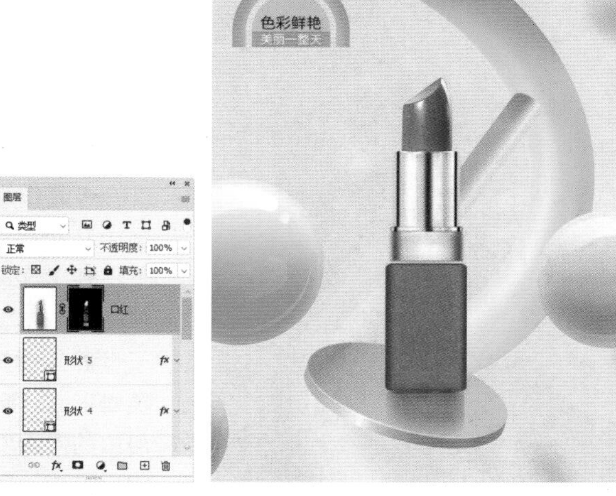

图 10-107　　图 10-108

10.6　课后作业：制作童装店店招

店招位于网店首页的顶端，其作用与实体店铺的招牌是一样的。本作业是制作一个童装店的店招，如图10-109所示。首先新建一个950像素 ×150像素、72像素/英寸的RGB模式文件。将背景填充为青蓝色（R192，G236，B215）。使用移动工具拖入素材，将这几个图层同时选取，单击工具选项栏中的“垂直居中对齐”按钮及“水平居中分布”按钮。为了突出商品，可以给童装加上投影效果，如图10-110所示，并在童装后面用白色和粉色加以衬托。

图 10-109

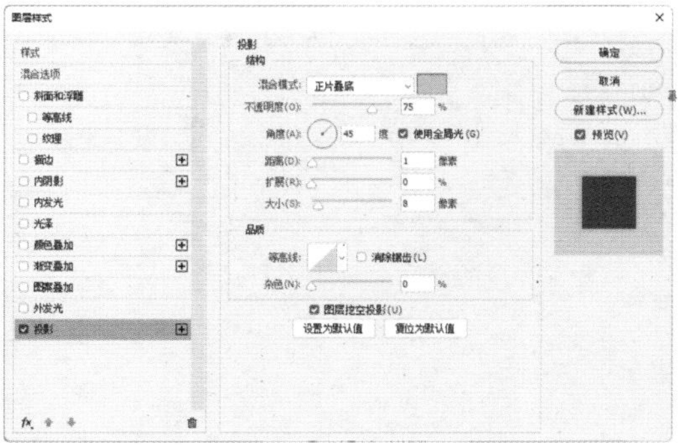

图 10-110

10.7　复习题

1. 不同操作系统及显示设备会用不同的方法记录和展现颜色，做网页设计时，怎样避免由于系统和设备的差异而出现偏色？

2. 网页设计师如果想将PSD文件中的各个图像分别存储，使用哪个命令可以自动完成转存工作？

3. 如果软件开发人员要求提供多种尺寸的设计素材，该怎样处理？

第11章

卡通和动漫设计：视频与动画

在视频编辑方面，Photoshop可以打开3GP、3G2、AVI、DV、FLV、F4V、MPEG-1、MPEG-4、QuickTime MOV和WAV等格式的视频文件，并可编辑视频文件中的各个帧，对其应用滤镜、蒙版、变换、图层样式和混合模式等。进行编辑之后，还可将其作为QuickTime影片进行渲染，或者存储为PSD格式，以便在PremierePro、After Effects等应用程序中播放。

在动画方面，使用Photoshop的变形、图层样式等功能，可以制作漂亮的GIF动画。

学习重点

时间轴面板........................181
将照片制作成视频.............181
制作蝴蝶飞舞动画.............184
从视频中获取静帧图像......185

11.1 关于卡通和动漫

卡通作为一种艺术形式，最早起源于欧洲。17世纪，荷兰画家的作品中首次出现了含卡通夸张意味的素描图轴。17世纪末，英国的报刊上出现了许多类似卡通的幽默插图。18世纪初，出现了专职卡通画家。20世纪是卡通发展的黄金时代，这一时期美国的卡通艺术发展水平居于世界的领先地位，期间诞生了超人、蝙蝠侠、闪电侠和潜水侠等超级英雄形象。第二次世界大战后，日本卡通如火如荼地发展，先有从手冢治虫的漫画发展出来的日本风味的卡通，再到宫崎骏的崛起，在世界范围内形成一股强烈的旋风。如图11-1所示为各种版本的哆啦A梦趣味卡通形象。

图11-1

动漫是指通过漫画、动画结合故事情节，以平面二维、三维动画和动画特效等表现手法，形成特有的视觉艺术。动漫创作包括前期策划、原画设计、道具与场景设计和动漫角色设计等环节。用于动漫创作的软件有2D动漫软件Animo、Retas Pro、USAnimatton，三维动漫软件包括3ds Max、Maya、Lightwave，网页动漫软件有Flash。动漫及其衍生品有非常广阔的市场，所以动漫也已经从平面媒体和电视媒体扩展到游戏机、网络和玩具等众多领域。

11.2 编辑视频

Photoshop可以打开和编辑现有的视频，也可创建具有各种长宽比的图像，以便它们能够在不同的设备（如视频显示器）上正确显示。

11.2.1　在Photoshop中打开、导入视频

图11-2

执行“文件”|“打开”命令，可以在Photoshop中打开视频文件。如果想将视频导入Photoshop现有文件中，可以执行“图层”|“视频图层”|“从文件新建视频图层”命令。

打开视频文件后，会自动创建视频组，用于存放视频图层(视频图层有▣状图标)，如图11–2所示。视频组中可以创建其他类型的图层，如文本、图像和形状图层等。视频图层与普通的图层组并无太大区别。例如，可以使用画笔工具和仿制图章工具在视频帧上绘画、复制图像内容，也可以用选区和图层蒙版来限定编辑范围，以及进行移动、调整混合模式和不透明度等。

11.2.2　时间轴面板

编辑视频时会用到“时间轴”面板，如图11–3所示。通过该面板可以改变视频的持续时间及速度，对文本、静态图像和智能对象应用动感和淡化效果，也可定位到任意一帧上，对其进行修改。

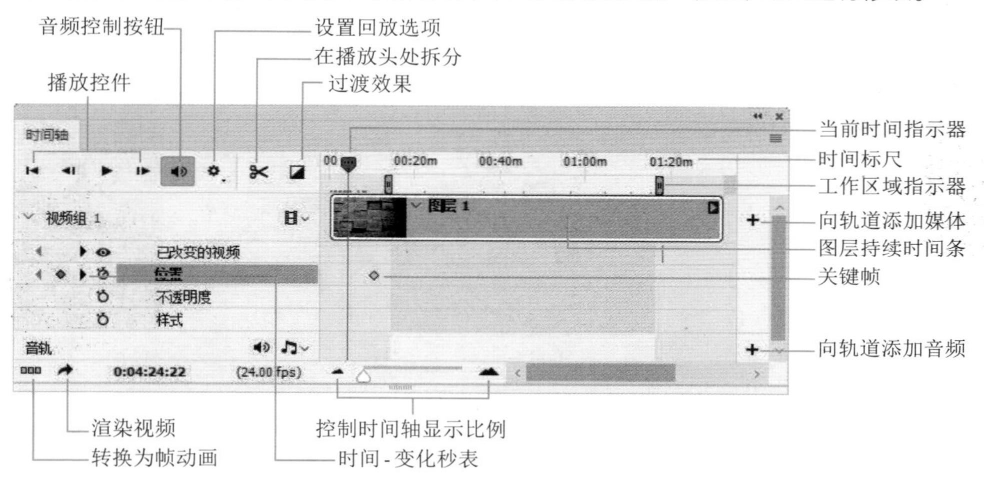

图11-3

11.2.3　存储和渲染视频

在Photoshop中编辑视频之后，可以执行“文件”|“存储为”命令，将其存储为PSD格式。该格式能够保留用户所做的修改，并且文件可以在其他类似于Premiere Pro和After Effects等Adobe公司软件中播放，或在其他软件中作为静态文件被访问。

执行“文件”|“导出”|“渲染视频”命令，可以渲染视频并将其导出为QuickTime影片。

11.3　应用案例：将照片制作成视频

Photoshop中使用的视频与源文件保持链接关系，如果用其他软件修改了源文件，则需要在Photoshop中执行“图层”|“视频图层”|“重新载入帧”命令，在“时间轴”面板中重新载入和更新当前帧。

01 按Ctrl+N快捷键，打开“新建文档”对话框。手机视频的比例一般为16:9，为使视频上传和播放能够更加顺利，最好不要创建太大的文件。在这个实例中，创建大小为20像素×1280像素、分辨率为96像素/英寸的RGB格式文件。

02 打开素材，如图11-4所示。使用移动工具将其拖入新建的文件中，并调整好位置，使人物位于画面的右下方，

如图11-5所示。

图11-4

图11-5

03 使用快速选择工具选取人物及地面，如图11-6所示，按Ctrl+J快捷键将选区内的图像复制到新的图层中，如图11-7所示。

图11-6

图11-7

04 执行“图层”|“智能对象”|“转换为智能对象”命令，将“图层2”转换为智能对象，如图11-8所示，将“图层1”拖到面板底部的按钮上，删除该图层，如图11-9所示。

图11-8

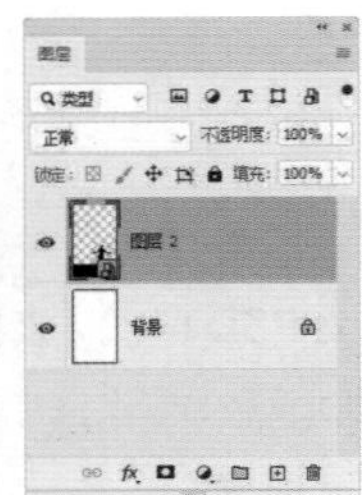

图11-9

05 打开素材，为使视频效果更具吸引力，选择一张色彩丰富的海天照片作为人物的背景，如图11-10所示。

图11-10

06 将素材拖入画面，按Ctrl+[快捷键将其移至“图层2”下方，如图11-11和图11-12所示。将该图层也转换为智能对象。

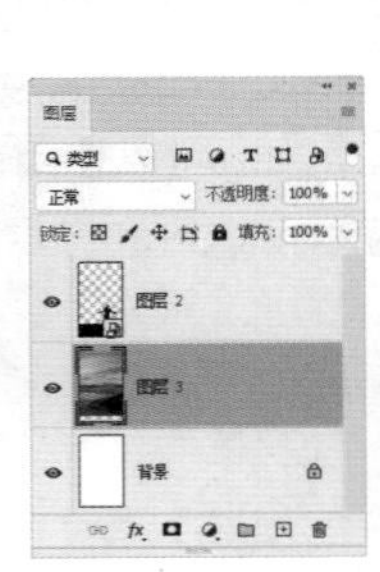

图11-11

图11-12

07 在“图层”面板中双击“图层2”的空白处，打开“图层样式”对话框，勾选“内发光”复选框，将发光颜色设置为深紫色，与背景的暗部色调一致，如图11-13~图11-15所示。

图11-13

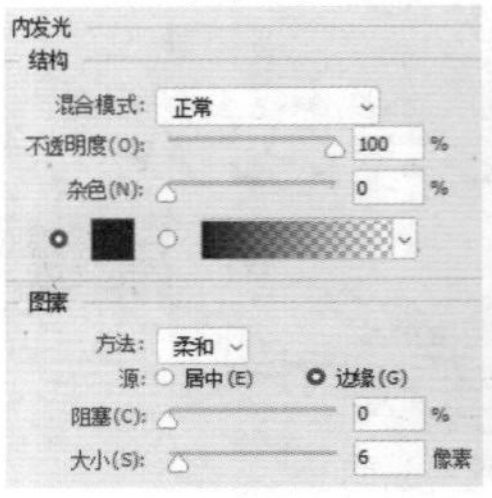

图11-14

图11-15

08 执行“窗口”|“时间轴”命令，打开“时间轴”面板，单击“创建视频时间轴”按钮，如图11-16所示，进入视频编辑状态，如图11-17所示。

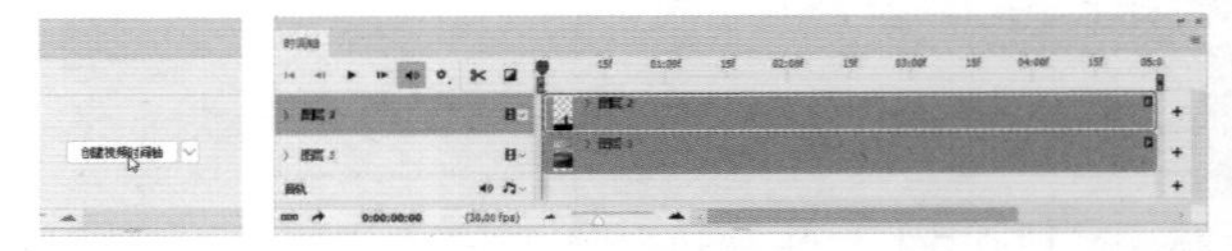

图11-16　图11-17

09 单击“图层2”左侧的按钮，展开视频图层，单击“变换”轨道前的“时间-变化秒表”按钮，在视频的起始位置添加一个关键帧，如图11-18所示。将当前指示器拖曳到视频结束位置，如图11-19所示，单击按钮，在视频结束位置添加一个关键帧，如图11-20所示。

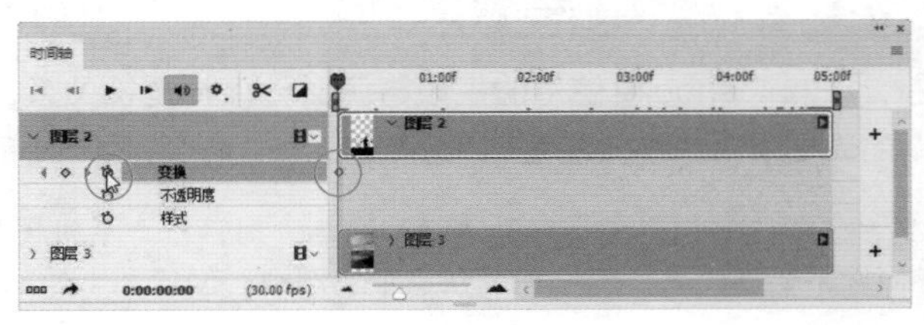

图11-18

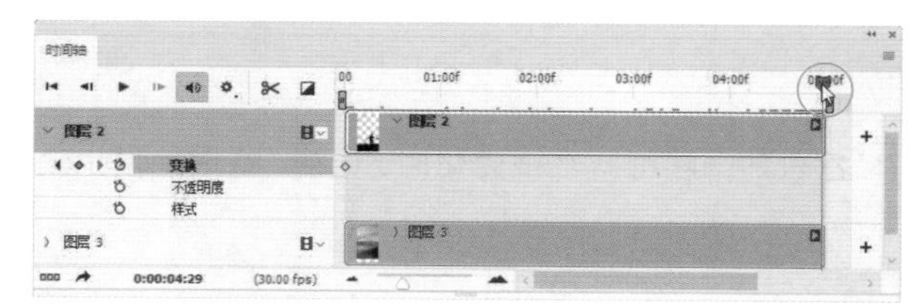

图 11-19

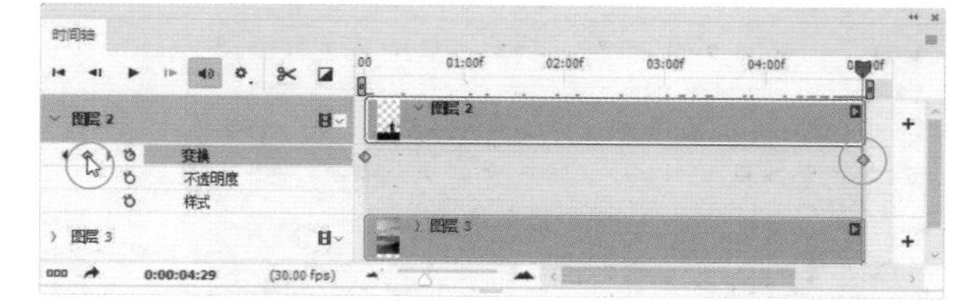

图 11-20

⑩ 按Ctrl+T快捷键显示定界框，按住Shift键拖动定界框的一角，将人物等比放大。将光标放在定界框右上角，按住Ctrl键拖曳，进行透视调整，如图11-21所示，按Enter键确认操作。选择“图层3”，如图11-22所示。

图 11-21　　图 11-22

⑪ 用同样的方法给“图层3”添加关键帧，并对图像大小和位置进行调整，使彩云能够映衬在人物周围，如图11-23和图11-24所示，按Enter键确认操作。

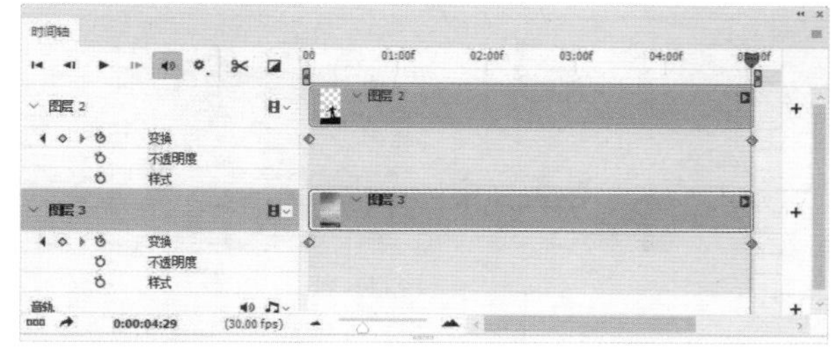

图 11-23

图 11-24

⑫ 单击“时间轴”面板右上角的 ≡ 按钮，打开面板菜单，执行“渲染”命令，弹出“渲染视频”对话框，单击 ⌄ 按钮，打开下拉列表，选择“Adobe Media Encoder”选项，在“预设”下拉列表中选择“中等品质”选项，如图11-25所示，单击“渲染”按钮，将视频导出为mp4格式文件，就可传输到手机或视频网站了，效果如图11-26和图11-27所示。

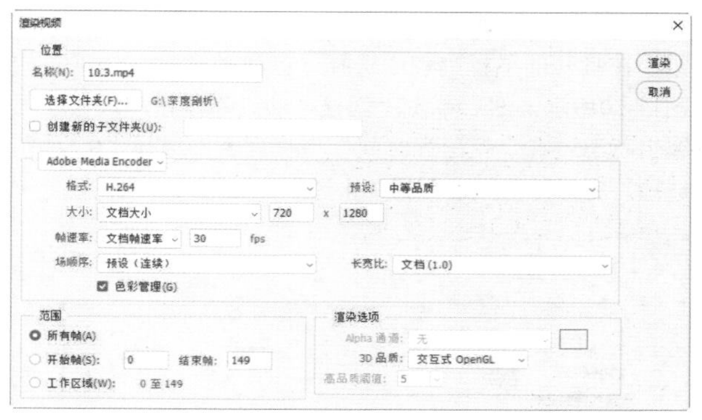

图 11-25

图 11-26　　图 11-27

tip 单击“格式”选项右侧的 ⌄ 按钮，可以在打开的下拉列表中选择视频格式。其中，DPX（数字图像交换）格式主要适用于使用 Adobe Premiere Pro 等编辑器合成到专业视频项目中的帧序列；H.264（MPEG-4）是通用的格式，具有高清晰度和宽银幕视频预设，以及为平板电脑设备或 Web 传送而优化的输出性能。

11.4　应用案例：制作蝴蝶飞舞动画

动画是在一段时间内显示的一系列图像或帧，当每一帧都较前一帧都有轻微变化时，连续、快速地显示这些帧就会产生运动或其他动画效果。

01 打开动画素材，如图11-28所示，选择“蝴蝶”图层，如图11-29所示。

图 11-28

图 11-29

02 执行“窗口”|“时间轴”命令，打开“时间轴”面板。默认状态下，“时间轴”面板为视频编辑模式，单击面板左下角的按钮，可以显示动画选项。单击按钮，在打开的下拉列表中选择“创建帧动画”选项，如图11-30所示，然后单击“创建帧动画”按钮，进入动画编辑状态。在“帧延迟时间”下拉列表中选择“0.2秒”选项，将循环次数设置为“永远”，如图11-31所示。

图 11-30

图 11-31

03 单击“复制所选帧”按钮，复制动画帧，如图11-32所示。

图 11-32

04 按Ctrl+J快捷键复制“蝴蝶”图层，如图11-33所示，隐藏“蝴蝶”图层，如图11-34所示。

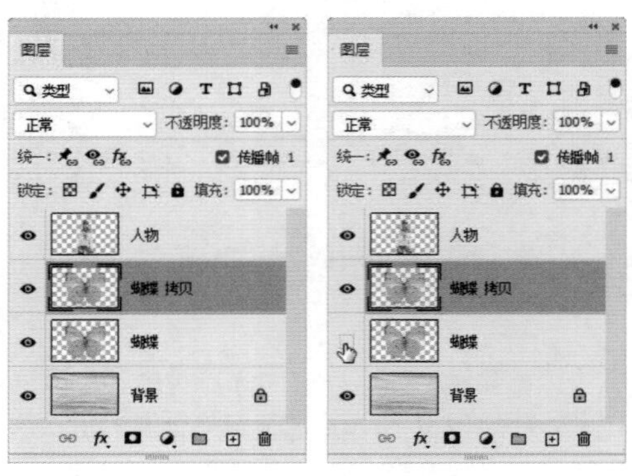

图 11-33　　图 11-34

05 按Ctrl+T快捷键显示定界框，按住Alt键拖曳右侧控制点，将蝴蝶压扁，如图11-35所示，按Enter键确认操作。

图 11-35

06 单击“播放动画”按钮，查看动画效果，画面中的蝴蝶会不停地扇动翅膀，如图11-36和图11-37所示。再次单击该按钮可停止播放，也可以按空格键进行切换。执行“文件”|“存储为”命令，将动画保存为PSD格式，以后可随时进行修改。

图 11-36

图 11-37

07 动画文件制作完成后，执行“文件”|“导出”|“存储为Web所用格式（旧版）”命令，选择GIF格式，如图11-38所示，单击“存储”按钮将文件保存，如图11-39所示，之后就可以将该动画文件上传到网上。

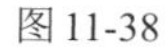

图 11-38

10.4.gif

图 11-39

11.5　课后作业：从视频中获取静帧图像

使用 Photoshop 可以从电影、电视剧或其他视频文件中“抽出”图片，用于制作海报或印刷等。操作时执行“文件”|“导入”|“视频帧到图层”命令，弹出“将视频导入图层”对话框，单击“仅限所选范围”单选按钮，然后拖曳时间滑块，定义导入的帧的范围，如图 11–40 所示，单击“确定”按钮即可，如图 11–41 所示。

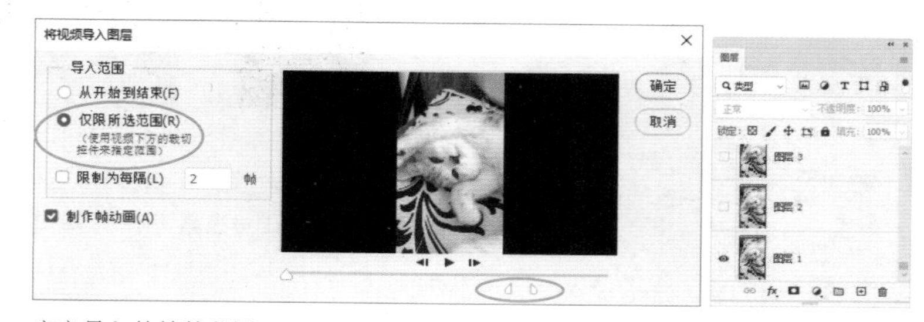

定义导入的帧的范围

图 11-40

导入的图像

图 11-41

11.6　课后作业：制作文字变色动画

本课后作业是制作文字发光和变色的动画。打开素材后，分别创建两个“色相/饱和度”调整图层，如图 11–42 和图 11–43 所示，改变文字及其发光的颜色；在“图层”面板中隐藏这两个调整图层，在“时间轴”面板中设置当前帧的延迟时间为 0.5 秒，选择“永远”选项；单击 ⊞ 按钮复制所选帧，在“图层”面板中显示“色相/饱和度 1”调整图层；重复上面的操作，复制帧，显示“色相/饱和度 2”调整图层。

图 11-42

图 11-43

11.7　复习题

1. 怎样创建可以在视频中使用的文件？
2. 怎样为视频添加淡出（渐隐）效果？
3. 怎样为视频添加背景音乐？
4. 在 Photoshop 中编辑视频文件后，怎样导出为 QuickTime 影片？

第12章

跨界设计：综合实例

Photoshop是一个强大的软件，学好确实不太容易，但学习难度不在于功能多，而是体现在功能间的横向联系十分紧密、交集多。如果只掌握了工具、命令和面板的使用方法，而不了解各个功能之间如何协作，则无法真正学会Photoshop。具体体现在，当摆脱书本，独立面对工作任务时，无从下手了。

Photoshop的学习秘诀在于多做练习，只有多实践才能真正将各种功能融会贯通。本章安排的14个不同类型的综合实例，展现了Photoshop的高级应用技巧，用到的工具较多，技术也比较全面，可以锻炼用户整合Photoshop的功能，协调和调动Photoshop资源的能力。

学习重点 

制作影像合成特效..............186
制作线状镂空特效..............187
制作像素拉伸特效..............192
制作炫光特效......................197
制作毛皮字..........................198
玻璃质感卡通角色设计......207

12.1 制作影像合成特效

01 打开素材，如图12-1和图12-2所示。使用移动工具将风景素材拖入人物文件中。按Alt+Ctrl+G快捷键创建剪贴蒙版，用以限定风景的显示范围，如图12-3和图12-4所示。

图12-1

图12-2

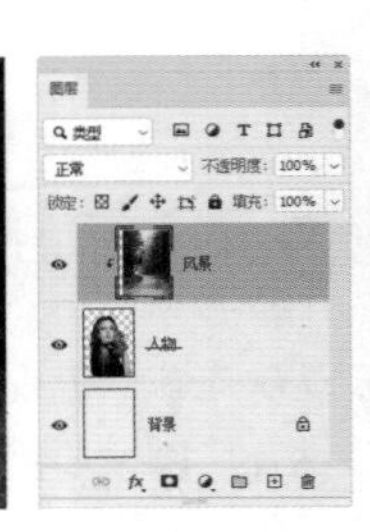

图12-3

图12-4

02 单击“图层”面板底部的按钮，添加蒙版。使用画笔工具（柔边圆笔尖100像素）在人物面部区域内涂抹黑色，让面部显示出来，如图12-5和图12-6所示。按住Alt键，将“人物”图层拖曳到“风景”图层上方，将图层复制到此处，如图12-7所示。设置混合模式为“浅色”，设置“不透明度”为30%，如图12-8所示。

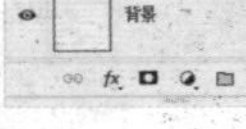

图12-5

图12-6

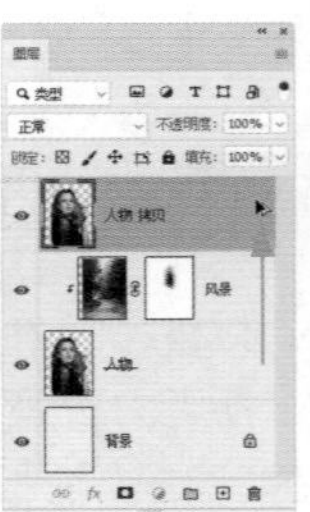

图12-7

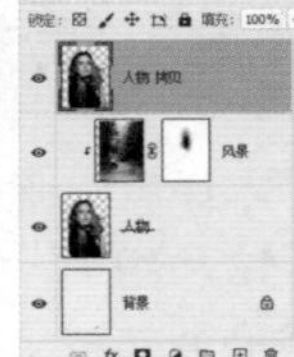

图12-8

03 单击“调整”面板中的按钮，创建“色彩平衡”调整图层，分别对“阴影”“中间调”和“高光”进行调整，如图12-9~图12-11所示，让色调变得柔和、温暖，如图12-12所示。

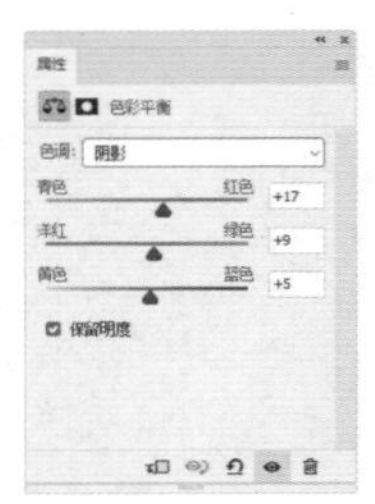

图12-9

图12-10

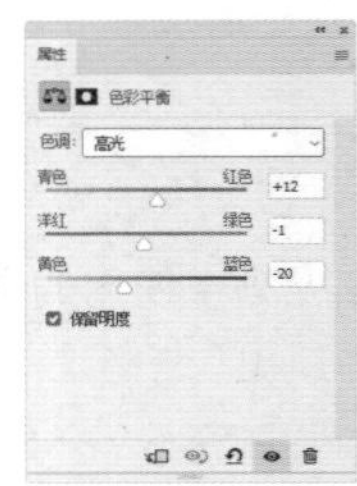

图12-11

图12-12

12.2　制作线状镂空特效

01 按Ctrl+N快捷键，打开“新建文档”对话框，创建一个5厘米×5厘米、分辨率为72像素/英寸、背景为“透明”的文件，如图12-13所示。

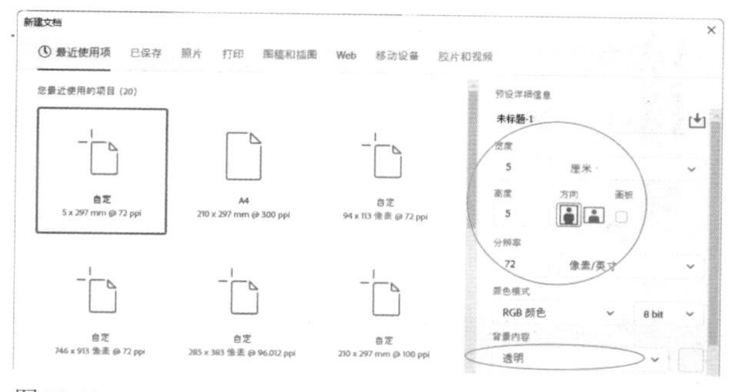

图12-13

02 选择三角形工具△，在工具选项栏中选择“形状”选项，设置描边颜色为黑色，粗细为“5像素”，如图12-14所示。按住Shift键拖曳鼠标，创建一个三角形，如图12-15所示。执行“编辑”|“定义画笔预设”命令，弹出“画笔名称”对话框，如图12-16所示，单击“确定”按钮，将三角形定义为画笔笔尖。

图12-14

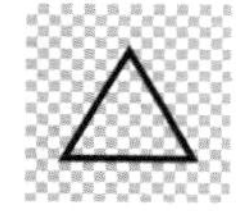

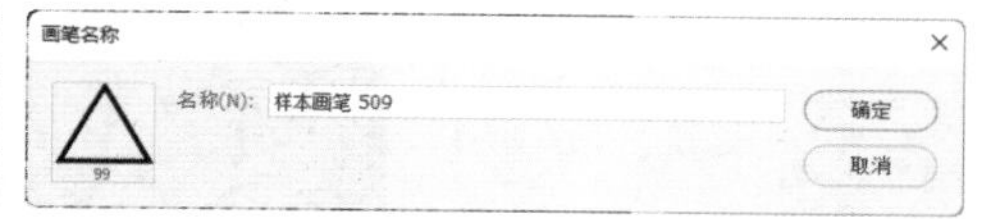

图12-15　图12-16

03 选择画笔工具🖌。打开“画笔设置”面板，此时会自动选取新定义的三角形笔尖，修改参数，如图12-17和图12-18所示。

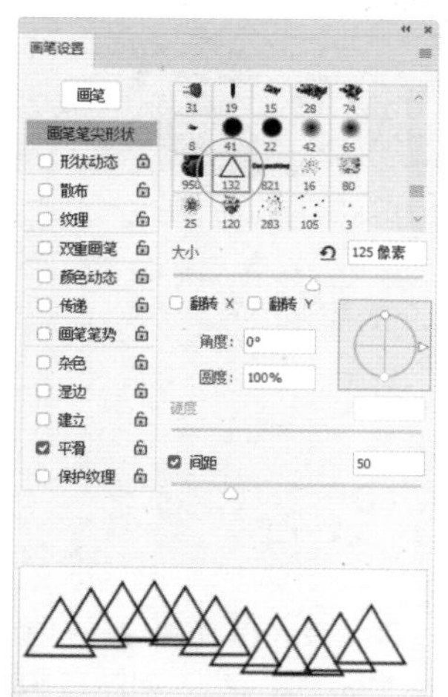

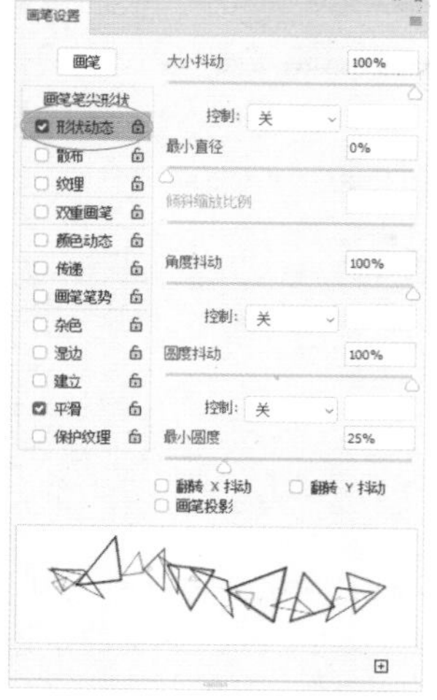

图12-17　图12-18

04 打开素材，如图12-19所示。选择“肖像”图层，如图12-20所示，按住Alt键单击“图层”面板底部的 ◘ 按钮，为其添加一个反相（即黑色）的蒙版，如图12-21所示。此时文档窗口中的肖像会被隐藏。

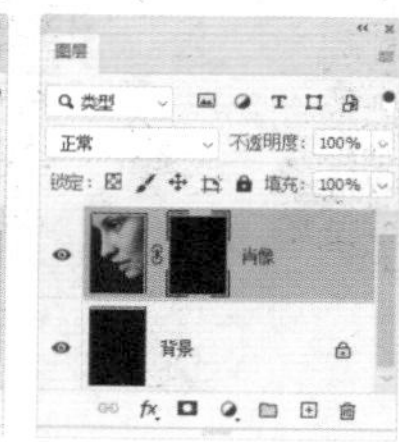

图12-19　图12-20　图12-21

05 将前景色设置为白色。在文档窗口拖曳鼠标，在蒙版中绘制白色的三角形，所绘区域会显示人像，如图12-22所示为单独显示蒙版时的效果，如图12-23所示为图像效果。操作时，可以按 [键和] 键调整画笔大小。

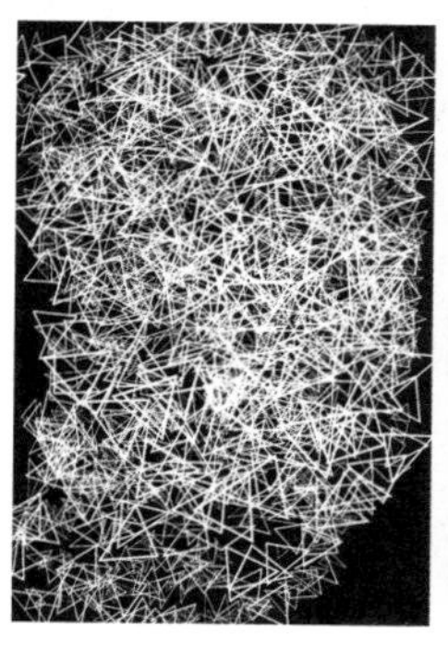

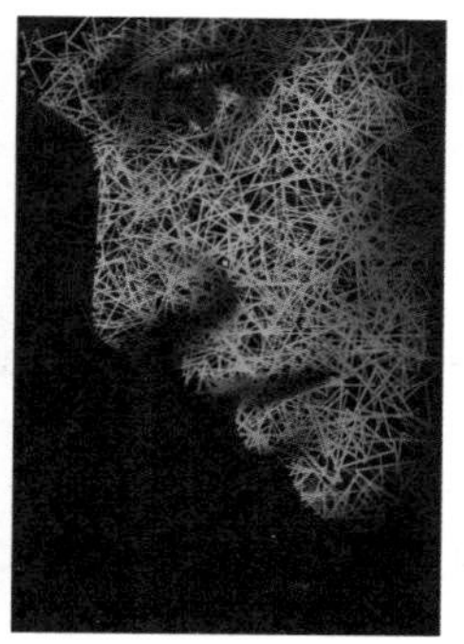

图12-22　图12-23

06 单击“调整”蒙版中的 按钮，创建“曲线”调整图层。在曲线上单击并进行拖曳，调整曲线形状，如图12-24所示，将色调提亮，如图12-25所示。

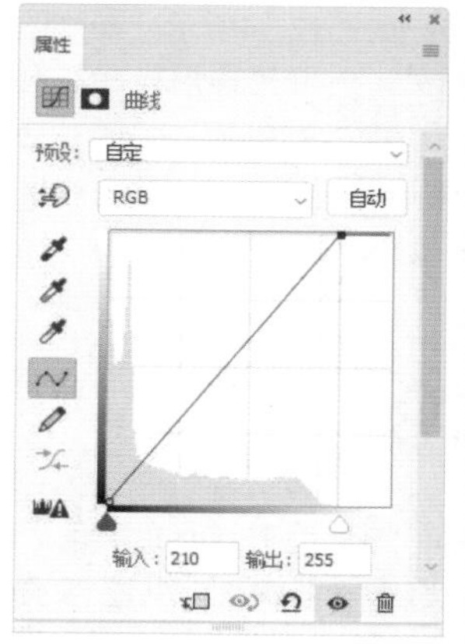

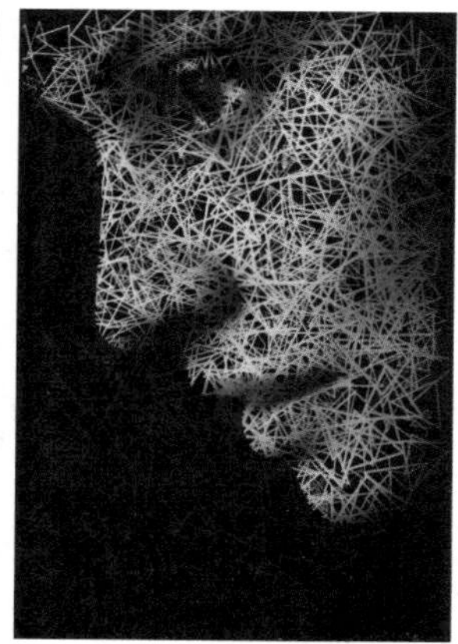

图12-24　图12-25

12.3 制作故障风格特效

01 打开素材，如图12-26所示。按Ctrl+J快捷键复制“背景”图层，得到“图层1”，设置“不透明度”为32%，如图12-27所示。

图 12-26

图 12-27

02 选择“背景”图层，如图12-28所示。将前景色设置为蓝紫色（R95，G82，B160），按Alt+Delete快捷键填色，如图12-29和图12-30所示。

图 12-28

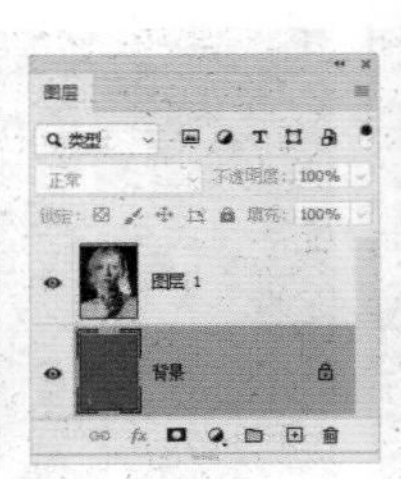

图 12-29

图 12-30

03 将“图层1”拖曳到面板底部的 ⊞ 按钮上，进行复制，将“不透明度”设置为100%，如图12-31所示。在“图层”面板中双击该图层的空白处，打开“图层样式”对话框，在“高级混合”选项组中取消对B通道的勾选（默认情况下R、G、B通道都是勾选状态），如图12-32和图12-33所示，然后关闭对话框。

图 12-31

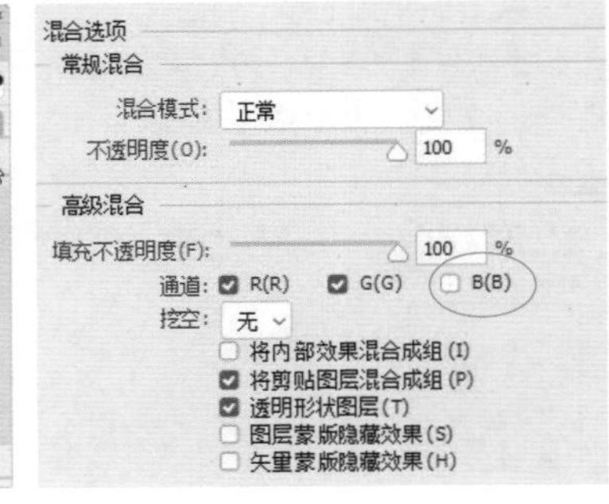

图 12-32

图 12-33

04 按Ctrl+J快捷键复制该图层，如图12-34所示。在“图层”面板中双击该图层的空白处，打开“图层样式”对话框，取消对G通道的勾选，如图12-35所示，关闭对话框后，使用移动工具 ✥ 将图像向右侧移动，使其与底层图像之间产生错位，形成重影效果，如图12-36所示。

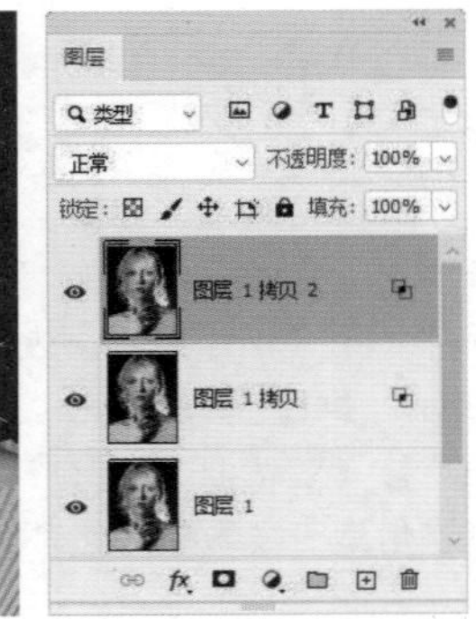

图 12-34

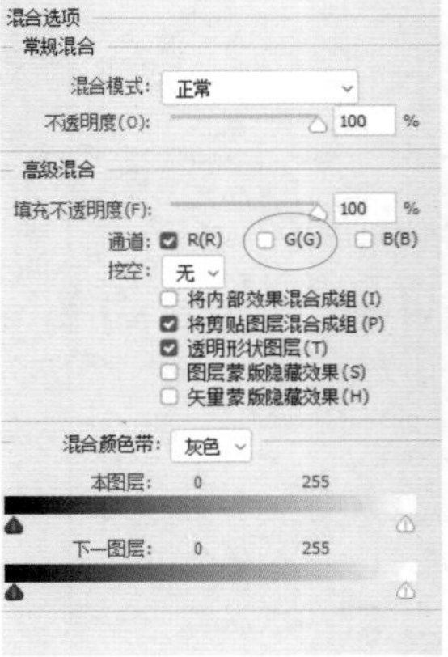

图 12-35

图 12-36

tip 故障风格是利用事物形成的故障进行艺术加工，从而使这种故障具有一种特殊的美感。

12.4 制作纸雕特效

01 打开素材，如图12-37所示，神灯位于画面右下角，其余空白处用来制作纸雕。制作过程就像在擦亮神灯，召唤威力强大的灯神出现。实例所有素材都放在“组1”文件夹中。单击“组1”前面的 › 图标，展开图层组，如图12-38所示，组中还有4个图层，全部为隐藏状态，在实例快完成时会用到。

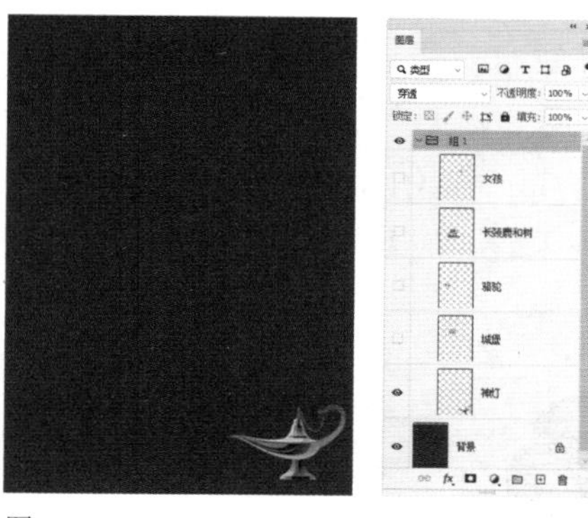

图12-37　　图12-38

02 按住Ctrl键单击“图层”面板底部的⊞按钮，在“组1”下方新建一个图层，如图12-39所示。将前景色设置为鱼肚白色（R236，G231，B218），按Alt+Delete快捷键填色，如图12-40所示。

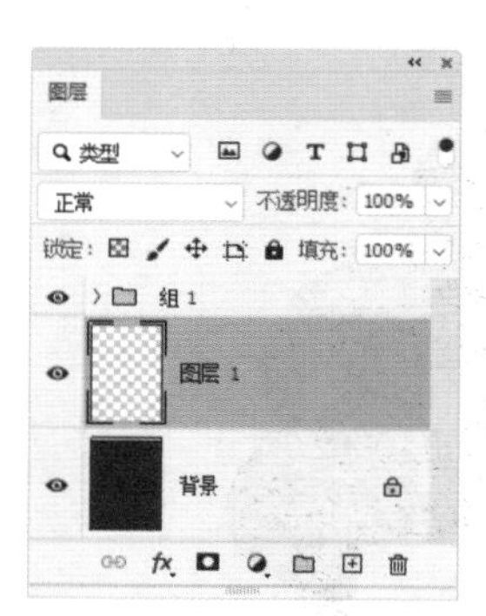

图12-39

图12-40

03 选择钢笔工具及“路径”选项，单击⚙按钮，在打开的下拉列表中选择“橡皮带”选项，如图12-41所示，这样绘制路径时，钢笔工具无论移任何位置，都会与上一锚点之间形成一条连接线，可以看到将要创建的路径段，以便更好地判断路径的走向。

图12-41

04 绘制出精灵大致形象，之后使用直接选择工具调整锚点的位置、修改方向线（曲线路径上的锚点有方向线）的形状，以使图形符合要求，如图12-42所示，而且这样的调整能制作出极其精确的图形。选择矩形工具▭，在工具选项栏中选择“排除重叠形状”选项，创建一个与画板大小相同的矩形，如图12-43所示，矩形与灯神图形重叠的区域将被排除。

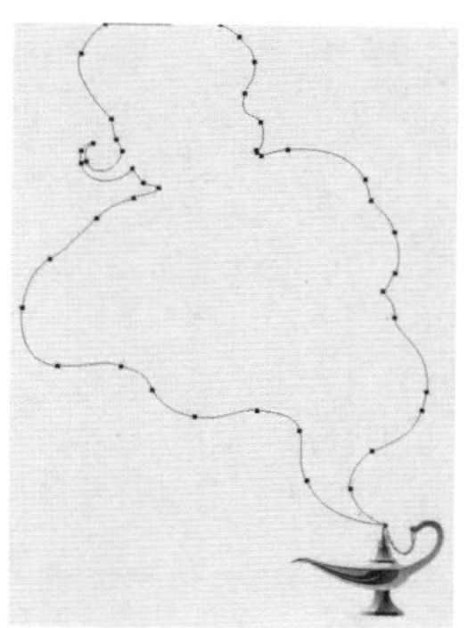

图12-42

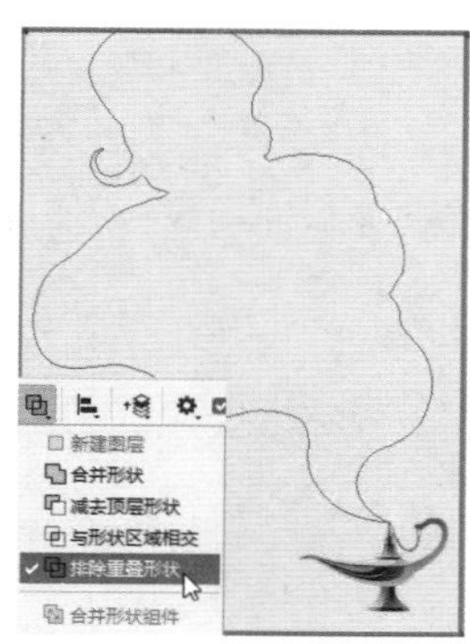

图12-43

05 执行“图层”|“矢量蒙版”|“当前路径”命令，基于当前路径创建矢量蒙版，如图12-44所示。可以看到，灯神图形内部为挖空区域，如图12-45所示，呈现出了背景的颜色。

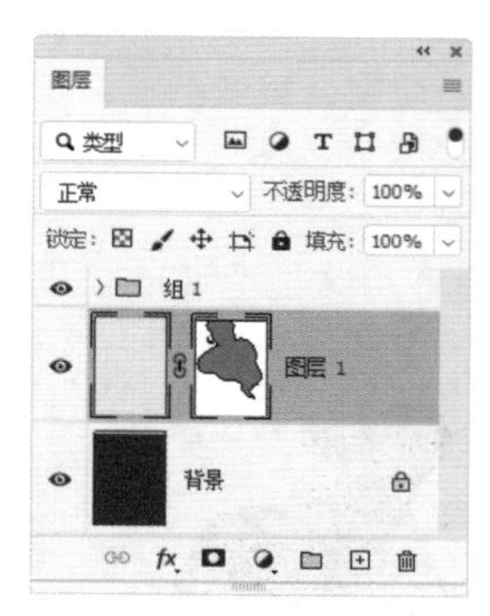

图12-44

图12-45

06 双击该图层，打开“图层样式”对话框，添加“外发光”效果，如图12-46和图12-47所示。

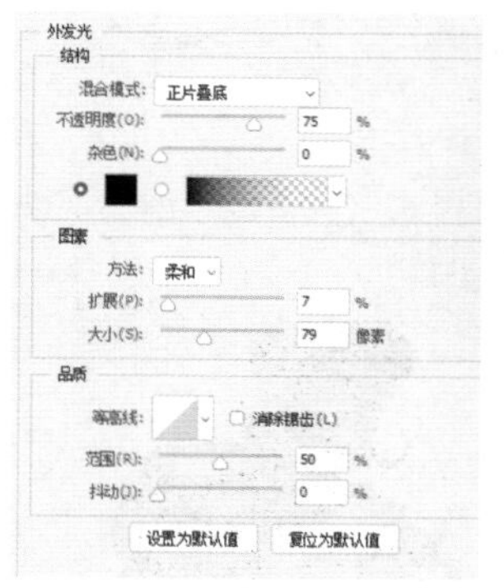

图12-46

图12-47

07 单击“背景”图层，将其选择，如图12-48所示，这样新绘制的形状图层将位于该层之上。选择钢笔工具及“形状”选项，并将颜色设置为青蓝色（R134，G209，B199），如图12-49所示。在灯神图形右侧绘制形状，画面中的可见部分要用平滑的曲线路径表现出来，被画面遮挡的部分简要概括即可，如图12-50所示。

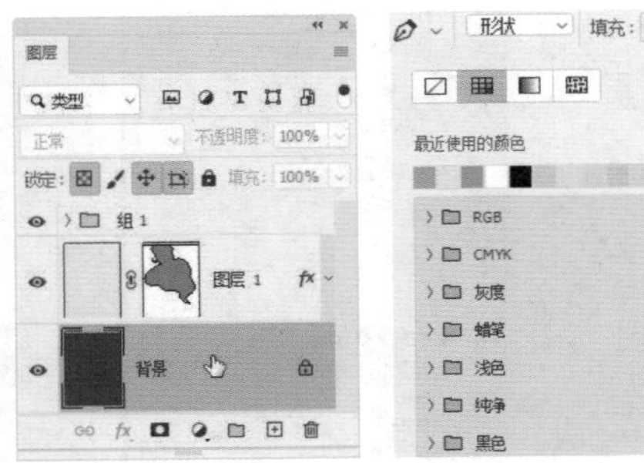

图 12-48

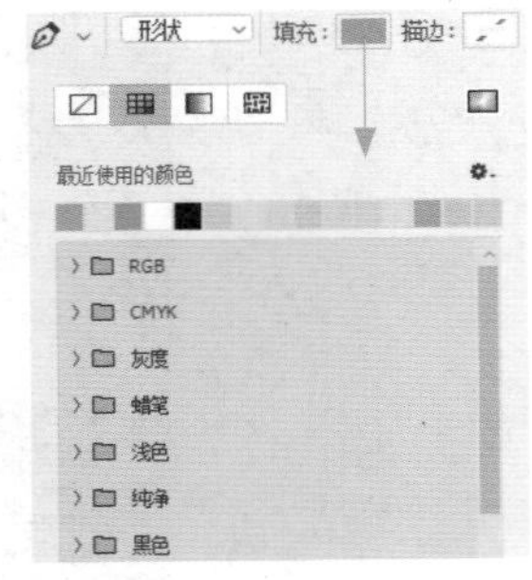

图 12-49

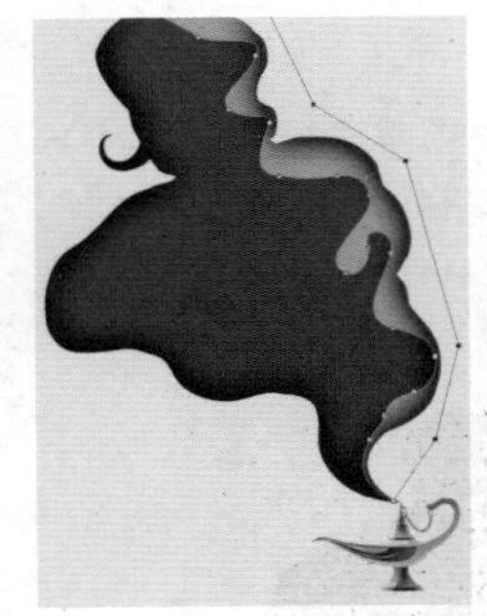

图 12-50

tip 矩形、自定形状等矢量工具都有3种绘制模式：“形状”“路径”和“像素”。绘制形状或像素图形都可以预先在工具选项栏的“填充”选项中进行设置（包括绘制后的颜色调整）。如果习惯使用“工具”面板中的“设置前景色”调整颜色，可在设置颜色后，按Alt+Delete快捷键为形状填色。

08 在工具选项栏中选择“合并形状”选项，如图12-51所示，在灯神肩头绘制图形，如图12-52所示。

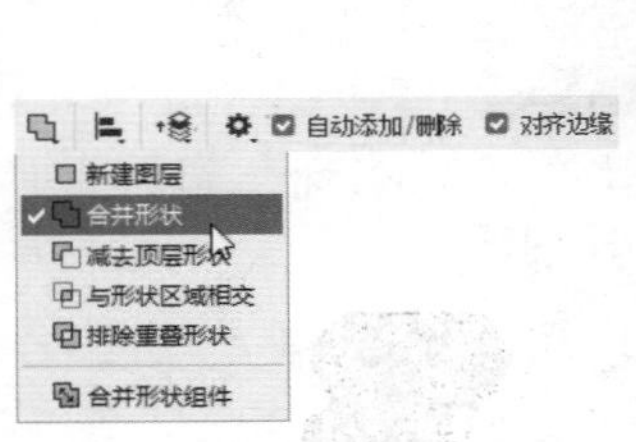

图 12-51

图 12-52

09 双击该图层，打开“图层样式”对话框，添加“投影”效果，如图12-53和图12-54所示。

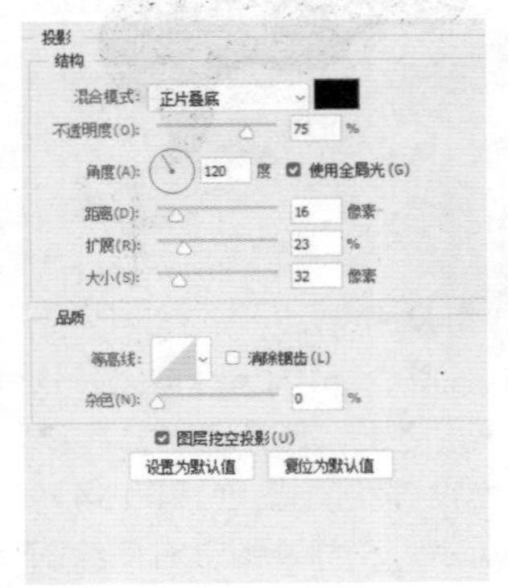

图 12-53

图 12-54

10 单击“背景”图层，以使新绘制的形状图层能够位于该图层上方。将前景色设置为棕红色（R153，G73，B35）。使用钢笔工具绘制图形，较青蓝色图形大一些，而且形态也要有所变化，如图12-55所示。按住Alt键，将“形状1”图层的效果图标 fx 拖曳给“形状2”，为该图层复制相同的效果，如图12-56~图12-58所示。

图 12-55

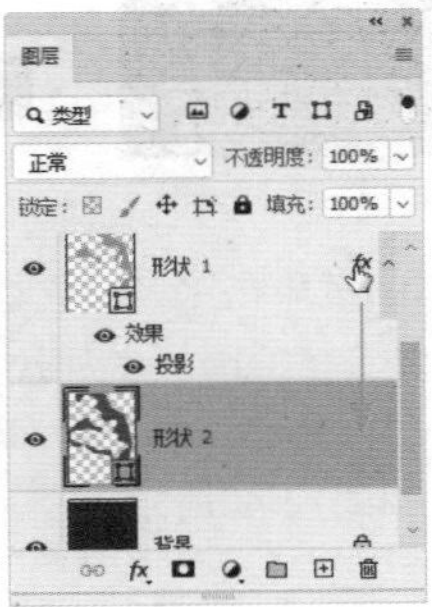

图 12-56

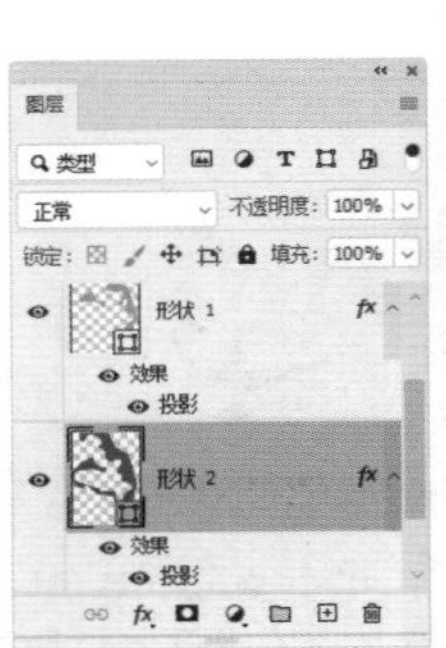

图 12-57

图 12-58

11 将前景色设置为浅黄橙色（R230，G160，B94），在“形状2”图层下方绘制图形，如图12-59所示。调整前景色为黄橙色（R222，G130，B58），继续绘制图形并复制图层样式，如图12-60所示。

图 12-59

图 12-60

12 将前景色设置为花青色（R0，G74，B104），绘制出最后一层并复制图层样式，如图12-61所示。至此，组成纸雕的大图形就制作完了，一共分为6个图层，如图12-62所示。

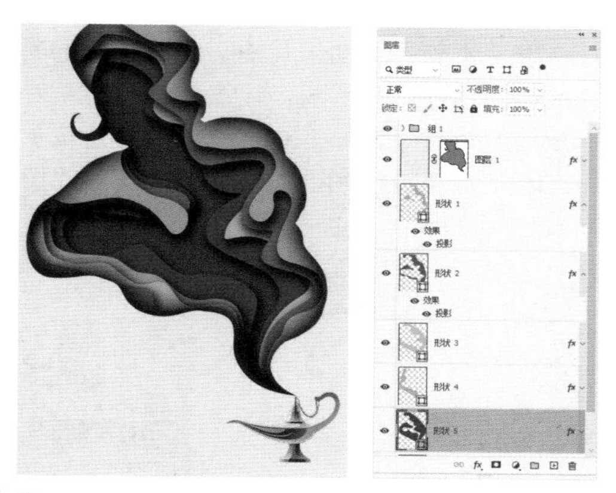

图 12-61　　　图 12-62

⑬ 展开“组1”，在隐藏的图层名称前方单击，将它们显示出来。单击“城堡”图层，如图12-63所示，将其拖至“背景”图层上方，使用移动工具 ✥ 将城堡放在灯神的脖子上方，如图12-64所示。

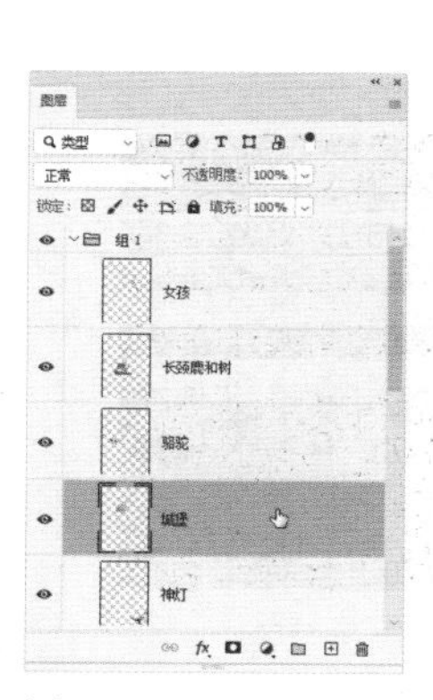

图 12-63　　　图 12-64

⑭ 单击“图层”面板顶部的 ▧ 按钮，将该图层的透明区域锁定（即保护起来），如图12-65所示。使用吸管工具 ✎ 在深褐色背景上单击，如图12-66所示，拾取颜色，按Alt+Delete快捷键，为城堡重新填色。双击该图层，打开“图层样式”对话框，添加“投影”效果，设置参数如图12-67所示。将该图层拖曳到“背景”图层上方，如图12-68和图12-69所示。

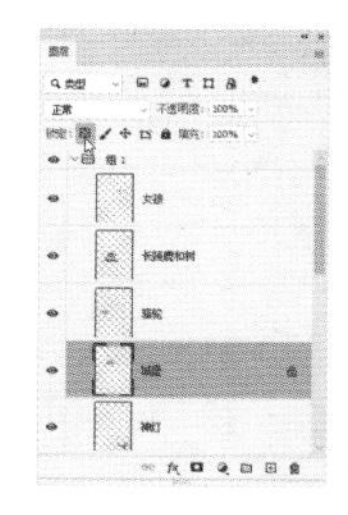

图 12-65　　　图 12-66

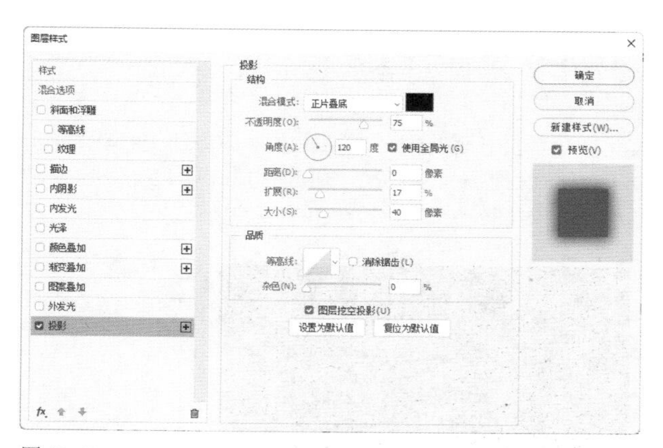

图 12-67

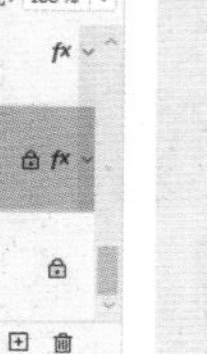

图 12-68　　　图 12-69

⑮ 采用同样的方法将其他小图形放在相应位置，添加相同的“投影”效果，如图12-70所示。选择横排文字工具 T 输入文字，标题用点文字，故事情节文字用段落文字创建（使用横排文字工具 T 拖曳鼠标，拖出一个定界框，之后在定界框内输入文字），效果如图12-71所示。

图 12-70　　　图 12-71

12.5 制作像素拉伸特效

01 打开素材。这是抠好的图像（抠图方法见162页）。按Ctrl+R快捷键显示标尺。将光标放在标尺上，拖曳出参考线，对图像进行划分，如图12-72所示。

图 12-72

02 单击“人像”图层，如图12-73所示。按几次Ctrl+一快捷键，将视图比例调大。选择矩形选框工具，以参考线划分的区域为基准拖曳鼠标创建选区，如图12-74所示。按Ctrl+J快捷键，将所选图像复制到新图层中。

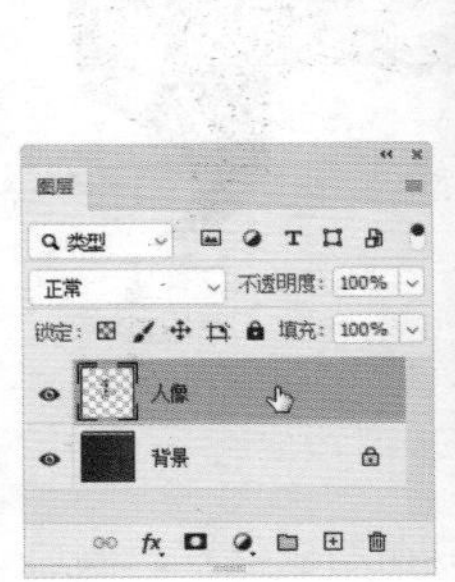

图 12-73　　图 12-74

03 采用与上一步相同的方法，选取如图12-75所示的几个区域，并复制到单独的图层中，如图12-76所示。需要注意的是，复制出的几处图像首尾一定要衔接上，否则后面制作效果时图形之间有空隙，因此，创建选区时可以向上和向下多选取一些。

图 12-75

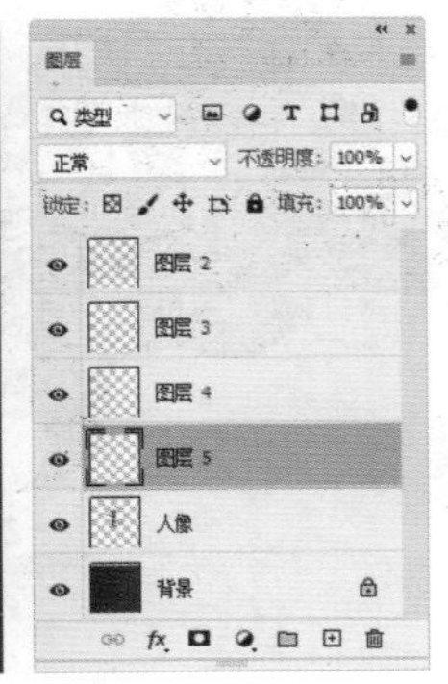

图 12-76

04 按住Ctrl键单击另外3个图层，将这4个图层同时选取，如图12-77所示。选择移动工具，单击工具选项栏中的按钮，如图12-78所示，让这几个图层左对齐。按Ctrl+E快捷键合并图层。按Ctrl+；快捷键隐藏参考线。按Ctrl+J快捷键复制当前图层，将“人像”和“图层2”隐藏，如图10-79所示。

图 12-77　　图 12-78　　图 12-79

05 按几次Ctrl+一快捷键，将视图比例调小。单击“属性”面板中的按钮，取消对象长宽尺寸的锁定，之后将宽度调整为100厘米，如图12-80所示，将图像拉宽，如图12-81所示。

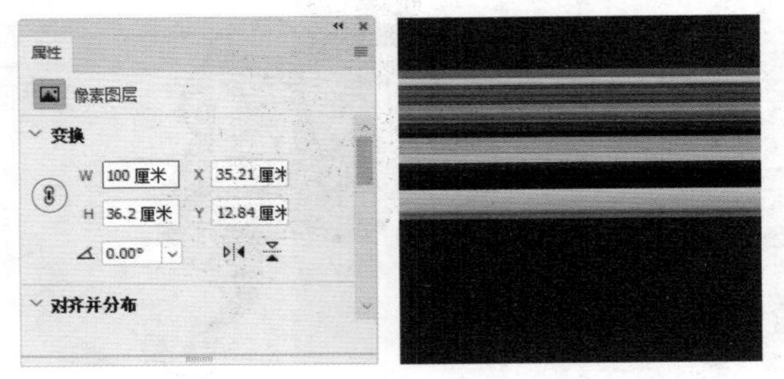

图 12-80　　图 12-81

06 按Ctrl+T快捷键显示定界框，将图像拖曳到画面中心，到达画面中心时会出现紫色十字形智能参考线（一定要让图像位于画面中心，否则下一步使用滤镜时无法做出正圆形圆环），如图12-82所示。按Enter键确认。按Ctrl+J快捷键复制当前图层，如图12-83所示。

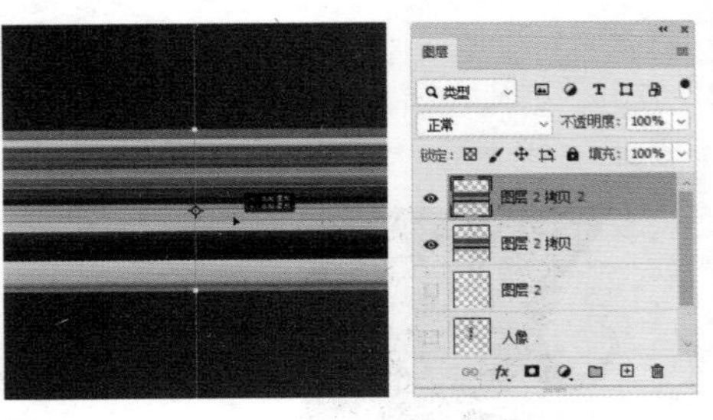

图 12-82　　图 12-83

07 按Ctrl+A快捷键全选，执行“图像”|“裁剪”命令，将画布外的图像裁掉，按Ctrl+D快捷键取消选择。

执行“滤镜”|“扭曲”|“极坐标”命令，将图像处理成一个圆环，如图12-84和图12-85所示。

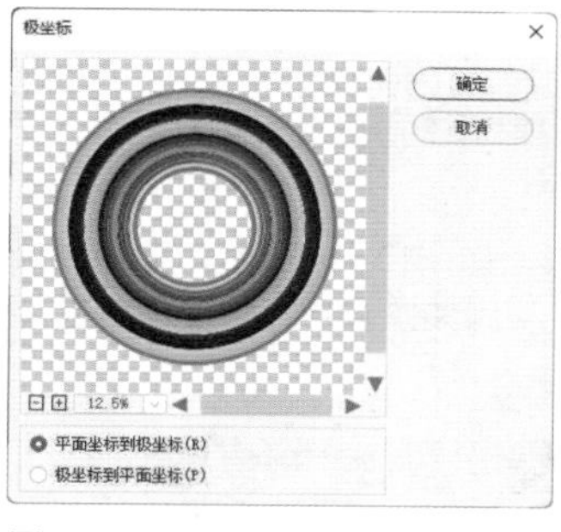

图 12-84

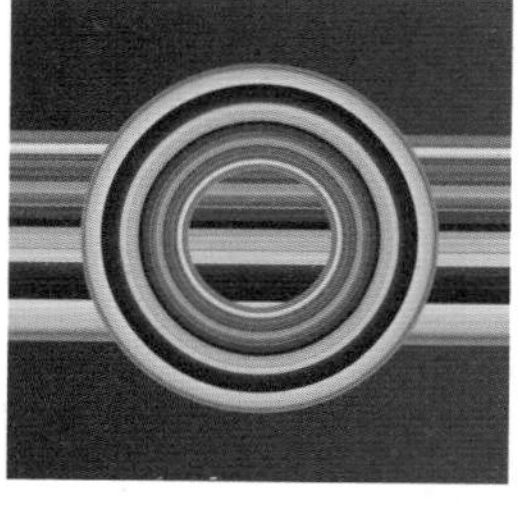

图 12-85

08 选择并显示“人像”图层，如图12-86所示，按Shift+Ctrl+] 快捷键，将其移至顶层，如图12-87和图12-88所示。

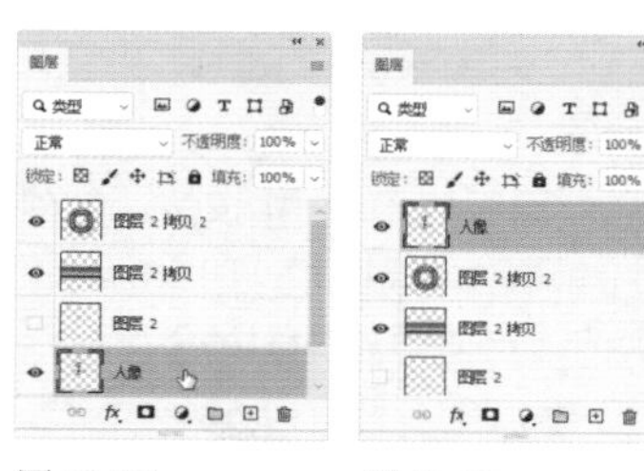

图 12-86　　图 12-87

图 12-88

09 单击圆环所在的图层，如图12-89所示，按Ctrl+T快捷键显示定界框，拖曳控制点调整圆环大小。将光标放在定界框内，拖曳鼠标移动圆环位置，如图12-90所示。按Enter键确认。

图 12-89

图 12-90

10 单击直线所在的图层，按Ctrl+T快捷键显示定界框，在定界框外拖曳鼠标，旋转图像；拖曳控制点，将图像压扁，如图12-91所示。按Enter键确认。

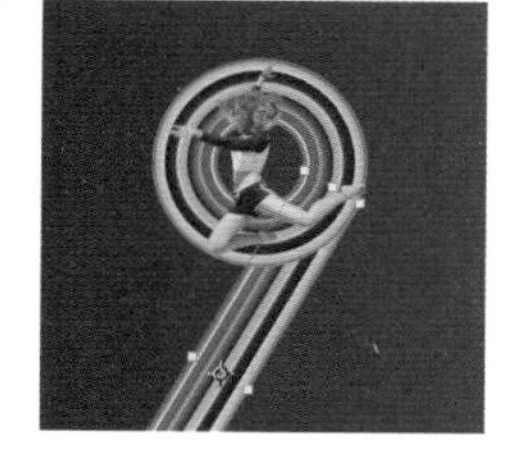

图 12-91

11 单击圆环所在的图层，单击“图层”面板底部的 ◘ 按钮，添加蒙版。按Ctrl+ [快捷键，将其移至直线下方，如图12-92和图12-93所示。选择画笔工具 🖌 及柔边圆笔尖，在人物腿部下方的圆环上涂抹黑色，将此处图像隐藏，如图12-94所示。单击直线所在的图层，为其添加蒙版，如图12-95所示。

图 12-92

图 12-93

图 12-94

图 12-95

12 使用画笔工具 🖌 修改蒙版，让直线和圆环衔接上，如图12-96和图12-97所示。

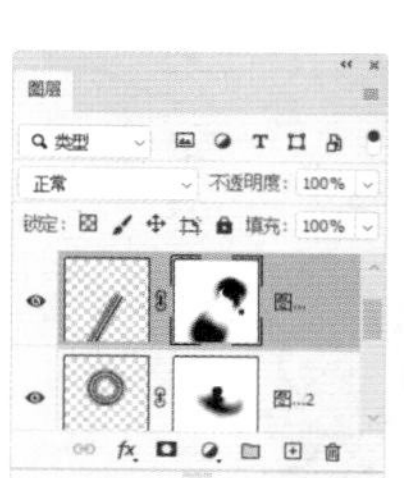

图 12-96

图 12-97

13 单击“调整”面板中的 ☼ 按钮，创建“亮度/对比度”调整图层，增强对比度，让色调更加清晰，如图12-98和图12-99所示。

图 12-98

图 12-99

12.6 制作运动轨迹特效

01 选择混合器画笔工具，在工具选项栏中设置“潮湿”为0%，“流量”为75%，取消勾选“对所有图层取样”复选框，单击按钮，打开下拉列表，选择“载入画笔”命令，如图12-100所示。

图 12-100

02 打开素材，如图12-101所示。单击“人像”图层，如图12-102所示。将光标移动到下方的鞋子上，按 [键和] 键将笔尖调整为如图12-103所示的大小，按住Alt键单击，进行取样。按住Ctrl键单击“图层”面板底部的按钮，在“人像”图层下方新建一个图层，如图12-104所示。沿如图12-105所示的轨迹拖曳鼠标，绘制一条线，如图12-106所示。使用橡皮擦工具将腿后方多余的线擦除，如图12-107所示。

图 12-101

图 12-102

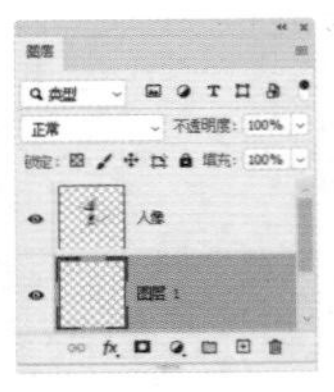

图 12-103

图 12-104

图 12-105

图 12-106

图 12-107

tip 对图像进行取样及绘画时，因光标的位置不同，绘制出的图像也会有所差别，只要效果与实例相似即可，不必完全一致。

03 重新选择“人像”图层，如图12-108所示。选择混合器画笔工具，将光标移动到如图12-109所示的位置，按住Alt键单击进行取样。

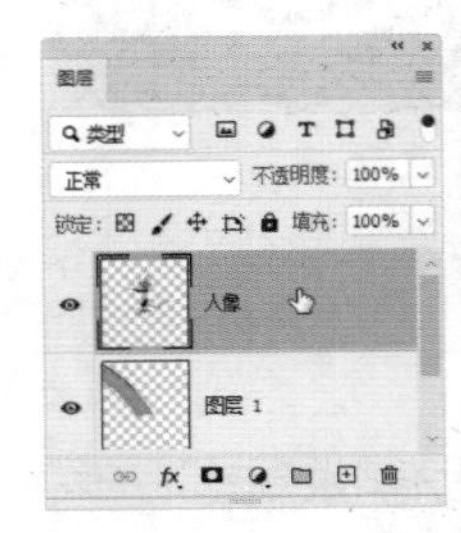

图 12-108

图 12-109

04 按住Ctrl键单击“图层”面板底部的按钮，创建图层。释放Alt键，绘制第二条线，如图12-110所示。使用橡皮擦工具擦除多余的线，如图12-111所示。

图 12-110

图 12-111

05 采用同样的方法绘制其他几条线，如图12-112和图12-113所示。

图 12-112

图 12-113

06 按住Ctrl键单击这几条线所在的图层，将它们选取，如图12-114所示，按Ctrl+G快捷键编入图层组中，如图12-115所示。在“人像”图层下方新建一个图层，设置混合模式为“叠加”，按Alt+Ctrl+G快捷键，将其与下方的图层组创建为一个剪贴蒙版组，如图12-116所示。

07 选择画笔工具（不透明度设置为5%），在深色区域涂抹黑色，进行加深，如图12-117和图12-118所示。

有剪贴蒙版的限定，涂抹的颜色不会影响背景。

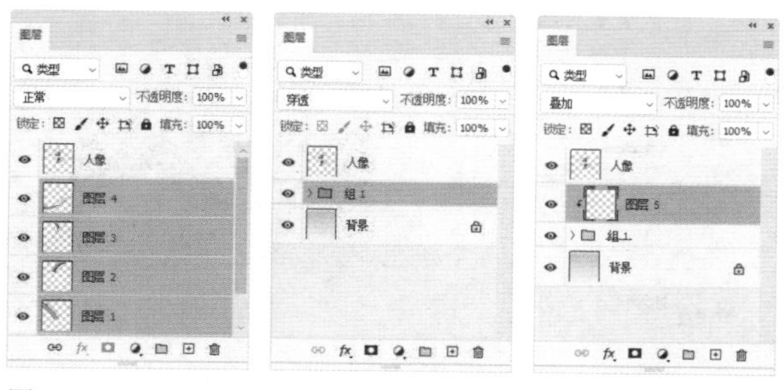

图12-114　　图12-115　　图12-116

图12-117　　图12-118

08 单击“调整”面板中的 按钮，创建“曲线”调整图层，按Alt+Ctrl+G快捷键，将其加入剪贴蒙版组中。将曲线调整为如图12-119所示的形状，使线条变亮、变清晰，如图12-120所示。

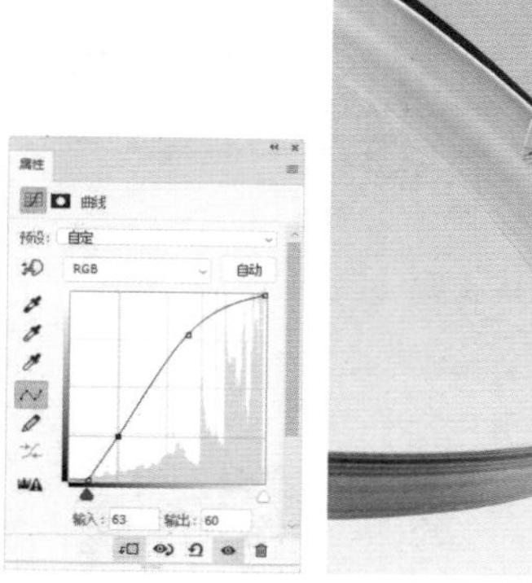

图12-119

图12-120

12.7　制作融化特效

01 打开素材，如图12-121所示，选择“大象”图层，如图12-122所示。

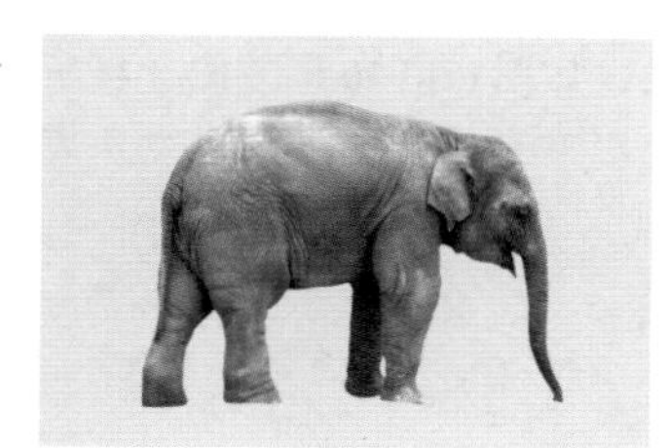

图12-121

图12-122

02 单击“图层”面板底部的 按钮，创建蒙版。使用画笔工具 在大象的腿上涂抹黑色，将象腿隐藏，如图12-123和图12-124所示。

图12-123

图12-124

03 选择钢笔工具 ，在工具选项栏中选择“形状”选项，将填充颜色设置为深褐色。单击“背景”图层（使绘制的图形位于“大象”图层的下方），根据大象的位置，在其下方绘制图形，如图12-125和图12-126所示。

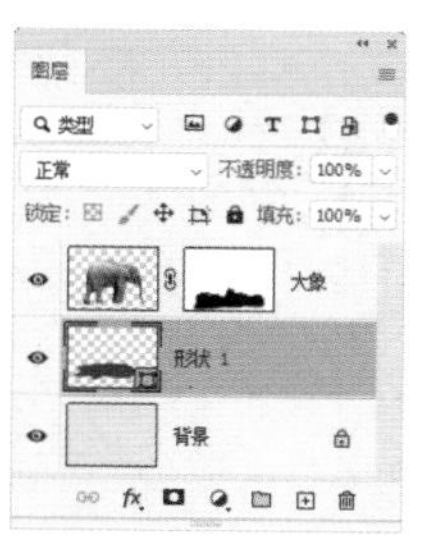

图12-125

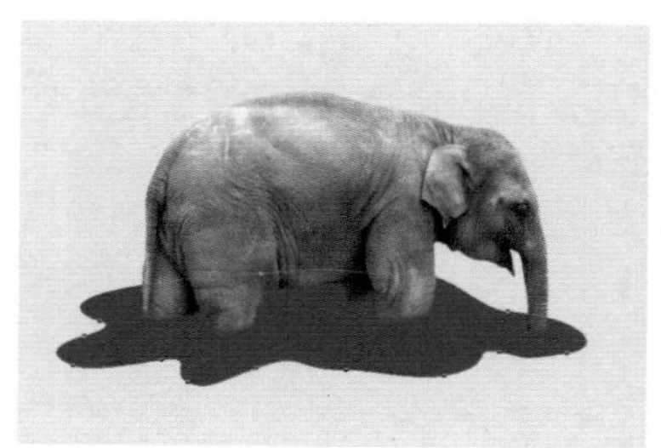

图12-126

04 在“图层”面板中双击“形状1”图层的空白处，打开“图层样式”对话框，添加“斜面和浮雕”效果，使图形有一定的厚度，如图12-127和图12-128所示。

05 单击“图层”面板底部的 按钮，新建图层。按Alt+Ctrl+G快捷键创建剪贴蒙版。使用画笔工具 绘制明暗效果，如图12-129和图12-130所示。

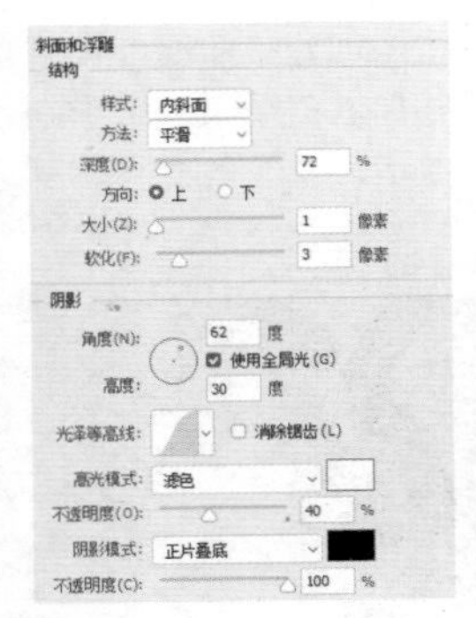

图 12-127

图 12-128

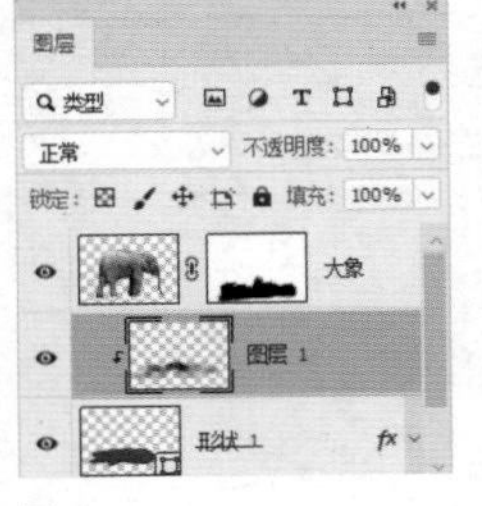

图 12-129

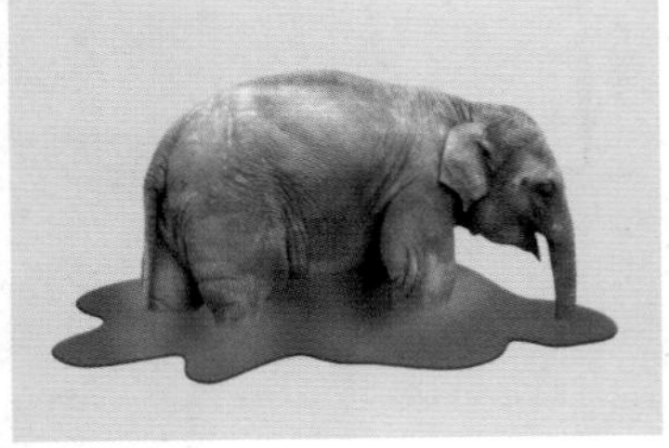

图 12-130

06 选择“大象”图层，按住Alt键向下拖曳进行复制，如图12-131所示。按Alt+Ctrl+G快捷键，将该图层加入到剪贴蒙版组中，如图12-132所示。

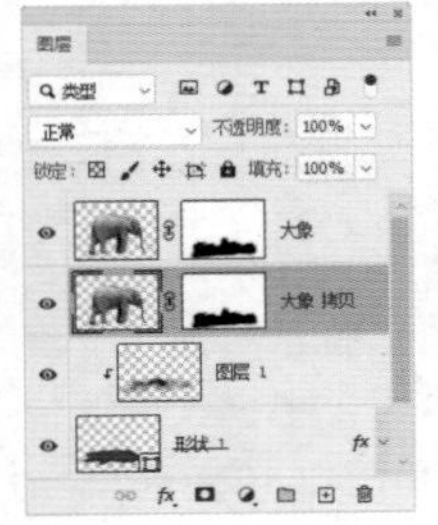

图 12-131

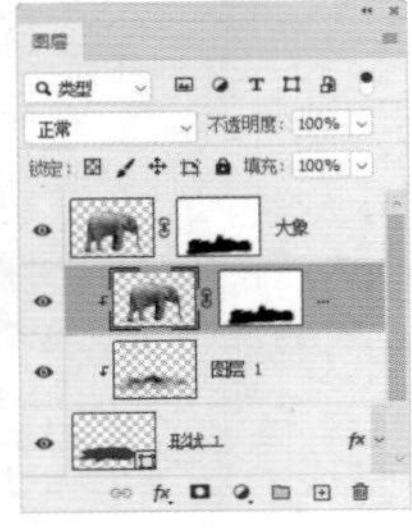

图 12-132

07 按住Alt键，拖曳图层蒙版缩览图到 按钮上，删除蒙版，如图12-133所示。按Ctrl+T快捷键显示定界框，右击，在弹出的快捷菜单中执行“垂直翻转”命令，拖曳定界框，将图像放大，以填满形状图层，如图12-134所示，按Enter键确认操作。

图 12-133

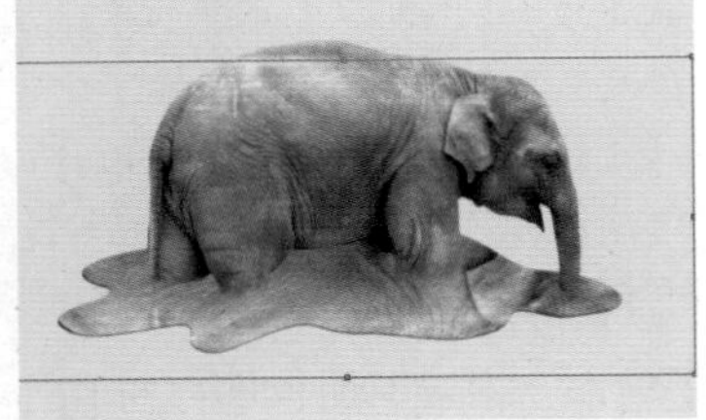

图 12-134

08 设置混合模式为“叠加”，设置“不透明度”为40%，表现反光效果，如图12-135和图12-136所示。

图 12-135

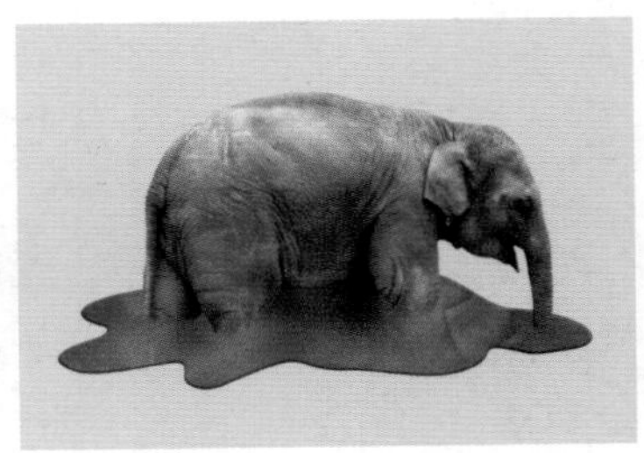

图 12-136

09 新建图层并加入到剪贴蒙版组中，设置混合模式为“正片叠底”，设置“不透明度”为60%。选择渐变工具，在工具选项栏中选择“前景色到透明渐变”复选框，在图形上方填充线性渐变，使图形的颜色上深下浅，如图12-137和图12-138所示。

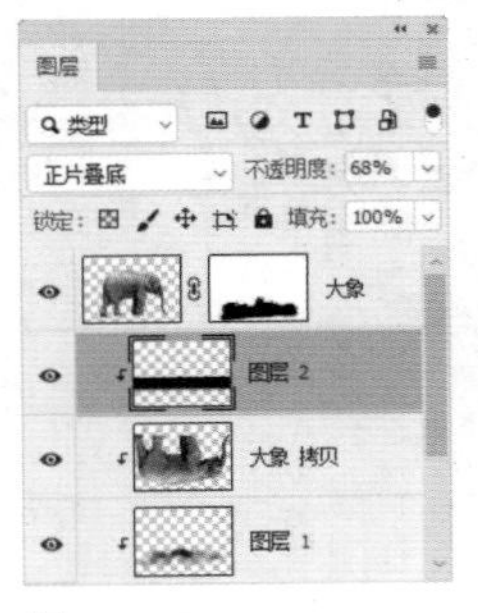

图 12-137

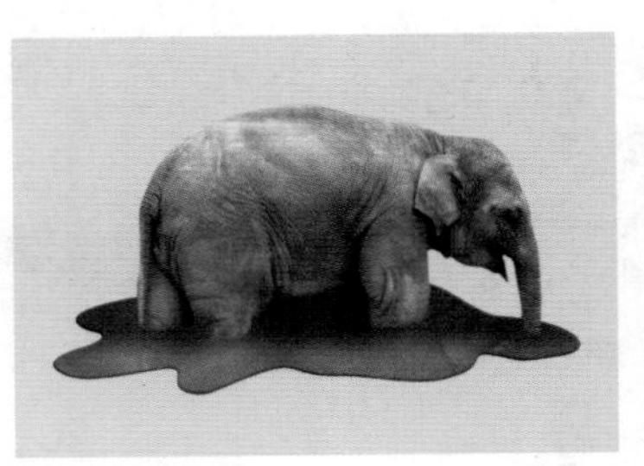

图 12-138

10 选择“形状1”图层，按住Alt键向下拖曳进行复制，如图12-139所示。将图形的填充颜色调暗，接近于黑色。在“图层”面板中双击“形状1 拷贝”图层的空白处，打开“图层样式”对话框，调整“斜面和浮雕”参数，并添加“投影”效果，如图12-140和图12-141所示。选择移动工具，按↓键，将图形略向下移动，如图12-142所示。

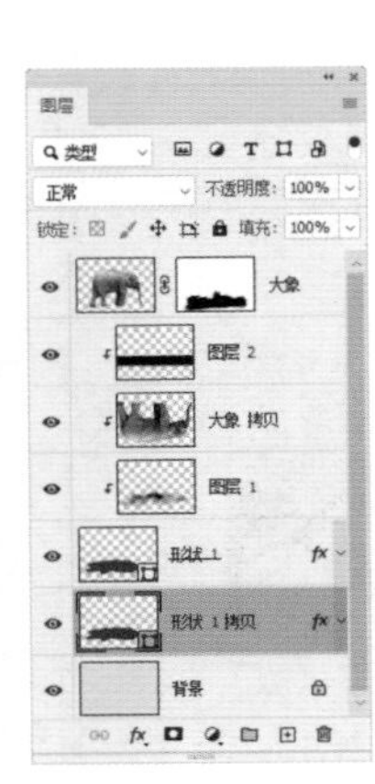

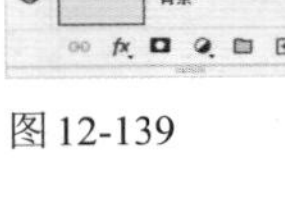

图 12-139

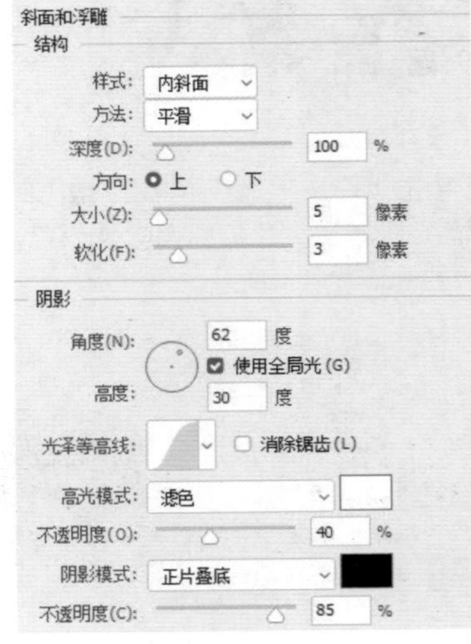

图 12-140

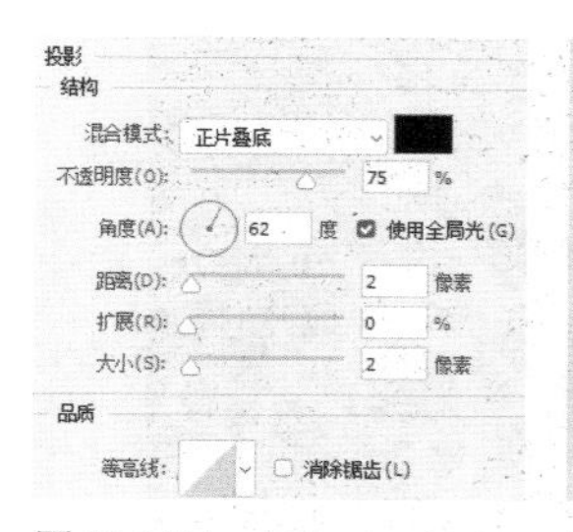

图 12-141

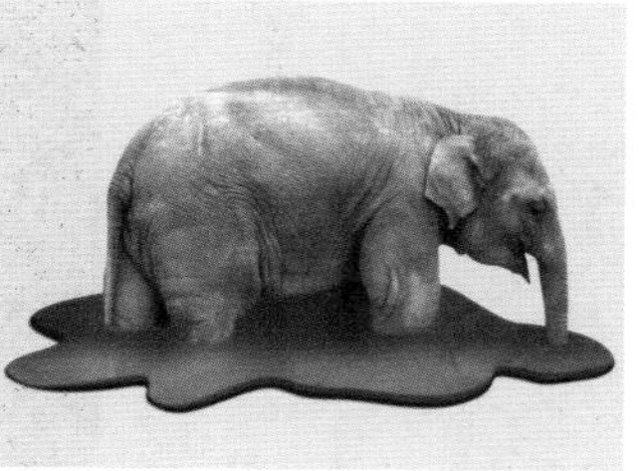

图 12-142

11 使用钢笔工具 绘制图形的高光和象腿旁边的波纹，如图12-143所示。

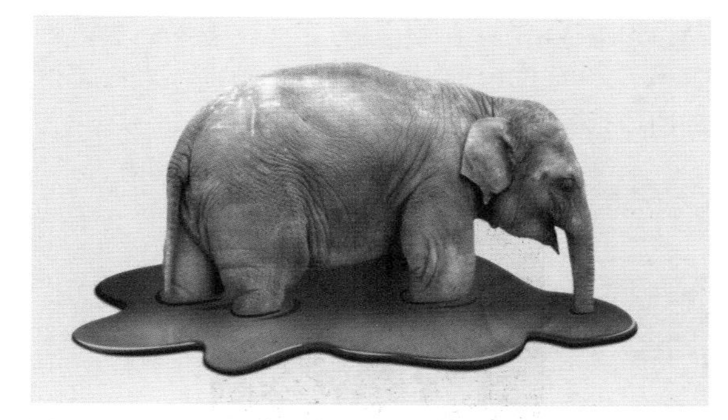

图 12-143

12.8 制作炫光特效

01 创建一个210×297毫米，分辨率为72像素/英寸的RGB模式文件。按Alt+Delete快捷键填充黑色。

02 选择自定形状工具 ，在工具选项栏中选择“形状”选项，设置填充颜色为白色，如图12-144所示。打开“形状”面板菜单，执行“旧版形状及其他”命令，加载该形状库，选择其中的低音谱号图形，如图12-145所示，按住Shift键（可确保图形比例不变）拖曳鼠标，绘制该图形，如图12-146所示。

图 12-144

图 12-145

图 12-146

03 双击该形状图层，如图12-147所示，打开“图层样式”对话框添加“内发光”效果，如图12-148所示。

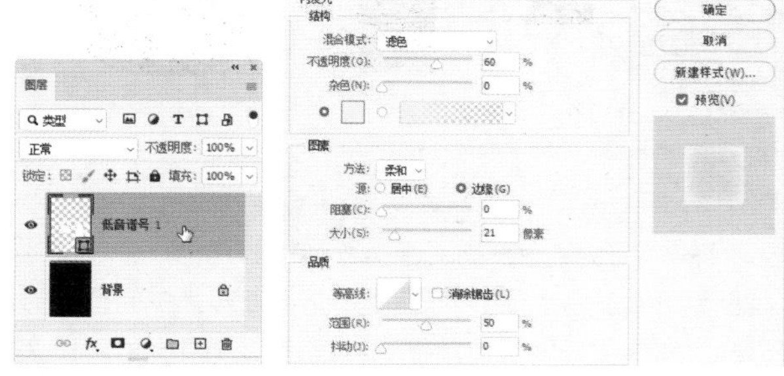

图 12-147　　图 12-148

04 将“填充”设置为0%，隐藏图形，只显示添加的效果，如图12-149和图12-150所示。

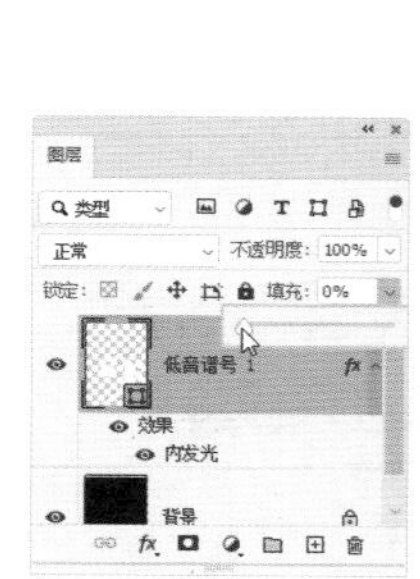

图 12-149

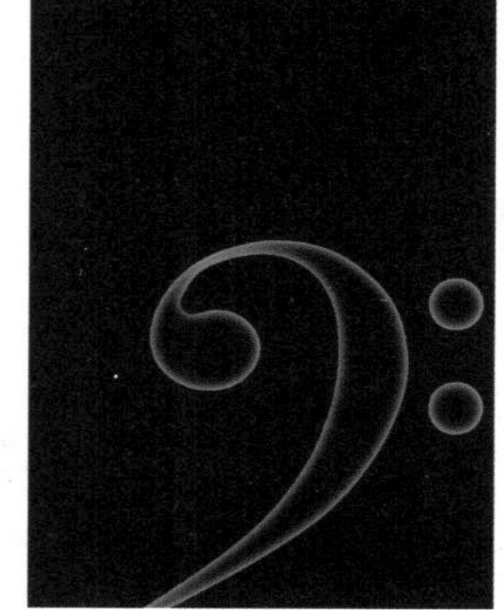

图 12-150

05 按Ctrl+J快捷键复制当前图层。按Ctrl+T快捷键显示定界框。勾选工具选项栏中如图12-151所示的位置，让中心点显示出来。将中心点移动到图形左上角，如图12-152所示，在工具选项栏中设置旋转角度为60度，如图12-153所示，按Enter键旋转图形。

图 12-151

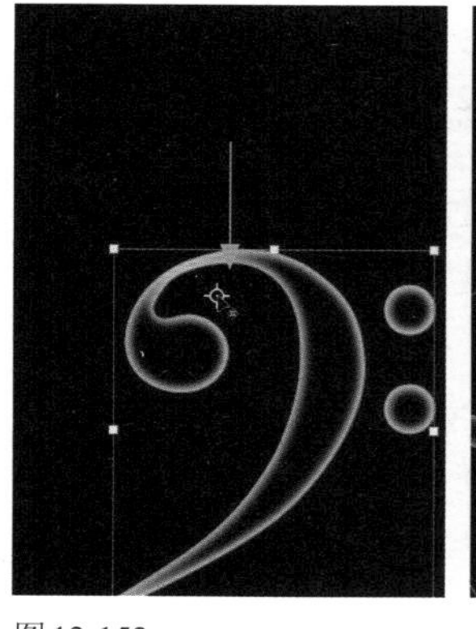

图 12-152

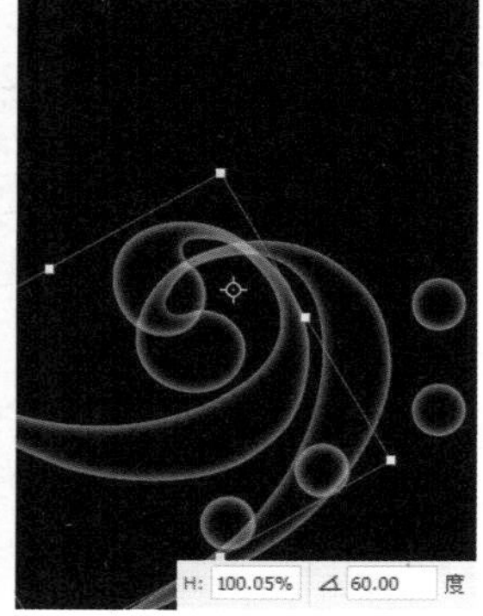

图 12-153

06 先按住Alt+Shift+Ctrl快捷键，之后连按4下T键，重复变换操作，每按一下T键，就会复制出一个低音谱号，如图12-154和图12-155所示。

图 12-154　　图 12-155

07 单击“图层”面板底部的 按钮打开菜单，执行“渐变”命令，弹出“渐变填充”对话框，如图12-156所示，创建渐变填充图层，设置混合模式为“颜色”，改变图形颜色，如图12-157和图12-158所示。

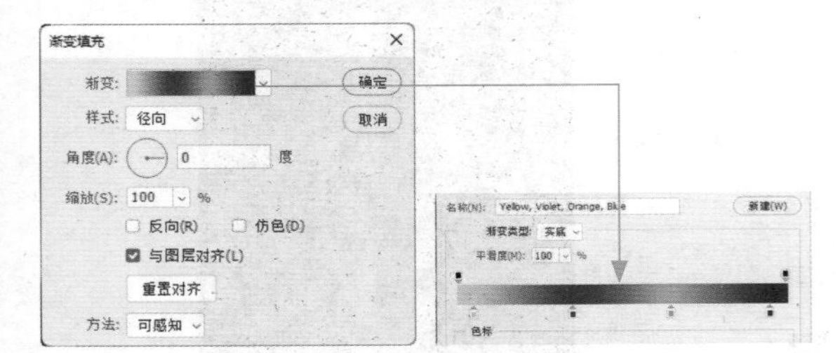

图 12-156

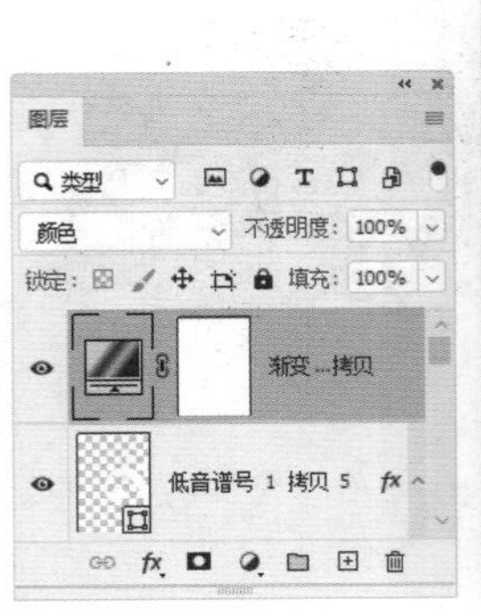

图 12-157　　图 12-158

08 如果想修改颜色，可以单击“调整”面板中的 按钮，创建“色相/饱和度”调整图层，拖曳“色相”滑块即可，如图12-159和图12-160所示。

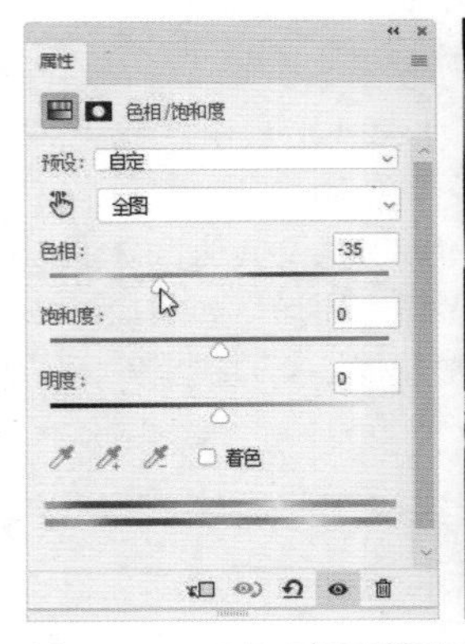

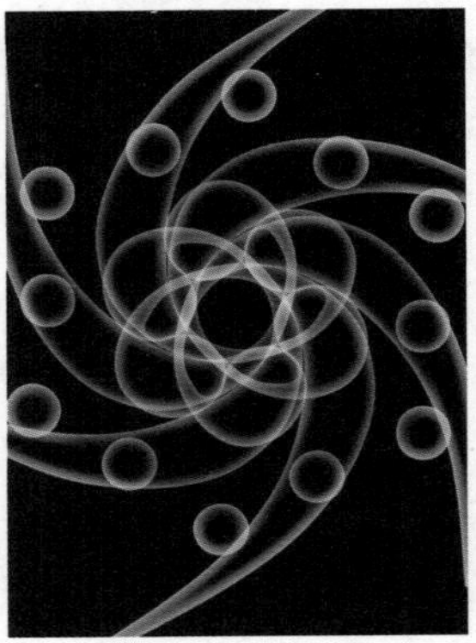

图 12-159　　图 12-160

12.9　制作毛皮字

01 按Ctrl+N快捷键，打开“新建文档”对话框，创建大小为297毫米×210毫米、分辨率为96像素/英寸的RGB模式文件。分别调整前景色与背景色，如图12-161所示。选择渐变工具 ，在工具选项栏中单击“径向渐变”按钮 ，填充径向渐变，如图12-162所示。

图 12-161　　图 12-162

02 使用横排文字工具 T 输入文字。在“字符”面板中设置字体为Impact，设置“大小”为“450点”，设置“水平缩放”为130%，如图12-163和图12-164所示。

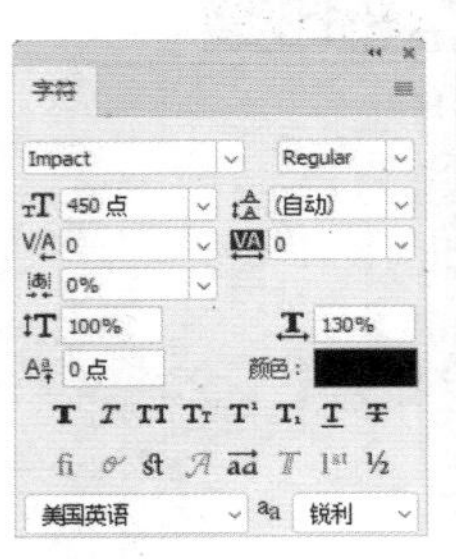

图 12-163　　图 12-164

03 执行“图层”|“智能对象”|“转换为智能对象”命令，将文字转换为智能对象，如图12-165所示。执行“滤镜”|“杂色”|“中间值”命令，打开“中间值”对话框，设置“半径”为15像素，如图12-166所示，使文字边角变得柔和，如图12-167所示。

图 12-165

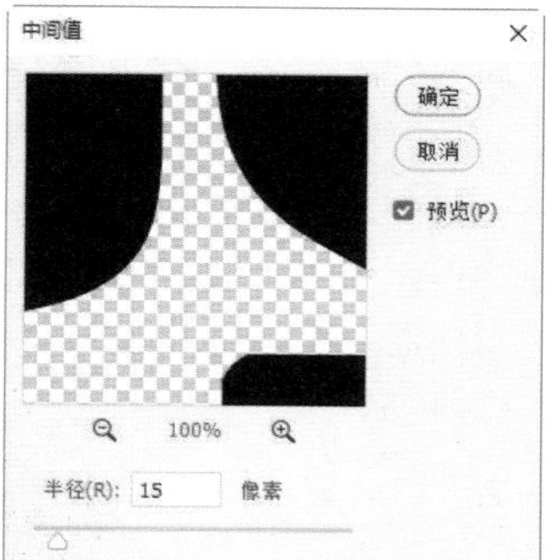

图 12-166

图 12-167

04 打开毛皮素材，使用移动工具 将素材拖入文字文件中。按住Ctrl键并单击PS图层的缩览图，如图12-168所示，从文字中载入选区，如图12-169所示。

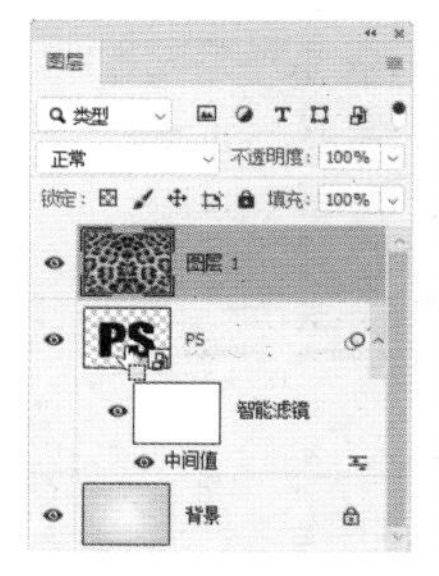

图 12-168

图 12-169

05 单击“图层”面板底部的 按钮，基于选区创建蒙版，将选区外的图像隐藏，如图12-170和图12-171所示。

图 12-170

图 12-171

06 再次载入文字选区，单击“路径”面板底部的 按钮，将选区转换为路径，如图12-172和图12-173所示。这样就可以通过画笔描边路径表现文字边缘的毛发效果了。

图 12-172

图 12-173

07 选择画笔工具 ，按F5键打开“画笔设置”面板，在“画笔笔尖形状”中选择“沙丘草”选项，设置“大小”为30像素，设置“间距”为14%，如图12-174所示，再分别勾选“形状动态”和“散布”复选框，参数设置如图12-175和图12-176所示。

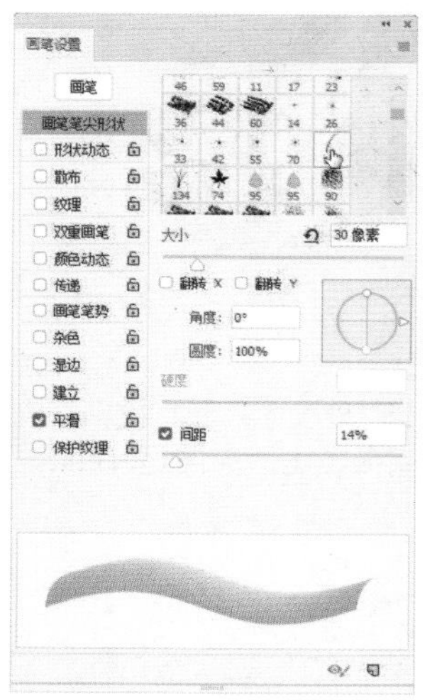

图 12-174

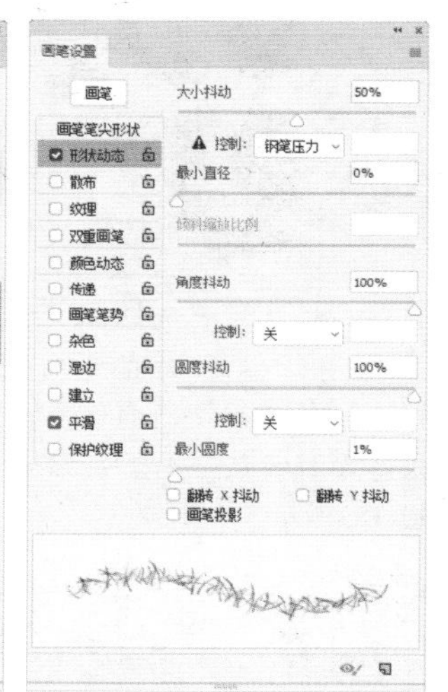

图 12-175

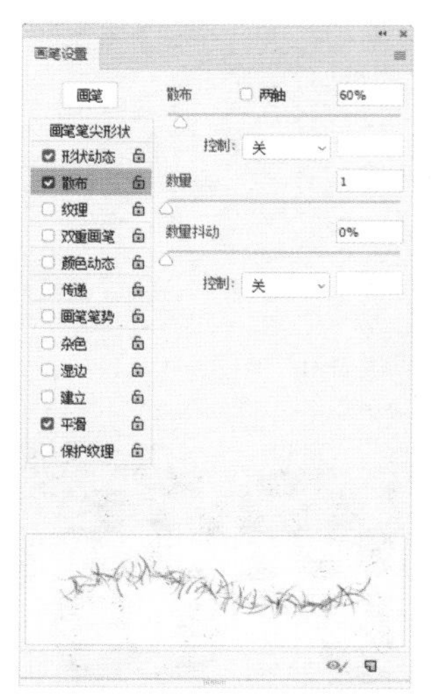

图 12-176

08 按住Alt键，单击“路径”面板底部的 按钮，打开“描边路径”对话框，在“工具”下拉列表中选择

“画笔”选项，如图12-177所示，单击“确定”按钮，用画笔描边路径，如图12-178所示。重复该操作5次，使毛发变密集，效果如图12-179所示。在“路径”面板的空白处单击，可隐藏路径。

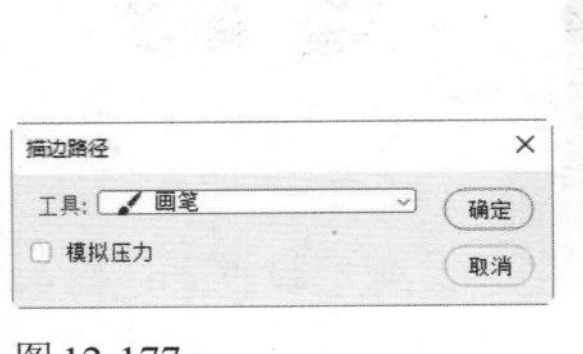

图 12-177

图 12-178

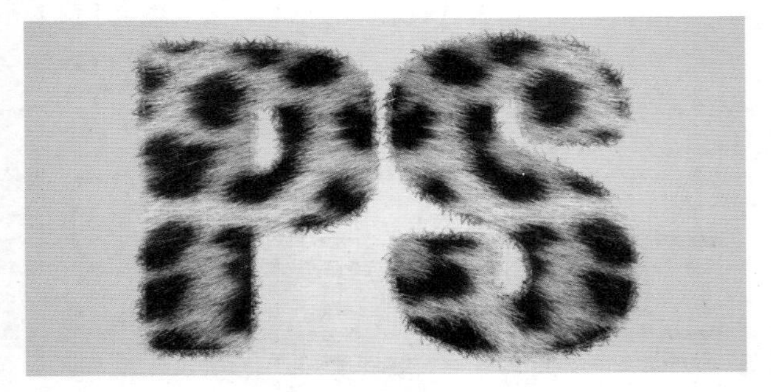

图 12-179

09 双击“图层1”的空白处，打开“图层样式”对话框，分别选择“斜面和浮雕”“外发光”和“投影”效果，设置参数，为文字添加立体效果，如图12-180~图12-183所示。

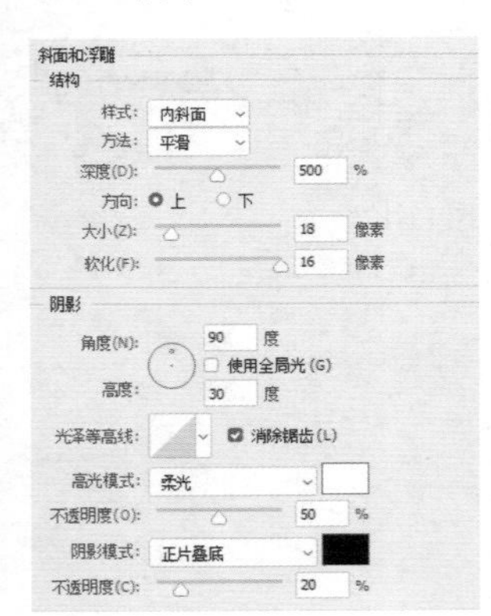

图 12-180

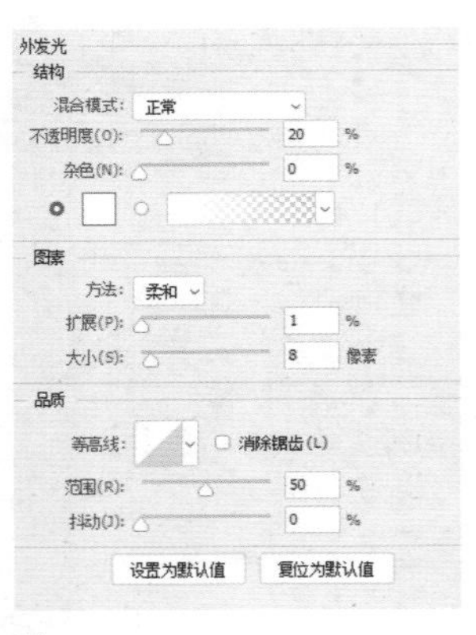

图 12-181

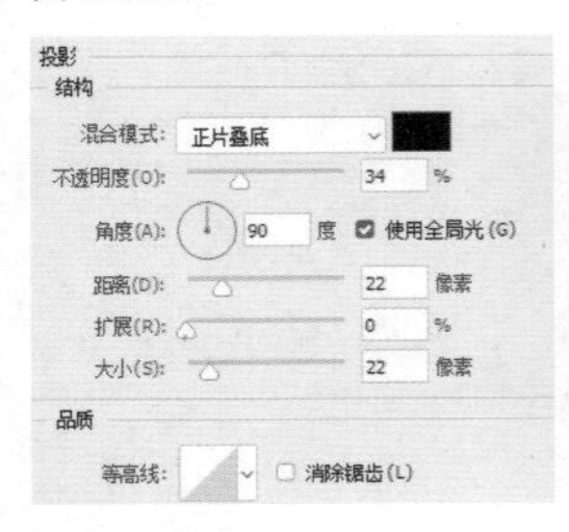

图 12-182

图 12-183

10 按Alt+Shift+Ctrl+E快捷键，将当前效果盖印到新的图层中，重新命名为“锐化效果”，设置“混合模式”为“柔光”，如图12-184所示。锐化可以使毛发更加清晰，富有质感。执行“滤镜”|“其他”|“高反差保留”命令，设置“半径”为1像素，如图12-185和图12-186所示。连续按3次Ctrl+J快捷键，复制“锐化效果”图层，以增强锐化效果，如图12-187和图12-188所示。

图 12-184

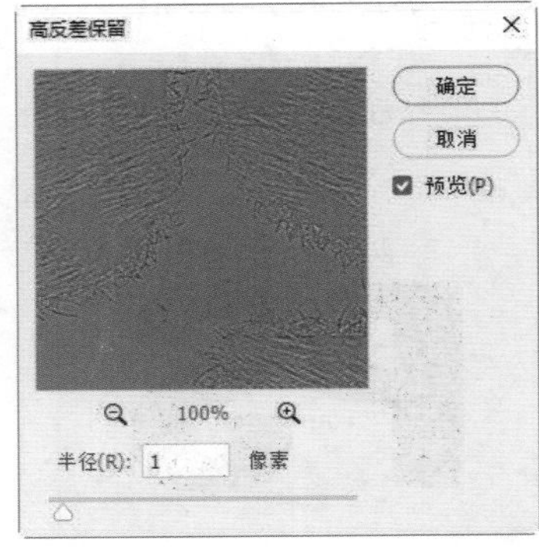

图 12-185

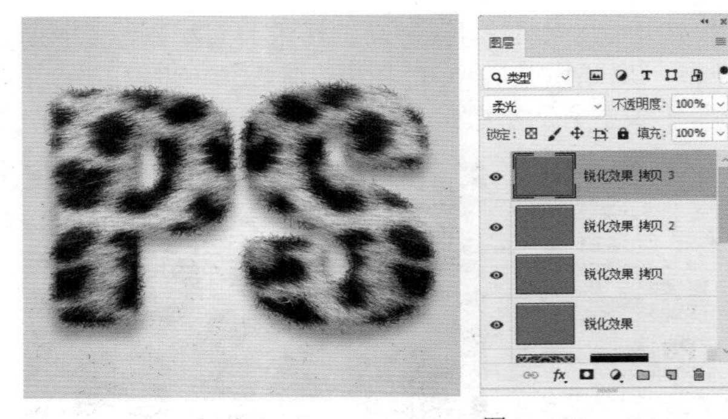

图 12-186　　图 12-187

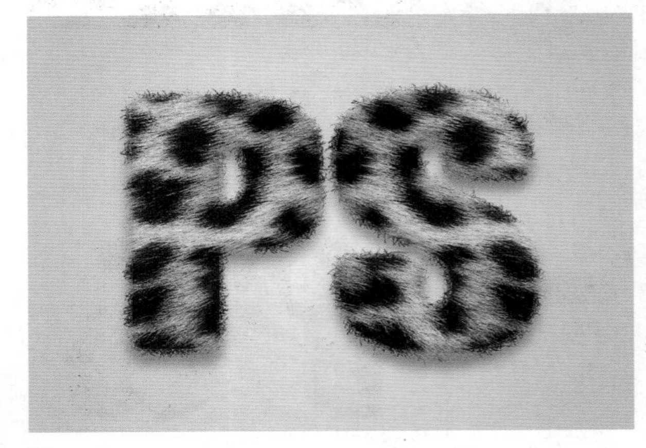

图 12-188

tip 锐化不是提高分辨率，只是加强了影像边缘的像素反差。不是所有图像都需要锐化，例如照片中虚化的背景，经过锐化容易产生大量噪点，影响照片质量。从材质来看，图像中的毛发、布料、皮革、木料、石头等质感和细节适合锐化。有时候，可针对图像的局部进行锐化。

12.10　制作金属字

01 打开素材，使用横排文字工具 T 输入文字，在工具选项栏中设置字体及大小，如图12-189所示。

图 12-189

02 在文字所在图层的空白处双击，打开“图层样式”对话框，在左侧列表中分别选择“内发光”“渐变叠加”“投影”效果，并设置参数，如图12-190~图12-193所示。

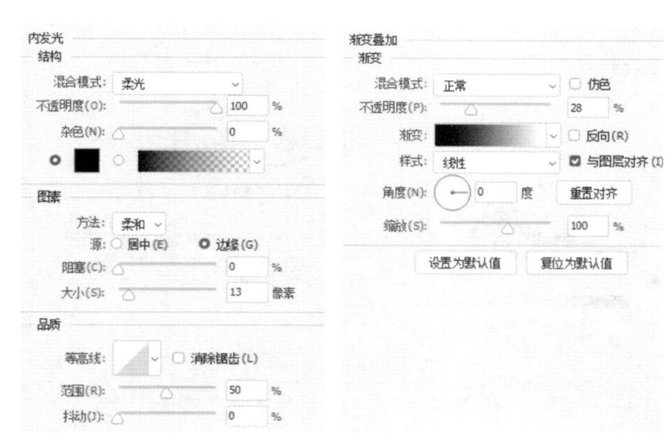

图 12-190　　图 12-191

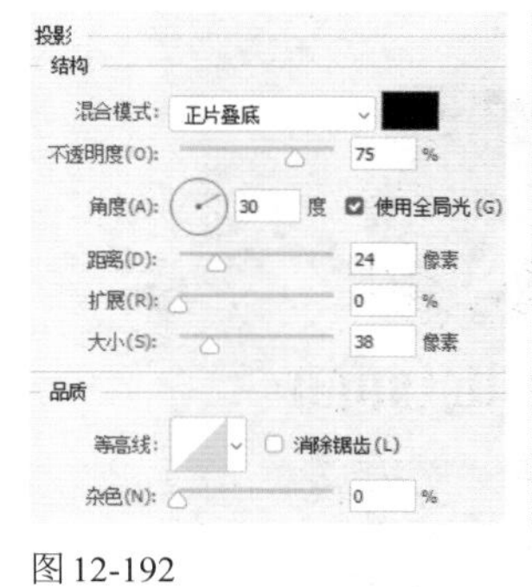

图 12-192 　　图 12-193

03 继续添加“斜面和浮雕”与“等高线”效果，使文字呈现立体效果，并具有一定的光泽感，如图12-194~图12-196所示。

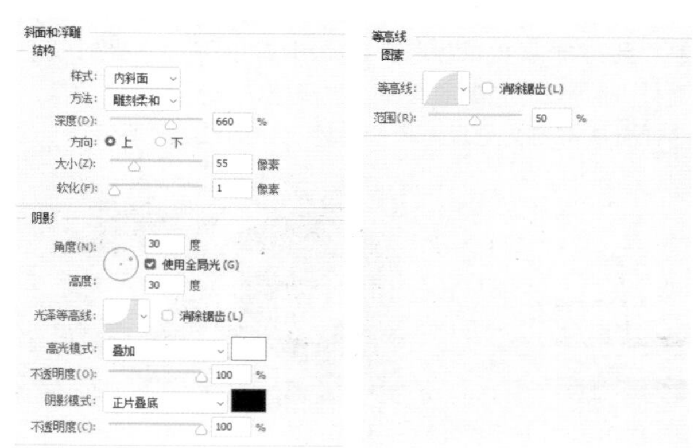

图 12-194　　图 12-195

图 12-196

04 打开纹理素材，如图12-197所示。使用移动工具 将素材拖曳到文字文件中，如图12-198所示。按Alt+Ctrl+G快捷键创建剪贴蒙版，将纹理图像的显示范围限定在文字区域内，如图12-199和图12-200所示。

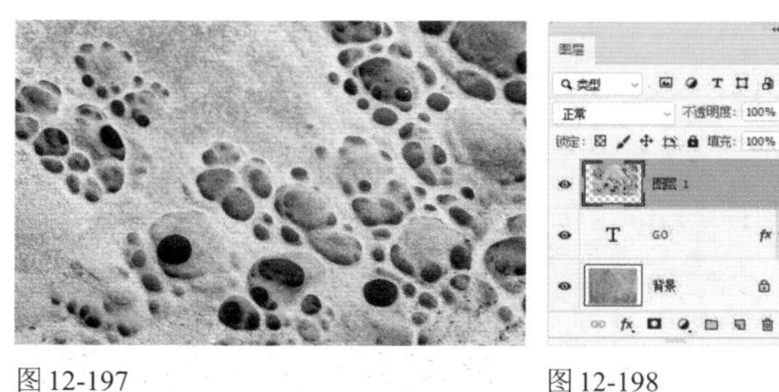

图 12-197　　图 12-198

图 12-199 　　图 12-200

05 在“图层”面板中双击“图层1”的空白处，打开“图层样式”对话框，按住Alt键拖动“本图层”选项中的白色滑块，将滑块分开，拖动时观察渐变条上方的数值，到202时释放鼠标左键，如图12-201所示。此时纹理素材中高于202亮调的图像会被隐藏，只留下深色图像，这样金属字便会呈现斑驳的质感，如图12-202所示。

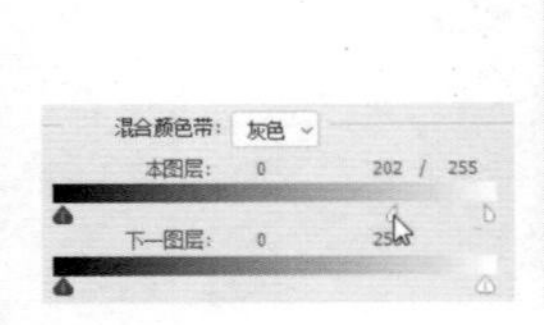

图12-201

图12-202

06 使用横排文字工具 T 输入文字，如图12-203所示。

图12-203

07 按住Alt键，将GO图层的效果图标 fx 拖曳到前文字图层上，为当前图层复制效果，如图12-204和图12-205所示。

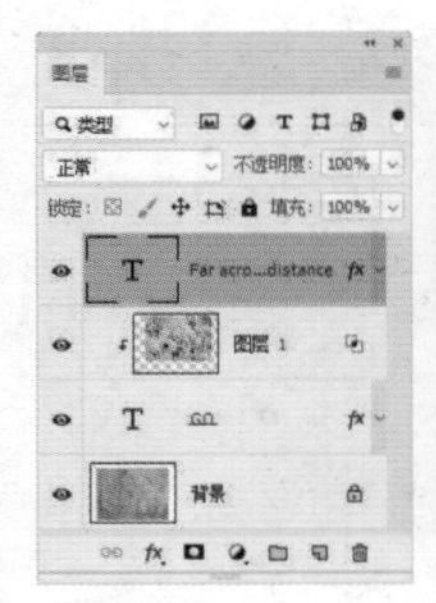

图12-204

图12-205

08 执行“图层”|“图层样式”|“缩放效果”命令，对效果单独进行缩放，使其与文字大小相匹配，如图12-206和图12-207所示。

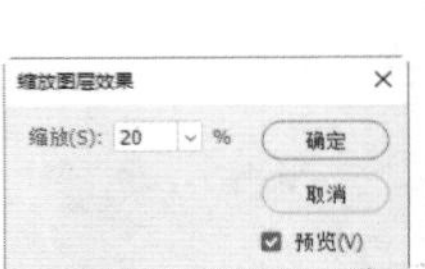

图12-206

图12-207

09 按住Alt键，将“图层1”拖动到当前文字层的上方，复制纹理图层，按Alt+Ctrl+G快捷键，创建剪贴蒙版，为当前文字也应用纹理贴图，如图12-208和图12-209所示。

图12-208

图12-209

10 单击“调整”面板中的 按钮，创建“色阶”调整图层，拖动阴影滑块，增加图像色调的对比度，如图12-210和图12-211所示，使金属质感更强。再输入其他文字，效果如图12-212所示。

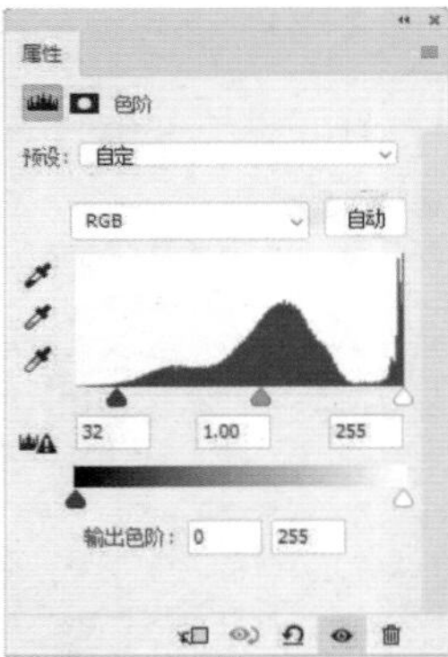

图12-210

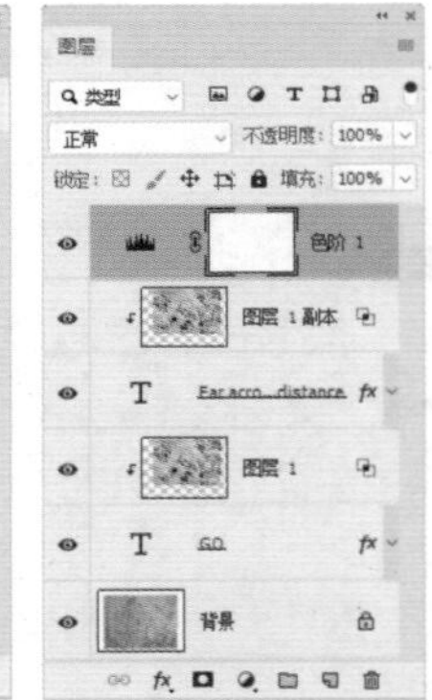

图12-211

图12-212

12.11　制作平面广告

01 打开素材，人物素材位于单独的图层中，如图12-213和图12-214所示。另一个用来合成的背景图像包括城市、大地与天空3个部分，如图12-215所示。

图12-213　　图12-214

图12-215

02 选择移动工具✥，将城市素材拖入人物文件中，按Ctrl+[快捷键，移至人物下方，如图12-216所示。按Ctrl+T快捷键显示定界框，在定界框外拖曳鼠标，将图像朝顺时针方向旋转，如图12-217所示，按Enter键确认操作。

图12-216　　图12-217

03 单击 ◘ 按钮创建蒙版。选择画笔工具 及柔边圆笔尖，在图像的边缘涂抹，将边缘隐藏，如图12-218和图12-219所示。

图12-218　　图12-219

04 按Ctrl+F6快捷键，切换到素材文件。单击“大地”图层，如图12-220所示，使用移动工具✥将其拖入人物文件中，通过自由变换将图像朝逆时针方向旋转，如图12-221所示。

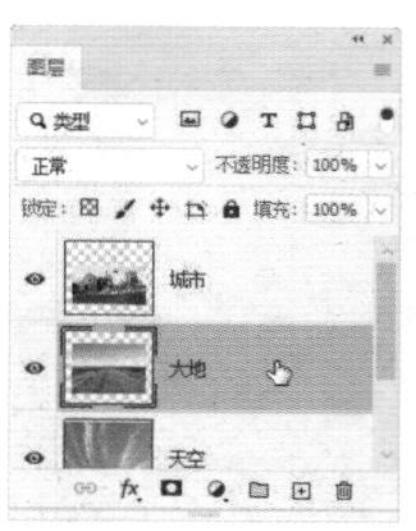

图12-220　　图12-221

05 为“大地”图层添加蒙版，使用渐变工具 填充“黑色到白色”的线性渐变，以隐藏蓝天，如图12-222和图12-223所示。

图12-222　　图12-223

06 将天空素材拖入文件中，放在“城市”图层下方，如图12-224所示。朝逆时针方向旋转，如图12-225所示。

图12-224　　图12-225

07 在“人物”图层下方新建一个图层，使用多边形套索工具 在运动鞋下方创建选区，如图12-226所示，填充深棕色，使之成为阴影，如图12-227所示。按Ctrl+D快捷键取消选择。使用橡皮擦工具 （柔边圆笔尖，不透明度为20%）擦出深浅变化，如图12-228所示。使用同样的方法制作另一只鞋子的阴影，如图12-229所示。

图 12-226

图 12-227

图 12-228

图 12-229

08 单击“调整”面板中的 按钮，创建“可选颜色”调整图层，分别对图像中的白色和中性色进行调整。按Alt+Ctrl+G快捷键创建剪贴蒙版，使调整图层只影响人物，如图12-230~图12-233所示。

图 12-230

图 12-231

图 12-232

图 12-233

09 将前景色设置为白色。选择渐变工具 ，单击“径向渐变”按钮 ，在“渐变”下拉面板中选择“前景色到透明渐变”选项，如图12-234所示。新建一个图层，在画面左上方填充径向渐变，制作出光效，如图12-235和图12-236所示。

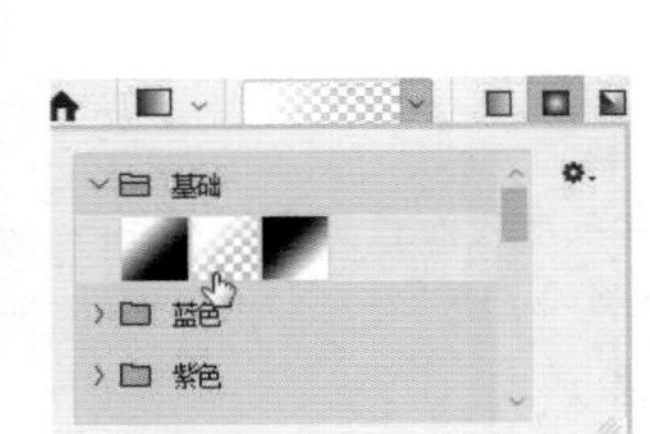

图 12-234

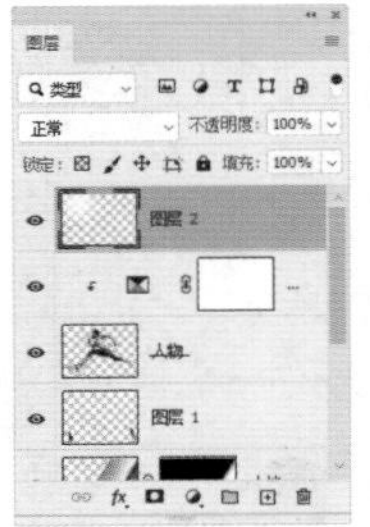

图 12-235

图 12-236

10 单击“调整”面板中的 按钮，创建“色彩平衡”调整图层，勾选“保留明度”复选框，对全图的色彩进行调整，使合成效果更加统一，如图12-237~图12-239所示。使用画笔工具 及柔边圆笔尖在人物手臂、地平线等位置绘制白色，作为光效，如图12-240所示。

图 12-237

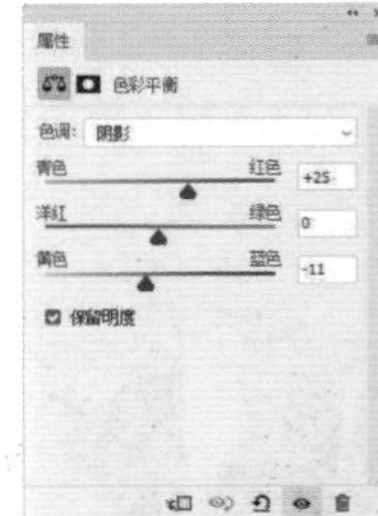

图 12-238

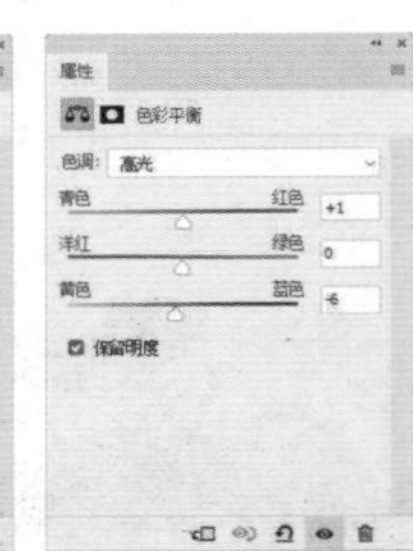

图 12-239

图 12-240

12.12　制作运动海报

01 打开素材，如图12-241所示。单击“街舞拷贝”图层，将其选择，如图12-242所示。

图12-241

图12-242

01 按Ctrl+T快捷键，显示定界框，在工具选项栏中设置旋转角度为-16.16度，让图像沿逆时针方向旋转，如图12-243所示，按Enter键确认操作。打开另一个素材，如图12-244所示。这16个色块分别位于单独的图层中，将作为制作剪贴蒙版的基底图层。

图12-243

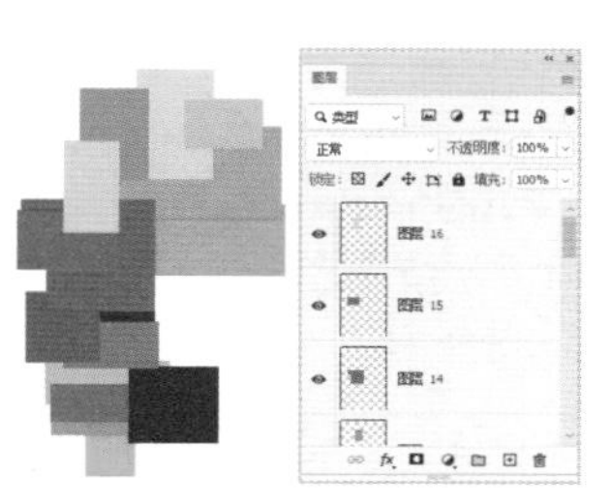

图12-244

02 将街舞图像拖曳到该文件中，如图12-245所示，放到“图层1”上方。按Alt+Ctrl+G快捷键创建剪贴蒙版，如图12-246所示。按Ctrl+J快捷键复制，将生成的“街舞拷贝2”图层拖曳到“图层2”上方，如图12-247所示。

图12-245

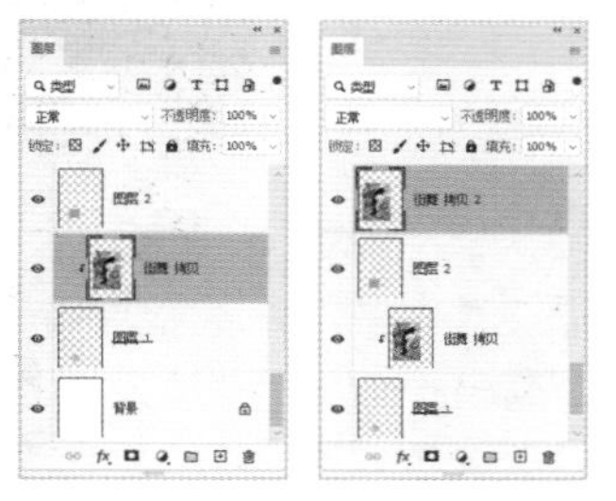

图12-246　　图12-247

03 按Alt+Ctrl+G快捷键创建剪贴蒙版，让图像只在“图层2”的范围内显示，如图12-248所示。采用同样的方法将16个图层（除“背景”图层）与相应的色块创建为剪贴蒙版组，如图12-249和图12-250所示。

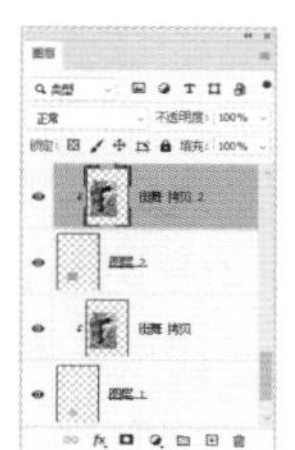

图12-248

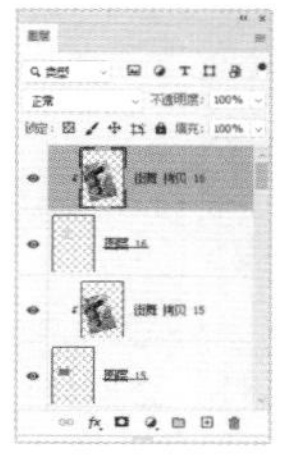

图12-249

图12-250

04 选择移动工具，在工具选项栏中勾选“自动选择”和“图层”复选框。将光标放在画面中，单击可将光标下方的图像选取，选取后进行拖曳，调整图像的位置，让各个图像间错开，如图12-251所示。调整手部时，可以将图像放大至140%并适当旋转，以增强视觉冲击力，如图12-252所示。

图12-251

图12-252

05 将光标放在手的左上方，单击选取此处图像，如图12-253所示，按Ctrl+U快捷键打开“色相/饱和度”对话框，修改图像颜色，如图12-254和图12-255所示。

图 12-253

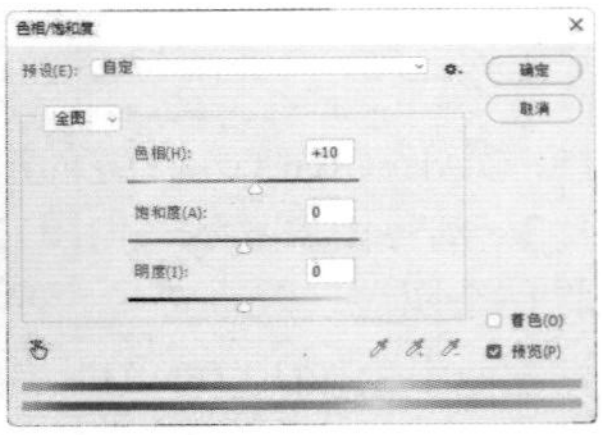

图 12-254

图 12-255

06 在膝盖前方单击，如图12-256所示，按Ctrl+B快捷键，打开“色彩平衡”对话框，调整参数，使图像呈现泛黄的暖色调，如图12-257和图12-258所示。

07 在脚尖下方单击，如图12-259所示，按Ctrl+B快捷键调整颜色，如图12-260和图12-261所示。

图 12-256

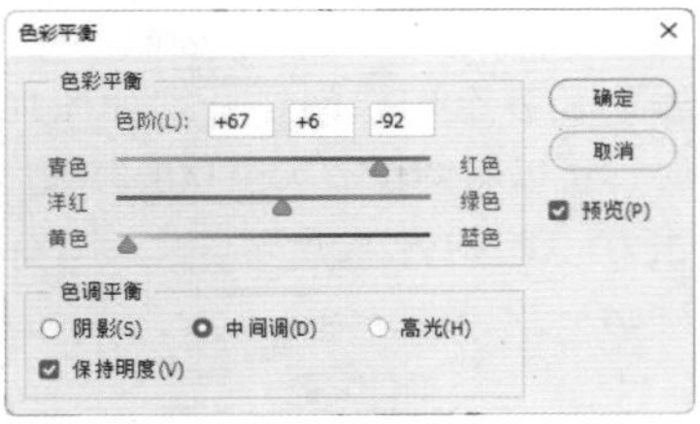

图 12-257

图 12-258

图 12-259

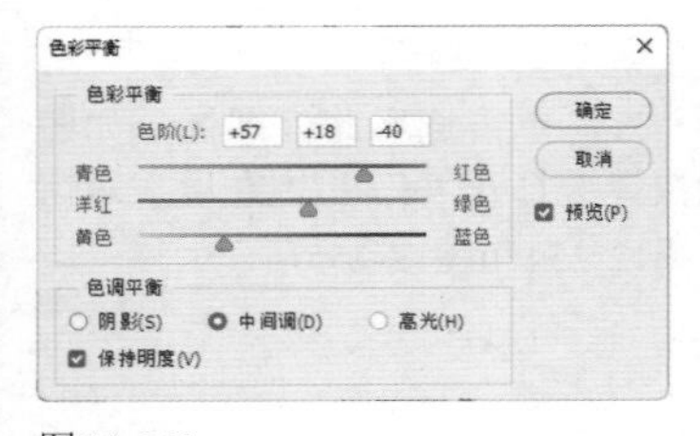

图 12-260

图 12-261

08 选择横排文字工具 T 。在“字符”面板中设置字体、字号、字距及文字颜色（灰色），如图12-262所示。输入文字，单击工具选项栏中的 ✓ 按钮，结束文字的编辑，如图12-263所示。

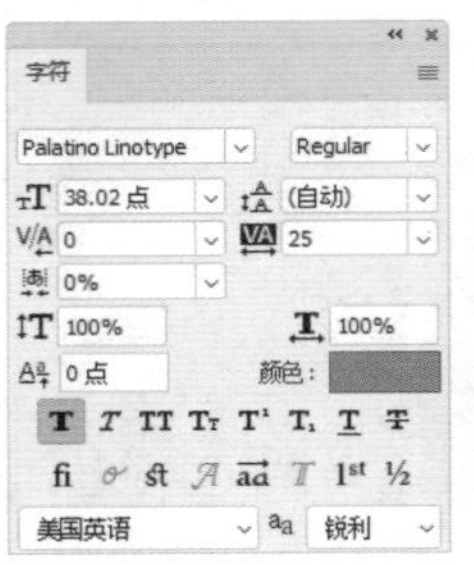

图 12-262

图 12-263

09 输入其他文字，之后在“字符”面板中调整参数，效果如图12-264所示。

图 12-264

10 按住Shift键单击这3个文字图层，将它们选取，如图12-265所示，执行“编辑”|“变换”|“旋转90度（逆时针）”命令，旋转文字，效果如图12-266所示。

图 12-265

图 12-266

12.13 玻璃质感卡通角色设计

01 按Ctrl+N快捷键，打开“新建文档”对话框，创建大小为210毫米×297毫米、分辨率为72像素/英寸的RGB模式文件。

02 选择钢笔工具，在工具选项栏中选择“形状”选项，绘制小猪的身体，如图12-267所示。选择椭圆工具，在工具选项栏中单击“减去顶层形状”按钮，在图形中绘制一个圆形，其会与原来的形状相减，形成一个孔洞，如图12-268和图12-269所示。

图 12-267　　图 12-268 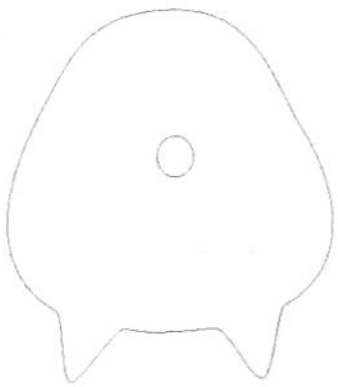　　图 12-269

03 在“形状1”图层的空白处双击，在打开的“图层样式”对话框中添加“斜面和浮雕”“等高线”“内阴影”效果，设置参数，如图12-270~图12-272所示，效果如图12-273所示。

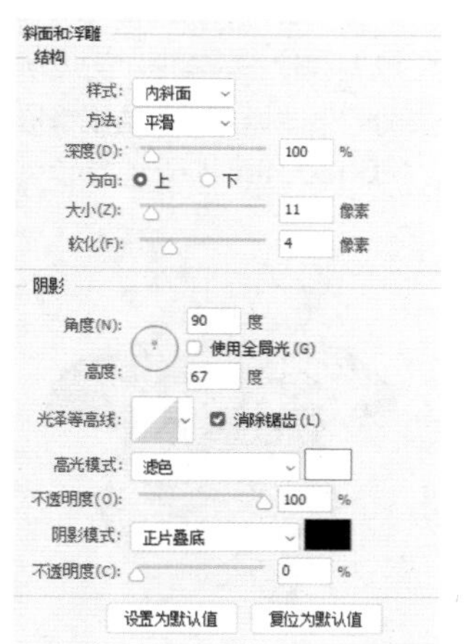

图 12-270

图 12-271

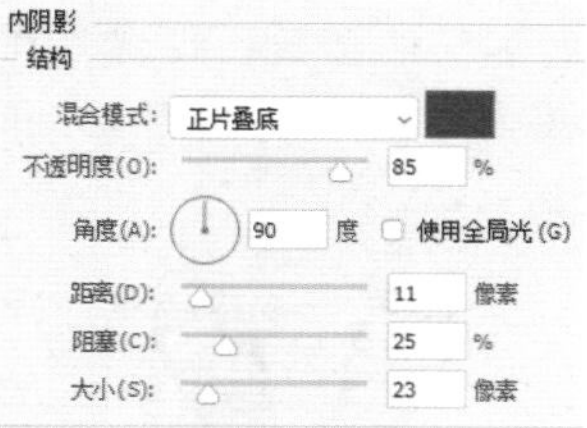

图 12-272

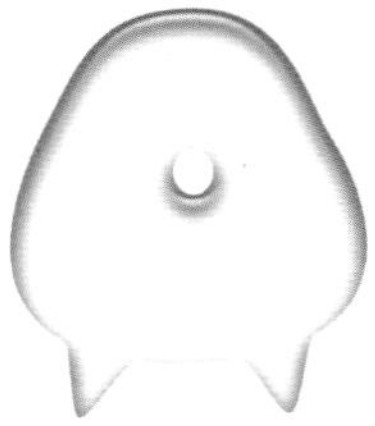

图 12-273

04 添加“内发光”“渐变叠加”“外发光”效果，为小猪的身上增添色彩，如图12-274~图12-277所示。

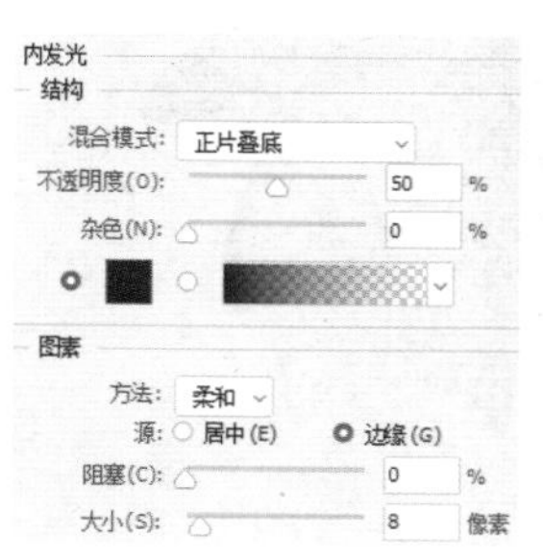

图 12-274

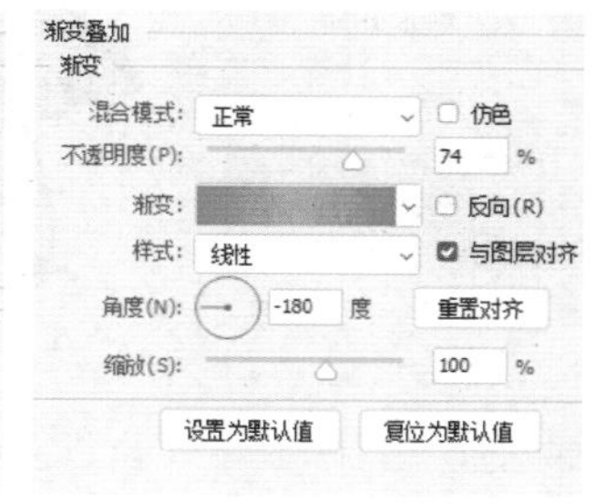

图 12-275

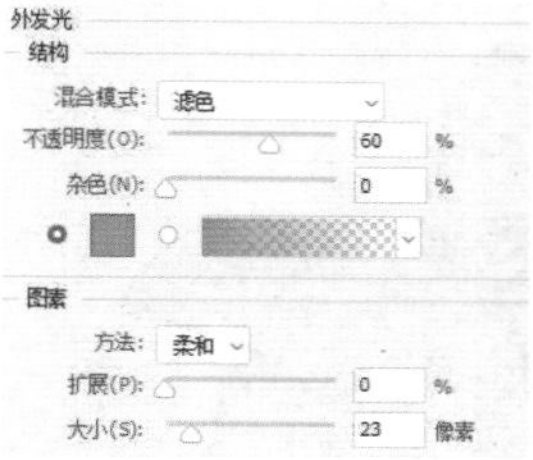

图 12-276

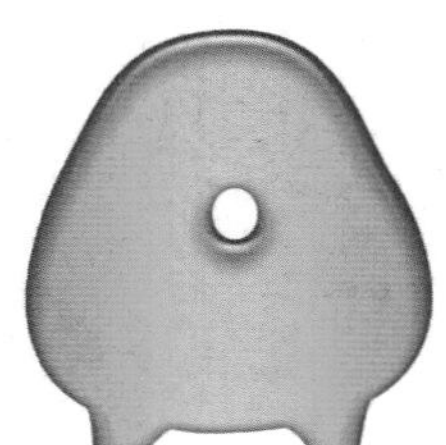

图 12-277

05 添加“投影”效果，通过投影增强图形的立体感，如图12-278和图12-279所示。

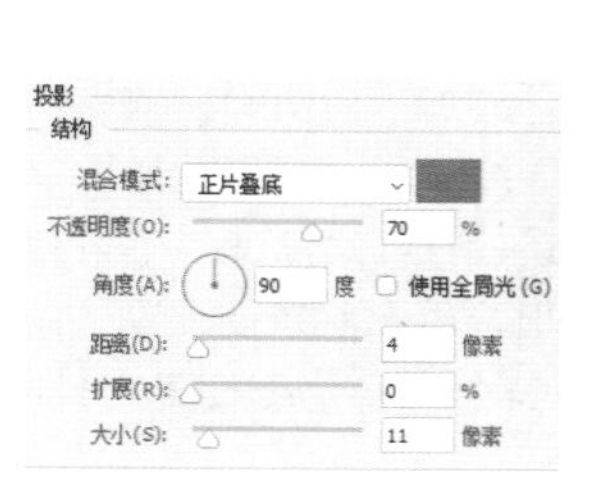

图 12-278

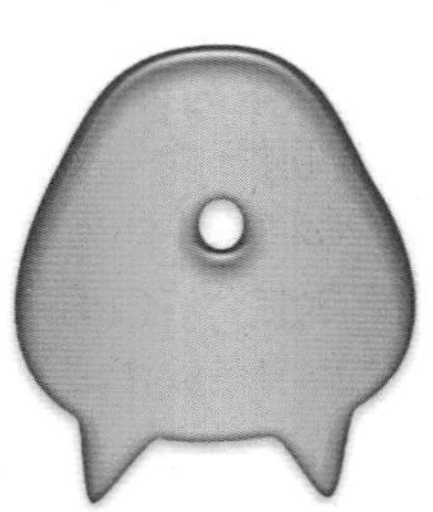

图 12-279

06 绘制小猪的耳朵，如图12-280所示。选择路径选择工具，按住Alt键拖动耳朵，将其复制到画面右侧，执行“编辑”|“变换路径”|“水平翻转”命令，制作小猪右侧的耳朵，如图12-281所示。

图 12-280

图 12-281

07 按Ctrl+[快捷键，向下调整“形状2”图层的堆叠顺序。按住Alt键，将“形状1”图层的效果图标拖曳给“形状2”，为耳朵复制效果，如图12-282和图12-283所示。

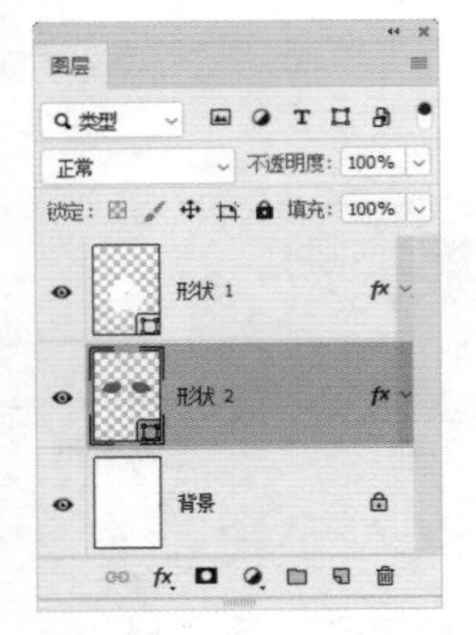

图 12-282

图 12-283

08 给小猪绘制一个像兔子一样的耳朵，再复制图层样式到耳朵上，如图12-284和图12-285所示。

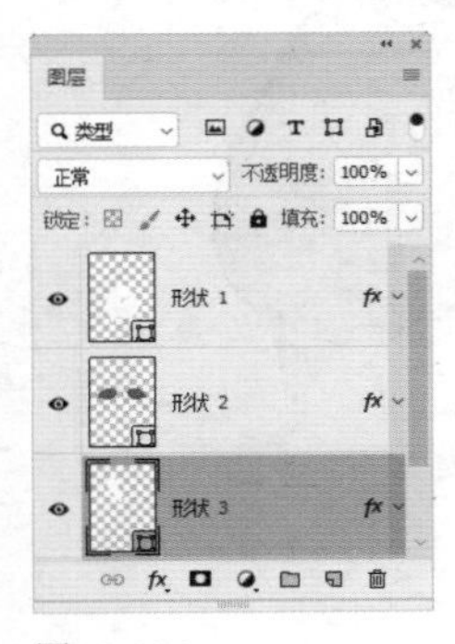

图 12-284

图 12-285

09 将前景色设置为黄色。在“形状3”图层的空白处双击，打开“图层样式”对话框，添加“内阴影”效果，调整参数，如图12-286所示。继续添加“渐变叠加”效果，单击“渐变”右侧的⌄按钮，打开“渐变”下拉列表，选择“透明条纹渐变”选项，由于前景色设置了黄色，透明条纹渐变也会呈现为黄色，将角度设置为113度，如图12-287和图12-288所示。

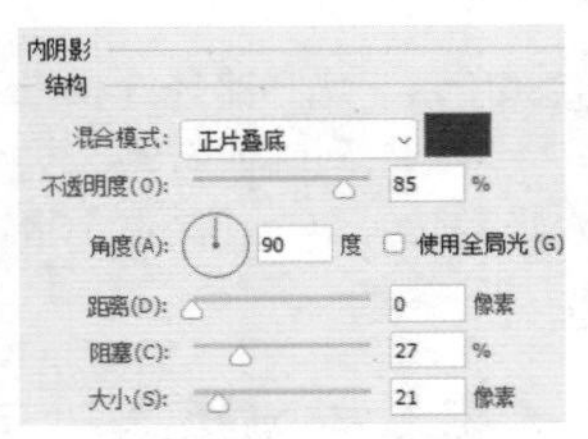

图 12-286

图 12-287

图 12-288

10 按Ctrl+J快捷键，复制耳朵图层，再将其水平翻转到另一侧，如图12-289所示。在“图层”面板中双击该图层的空白处，打开“图层样式”对话框，在“渐变叠加”选项中调整“角度”参数为65°，如图12-290和图12-291所示。

11 绘制小猪的眼睛、鼻子、舌头和脸上的红点，它们位于不同的图层中，注意图层的前后位置，如图12-292所示。绘制眼睛时，可以先画一个黑色的圆形，再画一个小一点的圆形选区，按Delete键删除选区内的图像，即可得到月牙图形。

图 12-289

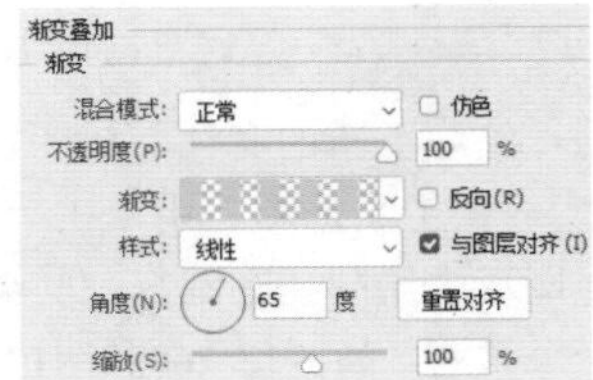

图 12-290

图 12-291

图 12-292

12 选择自定形状工具，在“形状”下拉面板中选择“圆形边框”选项，在小猪的左眼上绘制眼镜框，如图12-293所示。按住Alt键，将耳朵所在图层的效果图标fx拖曳给眼镜框图层，为眼镜框添加条纹效果，如图12-294所示。

图 12-293

图 12-294

13 在眼镜框所在的图层的空白处双击，打开“图层样式”对话框，调整“渐变叠加”的参数，设置“样式”为“对称的”，设置角度为180度，如图12-295和图12-296所示。

图 12-295

图 12-296

⑭ 按Ctrl+J快捷键复制眼镜框图层，使用移动工具✥将其拖到右侧眼睛上。绘制一个圆角矩形，连接两个眼镜框，如图12-297所示。

图12-297

⑮ 将前景色设置为紫色。在眼镜框所在图层的下方新建图层。选择椭圆工具◯及“像素”选项，绘制眼镜片，设置图层的“不透明度”为63%，如图12-298和图12-299所示。

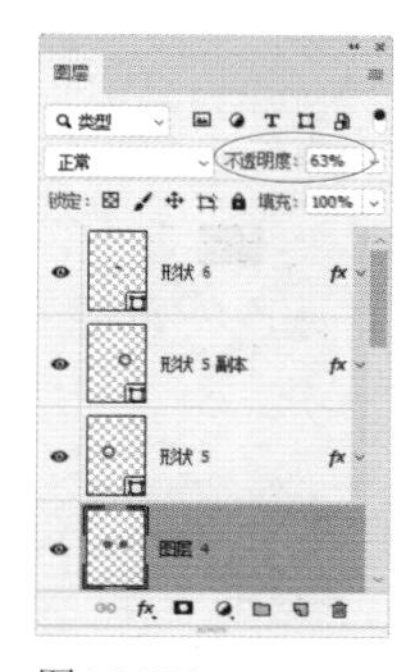
图12-298

图12-299

⑯ 新建图层，用制作眼睛的方法制作两个白色的月牙儿图形，设置该图层的“不透明度”为80%，如图12-300和图12-301所示。

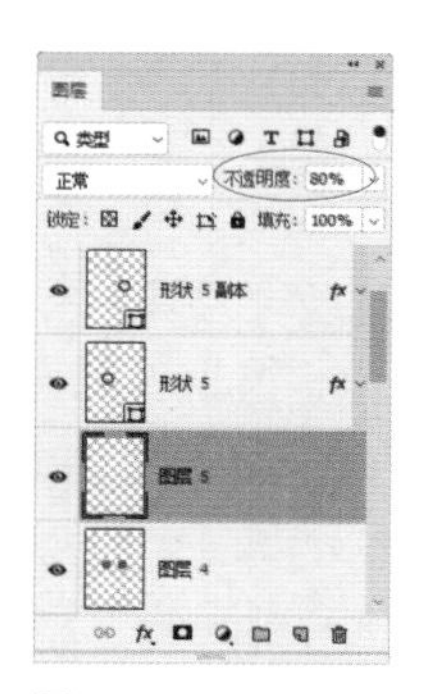
图12-300

图12-301

⑰ 选择画笔工具及柔边圆笔尖，在“画笔设置”面板中调整参数，如图12-302所示。将前景色设置为深棕色。选择“背景”图层，单击⊞按钮，在其上方新建图层，在小猪的脚下绘制投影效果，如图12-303所示。

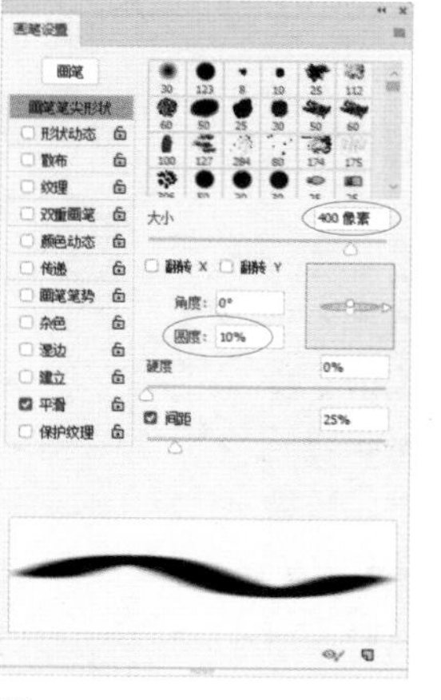
图12-302

图12-303

⑱ 为小猪绘制黄色的背景，在画面下方输入文字，效果如图12-304所示。

图12-304

12.14　美猴王游戏ICON(图标)设计

⓪① 创建一个1024像素×1024像素、72像素/英寸的RGB模式文件。选择矩形工具▭，在工具选项栏中选择“形状”选项，在画布上单击，弹出“创建矩形”对话框，设置宽度和高度均为1024像素，半径为180像素，如图12-305所示，单击“确定”按钮，创建圆角矩形，设置填充颜色为黄色（R208，G127，B62），如图12-306所示。

图12-305

图12-306

02 执行“图层”|“栅格化”|“形状”命令，将形状图层转换为普通图层。执行“滤镜”|“杂色”|“添加杂色”命令，打开“添加杂色”对话框，制作杂点，如图12-307所示。单击“图层”面顶部的 按钮，将该填充的透明区域锁定（即保护起来），如图12-308所示。

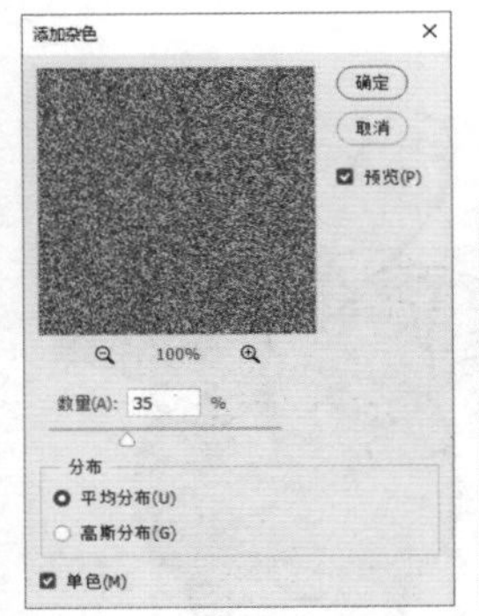

图12-307

图12-308

03 执行“滤镜”|“模糊”|“动感模糊”命令，让点状杂色变成毛发状的细小短线，如图12-309所示。由于锁定了透明区域，模糊仅发生在图形内部，图形的边缘不会受到影响，依然保持清晰，如图12-310所示。

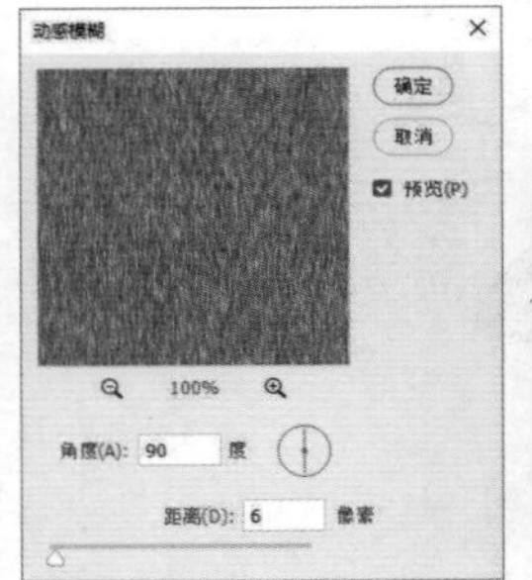

图12-309

图12-310

04 执行“滤镜”|“风格化”|“浮雕效果”命令，让纹理产生立体感，如图12-311所示。执行“编辑”|“渐隐浮雕效果”命令，设置不透明度为70%，如图12-312所示，弱化纹理的色调及强度，使材质看起来呈现猕猴桃表皮的质感。

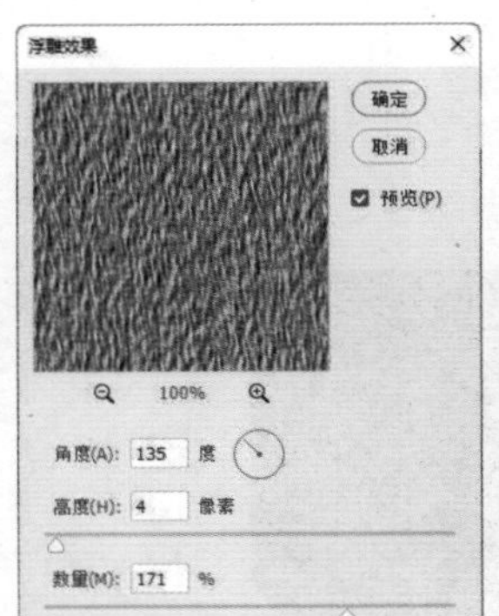

图12-311

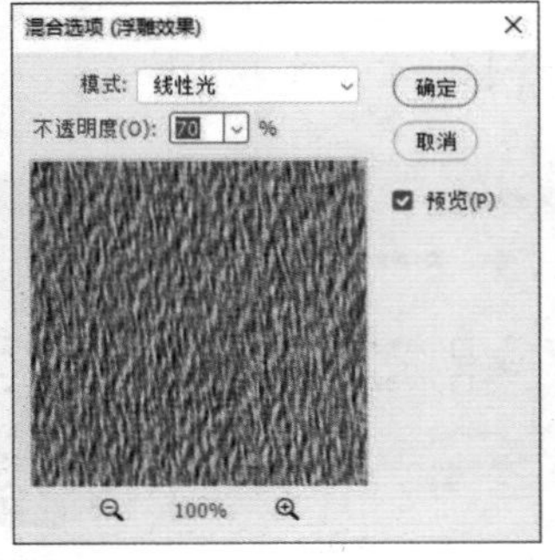

图12-312

05 双击该图层，打开“图层样式”对话框，添加“渐变叠加”效果，如图12-313和图12-314所示。

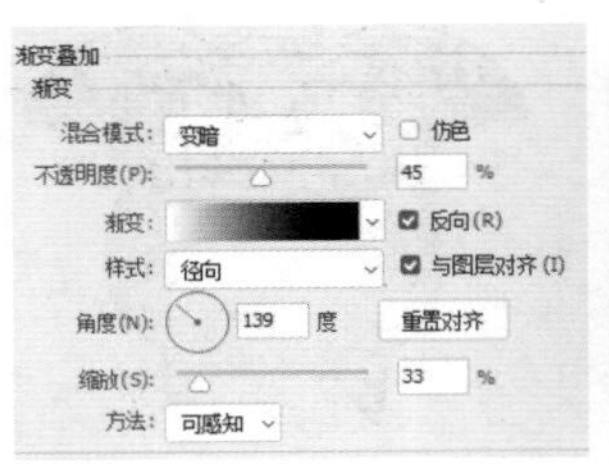

图12-313

图12-314

06 制作面部装饰，表现五官的立体感。双击该图层，打开“图层样式”对话框，添加“斜面和浮雕”和“内阴影”效果，如图12-315~图12-317所示。

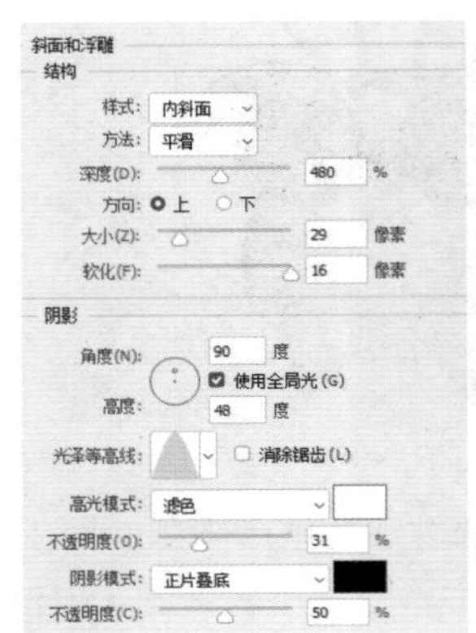

图12-315

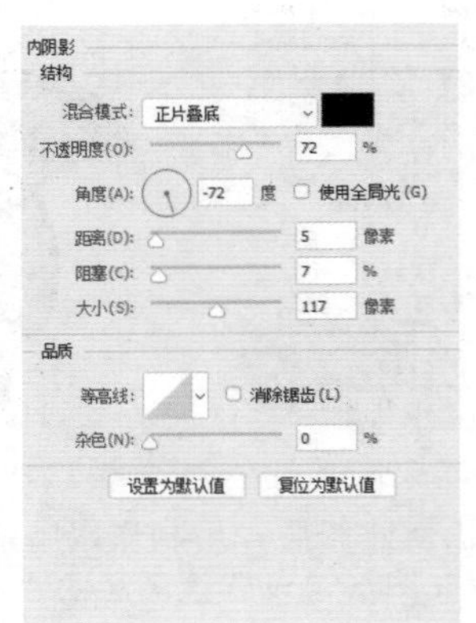

图12-316

图12-317

07 选择椭圆工具 及“形状”选项，按住Shift键在图形左下角创建一个圆形。使用路径选择工具 按住Alt+Shift快捷键并拖曳圆形到画面右侧，进行复制，如图12-318所示。按Alt+Ctrl+G快捷键创建剪贴蒙版，将超出圆角矩形的部分隐藏，如图12-319所示。

图12-318

图12-319

08 使用钢笔工具绘制叶子，如图12-320所示。选择路径选择工具，按住Alt+Shift快捷键并拖曳叶子进行复制 。按Ctrl+T快捷键显示定界框，调整叶子的角度。用同样的方法再复制一片叶子，如图12-321所示。按住Shift键并选取这3片叶子，复制到图形左侧。按Ctrl+T快捷键显示定界框，在图形上右击，在弹出的快捷菜单中执行“水平翻转”命令，翻转对象，如图12-322所示。按Enter键确认。

图12-320

图12-321

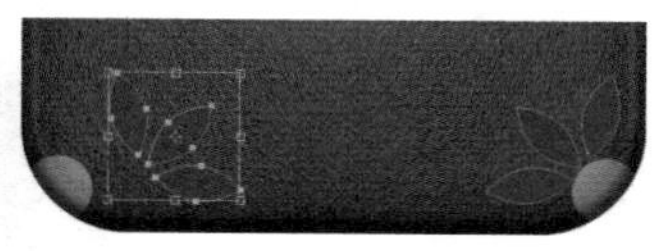
图12-322

09 设置该图层的混合模式为“颜色减淡”，如图12-323和图12-324所示。

图12-323

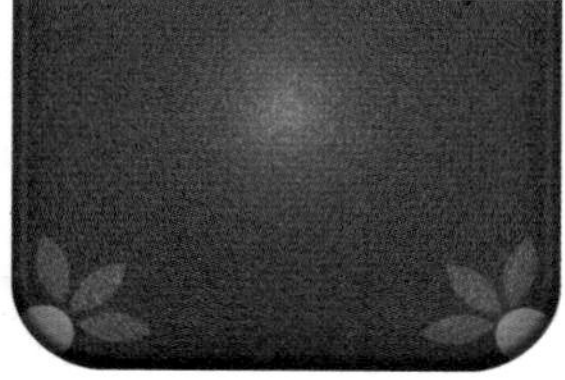
图12-324

10 绘制3个圆形，组成悟空的面部。两个大圆形大小相同，可先绘制一个，如图12-325所示，再复制出另一个，如图12-326所示。有智能参考线的帮助，在绘制小圆形时，可以轻松地将其对齐到两个大圆形的中间位置，效果如图12-327所示。

图12-325

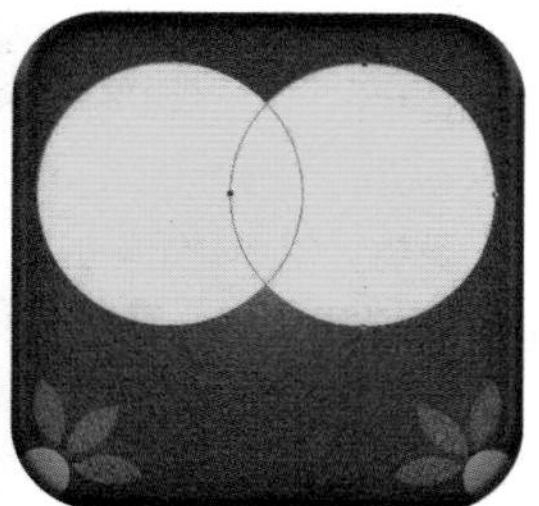
图12-326

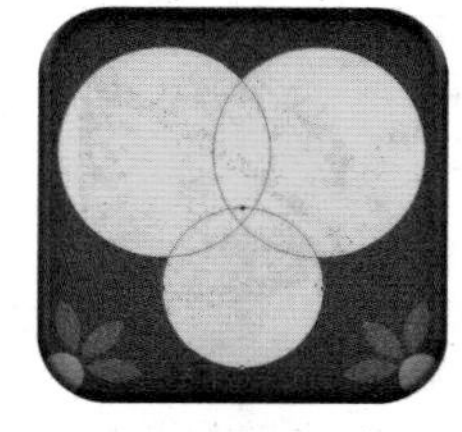
图12-327

tip 如果绘制的图形没有位于同一形状图层中，可以按住Ctrl键并单击它们各自所在的图层，然后在图层名称右侧右击，在弹出的快捷菜单中执行“合并形状”命令，将其合并到一个形状图层中。

11 双击该形状图层，打开“图层样式”对话框，添加“描边”“内阴影”“内发光”效果，使图形产生立体感，在边缘也会生成一个柔和的光晕，如图12-328~图12-331所示。

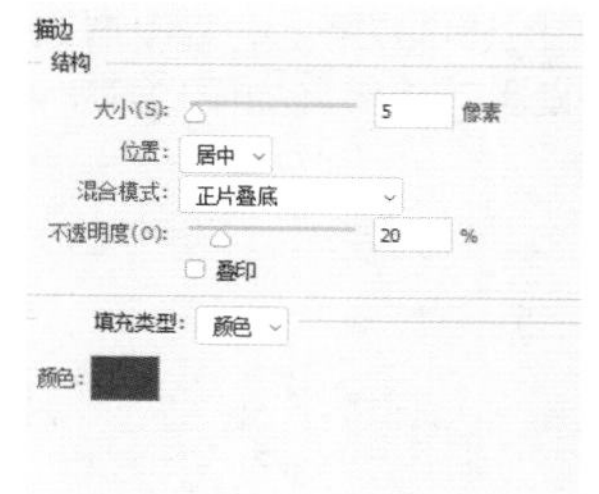

图12-328

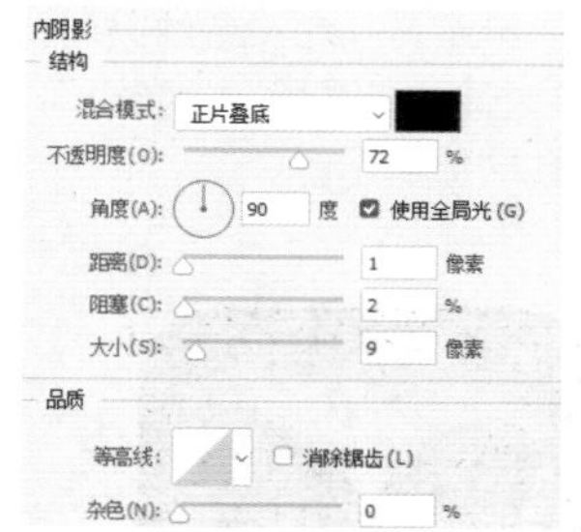

图12-329

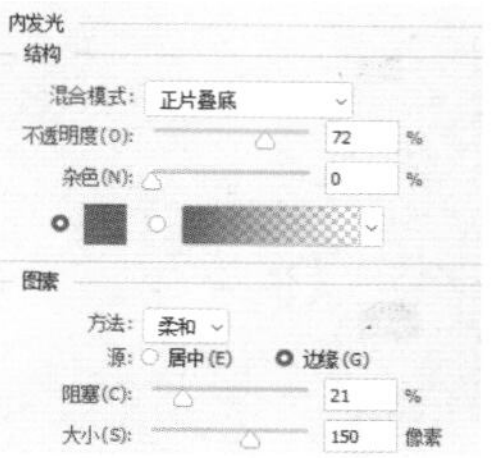

图12-330

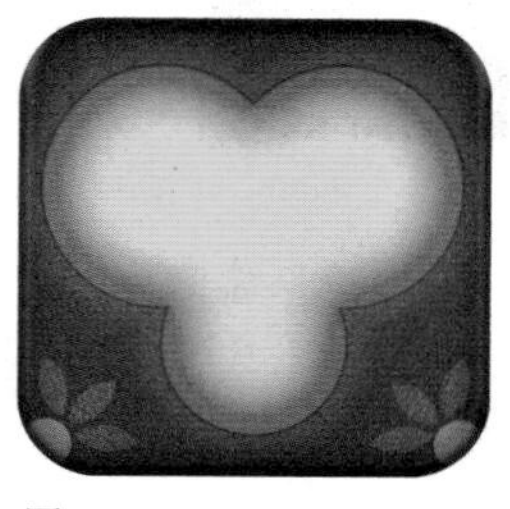
图12-331

12 选择钢笔工具及“形状”选项，绘制眼睛和鼻子，如图12-332和图12-333所示。

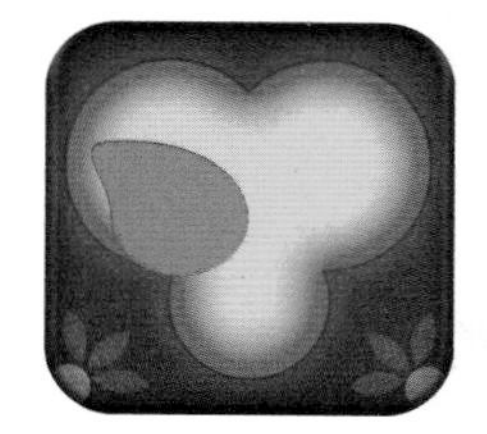
图12-332

图12-333

13 为蝴蝶状图形添加“内发光”和“光泽”效果，如图12-334~图12-336所示。

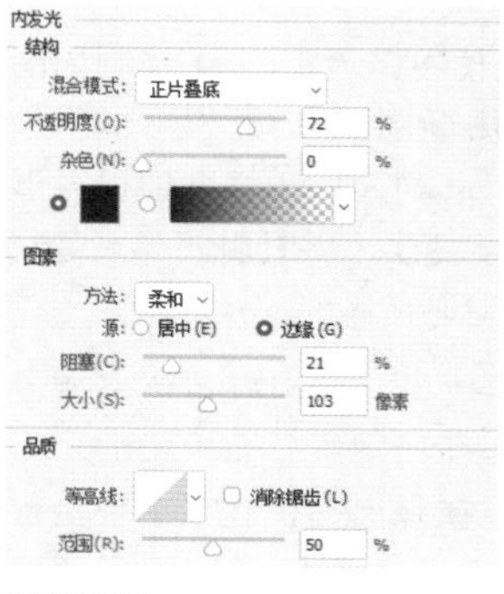

图12-334

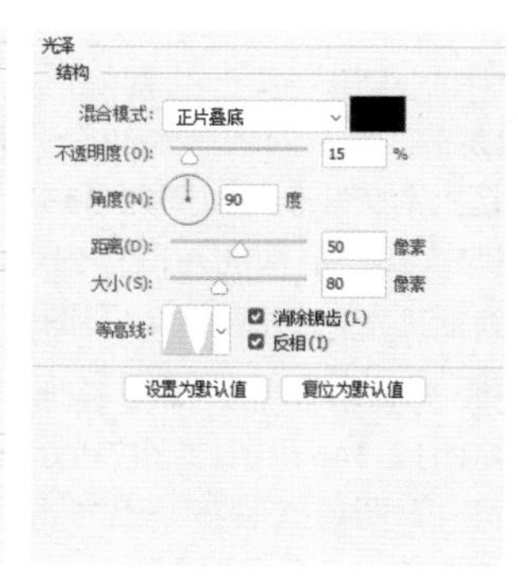

图12-335

图12-336

14 绘制鼻孔和绿色的眉毛，如图12-337所示。为眉毛添加“斜面和浮雕”“光泽”“投影”效果，如图12-338~图12-341所示。

图 12-337　　图 12-338

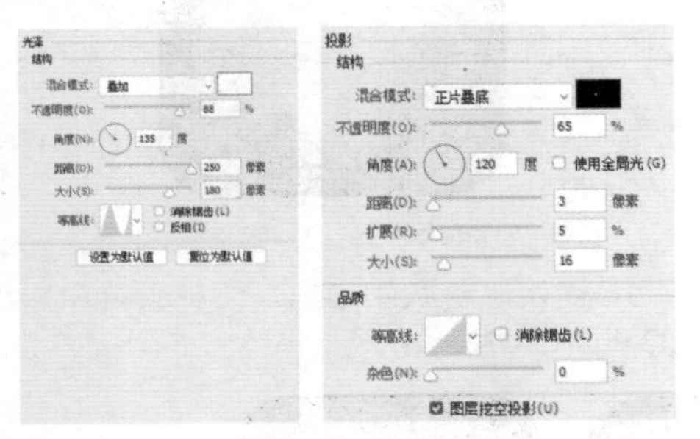

图 12-339　　图 12-340

图 12-341

15 制作悟空头上的紧箍。先使用钢笔工具 绘制如图12-342所示的图形，再分别用椭圆工具 和矩形工具 添加图形，如图12-343所示。按住Alt键并拖曳“形状3”图层后面的 图标到当前图层，将眉毛的样式复制到紧箍上，如图12-344和图12-345所示。

16 为紧箍添加“渐变叠加”效果，使用橙黄色渐变，如图12-346和图12-347所示。在“图层”面板中的“形状 4”图层（紧箍）上右击，在弹出的快捷菜单中执行“栅格化图层样式”命令，可将图层样式转换到图层中，成为内容的一部分，同时形状也被栅格化。

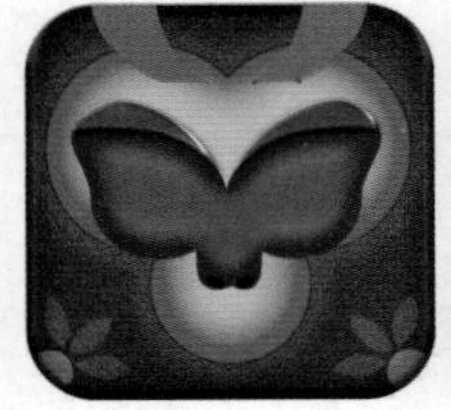

图 12-342　　图 12-343

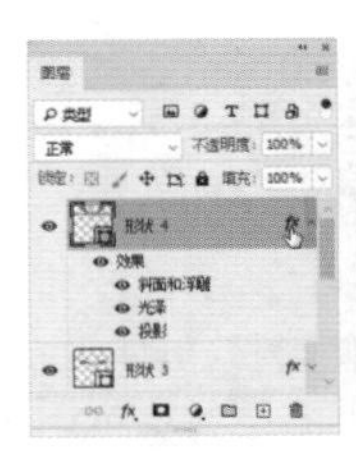

图 12-344　　图 12-345

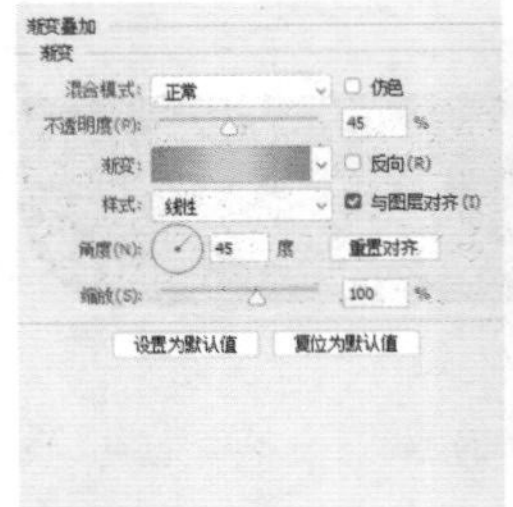

图 12-346　　图 12-347

17 单击“图层”面板底部的 按钮，创建蒙版。选择渐变工具 ，在渐变下拉面板中选择“前景色到透明渐变”选项，如图12-348所示，在蒙版的上边和左、右两侧填充渐变，都是由外向内拖曳鼠标，颜色外实内虚，使紧箍的边缘隐藏，呈现由虚到实的变化，如图12-349所示。

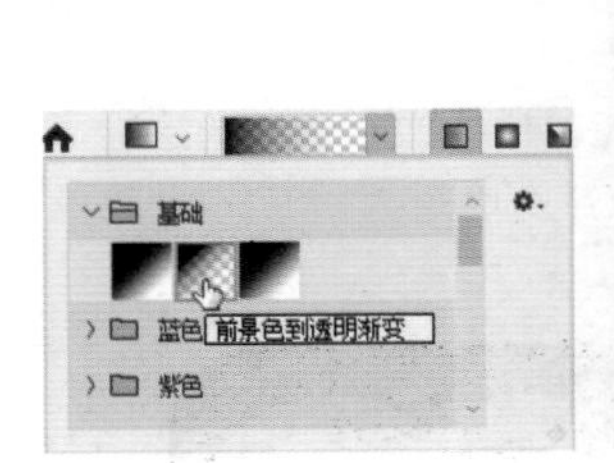

图 12-348　　图 12-349

18 制作墨镜。使用钢笔工具 绘制墨镜的外轮廓图形，如图12-350所示。在工具选项栏中选择“ 排除重叠形状”选项，然后绘制内轮廓图形，这两个图形相减以后，便得到一个墨镜框，如图12-351所示。

图 12-350　　图 12-351

19 将眉毛的图层样式复制给镜框。双击该图层的“斜面和浮雕”样式，打开“图层样式”对话框，修改参数，如图12-352和图12-353所示。

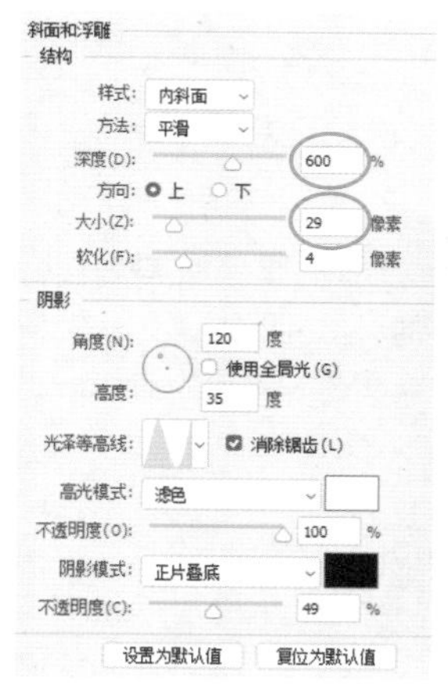

图12-352

图12-353

20 使用路径选择工具 单击镜框内的路径，将其选择，如图12-354所示，单击“路径”面板底部的 按钮，如图12-355所示，将路径转换为选区。在“图层”面板中新建一个图层。选择渐变工具 ，在选区内填充线性渐变，如图12-356所示。按Ctrl+D快捷键取消选择。为该图层添加“内阴影”效果，如图12-357所示。

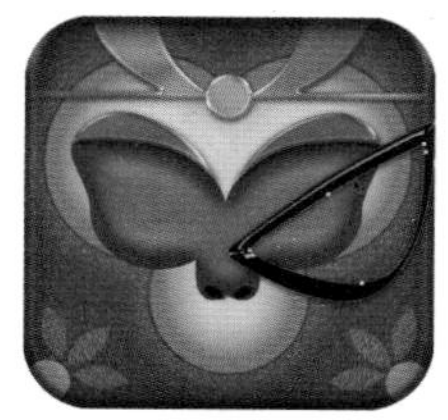

图12-354

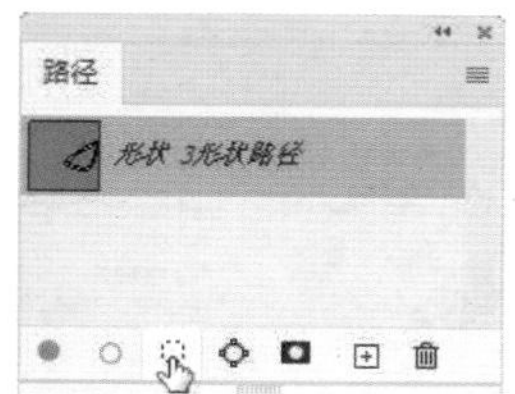

图12-355

图12-356

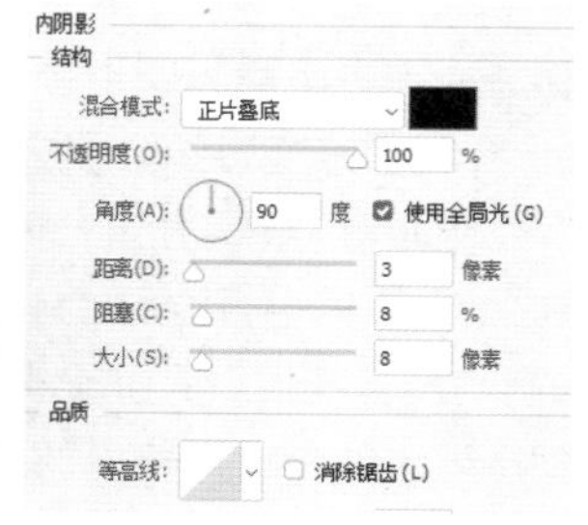

图12-357

21 选择钢笔工具 和“形状”选项，绘制墨镜上的高光，如图12-358所示。设置该图层的“不透明度”为36%，如图12-359和图12-360所示。

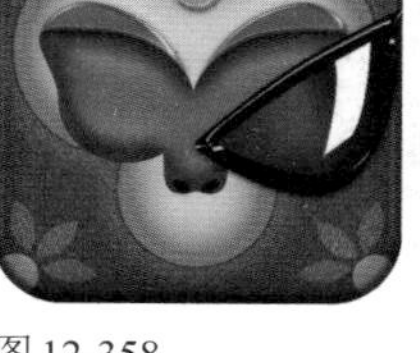

图12-358

图12-359

图12-360

22 为该图层添加图层蒙版，之后使用渐变工具 填充线性渐变，将高光图形部分隐藏，制作出渐隐效果，如图12-361和图12-362所示。

23 按住Shift键并单击墨镜框图层，将组成墨镜的图层全部选取，如图12-363所示，按Ctrl+G快捷键编组。

图12-361

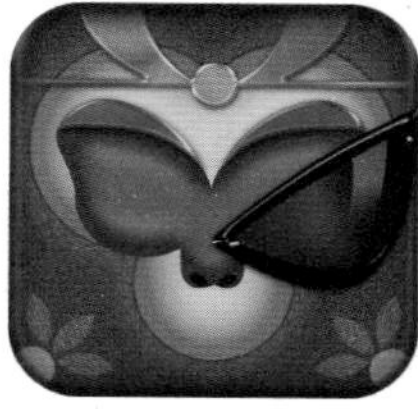

图12-362

图12-363

24 单击“图层”面板底部的 fx 按钮，打开菜单，执行“投影”命令，为墨镜所在的图层组添加“投影”效果，如图12-364和图12-365所示。

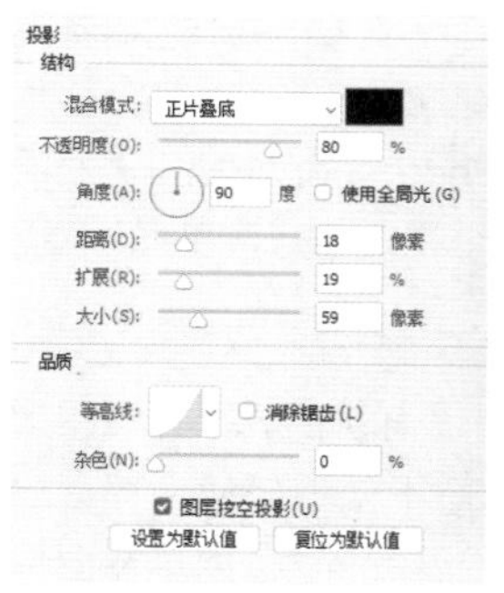

图12-364

图12-365

25 按Alt+Ctrl+E快捷键，将组中的内容盖印到一个新的图层中，如图12-366所示。通过“水平翻转”命令得到左侧的墨镜图形，完成图标的制作，如图12-367所示。

图12-366

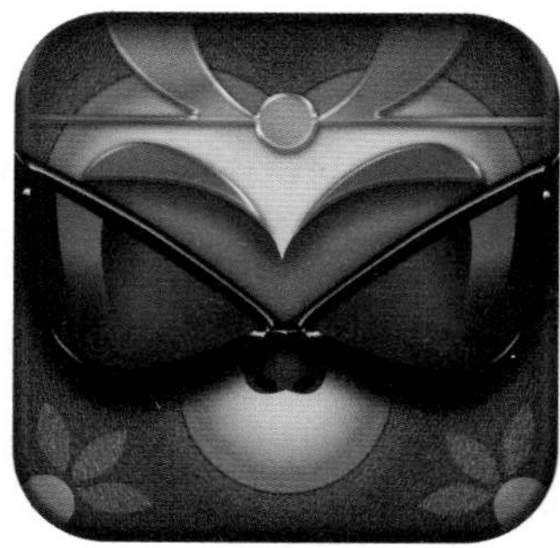

图12-367

复习题答案

第1章

1. 手机、电视机和计算机中显示图像使用的是RGB模式，用于印刷的图像需转换成CMYK模式。

2. PSD格式。

3. JPEG是数码相机默认的文件格式（扩展名为jpg或jpeg），绝大多数图形、图像软件，以及平板电脑、打印机、电视机等硬件设备都支持这种格式，可以对图像进行压缩，因而只占用较小的存储空间。但这种图像不适合多次存储，因为每保存一次都要压缩一次，累积起来画质会越来越差。

4. 缩放工具适合逐级放大或缩小窗口的显示比例。当图像尺寸较大，或者因放大窗口的显示比例而不能显示全部图像时，可以使用抓手工具移动画面。如果要快速定位图像的显示区域，可以通过“导航器”面板来操作。

5. 可以将历史记录保存为工作日志。操作方法为按Ctrl+K快捷键，打开“首选项”对话框，在左侧列表的“历史记录”上单击，显示具体项目，之后勾选“历史记录”复选框，选择“文本文件”选项，并在“编辑记录项目”下拉列表中选择“详细”选项。这样保存文件时，会同时存储一份名称为“Photoshop编辑日志”的纯文本文件，其中记录了操作过程及相应的参数设置。

第2章

1. 图层承载了图像，如果没有图层，所有的图像将位于同一平面上，在这种状态下处理任何一部分内容，都必须先将其选择，操作难度会变大。除承载图像外，图层样式、混合模式、蒙版、滤镜、文字等，都依托于图层而存在。

2. 在“图层”面板中，混合模式用于控制当前图层中的像素与其下方图层中的像素如何混合；在绘画和修饰类工具的工具选项栏，以及“渐隐”“填充”“描边”命令和“图层样式”对话框中，混合模式只将所添加的内容与当前操作的图层混合，而不会影响其他图层；在“应用图像”和“计算”命令中，混合模式用来混合通道。

3. 选区分为两种：普通选区和羽化的选区。普通选区的边界明确，会将编辑操作完全限定在选区内部，选区外部的图像不会受到影响；羽化的选区能够部分地选取图像，编辑操作所影响的范围会在选区边界处衰减，并在选区外部逐渐消失。

4. 创建选区后，单击“通道”面板底部的按钮，或执行“选择”|“存储选区”命令，可将选区保存到Alpha通道中。以PSD格式保存文件，可以存储Alpha通道。

5. 单个图层、多个图层、图层蒙版、选区、路径、矢量形状、矢量蒙版和Alpha通道都可用变换和变形功能处理。

第3章

1. 打开“色板”面板菜单，执行“旧版色板”命令，加载该色板库，其中就包含各种Pantone颜色组。

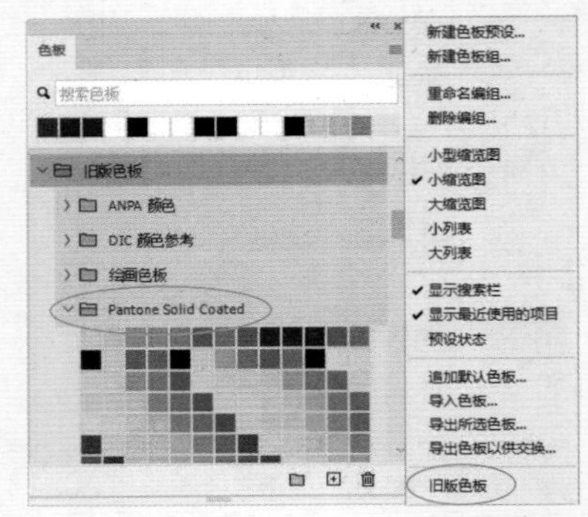

2. 在“渐变编辑器”对话框中调整好渐变颜色后，在“名称”选项中输入名称，单击“新建”按钮，即可将其保存到渐变列表中成为一个预设的渐变。这一渐变还会同时保存到“渐变”下拉面板和“渐变”面板中。

3. “可感知”是默认方法，显示的是与人类如何感知光在物理世界中混合最为接近的渐变，如日落或日出的天空。“线性”常用于Illustrator等软件，可以显示更接近自然光显示效果的渐变。在某些色彩空间中，该方法可提供更富于变化的结果。“古典”保留Photoshop过去版本渐变的填充方式。

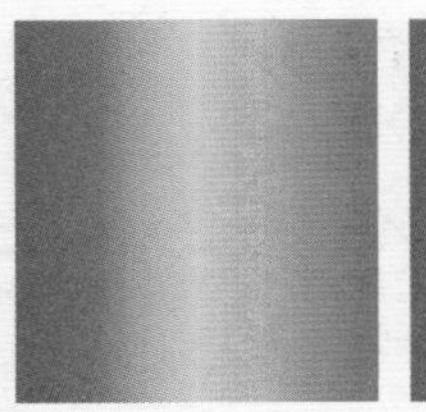
可感知

线性

古典

4. 打开“画笔”面板或工具选项栏中的“画笔”下拉面板及面板菜单，执行“画笔名称”“画笔笔尖”命令即可。

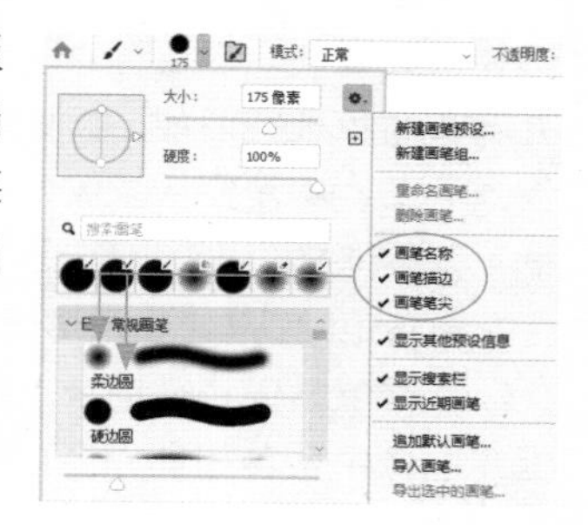

5. 打开“画笔”面板或工具选项栏中的“画笔”下拉面板及面板菜单，执行“追加默认画笔”命令，可以加载Photoshop 2022默认的画笔；执行“旧版画笔”命令，可以加载早期版本中的默认画笔；执行“导入画笔”命令，可以加载外部画笔库；执行“获取更多画笔”命令，可以下载来自Kyle T. Webster 的Megapack画笔。

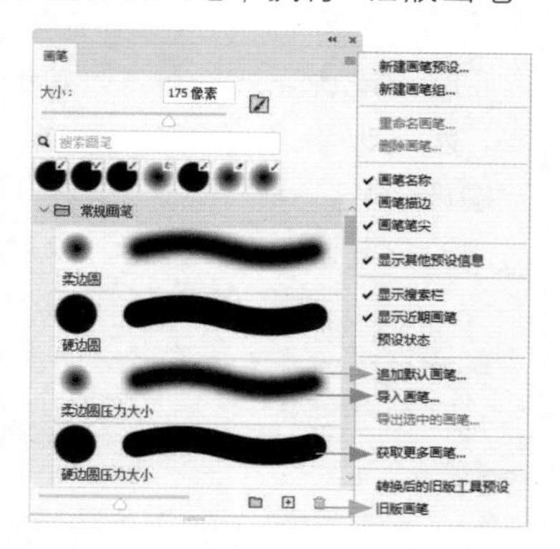

第4章

1. 将图层蒙版用于普通图层，可以制作图像合成效果；用于填充图层和调整图层，可以控制颜色的填充范围、调整范围和强度；用于智能滤镜，可以控制滤镜的强度和有效范围。

2. 图层蒙版通过蒙版中的灰度图像控制对象的显示范围和透明程度。剪贴蒙版用基底图层中包含像素的区域限制其上层对象的显示范围，因此，可用一个基底图层控制多个图层的可见内容。矢量蒙版通过路径和矢量形状控制对象的显示区域。

3. 执行“图层”|“栅格化”|“矢量蒙版”命令，可以将矢量蒙版转换为图层蒙版，使之成为位图。

4. 按住Ctrl键并单击图层蒙版或Alpha通道的缩览图，可以将蒙版及通道中包含的选区加载到画布上。

5. 编辑颜色通道会修改图像内容和色彩。Alpha通道是后添加的，不会改变图像的外观，编辑时只影响其中存储的选区。

第5章

1. 在来源方面，位图可以用数码相机、摄像机、手机、扫描仪等设备获取，也可用软件生成；矢量图只能通过软件生成。从编辑方面看，由于原始像素无法重新采集，因而位图在旋转和缩放时画质会变差；矢量图形则可以无损编辑。从效果方面看，位图能完整地呈现真实世界中的所有色彩和景物；矢量图的细节没有位图丰富。从存储方面看，位图在保存时要记录每一个像素的位置和颜色信息，会占用较大的存储空间；矢量图在存储时保存的是计算机指令，只占用很小的空间。

2. 取决于绘图模式。选择矢量工具后，可以在工具选项栏中选取绘图模式，之后绘制形状(形状图层)、路径或图像。

3. 锚点用于连接路径段。拖曳方向点可以拉动方向线，进而改变路径的形状。

4. 勾选“图层样式”对话框中的“全局光”复选框后，可以让“投影”“内阴影”“斜面和浮雕”效果使用相同角度的光源。

5. 使用“图层”|“图层样式”|“缩放效果”命令可以单独调整图层样式的比例。

第6章

1. 文字在未栅格化以前可以修改文字内容、字体、颜色、字距、段落间距等属性。

2. 字距微调 VA 用来调整两个字符之间的间距；字距调整 VA 用来调整当前选取的所有字符的间距。

3. 选取文字后，按Alt+Delete快捷键可以使用前景色填充文字；按Ctrl+Delete快捷键则使用背景色填充文字。如果单击文字图层，而非选择个别文字，则这两种方法都可以填充所选图层中的所有文字。

4. 文字图层可以添加图层样式、图层蒙版和矢量蒙版，可设置不透明度、混合模式、调整堆叠顺序，也可以转换为智能对象。

5. 先用所需的字体输入文字，之后执行“文字”|“转换为形状”命令，将文字转换为形状图层，或用“文字”|“创建工作路径”命令从文字中生成路径，再对形状和路径进行编辑，制作出需要的文字外观。

第7章

1. 图像的基本组成元素是像素，滤镜是通过改变像素的位置和颜色生成特效的。

2. 可以先执行“图像”|“模式”|“RGB颜色”命令，将图像转换为RGB模式，应用滤镜之后再转换为CMYK模式(“图像”|“模式”|“CMYK颜色”命令)。

3. 可以退出其他应用程序、执行“编辑”|“清理”命令释放内存，以及为Photoshop增加暂存盘。

4. 游戏、浏览器、3D渲染器等都可以通过安装插件来拓展功能。Photoshop也支持插件，即外挂滤镜。外挂滤镜可以让修图、制作特效等更加轻松。如果外挂滤镜提供了安装程序，将其安装在计算机中Photoshop安装位置中的Plug-ins目录下即可。安装完成后，重新运行Photoshop，“滤镜”菜单底部会显示外挂滤镜。有的外挂滤镜无须安装，直接复制到Plug-ins文件夹中便可使用。

5. 将智能滤镜应用于智能对象后，可以随时修改参数、设置不透明度和混合模式。此外，智能滤镜包含图层蒙版，且删除智能滤镜时不会破坏原始图像。

第8章

1. 首先，调整图层是非破坏性功能，不会真正修改对象，调整命令则具有破坏性，会修改图像；其次，调整图层可编辑性强，如单击调整图层，即可在“属性”面板中修改调整参数；再有调整图层可控性好，如调整效果过强时，可降低调整图层的不透明度，或者修改混合模式来改善细节，也可编辑调整图层的蒙版来控制调整强度和范围。

2. 山峰整体向右偏移，说明照片曝光过度。山峰紧贴直方图右端，说明高光溢出。

3. 将“输入色阶”选项组中的阴影滑块和高光滑块向中间移动，可增加对比度。将“输出色阶”选项组中的两个滑块向中间移动，可降低对比度。

4. 曲线左下角的“阴影”控制点与“色阶”的阴影滑块用途相同；右上角的“高光”控制点与“色阶”中的高光滑块用途相同；在曲线的中央（1/2处）添加的控制点，相当于“色阶”的中间调滑块。

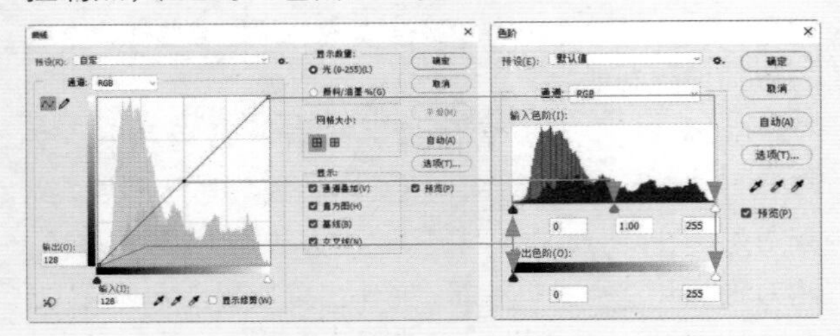

5. 将一个颜色通道调亮时，可以增加该通道中保存的颜色，同时减少其补色；反之，调暗则减少通道中的颜色，并增加其补色。

第9章

1. 图像和显示器的分辨率以像素/英寸（ppi）为单位，打印机分辨率的单位是点/英寸（dpi）。分辨率越高，图像中的像素就越多，图像的信息也越丰富。

2. 不能变清晰，因为Photoshop无法生成新的原始数据。

3. 使用修复画笔工具、污点修复画笔工具和修补工具时，所绘制的图像会与源图像中的纹理、亮度和颜色进行匹配，以便能更好地融合在一起。修复画笔工具需要从图像中取样，污点修复画笔工具不需要取样，可直接修复。修补工具需要选区来定义编辑范围，其修复及影响的区域可控性要好一些。

4. 降噪是通过模糊杂点实现的。锐化效果是通过提高图像中两种相邻颜色（或灰度层次）交界处的对比度实现的。

5. 抠汽车适合使用钢笔工具；抠毛发适合使用“选择并遮住”命令和通道；抠玻璃杯适合使用通道。

第10章

1. 使用Web安全色可以避免颜色出现偏差。

2. 可以使用“文件”|“生成”|“图像资源”命令导出图像资源。

3. 打开设计素材，执行“文件”|“导出”|“导出为”命令，打开“导出为”对话框，单击“缩放全部”选项组中的+按钮，添加并指定文件的缩放尺寸，之后单击“导出”按钮即可。

导出为

缩放全部		
大小:	后缀:	+
1x		🗑
0.5x	@0.5x	🗑
0.75x	@0.75x	🗑

第11章

1. 执行“文件”|“新建”命令，打开“新建文档”对话框，在“胶片和视频”选项卡中选择预设的文件，再单击“创建”按钮，可基于预设创建视频文件。

2. 单击“时间轴”面板中的按钮，打开下拉菜单，将“渐隐”效果拖曳到视频起始或结尾处即可。

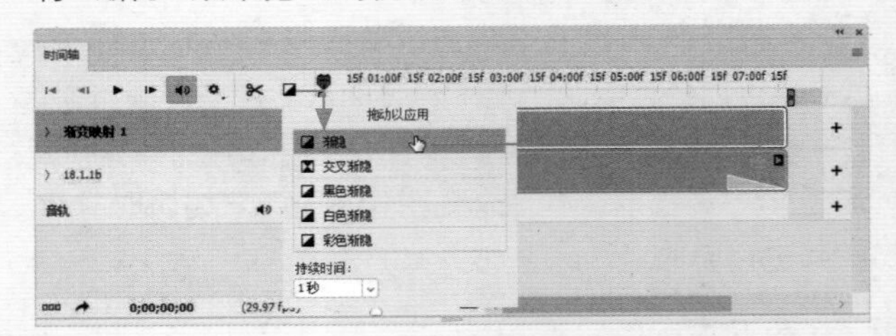

3. 单击“时间轴”面板中的♫按钮，打开下拉菜单，执行“添加音频”命令，在弹出的对话框中选择音频文件即可。

4. 执行“文件”|“导出”|“渲染视频”命令，可以将视频导出为QuickTime影片。